数学建模案例集锦

宁波大学数学与统计学院数学建模教研室　编

机械工业出版社

本书是宁波大学数学建模团队在多年教学实践的基础上编写而成的，共上、下两篇．上篇为赛前培训案例集锦，包含 19 个数学建模赛前培训案例，内容涉及假期自习室开放的最佳方案、某类经济树木的最优砍伐策略问题、三疣梭子蟹养殖过程的建模分析、医院手术室的分配问题、网络影响分析、快递员问题、开心长寿面、校园临时集中停车场所的优化布局分析、自然灾害保险问题、校园附近餐饮场所的优化分析、太阳灶设计问题、农业巨灾保险基金规模问题、基于高通量数据的海洋生态分析、校园交通车、人才吸引力评价模型研究、期末考场的自动化安排、渔业锚地渔船避风能力评估问题、交巡警服务平台的设置与调度和 DNA 位置检索，共 19 个问题．下篇为学生获奖论文精选与点评，包含了 2013—2018 年 6 篇全国大学生数学建模竞赛一等奖优秀论文，内容涉及碎纸片的拼接复原（2013B）、嫦娥三号软着陆轨道设计与控制策略（2014A）、太阳影子定位（2015A）、系泊系统的设计（2016A）、"拍照赚钱"的任务定价（2017B）、高温作业专用服装设计（2018A）．全书案例丰富，题目的数据以及解答所用的数据和程序可参看与本书配套的天工讲堂微信小程序．

　　本书可以作为高校数学建模赛前培训教材或数学建模第一课堂教学参考书，也可以供广大数学建模爱好者自学使用．

图书在版编目（CIP）数据

数学建模案例集锦/宁波大学数学与统计学院数学建模教研室编 .—北京：机械工业出版社，2021.11（2024.7 重印）

ISBN 978 - 7 - 111 - 70038 - 8

Ⅰ.①数…　Ⅱ.①宁…　Ⅲ.①数学模型-高等学校-教学参考资料　Ⅳ.①O141.4

中国版本图书馆 CIP 数据核字（2022）第 007098 号

机械工业出版社（北京市百万庄大街 22 号　邮政编码 100037）

策划编辑：汤　嘉　　　　责任编辑：汤　嘉　郑　玫
责任校对：张　征　李　婷　封面设计：张　静
责任印制：李　昂
北京捷迅佳彩印刷有限公司印刷
2024 年 7 月第 1 版第 4 次印刷
184mm×260mm · 23.75 印张 · 642 千字
标准书号：ISBN 978 - 7 - 111 - 70038 - 8
定价：79.00 元

电话服务　　　　　　　　　　网络服务
客服电话：010-88361066　　机 工 官 网：www.cmpbook.com
　　　　　010-88379833　　机 工 官 博：weibo.com/cmp1952
　　　　　010-68326294　　金 书 网：www.golden-book.com
封底无防伪标均为盗版　机工教育服务网：www.cmpedu.com

前　言

我国自 1992 年开始举办一年一度的全国大学生数学建模竞赛，该赛事 2007 年开始被列入教育部质量工程首批资助的学科竞赛项目，也是首批列入"高校学科竞赛排行榜"的 19 项竞赛之一．目前全国大学生数学建模竞赛由教育部高教司和中国工业与应用数学学会共同主办，面向全国高校所有专业学生．是目前规模最大、参赛人数最多、影响面最广的一项科技竞赛活动．2010 年，该赛事更名为"当代大学生数学建模竞赛"，并成为一项国际赛事，现已成为全球规模最大的数学建模竞赛活动，受到了广大大学生和教育工作者的普遍欢迎．通过数学建模课堂教学、赛前培训和实际参赛，参与竞赛的学生的多方面能力，如创新意识和创造能力、运用所学知识来分析和解决实际问题的能力、快速获取信息和资料的能力、快速了解和掌握新知识的能力、写作能力和排版技术、团队合作意识和精神、计算机运用能力、关心并投身国家建设的意识以及理论联系实际的能力等得到大幅提高，从而达到培养学生综合素质和提高学生综合能力的目的，使学生"一次参赛，终身受益"！

宁波大学在 2013—2020 年共获得当代大学生数学建模竞赛国家奖 64 项，其中一等奖 23 项，二等奖 41 项．这和优秀的院校相比还有差距，但也算是小有成绩，这里借本书的编写对我们的参赛经验做一番梳理，以飨同仁，并期待未来能更好地激发学生对数学建模的兴趣和热情．此外，我们还充分利用学生社团（数学建模协会等）来凝聚学生，利用获奖学生的参赛经历和获奖感言影响学生，从而提高学生对数学的学习兴趣和学习主动性，激励学生积极选修数学建模类课程，认真参加赛前培训．

编写本书的目的是为参与数学建模活动的老师和学生提供一本赛前培训的参考书．本书上篇是近年来宁波大学在赛前培训过程中所使用的部分精选案例，一共收录了 19 个案例，这些案例结合教学和科研实践，贴近大学生活，容易激发学生的学习兴趣．这部分内容按易难程度依次排列，循序渐进，每个题目均给出了命题背景、问题、解题方法和竞赛效果评述．下篇是宁波大学学生的全国大学生数学建模竞赛参赛获奖作品，每篇作品前面给出了相应的竞赛题目及解题思路分析，作品后面附有指导教师的综合点评．为控制篇幅，我们优中选优，收录了 6 篇国家一等奖参赛论文．本书设有两个附录，用简短的篇幅分别介绍两个优化软件的编程方法，希望初学者经过一两天的摸索就能够编写出行之有效的计算程序．

本书适合对数学建模感兴趣的老师和同学阅读，也非常适合作为赛前培训教材．我们的培训方法是每 4 天一轮，每轮两个题目（每队任选一题来做），前 3 天模拟参赛，分析、建模、写作论文，第 4 天由学生（各队）讲述建模思路、计算方法和主要结果，指导教师实时讲评和指正，期间各队可以互相学习，最后再由教师总结讲评．各轮培训题目由浅入深，通过几轮培训，学生可了解分析、建模和论文写作的要点，同时也熟悉数学建模的参赛节奏．本书也可供学生自学，学生可以根据自己的情况，阅读感兴趣的章节，学习掌握数学建模的方法，也可通过学习下篇各章的学生实际参赛作品，学习数学建模论文完整的写作格式．

本书的撰写由宁波大学数学与统计学院数学建模教研室共同完成．上篇各章的作者：徐晨东（第 1～3 章、第 7 章、第 8 章、第 10 章），罗文昌（第 4 章、第 18 章），李建峰

（第5章、第13章），王松静（第6章），张晓敏（第9章、第12章、第15章），李卫华（第11章、第14章、第16章），王立洪（第17章、第19章）；下篇各章的综合点评由带队指导教师完成：王松静（第20章、第23章），罗文昌（第21章），王立洪（第22章），张晓敏（第24章），徐晨东（第25章）；附录由李卫华撰写；徐允庆负责全书的组织和主审. 本书在写作过程中得到了很多参加过全国大学生数学建模竞赛的学生的帮助，在此表示感谢，他（她）们是：王奕挺、毛莹、安巡、张学瑞、张祥煅、张誉瀚、陈莎莎、杨鹏、周一凡、孟安妮、郑渝涵、赵亚婷、赵璐铭、骆嘉晨、高迪、黄永斌、崔弟、戚铭珈、董天文、曾庆艺、游浦、樊亚男、潘伟堤等.

限于作者水平，书中难免有不妥和错误，敬请广大读者批评指正！

感谢宁波大学数学与统计学院在本书撰写和出版过程中给予的支持和鼓励！

宁波大学数学与统计学院数学建模教研室
2021 年 7 月 31 日

目　录

下篇　学生获奖论文精选与点评

上篇
赛前培训案例集锦

第 1 章
假期自习室开放的最佳方案

1.1 命题背景

通常在每年的寒暑假期间，都会有部分同学选择留在学校. 他们有的是为了准备研究生入学考试，有的是为了准备参加某些学科竞赛，也有的是为了准备考取某些证书，还有的是为了充分利用假期的时间学习充电. 这些同学希望学校能为他们提供一个良好的学习环境.

为此，学校每年都会在假期开放一部分教室作为自习室，为这些同学创造一个良好的学习环境. 但是开放的教室不能太多，若一间教室只有几名同学在里面学习，显然是非常浪费的，另外开放太多教室也会给教室的管理以及清扫等工作带来不必要的工作量. 而另一方面教室开放太少，又不能很好地满足假期留校同学的学习需求. 为此学校需要确定一个假期自习室开放的最佳方案.

1.2 题目

请用数学建模的方法研究解决下列问题：

问题一：不妨以今年暑假为例，假定通过报名登记预计今年会有 600 名学生假期留在学校，而学校可以考虑开放的教室均位于第一教学楼至第五教学楼. 请首先调研得到所有这些教室的信息（包括座位数，教室类型，是否为空调教室等）. 考虑到舒适性，假设每间教室只能提供座位数的 50% 给学生自习，根据收集得到的数据并添加适当的假设，分析并建立数学模型，据此给出一个合理的假期自习室开放方案.

问题二：若每一间非空调教室只能提供座位数的 30% 给学生自习，而每一间空调教室能提供座位数的 70% 给学生自习，请给出相应的自习室开放方案. 另外请考虑，若预计的留校学生数有所变动，你们给出的方案是否还合适？

问题三：若考虑到为了便于打扫，希望尽可能开放少的教室，请给出相应的自习室开放方案；若考虑到为了提高学生自习时的舒适度，希望尽可能开放空调教室，请给出相应的自习室开放方案；若考虑到为了便于管理，要求所有开放的教室集中在同一幢教学楼，那么应该使用哪一幢教学楼，相应的自习室开放方案又是怎样的？

问题四：根据往年暑假期间留校学生人数，预估今年的留校人数，并完善你们的自习室开放方案，对学校这方面政策的制定建言献策.

附注：请完整列出调研得到的数据，并给出具体分析和求解的过程，本题预先给定的数据允许做适当的调整，但必须说明调整的理由.

1.3 模型建立解析

1.3.1 问题分析

问题一所要解决的是在满足学生学习需求的前提下，给出教室开放安排的最佳方案. 由于每一间教室只有开放和不开放两种可能，结合每一间教室可以容纳座位数一半的人数，故可以利用 0-1 规划.

问题二在问题一的基础上考虑了空调教室这一因素，由于这个因素的加入，空调教室可以容纳更多的人自习，需要改变教室的"上座率"，在这个问题中，学生对于教室的"偏好"已经通过"上座率"体现，即有空调的教室会吸引更多的同学，但是当教室的 70% 已满时，就不会有同学进入该教室.

对于问题三中的第一部分，应该是最优方案的必要条件；第二部分，尽量开放空调教室，在有空调教室多余的情况下优先选择空调教室；第三部分，要求教室集中在一幢教学楼.

1.3.2 模型假设

（1）假设留校学生去上自习的可能性是 75%；
（2）假设所有学生不存在教室的选取偏好，即排除学生的主观因素；
（3）假设所有教室的每个座位完好，不存在不可以使用或者同学不愿意去的座位；
（4）假设教室舒适性与上座率成反比，开放教室上座率不低于 25%；
（5）假设所有空调教室的空调状况良好，即学生去任何一个空调教室的概率相同；
（6）假设学生上自习为一独立事件，并不受其他学生影响；
（7）假设学生上自习的概率不受外界客观因素如天气、交通等影响.

1.3.3 模型的建立与求解

1. 问题一模型的建立与求解

本题主要解决在满足同学自习需求的条件下，设计教室开放最佳方案的问题. 根据题意并结合实际情况，可知教室的开放情况只存在两种情况，即开放与不开放，故这里就将这两种情况做如下假设：1 为教室开放，0 为教室不开放，建立 0-1 规划模型.

全校共 115 个教室，设 x_i 表示第 i 个教室的开放状态，所以 0-1 规划模型的目标函数可以写为

$$\min z = \sum_{i=1}^{115} x_i.$$

接下来分析约束条件，根据每位同学上自习的可能性为 0.75，且独立上自习，即同学之间无影响，故上自习的人数满足均匀分布，可以得到上自习的人数的期望值为 450 人；每间教室只能提供座位数的 50% 给学生自习，且在假设中为提高教室的利用效率，要求教室满座率不得低于 25%，用 S_i 表示第 i 间教室的座位数，R_i 表示第 i 间教室中实际上自习的人数. 故可以得到

$$0.25 \leqslant \frac{R_i}{S_i} \leqslant 0.5.$$

根据题目中所给的条件以及调查所得的数据，结合以上所得的关系式，建立 0 - 1 规划模型，即

$$\min z = \sum_{i=1}^{115} x_i$$

$$\text{s. t.} \begin{cases} \sum_{i=1}^{115} R_i = 450, \\ 0.5 S_i x_i \geqslant R_i, \\ 0.25 S_i x_i \leqslant R_i, \\ x_i \text{ 取 } 0 \text{ 或 } 1. \end{cases}$$

利用 LINGO 软件进行运算，程序过程及运行结果见二维码中附录，最佳方案如表 1.1 所示.

表 1.1　教室开放最佳安排方案

编号	楼号	教室	座位数	是否空调教室
28	5	213	132	是
29	5	313	132	是
30	5	413	132	是
36	4	101 ~ 103	132	否
59	4	401 ~ 403	132	否
68	4	501 ~ 503	132	否
84	5	116	132	否

2. 问题二模型的建立与求解

根据调研的数据知编号 1 ~ 32 为空调教室，33 ~ 115 为非空调教室，所以可得到目标函数：

$$\min z = \sum_{i=1}^{32} x_i + \sum_{j=33}^{115} x_j;$$

考虑以下的约束分析：(1) 第一个约束不改变，每位同学上自习的可能性 0.75，且学生独立上自习，同学之间无影响，故上自习的人数满足均匀分布，可以得到上自习的人数的期望值为 450 人；(2) 此问题中增加了"空调教室"，由于空调教室的可以提供更多的座位，从而导致非空调教室提供的座位数下降，故只需要对问题一中的约束条件进行更改，可以得到：

对于空调教室　$0.25 \leqslant \dfrac{R_i}{S_i} \leqslant 0.7$　$(1 \leqslant i \leqslant 32)$，

对于非空调教室　$0.25 \leqslant \dfrac{R_j}{S_j} \leqslant 0.3$　$(33 \leqslant j \leqslant 115)$.

综上建立问题二的模型为

$$\min z = \sum_{i=1}^{32} x_i + \sum_{j=33}^{115} x_j$$

$$\text{s. t.}\begin{cases} \sum_{i=1}^{32} R_i + \sum_{j=33}^{115} R_j = 450, \\ x_i,x_j \text{ 只能取 0 或 1}, \\ 0.7S_i x_i \geqslant R_i, \ i = 1,\cdots,32, \\ 0.25S_i x_i \leqslant R_i, \ i = 1,\cdots,32, \\ 0.3S_j x_j \geqslant R_j, \ j = 33,\cdots,115, \\ 0.25S_j x_j \leqslant R_j, \ j = 33,\cdots,115. \end{cases}$$

利用 LINGO 软件进行运算，最佳方案如表 1.2 所示.

表 1.2　考虑空调教室的最佳安排方案

空调教室				非空调教室			
编号	楼号	教室号	座位数	编号	楼号	教室号	座位数
2	1	210～212	62	65	4	413～415	90
4	1	214～216	62	68	4	501～503	132
26	2	518	60	72	4	509～511	90
28	5	213	132	74	4	513～515	90
29	5	313	132	77	5	101～103	90
30	5	413	132	84	5	116	132
31	5	501	45	94	5	216	90
32	5	511	60	96	5	303	90
				98	5	307	90
空调教室数：8				102	5	405	90
非空调教室数：13				109	5	416	92
总座位数：1941				111	5	503	90
				113	5	507	90

3. 问题三模型的建立与求解

为了便于打扫，尽量开放最少教室的方案，自习教室开放方案如表 1.3 所示.

表 1.3　开放最少教室最佳安排方案

编号	楼号	教室号	座位数	是否空调教室
28	5	213	132	是
29	5	313	132	是
30	5	413	132	是
36	4	101～103	132	否
59	4	401～403	132	否
68	4	501～503	132	否
84	5	116	132	否
总座位数			924	

为了提高学生自习时的舒适度，尽可能开放空调教室，所以应该选择那些座位数比较多的空调教室，这样既能提高学生舒适度，又能减少教室开放数. 按照自习人数为 450 人，上座率为 50% 计算，所以自习室开放方案如表 1.4 所示.

表 1.4　空调教室开放方案

空调教室			
编号	楼号	教室号	座位数
28	5	213	132
29	5	313	132
30	5	413	132
1	1	201～203	131
12	2	304	130
20	2	407	130
21	2	411	130
总座位数			917

为了便于管理,要求所有开放的教室集中在同一幢教学楼,根据统计 1 号、2 号、4 号和 5 号教学楼可以提供的座位数分别为 893、1200、3114 和 3188,考虑到舒适度,所以非空调教室的上座率不应大于 50%,空调教室的上座率不应大于 70%. 又考虑自习人数为 450 人,4 号楼无空调教室,而 5 号楼的空调教室不够所有自习学生使用,所以综合考虑应该选择 2 号教学楼,具体教室开放方案如表 1.5 所示.

表 1.5　考虑教学楼的教室开放方案

编号	楼号	教室号	座位数
12	2	304	130
20	2	407	130
21	2	411	130
25	2	504	130
19	2	404	103
24	2	503	91
26	2	518	60
14	2	312	56
16	2	316	56
10	2	301	43
总座位数			929

1.3.4　模型的改进与分析

在实际中,作为自习教室开放方案的制定者,还需要考虑其他的方面. 第一(校方角度):由于各个教室空调、电扇数不一致,所消耗的电量也不一样,所以在制定自习教室开放方案时,校方需要考虑如何安排可以使得用电量较少,尽可能的节能. 第二(学生角度):学生到各个教室的距离也不同,距离近的教学楼、楼层低的教室相对而言更加容易获得同学们的青睐,同时有些教室靠近楼梯,有些靠近厕所,比较便捷,所以实际中还需要考虑同学们对教室的偏好程度.

竞赛效果评述

这是一道来源于校园假期教室开放管理的实际问题，通过该问题使学生认识到校园管理的复杂性和数学方法的实用性. 在赛题的实际解决过程中，有学生反映终于一次性对学校的所有教室做了一个彻底的摸排调研，更了解自己的学校，也更喜欢数学建模了.

第 2 章
某类经济树木的最优砍伐策略问题

2.1 命题背景

目前，我国经济发展已经从粗放型发展转变为精细型发展，研究一些产业的可持续发展是一个重要的问题．这里给出了某一类经济树木的生长参数和经济价值参数，引导学生研究制定该类树木的最优砍伐策略，并思考可持续发展的重要性，认识科学发展的重要性．

2.2 题目

已知某类经济树木具有 7 年的生长周期．我们把该类树林中的树木按照高度分为 7 类：第一类树木的高度不超过 h_1，它们是该类树木的幼苗，其经济价值设为 $p_1 = 0$；第 i 类树木的高度在 h_{i-1} 和 h_i 之间，这类树木每一棵的经济价值设为 p_i；第 7 类树木的高度超过 h_6，经济价值设为 p_7．

假设每年对该类树林进行一次砍伐，并且为了维持树林的可持续发展，即每年都可以有稳定的收获，规定只能砍伐其中的部分树木，留下的树木和补种的幼苗，经过一年的生长后应该使树林与上一次砍伐前的树木高度状态基本一致．再假设在一年的生长期内该类树木最多只能生长一个高度级，即第 j 类的树木可能进入 $j+1$ 类（比例大概为 g_j），也可能继续停留在第 j 类中．

设 $g_1 = 0.26$，$g_2 = 0.31$，$g_3 = 0.24$，$g_4 = 0.22$，$g_5 = 0.33$，$g_6 = 0.35$，$p_2 = 40$ 元，$p_3 = 90$ 元，$p_4 = 120$ 元，$p_5 = 180$ 元，$p_6 = 210$ 元，$p_7 = 240$ 元．

请尝试建立数学模型分析并给出对该类经济树林的最优砍伐策略，并进一步分析生长率和经济效益有所变化时对最优策略的影响，例如考虑由于某种害虫的影响第一类树木即幼苗损失严重，导致 g_1 降至 0.10．

2.3 模型建立解析

2.3.1 问题分析

该问题属于优化问题．问题的第一部分要求我们建立数学模型分析并给出最优砍伐策略．第二部分要求我们分析生长率和经济效益有所变化时对最优策略的影响．问题第一部分的关键是确立相应的目标函数和约束条件．由题目和生活常识可以确立最优化的目标应使得砍伐树木得到的利润最多. 最主要的约束条件是为了满足生长所需的可持续性发展, 即砍伐一年后树木依旧可以存在同样的数量, 在下一年获得相同的利润. 在回答问题第二部分前, 根据原有的生长率等参数, 我们可以分析为什么需要制定那样的砍伐策略. 从而有意识地调整相应的参数, 给出不同的砍伐策略. 通过分析调整后的结果, 可以判断我们对砍伐策略的分析是否准确.

2.3.2　基本假设

（1）树木不会因为砍伐以外的情况死亡；
（2）树木的生长和经济价值严格遵守题目所给定的参数；
（3）一个区域内树木生长的总数为定值.

2.3.3　模型的建立

树木有七个生长周期, 我们可以用下标 i 来表示每个周期. 我们分别用 p_i 代表每个周期对应的利润, 用 z_i 代表每种树木一年的砍伐量. 所以为了制定最优的砍伐策略, 我们提出如下的目标函数, 即

$$\max M = \sum_{i=1}^{7} p_i z_i. \tag{2.1}$$

式（2.1）中, M 表示一年内总的收获利润.

我们令当年现存的每个周期的树木数量为 x_i, 在不考虑砍伐与补种的情况下, 按照树木的自然增长, 会有一定数量的树木进入下一阶段, 我们用 x_i' 表示次年自然状态下相应的树木数量, 根据所给出的条件, 我们可以列出下列方程组

$$\begin{cases} x_1' = (1-g_1) \times x_1, \\ x_2' = (1-g_2) \times x_2 + g_1 x_1, \\ x_3' = (1-g_3) \times x_3 + g_2 x_2, \\ \quad\vdots \\ x_6' = (1-g_6) \times x_6 + g_5 x_5, \\ x_7' = x_7 + g_6 x_6. \end{cases} \tag{2.2}$$

其中 g_i 表示对应周期的树木进入下一周期的生长率.

上面给出的 x_i' 是自然状态下的次年数量, 但是考虑到不同周期树木砍伐、种植的人为因素, 我们用 y_i 表示次年实际的树木数量就会得到下面的方程组

$$\begin{cases} y_1 = x_1' - z_1 + Q, \\ y_2 = x_2' - z_2, \\ y_3 = x_3' - z_3, \\ \quad\vdots \\ y_6 = x_6' - z_6, \\ y_7 = x_7' - z_7, \\ Q = \sum_{i=1}^{7} z_i. \end{cases} \tag{2.3}$$

Q 为补种的树木，与上一年砍伐的树木相同.

目标函数中，要求我们保持可持续发展，所以经过一年的生长后应该使树木与上一次砍伐前的树木高度状态基本一致. 即

$$y_i = x_i.$$

在所给的信息中，我们必须对树木的总量进行规定. 否则若树木的大小没有上界，显然求不出该模型的最大值，利润可以取到无限大，所以我们人为地给定条件，令这个区域内所有的树木的数量为 S. 所以有

$$S = \sum_{i=1}^{7} x_i.$$

并且，基于生活常识所有的树木数量 x_i 和与之对应的砍伐量 z_i 必须都取自然数. 即

$$x_i, \ z_i \in \mathbf{N}$$

综上所述，我们需要在最大化目标函数下，做线性整数规划

$$\max \quad M = \sum_{i=1}^{7} p_i z_i$$

$$\text{s. t.} \begin{cases} y_i = x_i, \\ Q = \sum_{i=1}^{7} z_i, \\ S = \sum_{i=1}^{7} x_i, \\ x_i, z_i \in \mathbf{N}. \end{cases} \tag{2.4}$$

在实际的计算中，由于 S 给定的不同，会有不同的计算结果，但是模型有一定参考意义.

2.3.4 模型的计算结果

我们将上述的模型代入 LINGO，由于模型是线性的，所以我们可以很快得出结果. 取总数 S 为 2000，得出该总数下的计算结果（最优砍伐策略）如表 2.1 所示.

表 2.1 模型的计算（$S = 2000$）

i	1	2	3	4	5	6	7
x	1088	912	0	0	0	0	0
z	0	7	279	0	0	0	0

此时总收入 M 为 25451 元. 从表 2.1 中可以看出，经济作物只需保留前两个周期即可.

对最优策略的分析：

最优策略是意料之外但在情理之中的. 对这种经济树木的种植没有必要养到第三周期以后.

（1）对一棵树来讲，养到第三周期的价值相当于每年可以赚 30 元，而养到后面的周期也不超过 35 元一年，所以并没有实质性的大跳跃，这很大程度上决定了最优的策略.

（2）一棵树到达某个周期的概率是前面所有的 g_i 相乘，达到这种阶段的概率相对较低. 所以没有必要为了低概率而继续养着了.

2.3.5 灵敏度分析

问题的第二部分，要求我们改变参数值，来给出不同的砍伐策略. 我们主要从生长率和

经济效益两方面进行考虑.

假设由于某种害虫的影响, 第一类树木幼苗损失严重, 导致进入下一阶段的概率 g_1 下降为 0.1. 在这里我们依旧取总数 S 为 2000. 代入上述模型进行计算, 得到了如表 2.2 所示的数据.

表 2.2 g_1 为 0.1 的模型计算结果

i	1	2	3	4	5	6	7
x	940	300	275	300	100	80	5
z	0	1	27	0	33	5	28

此时总收入 M 为 16180.

正如上文提到的, 若后期的经济树木没有价值上的跳跃式增长, 那么后期经济作物的数量必然不会有很大的提升. 而若在实际生活中, 后生长周期的树木的经济价值是显著提升的, 从理论上讲显然会有显著的不一样结果. 在这里我们人为地给定 p_6 为 320 元, p_7 为 450 元. 根据我们上述的模型, 取总数 S 为 2000, 代入 LINGO 得到了下面的数据, 如表 2.3 所示.

表 2.3 后期作物经济跳跃时的计算结果

i	1	2	3	4	5	6	7
x	600	400	300	300	200	180	20
z	0	32	52	6	0	3	63

此时总收入 M 为 35990.

从这里的数据可以看出, 大部分的砍伐集中在了最后一个阶段. 原因正如我们之前分析的第一点: 因为在前面几个周期, 一棵树折算下来每年的收入只有 35 元不到. 而第七周期的作物, 折算下来是每年可以获得多于 64 元的经济收入, 所以后期的树木会有更大的利益. 所以后期的树木若出现跳跃式经济增长的现象时, 会有大量的经济收益来源于后期的经济作物, 从而我们需要将树木种植到后面的阶段.

2.3.6 模型的评价

本模型全为线性约束, 通俗易懂, 程序简单. 可以实现对任意给定进入下一生长阶段的参数和每个时期的经济价值参数进行最优化的评价, 提出最优的砍伐方案. 可以在理想状态下, 为种树者赚取理论上的最大利益. 在生活中, 若相关参数可以实际的测量出来, 将会有很大的推广意义.

模型的假设基于树木的经济利益不会发生变化, 在实际生活中, 应考虑物价上涨或者通货膨胀等, 若能给出经济利益的预测变化曲线, 则可以每时每刻改变自己每年的平衡状态, 获取最大的经济利益.

竞赛效果评述

本题属于典型的数学规划问题, 要求根据给出的生长参数和经济参数做出最优的某类经济树木砍伐策略. 实际比赛的时候, 有较多的队伍选择做这个题, 也都给出了较为完整的解决方案, 达到了很好的数学建模训练效果.

第 **3** 章
三疣梭子蟹养殖过程的建模分析

3.1 命题背景

水产养殖是宁波大学传统的优势特色专业. 以宁波大学为首的研究团队基本摸清了三疣梭子蟹的繁殖生物学、人工育苗与养殖技术, 引导并促进了梭子蟹养殖业的发展, 使梭子蟹成为浙江省主导养殖品种之一 (见图 3.1). 项目成果 "三疣梭子蟹人工育苗、养殖与加工技术" 获得了浙江省科学技术奖一等奖、宁波市科技进步奖一等奖. 宁波大学海洋学院研发的 "一种三疣梭子蟹的繁殖方法 (ZL200710066746.2)" 获得了国家发明专利授权.

a) 梭子蟹养殖池　　　　　　　　　b) 梭子蟹养殖框

图 3.1　梭子蟹养殖池和梭子蟹养殖框

3.2 题目

在三疣梭子蟹的养殖过程中, 我们需要综合考虑诸多影响因素, 如种苗、温度、盐度、pH、溶解氧、气压等. 本题附件给出了 2011 年 8 月中旬至 11 月中旬宁波市某个梭子蟹养殖基地中一个养殖池的相关梭子蟹养殖参数. 请你建立合适的数学模型, 分析并试着解决以下问题:

(1) 对二维码中所给出的数据进行合理的分析处理, 尝试给出影响三疣梭子蟹生长的若干重要参数, 并对你的结论作适当的解释说明.

(2) 上述模型的结果对三疣梭子蟹生长的影响是否足够显著? 请给出适当的定量分析, 并解释原因.

（3）在实际养殖过程中，还可能会有一些未列出的因素对三疣梭子蟹的生长有一定的影响，如有必要，请收集相关数据，并试着给出一个关于三疣梭子蟹生长的更完善的模型.

3.3 模型建立解析

3.3.1 问题分析与基本假设

由于雄蟹和雌蟹体重随各自外形参数的变化规律不相同，所以将它们分开进行比较能更精确地建立模型.

记螃蟹的重量为 w，体长为 x_1，全甲宽为 x_2，作出雄蟹体长与体高的散点图，发现体长和体高几乎保持线性关系，作全甲宽和甲宽的散点图，发现全甲宽和甲宽几乎也保持线性关系. 因此现只需建立体长，全甲宽和体重的关系，假设其他因素对螃蟹的影响含在误差项 ε 当中.

3.3.2 基本模型

先分析雌蟹的体重与外形的关系（雄蟹的情形与之类似），我们用 MATLAB 软件作出 w 对 x_1 和 x_2 的散点图（见图 3.2 和图 3.3）.

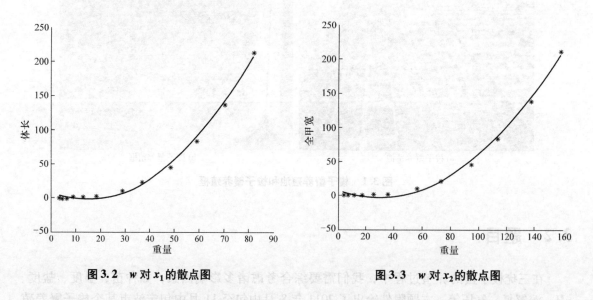

图 3.2　w 对 x_1 的散点图　　　　　　图 3.3　w 对 x_2 的散点图

从图 3.2 可以发现，随着 x_1 的增加，w 有向上弯曲增加的趋势，用二次函数模型拟合，发现基本重合. 因此，图 3.2 中的曲线是用二次函数模型

$$w = \alpha_0 + \alpha_1 x_1 + \alpha_2 x_1^2 + \varepsilon$$

拟合的. 同理，图 3.3 中的数据也可通过 $w = \alpha_0 + \alpha_1 x_1 + \alpha_2 x_1^2 + \varepsilon$ 进行拟合.

综合上面的分析，结合上述两个模型建立如下的回归模型：

$$w = \alpha_0 + \alpha_1 x_1 + \alpha_2 x_2 + \alpha_3 x_1^2 + \alpha_4 x_2^2 + \varepsilon. \tag{3.1}$$

3.3.3 模型求解

1. 对雄蟹进行数据拟合

从建立的雄蟹体重与体长和全甲宽的回归模型［式（3.1）］出发，经过比较发现以下模型效果更好：

$$w = \alpha_0 + \alpha_1 x_1 + \alpha_2 x_2 + \alpha_3 x_1^2 + \alpha_4 x_2^2 + \alpha_5 x_1 x_2 + \varepsilon. \tag{3.2}$$

利用 MATLAB 工具箱中的命令 regress 求解.

程序如下：

＞＞w＝［0.0132 0.0273 0.08 0.3027 0.906 2.604 9.587 21.43 44.954 84.728 138.23 212.11］.'；

＞＞x1＝［3.27 4.32 6.3 8.85 12.779 18.22 28.454 36.816 48.308 59.105 70.216 81.989］.'；

＞＞x2＝［4.18 7.69 11.13 17.64 25.506 35.952 56.119 73.155 95.283 113.824 137.158 158.542］.'；

＞＞n＝length(x1)；

＞＞a＝ones(12,1)；

＞＞x＝［a,x1,x2,x1.^2,x2.^2］；

＞＞［a,bint,r,rint,stats］＝regress(w,x)

得到的结果如表 3.1 所示.

表 3.1　计算结果

参数	参数估计值	参数置信区间
α_0	7.8766	［1.3338, 14.4195］
α_1	−10.0679	［−16.9224, −3.2133］
α_2	4.4500	［1.0092, 7.8909］
α_3	5.7720	［−0.7407, 12.2847］
α_4	1.4551	［−0.1968, 3.1069］
α_5	−5.7740	［−12.3367, 0.7886］
$R^2 = 0.9992$, $F = 1625.8$, $p < 0.0001$, $s^2 = 5.69553$		

检查各个参数置信区间，可以发现后三个置信区间都是包含有零点的，说明对应的这几项并不显著，此模型不够好，还需改进. 通过作残差图观察可得数据 1 和数据 6 是异常数据点，剔除这些数据后再回归得到如表 3.2 所示较理想的计算结果.

表 3.2　剔除异常数据后的计算结果

参数	参数估计值	参数置信区间
α_0	6.1024	［3.0042, 9.2006］
α_1	−7.7440	［−11.2996, −4.1883］
α_2	3.3293	［1.5871, 5.0715］
α_3	8.2577	［4.7382, 11.7772］
α_4	2.0975	［1.1967, 2.9983］
α_5	−8.3024	［−11.8652, −4.7397］
$R^2 = 0.9999$, $F = 11850.1$, $p \ll 0.0001$, $s^2 = 0.71533$		

相应的残差图如图 3.4 所示：

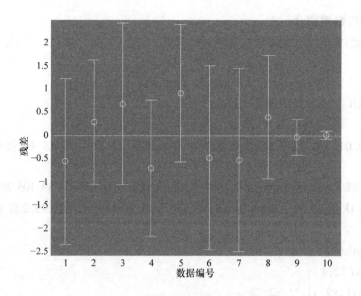

图 3.4　雄蟹回归结果的残差图

残差图均包含零点，表明模型拟合效果较好. 本模型 R^2 的绝对值为 0.999，表明线性相关性较强. P 值检验：因为 $p < 0.0001$ 满足 $p < \alpha = 0.05$，显然合格. 置信区间的检验：检查置信区间，发现均不含有零点，表明模型拟合效果很好.

2. 对雌蟹进行数据拟合

对雌蟹的回归模型的建立过程与雄蟹类似，得到结果如表 3.3 所示.

表 3.3　计算结果

参数	参数估计值	参数置信区间
α_0	12.0881	[6.6355, 17.6406]
α_1	-9.9207	[-16.5975, -3.2440]
α_2	4.2495	[0.9399, 7.5591]
α_3	0.1270	[0.0493, 0, 2047]
α_4	-0.0205	[-0.0411, 0.0001]
$R^2 = 0.9989$, $F = 1617.5$, $p < 0.0001$, $s^2 = 7.9910$		

结果分析：

（1）相关系数 R^2 的评价：一般地，相关系数绝对值在 0.8 ~ 1 内，可判断回归自变量与因变量具有较强的线性相关性. 本模型 R 的绝对值为 0.9989，表明线性相关性较强.

（2）P 值检验：因为 $p < 0.0001$ 满足 $p < \alpha = 0.05$，显然合格.

（3）置信区间的检验：检查置信区间，发现只有 α_4 的置信区间包含零点（但区间右端距零点很近），表明回归变量 x_2^2 不是太显著，但由于 x_2 是显著的，我们仍将变量 x_2 保留在模型中.

（4）用 rcoplot（r，rint）命令画残差图如图 3.5 所示，发现基本上都在零点附近，即模型大致拟合.

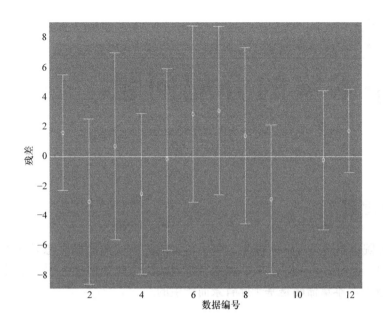

图 3.5　雌蟹回归结果的残差图

综上所述，雌蟹的拟合模型为
$$w = 6.1024 - 7.7440x_1 + 3.3293x_2 + 8.2577x_1^2 + 2.0975x_2^2 - 8.3024x_1x_2.$$
雌蟹的拟合模型为
$$w = 12.0881 - 9.9207x_1 + 4.2495x_2 + 0.127x_1^2 - 0.0205x_2^2.$$

竞赛效果评述

本题取材自宁波大学较有特色的水产养殖专业，内容比较贴近学生的学习生活，题目本身难度不大，实际竞赛过程中学生选择做这道题目的数目还是比较多的，在做题的过程中，练习了回归分析方法的运用，熟悉了对实验数据的分析处理，针对数学建模相关技能锻炼和文章写作练习取得了较好的效果.

第 4 章
医院手术室的分配问题

4.1 命题背景

手术室是医院重要而又有限的资源，对手术室的有效使用能满足患者的手术需求，带来巨大的社会效益，同时可为医院带来可观的经济效益，因此如何提高手术室的使用效率成为一个重要的问题[1]．本章命题是基于此背景而产生的．

4.2 题目

宁波市某三甲医院有 12 个安排值班的手术室，为 7 个科室提供服务，即外科、妇科、眼科、耳鼻喉科、骨科、急诊科和口腔外科，其中有 9 个主手术室和 3 个临时性门诊外科手术室．按照当天手术室使用的小时数，一间手术室可以"短时使用"，也可以"长时使用"．所有的手术只能安排在星期一到星期五之间．表 4.1 汇总了不同类型手术室每天的可用情况，表 4.2 给出了每周手术室时间的需求情况，其中可允许的分配不足小时数是可以拒绝一个科室的最多小时数（相对于其一周手术室时间请求）．

表 4.1　手术室可用时间

星期	可用小时数			
	主手术室"短时使用"	主手术室"长时使用"	临时手术室"短时使用"	临时手术室"长时使用"
星期一	08:00 – 15:30	08:00 – 17:00	08:00 – 15:30	08:00 – 16:00
星期二	08:00 – 15:30	08:00 – 17:00	08:00 – 15:30	08:00 – 16:00
星期三	08:30 – 15:30	08:00 – 16:30	08:30 – 15:30	08:00 – 16:30
星期四	08:00 – 15:30	08:00 – 17:00	08:00 – 15:30	08:00 – 16:00
星期五	09:00 – 15:30	09:00 – 17:00	09:00 – 15:30	09:00 – 17:00
手术室数量	9		3	

表 4.2　手术室时间的每周需求小时数

科室	每周需求小时数	可允许的分配不足的小时数
外科	194.00	11.0
妇科	121	10.0
眼科	43.00	9.00
口腔外科	23.00	9.00

（续）

科室	每周需求小时数	可允许的分配不足的小时数
耳鼻喉科	34.00	8.00
骨科	47	8.00
急诊科	8	3.00

请建立数学模型解决以下问题.

问题一. 利用表4.1、表4.2所给数据为每天手术室安排确定一个你认为合理的分配方案.

问题二. 若表4.1数据不变，但表4.2中各科室每周需求小时数都增加10%，而可允许分配不足的小时数不变，这时请给出新的合理的分配方案.

4.3 基本假设

A1. 各科室所进行的每一个手术的时间均不会超过所在手术室能够提供的最大时间；

A2. 一旦手术室分配给某科室，该科室必须使用完当天手术室提供的全部时间；

A3. 手术室之间除使用时间长短外无其他差异，临时手术室与主手术室资源配置相同，即临时手术室可以当作主手术室来使用；

A4. 7个科室在手术室的分配问题上不分主次，按照同等地位来处理.

4.4 符号说明

h_j	第j个科室每周需求的小时数，$j=1,2,\cdots,7$；
μ_j	第j个科室每周可允许分配不足的小时数，$j=1,2,\cdots,7$；
d_{ki}	星期k第i类型可使用的时间，$k=1,2,\cdots,5$；$i=1,2,\cdots,4$；
x_{kji}	星期k分配给第j个科室第i类型手术室的数量，$k=1,2,\cdots,5$；$j=1,2,\cdots,7$；$i=1,2,\cdots,4$；
n_{ki}	星期k可使用i类型的手术室数量，$k=1,2,\cdots,5$；$i=1,2,\cdots,4$；
s_j	每周分配给第j个科室的时长多于其需求量的超额，$j=1,2,\cdots,7$；
g_j	每周分配给第j个科室的时长少于其需求量的缺额，$j=1,2,\cdots,7$；
P	科室的时间分配缺额占需求时间的百分比之和；
i	$i=1,2,3,4$分别表示主手术室"短时使用"、主手术室"长时使用"、临时手术室"短时使用"、临时手术室"长时使用"4种类型.

19

4.5 问题一模型的建立与求解

对问题一，我们定义每个科室所分配时长缺额与需求时长之比为该科室的不满意度；目标函数为所有科室不满意度之和最小[2]. 即极小化 $P = \sum_{j=1}^{7} \dfrac{g_j}{h_j}$.

约束条件(1) $\sum_{k=1}^{5} \sum_{i=1}^{4} d_{ki} x_{kji} + g_j - s_j = h_j$, $j = 1,2,\cdots,7$ 表示一周内分配给每个科室的手术室数量可用总时间应接近其需求小时数.

约束条件(2) $\sum_{j=1}^{7} x_{kji} \leqslant n_{ki}$, $k = 1,2,\cdots,5$; $i = 1,2,\cdots,4$ 表示各科室每天分配的手术室类型不超过总的可用的手术室类型.

约束条件(3) $\sum_{i=1}^{2} n_{ki} \leqslant 9$, $k = 1,2,\cdots,5$ 表示每天使用主手术室的个数不能超过主手术室可用数量9.

约束条件(4) $\sum_{i=3}^{4} n_{ki} \leqslant 3$, $k = 1,2,\cdots,5$ 表示每天使用临时手术室的个数不能超过临时手术室可用数量3.

约束条件(5) $0 \leqslant g_j \leqslant \mu_j$, $j = 1,2,\cdots,7$ 表示每周分配给每个科室的需求时间缺额要小于可允许分配不足的小时数.

约束条件(6) $s_j \geqslant 0$, $j = 1,2,\cdots,7$ 限制每周分配给每个科室的需求时间超额为非负数.

约束条件(7) x_{kji}, $k = 1,2,\cdots,5$; $j = 1,2,\cdots,7$; $i = 1,2,\cdots,4$ 要求每天分配给每个科室的手术室数量为整数.

综上，可以得到问题一的整数规划模型（IP1）如下：

（IP1）

$$\min P = \sum_{j=1}^{7} \frac{g_j}{h_j}$$

$$\text{s. t.} \begin{cases} \sum_{k=1}^{5} \sum_{i=1}^{4} d_{ki} x_{kji} + g_j - s_j = h_j, j = 1,2,\cdots,7, \\ \sum_{j=1}^{7} x_{kji} \leqslant n_{ki}, k = 1,2,\cdots,5; i = 1,2,\cdots,4, \\ \sum_{i=1}^{2} n_{ki} \leqslant 9, k = 1,2,\cdots,5, \\ \sum_{i=3}^{4} n_{ki} \leqslant 3, k = 1,2,\cdots,5, \\ 0 \leqslant g_j \leqslant \mu_j, j = 1,2,\cdots,7, \\ s_j \geqslant 0, j = 1,2,\cdots,7, \\ x_{kji}, k = 1,2,\cdots,5; j = 1,2,\cdots,7; i = 1,2,\cdots,4 \text{ 为整数.} \end{cases}$$

用 LINGO 软件[3]求解以上模型（IP1），可得求解结果如表4.3所示：

所有科室的需求小时数都能得到满足，目标函数为 0，即各科室不满意度之和为 0. 详细的各科室每周各天分配的手术室类型在表 4.3 对应的方格内.

表 4.3 问题一计算结果

星期	手术室类型			
	主手术室"短时使用"	主手术室"长时使用"	临时手术室"短时使用"	临时手术室"长时使用"
星期一		外科分配 9 个	外科分配 3 个	
星期二	外科分配 2 个 耳鼻喉科分配 2 个	外科分配 4 个 妇科分配 1 个		外科分配 3 个
星期三	妇科分配 5 个 骨科分配 4 个			外科分配 2 个 急诊科分配 1 个
星期四	妇科分配 5 个 口腔外科分配 2 个	急诊科分配 2 个		妇科分配 2 个 眼科分配 1 个
星期五		眼科分配 5 个 耳鼻喉科分配 1 个 急诊科分配 3 个		妇科分配 2 个 骨科分配 1 个

4.6 问题二模型的建立与求解

在问题二中，与问题一相比，各科室每周需求小时数都增加 10%，可允许的分配不足的小时数不变. 由此我们可继续采用问题一所建立的模型，只需将 $h_j, j=1,2,\cdots,7$ 修改为 $1.1 h_j, j=1,2,\cdots,7$ 即可，因此可以得到问题二的整数规划模型（IP2）如下：

（IP2）

$$\min P = \sum_{j=1}^{7} \frac{g_j}{h_j}$$

$$\text{s. t.} \begin{cases} \sum_{k=1}^{5} \sum_{i=1}^{4} d_{ki} x_{kji} + g_j - s_j = 1.1 h_j, j = 1,2,\cdots,7, \\ \sum_{j=1}^{7} x_{kji} \le n_{ki}, k = 1,2,\cdots,5; i = 1,2,\cdots,4, \\ \sum_{i=1}^{2} n_{ki} \le 9, k = 1,2,\cdots,5, \\ \sum_{i=3}^{4} n_{ki} \le 3, k = 1,2,\cdots,5, \\ 0 \le g_j \le \mu_j, j = 1,2,\cdots,7, \\ s_j \ge 0, j = 1,2,\cdots,7, \\ x_{kji}, k = 1,2,\cdots,5; j = 1,2,\cdots,7; i = 1,2,\cdots,4 \text{ 为整数}. \end{cases}$$

用 LINGO 软件求解以上模型（IP2），可得求解结果如表 4.4 所示：

所有科室的需求小时数并不都能得到满足，目标函数为 0.042，即各科室不满意度之和为 0.042. 详细的各科室每周各天分配的手术室类型在表 4.4 对应的方格内.

表 4.4　问题二计算结果

星期	手术室类型			
	主手术室"短时使用"	主手术室"长时使用"	临时手术室"短时使用"	临时手术室"长时使用"
星期一		妇科分配 9 个		骨科分配 3 个
星期二		外科分配 9 个		外科分配 3 个
星期三		外科分配 7 个 耳鼻喉科分配 1 个 急诊科分配 1 个		急诊科分配 3 个
星期四		外科分配 1 个 妇科分配 4 个 耳鼻喉科分配 1 个 急诊科分配 2 个 口腔外科分配 1 个	骨科分配 2 个	妇科分配 1 个
星期五		外科分配 4 个 妇科分配 1 个 眼科分配 3 个 耳鼻喉科分配 1 个		眼科分配 3 个

参考文献

[1] 柴惠. 现代医院手术室建设中的问题及动态研究[J]. 中国医学装备, 2007, 4(6):20-22.
[2] 孙宏, 杜文. 飞机排班数学规划模型[J]. 交通运输工程学报, 2004, 4(3):117-120.
[3] 刘晓华, 许锋. 基于 LINGO 软件的医院科室布局优化方法探讨[J]. 中国医疗设备, 2014, 29(5):112-114.

竞赛效果评述

该题从模型分类来看是一个纯粹的整数规划问题, 并不是一个复杂的综合性建模问题. 要求学生掌握基本的数学规划建模基础知识即可, 并会用相应的数学规划求解软件, 比如 LINGO, 来求解.

在校赛中, 有一半以上的学生选择了该题, 可能原因在于问题与生活实际紧密相关, 而且易于理解, 容易上手. 对于一个数学规划模型来说, 约束条件和目标函数是其核心组成部分, 而连接这两个组成部分的是决策变量. 所以, 从评阅角度来看, 主要检查决策变量, 约束条件及目标函数的选取. 该题的难点在于目标函数的选取. 从题目要解决的问题来看, 要求给出"合理的分配方案". 而如何理解"合理"在这里有较大的灵活性, 一般来说"合理"可用"公平性和效率"来衡量. 从竞赛结果来看, 由于学生对"合理"理解上的差异, 导致选取的目标函数差异较大, 有的只兼顾了单方面, 有的甚至按照手术利润来分配手术室, 这都是没有正确理解题目的表现. 当然有部分学生, 准确把握了题意, 用分配的手术室占其需求的手术室的比值来定义满意度从而刻画"合理", 具有一定的创新性. 另外, 由于该题所建立的模型是整数规划模型, 而一般的整数规划模型都是 NP-困难的, 在多项式时间内求全局最优解是不可能的. 在实际用 LINGO 求解时, 通常找到局部最优解即可, 有时甚至在可接受的运行时间内找到可行解即可. 但需要对得到的可行解进行评价, 看实际是否可接受. 在这一点上, 有些学生并没有做到, 而只是简单地给出启发式求解结果, 有的甚至不去验证给出的解是否可行来检验结果的正确性. 总体来看, 通过参赛及赛后点评, 大部分参赛同学初步掌握了数学规划建模的一般方法和技巧, 会利用 LINGO 软件进行求解, 但对解的更进一步分析还比较欠缺.

第 5 章
网络影响分析

5.1 命题背景

网络（包括互联网和手机网络）近几年加速发展，与人们的关系也更加密切，而人们对其影响利弊却众说纷纭. 基于这一背景，学生可以将学习的理论运用在生活和实践分析中，尤其是对缺少基础数据的经济管理类问题的分析，这对学生是一次很好的锤炼.

5.2 题目

网络（包括互联网和手机网络）从最初的新生事物，发展到现在的生活助手，仅仅经过了三十余年的时间. 随着经济的发展和人们生活水平的提高，人们接触网络的机会更多、形式更加多样，网络与人们的关系也更加密切. 但是，关于其对人们的影响利弊却众说纷纭.

人们在分析网络与人的关系时，往往更关注它的弊端，比如日本"3·11"大地震后发生的"核辐射与抢盐"等事件. 我们在克服网络带来的消极因素的同时，更应该看到它的优势，利用它方便、快捷以及大众化传播的特点在各个方面或领域为我们服务.

请针对发生在我们身边较多的话题或问题，比如，网络购物、网络团购、大学生沉迷网络游戏等，搜集诸如网络发展速度、网页点击率、网站知名度、新闻关注度、上网人数以及年龄层次、上网的时间、上网的工具、上网的内容、不同群体的兴趣排名等相关数据，在合理的假设下，对网络在某些领域的影响有针对性地进行定量分析，得出明确且有说服力的结论.

数据的收集和分析是你们建模分析的基础和重要组成部分. 你们的论文必须观点鲜明、分析有理有据、结论明确.

5.3 模型建立解析

5.3.1 问题分析

本文在数据收集方面主要利用百度指数进行分析.

首先，从网络对人们影响的弊端入手进行分析，并分别考虑 PC 端和移动端等不同获取信息手段的差异，分析针对此种现象应采取的措施.

其次，关于网络带给人们生活上的改变，分别从绝对数量和相对比例探讨网络对不同需求属性的影响差异，在不同群体和地域之间的差异，季节性差异，以及获取信息手段的差异等不同角度探讨短期影响.

最后，并就网络对人们生活的长期影响，分别利用效用分析、等流量线方法分析关于不同网络信息的需求曲线，并进行总结.

5.3.2 符号说明

符号	说　　明
y_t	第 t 个时点的百度搜索指数
$y_{t,1}$	第 t 个时点的 PC 端百度搜索指数
$y_{t,2}$	第 t 个时点的移动端百度搜索指数
H	需求差异模型损失函数
I_t	居民可支配收入
S_t	网络相关需求搜索指数
Q_t^w	网络相关需求数量
P_t^w	网络相关需求价格
Q_t^u	其他相关需求数量
P_t^u	其他相关需求价格
U	网络相关需求和其他需求的无差异曲线

5.3.3 数据处理说明

本文在数据收集方面主要利用百度指数进行分析，在对生活的影响领域方面，重点考虑吃（美团）、住（住房）、行（旅游）、玩（游戏）；在对不同的群体的影响方面，主要考虑地区、年龄、性别等之间的差异；并提取了 2011 年至今的数据进行长期分析.

5.3.4 模型建立及求解

1. 网络负面影响指数模型

在前期的"××暴徒"事件中，我们能够看到网络在其中也有着推波助澜的效果，通过调取 2019 年 8 月 3 日至 2019 年 8 月 14 日"××暴徒"对应的百度指数见表 5.1.

表 5.1　2019 年 8 月 3 日至 2019 年 8 月 14 日"××暴徒"百度搜索指数

"××暴徒"搜索指数	949	3169	4024	5027	3577	3667	6506	5799	5945	11389	14243	22780
日期（2019 年）	8/3	8/4	8/5	8/6	8/7	8/8	8/9	8/10	8/11	8/12	8/13	8/14

结合数据能够看出，此次负面信息在网络上的爆发非常迅速，大致呈指数分布（见图 5.1），设网络负面影响指数模型为：

$$y_t = \alpha e^{\beta t + u} \tag{5.1}$$

其中 t 为时间，y_t 为百度搜索指数值，α，β 为对应的参数，$u \sim N(0, \sigma^2)$ 为误差项[1]. 对模型进行线性变换可得

$$\ln y_t = \ln \alpha + \beta t + u.$$

利用最小二乘法可以估计：

$$\hat{\alpha} = e^{7.2677}, \quad \hat{\beta} = 0.2050,$$

对应的 t – 检验统计量分别为 $t_{\hat{\alpha}} = 32.4166$，$t_{\hat{\beta}} = 6.7296$，$P$ 值分别为 $p_{\hat{\alpha}} = 1.8e^{-11}$，$p_{\hat{\beta}} = 5.2e^{-5}$，方程的拟合优度为 $R^2 = 0.8191$. 由此可见网络负面信息呈指数模型爆发趋势（见图 5.2）.

考虑指数模型的主要部分 $y_t = \alpha e^{\beta t}$，容易求出对应的信息变化率 $\dfrac{\mathrm{d}y_t}{\mathrm{d}t} = \alpha\beta e^{\beta t}$ 和信息的时间弹性 $e_{y_t} = \beta t$. 显然，弱化负面信息对社会影响的关键是尽早（减少时间 t 的持续效应作用）通过各种途径弱化或降低负面信息对时间的敏感度 β，并以预防为主要手段.

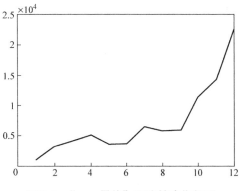

图 5.1　"××暴徒"百度搜索指数图

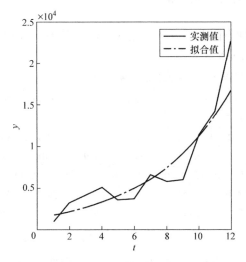

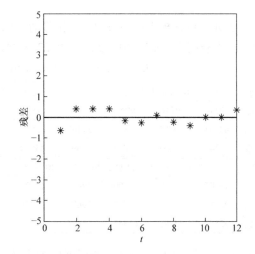

图 5.2　"××暴徒"指数模型拟合图和残差分析图

2. 网络影响差异分析模型

网络带给人们生活上的影响主要体现在各类需求上，比如"吃（美团）"、"住（住房）"、"行（旅游）"、"玩（游戏）"等，下面分别从绝对数量和相对比例，从不同的上网方式、不同性别、不同年龄、不同时段探讨网络对各类需求的影响差异，以及它们之间可能存在的关联. 为方便起见，下面仅针对"美团"和"游戏"两个关键词的百度搜索指数进行分析.

"美团"和"游戏"这两个关键词在不同性别之间具有显而易见的差异，男性搜索指数是女性的 1.7 倍之多（见表 5.2）.

表 5.2　"吃玩"需求百度指数的性别分布

	女	男
美团	37.71	62.29
游戏	36.56	63.44

在不同年龄之间亦有类似的结果，20 ~ 29 年龄段的搜索指数最大，分别达到 61.56% 和 47.57%，其次为 30 ~ 39 年龄段，分别为 21.54% 和 29.05%，说明年轻人对网络信息的利用

起到了主导作用（见图5.3）.

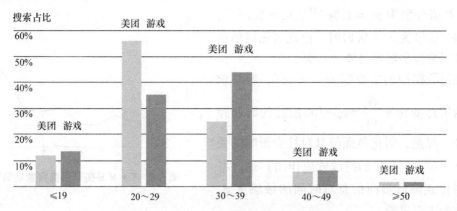

图5.3 "吃玩"需求百度指数的年龄分布

下面进一步分析人们通过 PC 端和移动端两种不同上网方式的差异，以"美团"搜索指数为例，首先获得 2019.10.01 ~ 2019.10.22 数据如表5.3 所示.

表5.3 "美团"在 2019.10.01 ~ 2019.10.22 期间百度搜索指数

日期	10月1日	10月2日	10月3日	10月4日	10月5日	10月6日	10月7日	10月8日	10月9日	10月10日	10月11日
PC 端	10114	9749	9910	9744	9544	9127	9570	16100	17174	17540	17873
移动端	43233	45284	41892	37148	33515	29530	23625	18466	18955	19764	19743
总指数	53347	55033	51802	46892	43059	38657	33195	34566	36129	37304	37616
日期	10月12日	10月13日	10月14日	10月15日	10月16日	10月17日	10月18日	10月19日	10月20日	10月21日	10月22日
PC 端	18807	8145	17590	17621	18092	18510	19555	11272	7982	17087	17270
移动端	23566	25200	19484	19605	19838	19537	23025	27799	24637	19200	19549
总指数	62557	51896	61342	61374	61846	62265	63311	55029	51740	60846	61030

记 $y_{t,1}$ 为第 t 个时点的 PC 端百度搜索指数，$y_{t,2}$ 为第 t 个时点的移动端百度搜索指数，令 $y_{t,c} = y_{t,2} - y_{t,1}$，显然在移动端的搜索指数系统性的超出了 PC 端的搜索指数，二者的平均差额为日均 11575，这充分说明了人们现在的网络消费需求方向主要以移动端为主，尤其是公共假期和周末期间（见图5.4）.

进一步构建人们网络消费的时段需求差异模型，记 y_t 为第 t 个时点的百度搜索总指数，μ 为日常搜索均值，α 为周末搜索需求增量[2]，β 为假期搜索需求增量，则有模型

$$y_t = \mu + \alpha I(t \in A) + \beta I(t \in B) + u_t \tag{5.2}$$

其中 A 表示周末，B 表示假期，$u_t \sim N(0, \sigma^2)$ 为误差项.

同时，构建损失函数

$$H(\mu, \alpha, \beta) = \sum_t (y_t - \mu - \alpha I(t \in A) - \beta I(t \in B))^2. \tag{5.3}$$

利用最小二乘法，求得参数的估计值分别为：$\hat{\mu} = 35643.49$，$\hat{\alpha} = 4055.60$，$\hat{\beta} = 9195.62$，对应的 t – 检验统计量 P 值分别为 9.89E – 16，0.0079，0.0004. 即周末平均搜索总量显著超出日常 4055.60 次，假期平均搜索总量显著超出日常 9195.62 次.

由上分析可知，网络对不同性别、不同年龄的群体影响程度不一，人们获取网络资源的方式已逐渐转向移动端，在涉及日常生活方面的网络需求方面，周末和假期会显著地高于

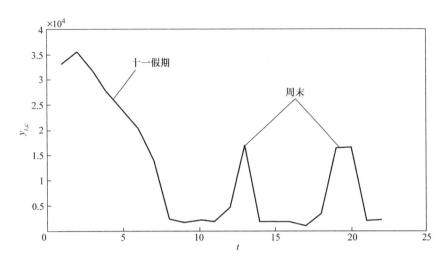

图 5.4　"美团"百度搜索指数的移动端和 PC 端差异分布

日常需求.

3. 长期网络需求分析模型

　　网络的发展已有几十年的历史, 从近十年的搜索数据能够看出 (见图 5.5), 随着技术以及网速的提升, 网络从一个奢侈品的角色早已转变成人们的日常消费品, 人们在其上的资金和时间花费也逐渐有了新的转变, 下面从效用的角度进行分析.

图 5.5　近十年的百度搜索指数

　　首先从网络消费金额变化分析. 通过查询国家统计局网站能够看到我国居民人均可支配收入逐年递增, 具有如表 5.4 所示的数据

表 5.4　近几年居民可支配收入和"美团"搜索指数

年度	2012	2013	2014	2015	2016	2017	2018
居民可支配收入	15313	18311	20167	21966	23821	25974	28228
网络需求搜索指数	8622	24051	70285	113641	93673	88628	53162

　　记 I_t 为居民可支配收入, S_t 为网络相关需求搜索指数, Q_t^w 为网络相关需求数量, P_t^w 为网络相关需求价格, Q_t^u 为其他相关需求数量, P_t^u 为其他相关需求价格, 在不考虑通货膨胀的前提下, 则可给出不同时间下的预算线方程:

$$Q_t^w P_t^w + Q_t^u P_t^u = I_t \tag{5.4}$$

其中, $Q_t^w = Q(S_t)$ 是 S_t 的正相关函数.

同时，取网络相关需求和其他需求的无差异曲线[3]为

$$U(Q_t^w, Q_t^u) = K(Q_t^w)^{\lambda_1}(Q_t^u)^{\lambda_2} \tag{5.5}$$

其中，K，λ_1，λ_2 为可调整常参数. 不妨将各类需求对应的价格都取为 1，则结合预算线和无差异曲线获得不同年度的网络相关消费和其他消费的均衡点如图 5.6 所示：

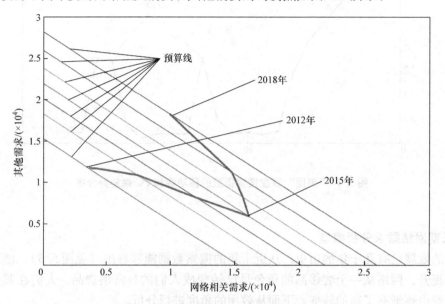

图 5.6　网络相关需求和其他需求的均衡点

容易得到网络相关需求在 2015 年之前发展地非常迅速，随着 4G 网络铺设和"互联网＋"升级的完成，2015 年网络相关需求达到峰值，后面的时段随着人们可支配收入的持续提升，而新的消费点暂时没有出现，相关需求又逐渐回归正常，网络应用和需求进入大众消费阶段. 相信随着 5G 网络的铺设和应用的成熟，网络相关需求将会重新迎来一波快速发展阶段.

参考文献

[1] 师义民，徐伟，秦超英，许勇. 数理统计[M]. 北京：科学出版社. 2009.

[2] 韩中庚. 数学建模方法及其应用[M]. 2 版. 北京：高等教育出版社，2009.

[3] 高鸿业. 西方经济学[M]. 7 版. 北京：中国人民大学出版社. 2018.

竞赛效果评述

本题主要涉及统计分析方法、经济理论在实际问题中的应用，并且关于数据的收集和选取对学生也是一个考验，学生参与的不多. 但随着 2019 年开始的全国大学生数学建模题目增加为 3 题，新增的 C 题偏向经济管理方向，本题还是值得认真练习的.

第6章
快递员问题

6.1　命题背景

由于电子商务的发展，人们购物方式发生了巨大改变，逐渐由线下购物转为线上购物，且随着网络购物平台如淘宝、京东等电商，各类活动如"6·18"、"双11"、"双12"，各种购物数据爆表，刷新全世界对国人购物能力的认知，快递业也随着这股网购浪潮得到了蓬勃发展。根据国家邮政总局发布数据，近十年，每年增长率超过25%，2018年快递量突破450亿件。面对这些销量数据，各大快递公司只有一种选择那就是扩张，在不同的省份、城市、县城、街道、乡镇增设各级代理点，并吸引更多劳动力加入到这庞大的快递大军中，那么在高速扩张中如何给公司降低成本，同时保障快递员合理收入就成为必须面对的问题，本章据此背景而产生。

6.2　题目

我国快递业经过多年的快速发展，已经成为能够促进国民经济增长、创造社会就业、促进产业结构升级的新兴现代服务业。随着我国全球化、工业化、城市化进程加快，社会生产及其组织方式、生活方式正在发生巨大变化，快递业在经济社会发展中的作用和地位日益凸显。

配送是快递行业中非常重要的一个环节，在快递行业的各项成本中，配送成本占了相当高的比例，如果一件快递需要传递100km，其中30%的成本却集中在了最后1km。减少快递配送里程和时间以降低配送成本成为快递配送管理过程中首要考虑的问题之一。

表6.1中给出了宁波市20个小区的坐标，某快递公司需要在该城市开拓快递业务，请就下列问题建立数学模型并解答。

问题一：请在这20个小区中选出某个合适的小区作为快递代理点。

问题二：如果快递员从代理点出发，给每个小区派送快递，请给出一条合适的路线。

问题三：如果考虑快递员的每天派送能力（如：200、195、190等），是否考虑多个快递员派送；如果是，请给出每个快递员派送路线。

问题四：如果还要考虑收件情况，结合快递员的派送收件能力（该快递员任意时刻快递件数，包括派送和已接受），是否需要调整派送路线？

数据说明：

表6.1中反映了快递点及收发件数，包含每个小区的 $X - Y$ 坐标、当天每个小区的快递派

送数和收件数.

表 6.1

小区	A	B	C	D	E	F	G	H	I	J
x 坐标/km	7	20	65.5	33	94.1	62.9	79.8	46	77.2	86.3
y 坐标/km	7	20	91.5	55.1	77.2	33	78.5	64.2	49.9	77.2
快递送件数	14	18	19	18	24	16	19	17	22	15
快递收件数	14	25	19	27	19	17	13	11	18	24
小区	K	L	M	N	O	P	Q	R	S	T
x 坐标/km	65.5	7	31.7	36.9	46	30.4	65.5	49.9	55.1	51.2
y 坐标/km	22.6	52.5	29.1	34.3	36.9	35.6	60.3	51.2	44.7	62.9
快递送件数	18	23	14	18	18	17	21	23	18	19
快递收件数	12	15	14	15	15	25	18	28	22	15

6.3 基本假设

A1：小区之间道路为直线道路且为双向道路；

A2：快递员送货途中行驶正常；

A3：快递员送件和收件时间为常数；

A4：每件快递为标准单位体积.

6.4 符号说明

符号	说 明
d_{ij}	第 i 个小区与第 j 个小区的距离，$i,j=1,2,\cdots,20$；
y_i	若小区 i 被选为代理点则为 1，否则为 0，$i=1,2,\cdots,20$；
x_{ij}	若快递员从小区 i 去小区 j 则为 1，否则为 0，$i,j=1,2,\cdots,20$；
K	需要的快递员数；
C	快递员携带的件数容量；
x_{ij}^k	若快递员 k 从小区 i 去小区 j 则为 1，否则为 0，$i,j=1,2,\cdots,20$，$k=1,2,\cdots,K$；
y_{ik}	若快递员 k 服务小区 i 则为 1，否则为 0，$i=1,2,\cdots,20$，$k=1,2,\cdots,K$；
z_{ij}^k	从小区 i 到小区 j 时，快递员 k 携带的件数，$i,j=1,2,\cdots,20$，$k=1,2,\cdots,K$.

6.5 问题一模型的建立与求解

在建立模型前，我们需要得到小区的两两之间的最短距离，根据各小区的坐标，可以得到该数据，但较繁琐，随着小区个数不断增加，计算量迅速增加，尤其是当某两个小区没有直接连通路（本文不涉及该问题）.

在此我们简单介绍 Floyd 算法[1]，Floyd 算法又称为插点法，是一种利用动态规划的思想寻找给定的加权图中多源点之间最短路径的算法. 该算法名称以创始人之一、1978 年图灵奖获得者、斯坦福大学计算机科学系教授罗伯特·弗洛伊德（Robert W. Floyd）命名. 图主要由边和顶点组成，带有权重的图都可以用矩阵描述，任何行列上元素的数值对应该行序号对应的顶点与列序号对应顶点之间权重（距离），显然如有 n 个顶点，则对应 $n \times n$ 矩阵.

Floyd 算法的第一步就是构建一个路径矩阵，首先通过一个图的权值矩阵求出它的每两点间的最短路径矩阵. 从图的带权矩阵 $D_{n \times n}$ 开始，递归地进行 n 次更新，即由矩阵 $D(0) = A$，构造出矩阵 $D(1)$；又用同样地公式由 $D(1)$ 构造出 $D(2)$；…；最后又用同样的公式由 $D(n-1)$ 构造出矩阵 $D(n)$. 矩阵 $D(n)$ 的 i 行 j 列元素便是 i 号顶点到 j 号顶点的最短路径长度，称 $D(n)$ 为图的距离矩阵.

现给出其算法的概述：

对于一个有 n 个节点的图，令 D_{ij} 为节点 i 到节点 j 的最短路径长度.

首先，将所有现成的边存入 D_{ij}，其余的令其值为 ∞，并使 $D_{ii} = 0$；

接着，枚举中转点 k，那么

$$D_{ij} = \min\{D_{ik} + D_{kj} \mid k \in [1, n], k \neq i, k \neq j\}$$

计算所有小区两两之间初始最短距离矩阵 $W_{n \times n}$，算法大致描述如下：

初始化：W = D

For k：= 1 to n

  For i：= 1 to n

    For j：= 1 to n

      If W[i, j] > W[i, k] + W[k, j] Then

      W[i, j]：= W[i, k] + W[k, j];

    end

  end

end

算法结束：W 即为所有点对的最短路径矩阵

问题一是一个典型的选址问题，选址问题研究内容十分广泛，研究方法主要依靠运筹学、拓扑学、管理学等计量方法. 1909 年，Weber 研究了在平面上确定一个仓库的位置使得仓库与多个顾客之间的总距离最小的问题（称为韦伯问题），正式开始了选址理论的研究. 1964 年，Hakimi 提出了网络上 P - 中心问题. P - 中心问题也叫 minmax 问题，是探讨如何在网络中选择 P 个服务站，使得任意一需求点到距离该需求点最近的服务站的最大距离最小问题. 本文中我们将问题转化为 P - 中心问题，即在 20 个小区中选择一个小区作为代理点，为保证送件到达时间的公平性，目标应当使得离我们所选取的代理点最远的那个小区距离最小. 由此可得如下 0 - 1 规划模型：

模型 1：

$$\min D$$

$$\text{s. t.} \begin{cases} d_{ij} y_i \leqslant D, \ i, j = 1, 2, \cdots, 20, \\ \sum_{i=1}^{20} y_i = 1, \ i = 1, 2, \cdots, 20, \\ y_i \in \{0, 1\}, \ i = 1, 2, \cdots, 20. \end{cases}$$

在理解目标函数前，我们先理解第 1 个约束条件，可以解释为任何候选代理点与其他小区的距离不得大于参数 D，那么参数 D 就是所有距离的上限；目标函数理解为极小化最远的快递运送距离；第 2 个约束条件表示 20 个小区中选择 1 个小区作为代理点；第 3 个约束条件表示 0 - 1 约束.

用 LINGO 软件求解模型 1 可得选择小区 S 作为代理点能使离代理点最远的小区距离最小，离代理点最远的小区距离为 61.11km.

6.6　问题二模型的建立与求解

旅行商问题（Travelling Sales Man Problem，TSP）是一个经典的组合优化问题[2]，可以描述为：一个商品推销员要去若干个城市推销商品，该推销员从一个城市出发，需要经过所有城市后，回到出发地．应如何选择行进路线，以使总的行程最短．从图论的角度来看，该问题的实质是在一个赋权完全无向图中，找一个权值最小的 Hamilton 回路．由于该问题的可行解是所有顶点的全排列，随着顶点数的增加，会产生组合爆炸，它是一个 NP 完全问题.

NP（Nondeterministic Polynomially，非确定性多项式）类问题是指一个复杂问题其不能确定是否会在多项式时间内找到答案，但是可以在多项式时间内验证答案是否正确．NP 类问题的数量很大，比如我们介绍的旅行商（TSP）问题，另外如完全子图问题、图着色问题等．在 P - 中心问题和 NP 问题中，P - 中心问题的难度最低，NP 由于只对验证答案的时间给出了限定，从而有可能包含某些无法在多项式时间内找到答案的问题，即 NP 是比 P - 中心问题更困难的问题.

1954 年，丹捷格等人用线性规划的方法取得了旅行商问题的历史性的突破，解决了美国 49 个城市的巡回问题．这就是割平面法，这种方法在整数规划问题上也有广泛的应用．后来还提出了一种方法叫作分枝限界法，所谓限界，就是求出问题解的上、下界，通过当前得到的限界值排除一些次优解，为最终获得最优解提示方向．每次搜索下界最小的分枝，可以减小计算量.

该问题要求我们从代理点出发，给每个小区均派送快递，选出一条合适的路线，显然我们要求路线的总长度越短越好，该问题与旅行商问题（TSP）相似，因此可以将问题转化为经典的旅行售货员问题，给出相应的目标函数与限制条件，用 LINGO 软件进行求解.

模型 2：

$$\min D = \sum_{i=1}^{20} \sum_{j=1}^{20} d_{ij} x_{ij}$$

$$\text{s. t.} \begin{cases} \sum_{j=1}^{20} x_{ij} = 1, \ i = 1,2,\cdots,20, \\ \sum_{i=1}^{20} x_{ij} = 1, \ j = 1,2,\cdots,20, \\ u_i - u_j + 20x_{ij} \leqslant 19, \ i \neq j, \ i,j = 1,2,\cdots,20, \\ x_{ii} = 0, x_{ij} \in \{0,1\}, \ i, j = 1,2,\cdots,20, \\ u_i, u_j \geqslant 0, \ i, j = 1,2,\cdots,20. \end{cases}$$

模型 2 中目标函数是使整个行驶路程最短；第 1 个约束条件表示从每个小区出发只能前往一个小区，第 2 个约束条件表示每个小区只能来自一个小区到达，有了前面两个约束条件，我们可以确保快递员经过了每个小区，第 4 个约束条件规定一个小区到自身其变量值为 0，即不会从自己出发，到达自己，排除了孤单点；这里我们着重描述第 3 个约束条件.

该约束条件的目的为：避免在一次遍历中产生多于一个的互不联通的回路．在没有该约束条件的情况下，可能出现如下情况：路线为小区 1 – 小区 2 – 小区 1，小区 3 – 小区 4 – 小区 5 – …小区 18 – 小区 19 – 小区 20 – 小区 3，我们发现这个例子满足其余约束条件，但显然这并不是我们想要的答案，该答案存在两个完全独立的子回路，快递员如何从一个回路跳跃到另一个回路？

为了避免这类不可行的解，需增加约束条件 3，我们引入额外变量 $u_i(i=1,\cdots,20)$，附加约束 3.

我们可以看到，若 i,j 构成回路，有：

$$x_{ij}=1,\ x_{ji}=1,$$

则：

$$u_i-u_j\leqslant -1,\ u_j-u_i\leqslant -1,$$

从而令该两式相加有：

$$0\leqslant -2，矛盾$$

若 i,j,k 构成回路，有：

$$x_{ij}=1,\ x_{jk}=1,\ x_{ki}=1,$$

则：

$$u_i-u_j\leqslant -1,\ u_j-u_k\leqslant -1,\ u_k-u_i\leqslant -1,$$

从而令该三式相加有：

$$0\leqslant -3，矛盾.$$

其余情况我们可以依此类推，均会导致该式不成立.

因此，该约束条件 3 排除了子回路的情况.

用 LINGO 求解可得具体路线如下：

从小区 S 出发，依次经过小区 R，小区 Q，小区 I，小区 E，小区 J，小区 G，小区 C，小区 T，小区 H，小区 D，小区 L，小区 A，小区 B，小区 M，小区 P，小区 N，小区 O，小区 K，小区 F，最后回到小区 S.

总路程长度为 337.62km.

6.7　问题三模型的建立与求解

在该问题中，由于快递员的派送能力有限制，一名快递员已不可能完成所有的送件任务，因此需要多名快递员来完成送件任务. 我们可以将问题转化为多人旅行商问题（MTSP）. 即多个旅行商遍历多个城市，在满足每个城市被一个旅行商经过一次的前提下，求遍历全部城市的最短路径. 解决 MTSP 对解决诸如：交通运输、管道铺设、路线的选择、计算机网络的拓扑设计、邮递员送信等问题具有重要意义.

TSP 问题已经是 NP 完全问题，多人旅行商问题更具挑战难度. 相对旅行商问题，多人旅行商增加送货员 k 这个维度. 在设计模型时必须满足以下两个条件：

条件 1：从指定小区出发，对其他所有小区严格访问一次后返回起始地；

条件 2：一条有效路径应由多条非平凡子路径（Nontrivial Subtours）组成. 所谓非平凡子路径指该路径中除出发小区外，至少到达其他任意一个小区，即不能有孤单点.

把握这两个条件，设计模型，模型的描述大概如下：

模型 3:

$$\min Z = \sum_{i=1}^{20} \sum_{j=1}^{20} \sum_{k=1}^{K} d_{ij} x_{ij}^{k} \tag{6.1}$$

$$\text{s. t.} \begin{cases} \sum_{k=1}^{K} y_{ik} = 1, \ i = 1,2,\cdots,18,20, & (6.2) \\[2mm] \sum_{k=1}^{K} y_{19,k} = K, & (6.3) \\[2mm] \sum_{i=1}^{20} x_{ij}^{k} = y_{jk}, \ j = 1,2,\cdots 19,20, \ k = 1,2,\cdots,K, & (6.4) \\[2mm] \sum_{j=1}^{20} x_{ij}^{k} = y_{ik}, \ i = 1,2,\cdots,20, \ k = 1,2,\cdots,K, & (6.5) \\[2mm] \sum_{i=1,i\neq 19}^{20} s_i y_{ik} \leqslant C, \ k = 1,2,\cdots,K, & (6.6) \\[2mm] \sum_{i \in S} \sum_{j \in S} x_{ij}^{k} \leqslant |S| - 1, \ |S| \geqslant 2, \forall S \subseteq \{1,2,\cdots,20\} \backslash \{19\}, & (6.7) \\[2mm] y_{ik} \in \{0,1\}, \ i = 1,2,\cdots,20, \ k = 1,2,\cdots,K, & (6.8) \\[2mm] x_{ij}^{k} \in \{0,1\}, \ i,j = 1,2,\cdots,20, \ k = 1,2,\cdots,K. & (6.9) \end{cases}$$

模型 3 中目标函数 (6.1) 表示整个行驶路程最短;约束条件 (6.2) 表示除代理点外每个小区都分配一个快递员;约束条件 (6.3) 表示从代理点小区 19 出发的快递员数为 K;约束条件 (6.4) 表示对每个小区都有一个快递员从某一个小区出发过来;约束条件 (6.5) 表示对每个小区都有一个快递员从某个小区离开;约束条件 (6.6) 表示对每个快递员都满足携带的件数容量约束,即携带快件数量不能超过快递员的携带上限;约束条件 (6.7) 表示去子循环约束. 约束条件 (6.8) 与约束条件 (6.9) 表示 0 - 1 约束.

对此模型,如我们用 LINGO 求解,该求解的耗时过长,且因为该算法为 NP 完全问题,求解的答案不一定是全局最优. 所谓全局最优,表示针对一定条件(环境)下的一个问题(目标),若一项决策和所有解决该问题的决策相比是最优的,则就可以被称为全局最优解.

而在该问题中,由于时间等因素的限制,我们只能求得它的局部最优解. 和全局最优不同,局部最优不要求在所有决策中是最好的. 而是针对一定条件(环境)下的一个问题(目标),若一项决策和部分解决该问题的决策相比是最优的,就可以被称为局部最优.

因此我们改用启发式算法. 启发式算法(heuristic algorithm)是相对于最优化算法提出的. 一个问题的最优算法求得该问题每个实例的最优解. 启发式算法可以这样定义:一个基于直观或经验构造的算法,在可接受的花费(指计算时间和空间)下给出待解决组合优化问题每一个实例的一个可行解,该可行解与最优解的偏离程度一般不能够被预计. 现阶段,启发式算法以仿自然算法为主,主要有蚁群算法、模拟退火法、神经网络等.

在启发式算法的指导下,我们令 $C = 200$,可得出一组可行解如下:

解得 $K = 2$,即 2 个快递员即可.

快递员 1 的路线为:从小区 S 出发,依次经过小区 H、小区 T、小区 J、小区 E、小区 G、小区 C、小区 B、小区 A,最后回到小区 S. 路程总长为 209.77km.

快递员 2 的路线为:从小区 S 出发,依次经过小区 O、小区 I、小区 Q、小区 P、小区 N、小区 M、小区 K、小区 F、小区 L、小区 D,最后回到小区 S. 路程总长为 273.23km.

6.8　问题四模型的建立与求解

对该问题，由于快递员需要同时派件和收件，并且装载件数容纳能力有限制，且快递员任意时刻具有的快递件数需小于其最大运输能力，因此类比问题 3 需要多个快递员来完成派送件任务，因此可将该问题转化为同时取送货的车辆路径问题[3].

车辆路径问题（VRP）最早是由 Dantzig 和 Ramser 于 1959 年首次提出，它指一定数量的客户，各自有不同数量的货物需求，配送中心向客户提供货物，由一个车队负责分送货物，组织适当的行车路线，目标是使得客户的需求得到满足，并能在一定的约束下，达到诸如路程最短、成本最小、耗费时间最少等目的. 其自提出以来，一直是网络优化问题中最基本的问题之一，由于其应用的广泛性和经济上的重大价值，一直受到国内外学者的广泛关注.

我们可以从定义中看出，前文讨论的旅行商问题（TSP）是车辆路径问题（VRP）的特例，前文已说明 TSP 问题是 NP 完全问题，因此，VRP 也属于 NP 完全问题.

根据 VRP 问题，我们给出如下的具体模型：

模型 4：

$$\min Z = \sum_{i=1}^{20} \sum_{j=1}^{20} \sum_{k=1}^{K} d_{ij} x_{ij}^{k} \tag{6.10}$$

s. t.

$$\sum_{k=1}^{K} y_{ik} = 1, \ i = 1,2,\cdots,18,20, \tag{6.11}$$

$$\sum_{k=1}^{K} y_{19,k} = K, \tag{6.12}$$

$$\sum_{i=1}^{20} x_{ij}^{k} = y_{jk}, \ j = 1,2,\cdots,20, \ k = 1,2,\cdots,K, \tag{6.13}$$

$$\sum_{j=1}^{20} x_{ij}^{k} = y_{ik}, \ i = 1,2,\cdots,20, \ k = 1,2,\cdots,K, \tag{6.14}$$

$$0 \leqslant z_{ij}^{k} \leqslant C x_{ij}^{k}, \ i,j = 1,2,\cdots,20, \ k = 1,2,\cdots,K, \tag{6.15}$$

$$\sum_{i=1,i\neq j}^{20} z_{ij}^{k} + (p_j - s_j) x_{ji}^{k} = \sum_{j=1}^{20} z_{ji}^{k}, \ j = 1,2,\cdots,20, \ k = 1,2,\cdots,K, \tag{6.16}$$

$$\sum_{i\in S} \sum_{j\in S} x_{ij}^{k} \leqslant |S| - 1, \ |S| \geqslant 2, \forall S \subseteq \{1,2,\cdots,20\} \backslash \{19\}, \tag{6.17}$$

$$y_{ik} \in \{0,1\}, \ i = 1,2,\cdots,20, \ k = 1,2,\cdots,K, \tag{6.18}$$

$$x_{ij}^{k} \in \{0,1\}, \ i,j = 1,2,\cdots,20, \ k = 1,2,\cdots,K. \tag{6.19}$$

模型 4 中目标函数（6.10）表示整个行驶路程最短；约束条件（6.11）表示除代理点小区 19 外每个小区都需分配一个快递员；约束条件（6.12）表示从代理点小区 19 出发的快递员数为 K，约束条件（6.13）表示对每个小区都有一个快递员从某一个小区出发过来，约束条件（6.14）表示对每个小区都有一个快递员从某个小区离开，约束条件（6.15）表示对每个快递员都满足收件和卸件后的件数容量约束，约束条件（6.16）在某个小区收件和卸件后的平衡约束，即快递员身上的快递数约束，约束条件（6.17）表示去子循环约束.

对此模型，我们同样使用启发式算法求得该问题的局部最优解，其中当 $C = 200$ 时，可得可行解如下：

可得 $K=2$，即 2 个快递员即可.

快递员 1 的路线为：从小区 S 出发，依次经过小区 H，小区 T，小区 J，小区 E，小区 M，小区 C，小区 B，小区 A，最后回到小区 S. 路程总长为 325.84km.

快递员 2 的路线为：从小区 S 出发，依次经过小区 O，小区 I，小区 Q，小区 P，小区 N，小区 M，小区 G，小区 F，小区 L，小区 D，最后回到小区 S. 路程总长为 350.76km.

参考文献

[1] 张晓，刘澜. 基于图转换法的双重时限下城市快递问题研究 [J]. 交通运输工程与信息学报，2016，14 (2)：101 – 109.

[2] 张颖，赵禹琦，刘艳秋. 快递企业人员调配问题的建模与求解方法 [J]. 沈阳工业大学学报，2017，39 (5)：513 – 517.

[3] 翟雪，邓莹莹，姜然. 快递员投递最优化路线规划算法研究 [J]. 智富时代，2018 (3)：116 – 116.

竞赛效果评述

本赛题主要涉及选址问题、TSP 以及约束条件下的多人 TSP 问题. 前两问主要考查学生对优化问题的理解以及通过软件寻求问题全局最优解. 但随着问题不停深化、计算复杂度的增大，同学们常常碰到一个困境，发现通过 LINGO 追求全局最优解需要花费极大时间，甚至在有限竞赛时间内无法得到答案，如本题第三问约束条件下的多人 TSP 问题很难得到全局最优解，那么摆在学生们面前一个很残酷的现实，时间和解的最优如何抉择！而启发式算法就是对这类问题很好的一个平衡，在有限时间内得到可接受的局部最优解；当然，我们也可以将问题分成几个子问题，牺牲问题解的全局最优性，但通过降低问题复杂度换取了宝贵时间，进一步说，同学们在短期内得到可接受答案可以极大地激发他们在竞赛期间的斗志. 总之，最后两问主要考查学生们对解的全局最优性与计算时间之间的平衡.

第7章

开心长寿面

7.1 命题背景

来源于生活中的选题, 往往能吸引学生的兴趣. 本题来自于与学生的一些交流, 重点是关于不规则区域的积分以及一些简单的判别和优化.

7.2 题目

民间有生日吃长寿面的习俗, 其由来可有漫长的历史了. 据说这个习俗源于西汉年间.

相传汉武帝崇信鬼神又相信相术. 一天与众大臣聊天, 说到人的寿命长短时, 汉武帝说: "《相书》上讲, 人的人中长, 寿命就长, 若人中1寸长, 就可以活到100岁. "坐在汉武帝身边的大臣东方朔听后就大笑了起来, 众大臣莫名奇妙, 都怪他对皇帝无礼. 汉武帝问他笑什么, 东方朔解释说: "我不是笑陛下, 而是笑彭祖. 人活100岁, 人中1寸长, 传说彭祖活了800岁, 他的人中就长8寸, 那他的脸有多长啊. "众人闻之也大笑起来, 看来想长寿, 靠脸长是不可能的, 但可以想个变通的办法表达一下自己长寿的愿望. 脸即面, 那么"脸长即面长", 于是人们就借用长长的面条来祝福长寿. 渐渐地, 这种做法又演化为生日吃面条的习惯, 称之为吃"长寿面", 如图7.1所示, 这一习俗一直沿袭至今.

图 7.1 长寿面

Carol 的生日快到了, 丈夫 Jeff 准备为她制作一份长寿面. 于是 Jeff 买了一盒长寿面, 从包装盒中取出面盘, 如图7.2所示.

Jeff 估测了一下, 发现面盘最内圈直径2cm, 最外圈直径约17cm.

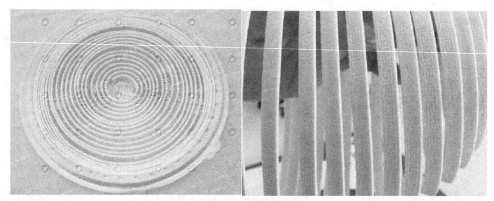

图 7.2　长寿面细节

问题一：请建立模型来测算该长寿面的总长度是多少米？与包装上标示的 6m 总长有多大的出入？

面盘打开来后，呈带状的长寿面宽为 0.66cm，寓意六六大顺，厚约 0.12cm，12 代表着完美，面带上刻有"生日快乐"、"平安吉祥如意多"、"年年岁岁有今朝"等祝福的话语．这么精致而有创意的长寿面价格自然要比一般的面条贵一些，假定该种长寿面单位质量售价为一般面条的 10 倍左右．

问题二：请你调研学校附近超市里的面条售价，结合数据为这种长寿面制定一个合适的价格．

眼看 Carol 快要下班回到家了，Jeff 赶紧将面下锅，并精心放入了鹌鹑蛋、小青菜、切成心形的胡萝卜等配料，不一会儿色香味俱佳的一锅长寿面煮好了．不妨假设其中面、配料、汤汁的比例为 1∶2∶4．

正在 Jeff 要出锅盛面的时候，古灵精怪的女儿 Swan 建议用她准备好的心形碗来盛面，如图 7.3 所示．

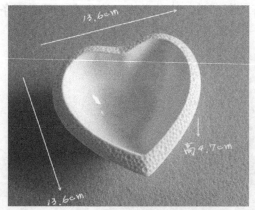

图 7.3　心形碗

假设心形碗是心形曲面的一半，其代数方程为

$$\begin{cases} -\dfrac{x^2 y^3}{l^5} + \left(\dfrac{x^2}{l^2} + \dfrac{y^2}{l^2} + \dfrac{9z^2}{4l^2} - 1 \right)^3 - \dfrac{9 y^3 z^2}{80 l^5} = 0, \\ z \leqslant 0. \end{cases}$$

这里 $l = 6.8\text{cm}$，表示 Swan 准备的心形碗的尺寸大小．

问题三：请问用 Swan 的这个心形碗来盛放 Jeff 制作好的汤面是否合适？请具体计算给予说明．如不合适，那么碗的尺寸 l 应该为多少厘米较合适？

7.3 模型建立解析

7.3.1 问题假设

（1）假设图 7.2 所示的面盘为材料中刻字长寿面的实际面盘；
（2）假设刻字长寿面的面料与普通面条相差不大．

7.3.2 符号说明

符号	说　　明
s	刻字长寿面总长度
l	心形碗尺寸
d_{ij}	第 i 种面的第 j 种属性值
w_j	第 j 种属性的权重
$\Delta\sigma_i$	小区域及其面积
E_j	第 j 种属性的熵

7.3.3 问题一模型的建立与求解

1. 基于定积分的长度测算模型建立

分析图 7.2，发现长寿面每一圈相距较紧密，但随着绕转，每一圈上的面点离面盘中心的距离连续变大，考虑每个面点处于以它离中心的距离为半径的圆上，半径记为 r，则相邻两面点之间的距离可用弧长计算公式求得如下：

$$\mathrm{d}s = r\mathrm{d}\theta. \tag{7.1}$$

$\mathrm{d}\theta$ 为两面点之间的角距离，$\mathrm{d}s$ 为两面点之间的弧长．每一个面点对应一个半径不同的圆，即存在无数个圆，示意图如图 7.4 所示．将每个圆上其对应面点附近的微小圆弧 $\mathrm{d}s$ 作为长寿面的单位长度，对其进行累加，即可得长寿面的总长度．

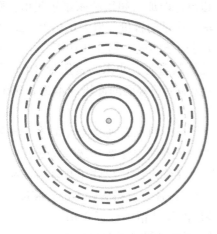

图 7.4　若干面点及其对应的圆

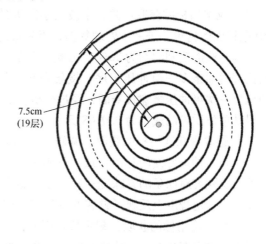

7.5cm
(19层)

图 7.5　面盘的示意图

由于每个面点离中心的距离连续变化，假设呈线性变化，即满足

$$r = r_0 + k\theta, \tag{7.2}$$

由图 7.5 中面盘的实际情况可得 θ 的取值范围 $[a, b]$，将 r 的表达式代入式 (7.1)，长寿面的总长度可用积分表示：

$$s = \int_a^b (r_0 + k\theta) \mathrm{d}\theta. \tag{7.3}$$

2. 长度测算模型的求解

观察长寿面实际情况可知，长寿面共绕 20 层多少许，因此 θ 的取值范围的上限为 $20 \times 2\pi + \pi/3$，则 θ 的取值范围为 $0 \sim 121\pi/3$. 从题中可知，面盘内圈半径 $r_0 = 1\mathrm{cm}$，外圈半径 $R = 8.5\mathrm{cm}$，则半径随 θ 的变化速率 k 可由以下公式求得

$$k = \frac{\Delta r}{\Delta \theta} = \frac{R - r_0}{b - a} = \frac{8.5 - 1}{\frac{121}{3}\pi - 0} = \frac{45}{242\pi}.$$

半径随角度的变化满足

$$r = r_0 + k\theta = 1 + \frac{45}{242\pi}\theta.$$

将上式代入长寿面总长度的积分公式 (7.3)，可得长寿面的总长度：

$$s = \int_0^{\frac{121}{3}\pi} \left(1 + \frac{45}{242\pi}\theta\right) \mathrm{d}\theta = 6.0187$$

计算得到长寿面的长度为 6.0187m，与包装上的 6m 相差 0.0187m，即差异度为 0.0031.

7.3.4 问题二模型的建立与求解

1. 基于多属性决策法和信息熵法的估价模型建立

将刻字长寿面与普通长寿面进行比较，主要考虑对价格有较大影响的成本、顾客青睐度和精致度等方面的指标差异，分析确定三种指标对于价格的权重，最终综合指标与权重得到刻字长寿面与普通长寿面之间的价格关系.

获取如下指标：

（1）成本指标的获取：调研宁波大学附近的知名超市，即加贝超市和家家乐超市，获得了 50 余种面的售价，进一步处理数据，得到普通面条单位质量的售价一般为 0.0128 元. 查阅资料，制造业的毛利润约为 20%，由此可得制造单位质量面条的成本约为 0.0107 元. 刻字长寿面比普通面条多一道冲压工序，搜集资料可知，大批量制造时，冲床的费用为 0.06 元/s，因冲压机一次可冲压多盒长寿面，经过分析，取制造一盒刻字长寿面的冲压成本 0.006 元，计算得其单位质量的成本为 0.0108 元.

（2）顾客青睐度指标的获取：调研淘宝网上兼卖刻字长寿面和普通长寿面的多个高级别店铺，得到两种长寿面的月销售量，月销量反映了在两种长寿面中顾客的选择情况，一定程度上可反映顾客对面条的青睐度；好评度（好评数除以总评价人数）反映了顾客对商品的喜爱程度，也一定程度上反映了顾客的青睐度. 综合月销量与好评度，得到顾客的青睐度指标.

（3）精致度指标的获取：刻字长寿面的长、宽、厚度的设计精确到了 0.01cm，而普通面条的精度一般只有 0.1cm，对微小细节的重视即长、宽、厚度的设计就足以体现刻字长寿面设

计的精致程度，同时也反映了它的创意性. 将设计精度的倒数作为精致度指标.

计算得到两种面的属性指标，见表7.1.

表7.1　普通面条和刻字长寿面各属性指标

	成本/(元/g)	顾客青睐度	精致度
普通面条	0.0107	0.143	10
刻字长寿面	0.0108	0.126	100

在对数据进行标准化前，将成本的费用型属性值转换为效益型属性值，可对原数值进行取倒数操作. 用 i 表示第 i 种面条，用 j 表示第 j 种属性，记 d_{ij} 为第 i 种面条的第 j 种属性值，得到如下的估价矩阵

$$\boldsymbol{D} = \begin{pmatrix} 93.73 & 1810 & 10 \\ 92.67 & 1143 & 100 \end{pmatrix}.$$

运用归一法对估价矩阵进行标准化处理，标准化后的矩阵为

$$\boldsymbol{R} = \begin{pmatrix} 0.5028 & 0.6129 & 0.0909 \\ 0.4972 & 0.3871 & 0.9091 \end{pmatrix}.$$

运用信息熵法确定各属性的权重.

Shannon 给出了熵的定义，两种面条关于各属性的熵为

$$E_j = -\frac{1}{\ln 2}\sum_{i=1}^{2} r_{ij}\ln r_{ij}, \ j = 1,2.$$

E_j 越小时，该属性对价格高低的影响就越明显，于是定义

$$F_j = 1 - E_j,$$

为各属性的区分度，将其归一化后的值作为各属性的权重 w_j，即

$$w_j = \frac{F_j}{\sum\limits_{j=1}^{n} F_j}, \ j = 1,2.$$

2. 估价模型的求解

按照模型进行计算，得到各属性及其对应权重，结果见表7.2.

表7.2　各属性及其对应权重

	成本	顾客青睐度	精致度	价格指数
普通面条	0.5204	0.5316	0.0909	0.0880
刻字长寿面	0.4796	0.4684	0.9091	0.8768
属性权重×10	0.0004	0.0511	9.3789	/

综合三个指标及其权重，得到由各属性决定的两种面条的价格指数，由价格指数可知，若刻字长寿面的售价应该为普通面条的 9.96 倍，则刻字长寿面的单位质量价格应为 0.11 元，一盒长寿面的价格应为 8.42 元.

结果分析：比较而言，两种面的成本差异微小，其在两种面的价格差异方面起的作用极小，因此不会因为刻字成本的增加使刻字长寿面的价格低于普通面条的价格；两种面的顾客的青睐度差异不大，不同人群有不同喜好，所谓各有所爱，例如以面为主食的北方人会更青睐普通面条；精致度差异最大，这在情理之中，因为精致度（精致度中包含创意因素）是两种面最大的差异点，是刻字长寿面独特的原因，因此精致度是造成两种面价格差异的主要原因.

7.3.5 问题三模型的建立与求解

1. 基于二重积分的体积测算模型建立

用二重积分的概念，求解心形碗的体积. 利用 MATLAB 可由代数方程得到心形碗的模型图，如图 7.6 所示. 将心形碗碗口在 xOy 平面上包围的 D 区域分割成 n 个小区域

$$\Delta\sigma_1,\ \Delta\sigma_2,\ \cdots,\ \Delta\sigma_n.$$

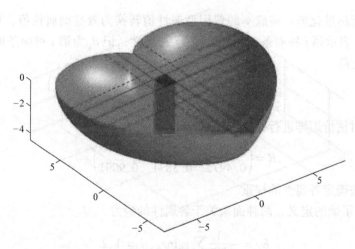

图 7.6 分割示意图

以这些小区域的边界线为准线，作平行于 z 轴的柱面，把原来的心形碗分割成了 n 个曲顶柱体. 由于高度 $z(x,y)$ 连续，则当区域的面积很小时，$z(x,y)$ 变化很小，此时曲顶柱体可以近似看作平顶柱体. 在每个区域中任取一点 (ζ_i, η_i)，则以 $z(\zeta_i, \eta_i)$ 为高，以面积 $\Delta\sigma_i$ 为底的平顶柱体的体积之和即为心形碗体积的近似值.

令小区域面积中的最大值（记为 λ）趋于 0，取各平顶柱体的体积之和，所得极限即为心形碗的体积 V，即

$$V = \lim_{\lambda \to 0} \sum_{i=1}^{n} z(\zeta_i, \eta_i)\Delta\sigma_i = \iint\limits_{D} z(x,y)\,\mathrm{d}x\mathrm{d}y. \tag{7.4}$$

2. 体积测算模型的求解

心形碗的体积：

通过 MATLAB 编程求解，运用二重循环语句，分别以 0.01cm 为步长对 x 坐标值和 y 坐标值在范围内取值，计算与每一组 x 和 y 坐标相应的 z 坐标值. 每个平顶柱体的平均高度为其对应的 4 个 z 坐标的平均值，即

$$\overline{z_i} = \frac{z_i + z_{i+1} + z_{i+2} + z_{i+3}}{4}.$$

进而计算各平顶柱体的体积，求和得到心形碗的体积

$$V = \frac{(0.01)^2}{4} \sum_{i=1}^{n} z_i = 129.87.$$

刻字长寿面的体积：

刻字长寿面的体积可近似用底×高×宽的方法计算（因刻字深度较浅，故忽略其对面体积的影响），得面的体积 V_n 为 47.52cm³，因为面、配料、汤汁的比例为 1:2:4，则汤面的总体

积为

$$V' = V_n \times 7 = 332.64 \ \text{cm}^3.$$

因为 $V' > V$，所以用 Swan 的心形碗来盛放 Jeff 制作好的汤面不合适.

3. 优化模型的建立

建立优化模型，求解符合条件的心形碗尺寸范围. 以心形碗需足以容下汤面为约束条件，有

$$V \geqslant V',$$

即

$$\iint\limits_D z(x,y)\,\mathrm{d}x\mathrm{d}y \geqslant 332.64.$$

以尺寸最小为目标函数，即

$$\min w = l.$$

则总的优化模型为

$$\min w = l$$

$$\text{s. t.}\begin{cases} \iint\limits_D z(x,y)\,\mathrm{d}x\mathrm{d}y \geqslant 332.64, \\ -\dfrac{x^2 y^3}{l^5} + \left(\dfrac{x^2}{l^2} + \dfrac{y^2}{l^2} + \dfrac{9z^2}{4l^2} - 1\right)^3 - \dfrac{9y^3 z^2}{80 l^5} = 0. \end{cases}$$

4. 模型的求解

通过三重循环，以 0.1 为步长对 l 进行搜索，得到满足条件的 l 的最小值为 11.0cm，即心形碗的尺寸至少要大于 11.0cm，才能装得下汤面.

7.3.6 模型的推广

问题一建立的长度测算模型可以用于估测螺旋形物体的总长度，当一个物体不是螺旋形时也可将其变换成螺旋形后再用此模型进行长度的测算. 如需要估测一根超过 10m 的绳子，但没有足够长的卷尺，就可以采取本文提及的长度测算模型进行测算. 即先将其卷成螺旋形的绳盘，仅需再用一把米尺测出绳盘内圈半径和外圈半径即可，但绳盘每一圈的间隔不宜过大，以免造成较大的误差，因为长度测算模型是在每一圈绕转较紧密的前提下建立的. 当每一圈旋绕较松时，要进一步考虑圆心位置的变化.

问题二建立的估价模型可用于对商品进行价格估计，或者为新上市产品进行合理定价. 通过将其与同类型商品进行属性对比，得到两者的价格关系，进而由已有的同类商品价格计算得到该商品的价格.

问题三建立的体积测算模型可用于测算三维曲面物体的体积. 在已知曲面表达式或已假设出其近似表达式的情况下，可利用该模型测算任意三维曲面物体的体积. 不仅如此，该模型还可以给出当物体某一方向的尺寸改变时其体积的变化情况.

竞赛效果评述

该题取材于饶有趣味的家居生活，通过对该题的分析建模解决，锻炼了学生测算模型的建立和运用能力，以及不规则体积的求解方法. 题目本身并不难，属于调动学生积极性和激发学习兴趣类的问题.

第 8 章
校园临时集中停车场所的优化布局分析

8.1 命题背景

在宁波大学校园里经常举办各类大型活动，导致大量人员聚集，出现大量校外车辆集中涌入的情况，比如每一学年的开学迎新期间这种现象就非常明显. 通常活动当天，学校会安排一个或几个集中场地供这些车辆临时停车. 如何有效地利用好这些场地，尽量更好地停下更多的车，是一个值得研究的问题.

8.2 题目

对于指定形状和面积的场所，如何划定停车位实现场地的最佳利用是一个重要的现实问题. 通常停车位有垂直式、斜角式和平行式三种，如图 8.1 所示：

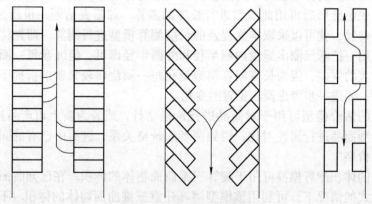

图 8.1 三种常见的停车位

通常根据不同条件，停车场较多采用如图 8.2 所示的两种布局：

针对如图 8.3 所示的宁波大学校园本部 7 号楼、8 号楼前广场区域，请你们展开数据调研和建模分析，给出你们对在该场所划定停车位的最佳布局设置方案. 方案应该综合考虑停车符合交通安全要求、停车数量最大化和停车过程操作的方便性，建议综合应用上述常见的 3 类布局方式. 为便于管理，请分别考虑设置一个车辆出入口和两个出入口的情况，给出相应的车位划分和引导方案，并测算说明其定量的优化指标.

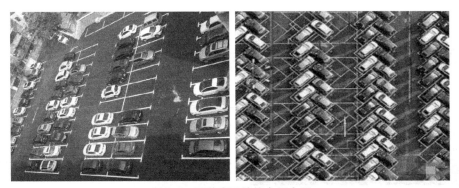

图 8.2 两种常见的停车场布局

附注：请完整列出调研得到的数据，并给出具体问题分析和建模求解的过程，如果在你们的建模过程中给定了一些预设数据必须说明相应的理由.

图 8.3 学校临时停车场所示意图

8.3 模型建立解析

8.3.1 模型准备

首先，通过卫星地图观测学校本部 7、8 号楼前广场区域，可以测绘出所划定场所的面积和周长，通过近似化处理可以得到如图 8.4 所示的三角形区域.

接着，通过查找相关设计规范可知，不同类型停车位的最小道路宽度不一致，平行式为 3.8m、斜角式 30° 为 3.8m、斜角式 45° 为 3.8m、斜角式 60° 为 4.5m、垂直式 5.5m. 方便起见，选取的停车位规格统一为 5.3 × 2.5. 此外，为了司机方便驶入停车，我们在两侧预留出宽 4m 的汽车通道，通道上不安排停车位.

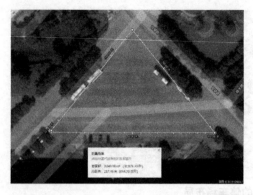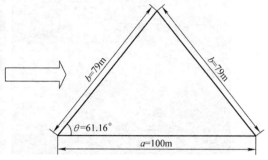

图 8.4　停车区域图

8.3.2　停车位数量模型

1. 停车位数量模型的建立与求解

首先，分析单个车位所占的宽度和长度. 如图 8.5 所示，两排汽车对列而放，车位间隔为 L_1，单排长度为 L_2，车位倾斜角为 θ，通道宽度为 d. 为简化模型，我们默认两排之间的存在空余地带，因为只有 45°摆放时能完全利用这片面积，其他情况下（垂直平行除外）摆放均会有空余剩出.

我们所选取的停车位规格统一为 5.3×2.5，根据三角函数关系可得：

$$L_1 = \frac{2.5}{\sin\theta},$$

在倾斜角大于 21°时，根据三角关系，单排长度可用下式计算：

$$L_2 = \sin\theta\left(\frac{2.5}{\tan\theta} + 5.3\right).$$

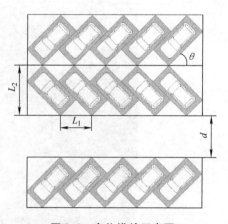

图 8.5　车位排放示意图

在得出车位间隔 L_1 和单排长度 L_2 的表达式后，以两个对列单排和一条通道为一个单位行，其高度为 $(2L_2 + d)$. 然后首先计算出这片三角区域可放下的最大单位行的数量 n，利用我们测绘出的三角区域高度 56m，我们可以得到

$$n(2L_2 + d) < 56.$$

在求得可摆放单位行的数量后，再确定每一单位行可摆放的停车位列数，宽度 D_i 在停车区域的位置示意如图 8.6 所示，第 i 行的宽度为

$$D_i = 91\frac{56 - i(2L_2 + d)}{56}.$$

因此，第 i 行可以摆放的列数小于该行

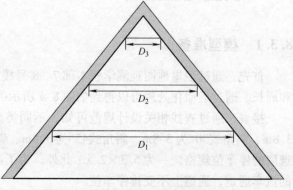

图 8.6　摆放每单位行的车的限制行宽

宽度除以车位间隔 L_1，即

$$m_i < \frac{D_i}{L_1}.$$

综合上列各约束条件，求解最大可摆放车位数的模型表示为

$$\max z = \sum_{i=1}^{n} m_i$$

$$\text{s.t.} \begin{cases} n < \dfrac{56}{(2L_2 + d)}, \\ D_i = 91\dfrac{56 - i(2L_2 + d)}{56}, i = 1,2,\cdots,n, \\ m_i < \dfrac{D_i}{L_1}, i = 1,2,\cdots,n, \\ n, m_i \text{ 均为正整数}. \end{cases} \quad (8.1)$$

对垂直式、斜角式、水平式三种基本的排放方式了解之后，利用我们的预设数据，以及查阅相关资料所得对应最小道路宽度，然后进行车位数量最大化的求解. 考虑停车位数量最大化从两个角度出发：

1）摆放的单位行数最大化；

2）每单位行上车位数最大化.

求解得到五种摆放方式的结果如表 8.1 所示.

表 8.1　不同摆放方式的参数与停车数量表

车位摆放方式	垂直式	30°斜角	45°斜角	60°斜角	平行式
L_1	2.50	5.00	3.54	2.89	5.30
L_2	5.30	4.82	5.52	5.84	2.50
d	5.50	3.80	3.80	4.50	3.80
n	3.48	4.17	3.78	3.47	6.37
$[n]$（向下取整）	3	4	3	3	6
车位数	92	58	72	78	92

2. 不同车位摆放方式的结果分析

我们注意到，在每排的两侧有较大的空地剩余，我们选择不安排停车位，因为该处转弯较急，应尽量保证驾驶员的视野范围和考虑转弯难度.

如图 8.7 所示，垂直式摆放的优点是每行可摆放车位数较多，因为可以紧密排列而中部不余空隙. 缺点是对通道宽度要求较高，因为停车难度较大.

如图 8.8 所示，斜角式摆放的优点是停车入位比较简单，方便车主停车，而且对通道的宽度要求低于垂直式. 缺点也比较明显，并排处有面积空余，这种停车位占地空间也比较大.

如图 8.9 所示，平行式摆放的优点是可以紧密排放，用此模型求解出来的可摆放车位数等于垂直式，但是通道的宽度（3.8m）却低于垂直式通道宽度（5.5m），因此该种停车位不适用于大面积停车位，而是适用于路边等对通道宽度要求不高的路面.

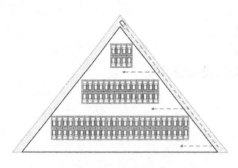

图 8.7 垂直式停车

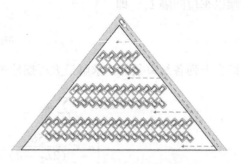

图 8.8 斜角式 45° 停放

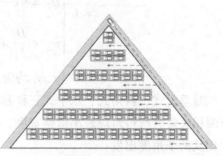

图 8.9 平行式停放

8.3.3 停车过程排队模型

首先，我们假定道路宽度会对行车速度产生影响. 当道路宽度小于某值时，车辆速度为定值，当大于该值后，车辆速度与道路宽度呈线性关系，当到达某一宽度后，即使再增宽，行车速度也不再增长，因为停车场内不宜开太快. 即道宽 - 速度函数符合下式：

$$\overline{V} = \begin{cases} V_{\min}, & 3.8 < d < d_0, \\ V_{\min} + a(d - d_0), & d_0 < d < d_m, \\ V_{\max}, & d > d_m. \end{cases}$$

其中，3.8m 为规定标准中停车场路面的最小宽度.

一辆车从到达路口到完全停好车的时间可以分为两个阶段，包括从入口到停车位前的阶段一所花时间 t_1，还有将车开入停车位的阶段二所花时间 t_2，即总停车时间为 $t = t_1 + t_2$.

1. 停车时间的估计

对于 t_1，即从入口到停车位前所花时间，由于该区域内停车位数量较多，而且离入口的距离都不一致，所以我们用从入口到达所有停车位的期望距离来计算 t_1，即

$$t_1 = \frac{\overline{x}}{\overline{V}} = \frac{\sum_{i=1}^{N} x_i}{N \overline{V}}.$$

其中：$\overline{x}$ 为平均到达距离，x_i 为入口到第 i 个停车位的距离；$\overline{V}$ 为车辆平均速度，在本模型中，我们不妨设道宽 - 速度函数为

$$\overline{V} = \begin{cases} 2, & 3.8 < d < 4, \\ 2 + 1(d - 4), & 4 < d < 7, \\ 5, & d > 7. \end{cases}$$

于是，对于我们模型的五种方案，我们计算单入口开在上部的情况，求出其平均到达距离和阶段一所花时间，如表 8.2 所示.

表 8.2　不同停车方式的停车效率

参数	垂直式	60°侧停	45°侧停	30°侧停	平行式
$\overline{x}/\mathrm{m}$	92.9	91.4	95.3	90.2	86.4
$\overline{V}/(\mathrm{m/s})$	3.5	2.5	2.0	2.0	2.0
t_1/s	26.4	36.6	47.6	45.1	43.2

对于 t_2，即车主将车开入停车位所花时间，由于不同类型的停车位的停车难度不同，所花时间也不同. 众所周知，30°侧停较易，而垂直和平行停车方式较难. 不同车主由于停车技术熟练度不同，停车入位所花时间差异也不同. 比如：30°侧停对技术要求较低，而垂直式停车新手与老手需要花的时间差距比较大. 具体的停车时间分布应当根据相关统计调研得到，但我们此处无法得证，为使模型可计算性增强，经大致估算，我们假设车主停车入位所花时长符合五种不同特征的正态分布 $t_2 \sim (\mu, \sigma^2)$，即表 8.3 所示，其中单位为 s：

表 8.3　不同停车方式所花时长的正态分布参数表

参数	垂直式	60°侧停	45°侧停	30°侧停	平行式
μ	60	45	45	30	60
σ	10	7	5	5	10

综上所述，结合两个阶段所花的时间，可绘出车主在这五种停车模式下停车所花时间的概率分布图（见图 8.10）.

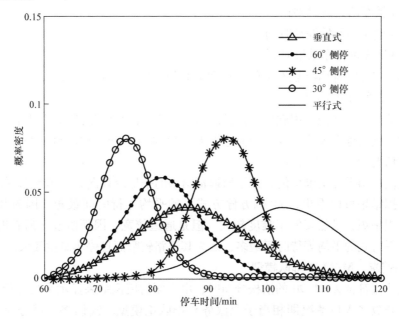

图 8.10　五种停车模式下停车所花时间的概率分布图

2. 单入口情况，M/M/1 排队模型

在仅开放单出入口情况下，我们认为只能有一辆车进入区域寻找停车位停车，若此时有其他车到达，其他车不可进入，这是因为停车场内通道较窄，如果前面的车辆还未停好，后面的汽车便进入，容易加塞使得前面的车辆动弹不得，从而影响总体效率. 所以我们可以认为只能等前一辆车完全停好之后下一辆车才能进入停车. 因此，我们可以将该模型视为排队论模型，汽车到达为排队流，停车过程为服务过程.

由于汽车到达的间隔时间和服务时间不可能是负值，因此，它的分布是非负随机变量的分布. 常用的分布有泊松分布、确定型分布，指数分布和埃尔朗分布.

泊松分布与指数分布有密切的关系. 当汽车平均到达率为常数 λ 的到达间隔服从指数分布时，单位时间内到达的汽车数 k 服从泊松分布，即单位时间内到达 k 辆汽车的概率为

$$P(x=k) = \frac{\lambda^k e^{-\lambda}}{k!} \quad k = 0, 1, \cdots$$

泊松分布的参数 λ 是单位时间（或单位面积）内随机事件的平均发生次数. 泊松分布适合描述单位时间内随机事件发生的次数. 假定汽车到达的概率符合泊松分布，然后我们按泊松分布规律模拟出 100 辆汽车到达时刻数据，设：

（1）汽车到来间隔时间服从参数为 1/90 的指数分布，即平均 90s 到达一辆汽车；

（2）汽车排队按先到先停车规则，队长无限制.

有以下模型：

$$\begin{cases} c_i = c_{i-1} + x_i, \\ e_i = b_i + t_i, \\ b_i = \max(c_i, e_{i-1}), \\ b_i \geq c_i. \end{cases} \tag{8.2}$$

其中，c_i 为第 i 辆车的到达时刻；

b_i 为第 i 辆车的开始停车时刻；

e_i 为第 i 辆车的停车结束时刻；

x_i 为第 $i-1$ 辆车和第 i 辆车之间到达间隔时间，且 $x_i \sim \text{poisson}(\lambda)$；

t_i 为第 i 辆车的停车耗时.

根据此排队模型，我们利用软件模拟排队情况，程序流程图如图 8.11 所示.

对于五种不同的停车模式，我们分别模拟出 100 辆汽车的到达时刻，并计算每辆车的等待时间，模拟情况如图 8.12 所示.

将 100 次模拟结果分别求均值，并绘出模拟结果的条形统计图，如图 8.13 所示.

从以上模拟结果可以看出，30°侧方停方式下的平均等待时间最短，因为其停车简单快速；垂直式中规中矩，虽然其停车难度较大，但是通道较宽，因而阶段一所花时间较少，从而得到弥补；平行式的平均等待时间最多，因为其道路较窄而且停车难度较大.

3. 双入口情况，M/M/2 排队模型

当汽车到达流符合 $\lambda = 1/90$ 的泊松分布时，由上面的模拟结果显示平均等待时间比较长，此时应当考虑开放多入口情况即相当于双服务台排队论模型. 我们将区域分成左右两部分，分别开放左右入口，而且各自入口只能同时进入一辆车，此时可以将该模型视为 M/M/2 排队模型，即双服务台模型. 我们仍按照上列模型的停车时间作为服务时间，但是由于开放双入口分流车辆，每一个入口的汽车平均到达率相对于单入口减少了一半，我们给出如下假设：

（1）车辆到达流始终符合参数不变的泊松分布；

（2）车辆到达时，如果有空闲入口则选择进入，若两入口都有车排队则等待；

（3）排队的队长无限制，前一车辆停好后下一车辆便可进入.

从而，对每个出口而言，到达车辆符合参数为 $\lambda/2$ 的泊松分布. 仍利用前面的模型，以

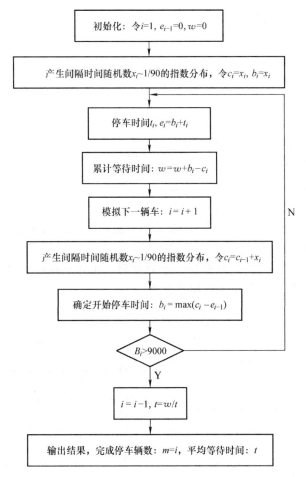

图 8.11　汽车排队模拟程序流程图

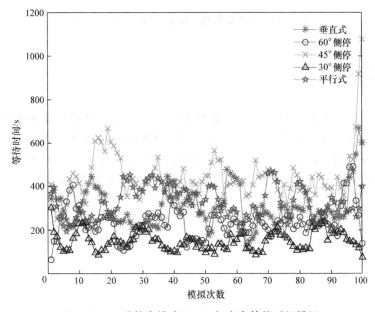

图 8.12　五种停车模式下 100 辆汽车等待时间模拟

垂直式停车方式为例，我们转换模拟对象，模拟 9000s 的到达情况，车辆达到流仍符合泊松分布，得到结果见图 8.14.

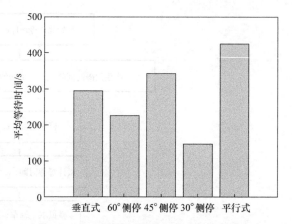

图 8.13　五种停车模式等待时间平均值

左图的结果为单入口模拟，右为开放双入口模拟的结果. 明显可以看出，仅开放单入口，车主的到达时刻和离开时刻的差值越来越大，这意味着队伍越排越长，这是因为到达流的速度大于服务速度，所以越后面来的车主需要排越长的队伍；而开放双入口之后，明显加快了停车效率，因为可以同时进入两辆车，各自停各自的区域而不发生堵塞. 因此可得出结论：当汽车的到达流变大到足够大时，开放多入口提高停车效率显得十分重要，比如早晚高峰期可以开放多入口提高效率，而其他淡期则可以仅开放单入口便于管理.

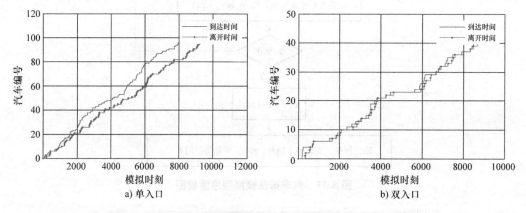

图 8.14　单入口和双入口模拟到达和离开时间

竞赛效果评述

该赛题取材于学生熟悉的日常生活，题目便于理解，模型涉及二维下料问题以及一些规划优化问题，对其深入研究是有一定难度的. 大部分参加校赛的队伍都给出了自己的较为优秀的解决方案，并且做了说明和验证. 像这类题目可以较好地吸引学生来参与数学建模活动，当中涉及的一些文章编排、图形绘制、计算机求解等也有很好的锻炼价值.

第9章
自然灾害保险问题

9.1 命题背景

农业灾害保险是国家政策性保险之一, 即政府为保障国家农业生产的发展, 基于商业保险的原理并给予政策扶持的一类保险产品. 农业灾害保险也是针对自然灾害, 保障农业生产的重要措施之一, 是现代农业金融服务的重要组成部分, 它与现代农业技术、现代农业信息化及市场建设共同构成整个农业现代化体系. 农业灾害保险险种是一种准公共产品, 它是基于投保人、保险公司和政府三方面的利益, 按照公平合理的定价原则设计, 由保险公司经营的保险产品, 三方各承担不同的责任、义务和风险. 政府作为投保人和承保人之外的第三方介入以体现对国家安全和救灾的责任.

2013 年 "深圳杯" 数学建模的 D 题正是研究关于自然灾害保险问题, 本次校赛采用了该题数据, 希望同学们在自然灾害发生次数的分布、保险费率厘定等方面做相关数据分析, 在此基础上优化或设计农业保险产品, 不仅有相当的理论价值, 更有现实的战略意义.

9.2 题目

我国的农业保险行业还处于发展的初级阶段, 为减少开发投入, 产品大都借鉴国外模式, 显然忽略了我国国情的特殊性. 因此, 需要重视和加强自然灾害保险的研究和实践, 特别是针对严重自然灾害的保险体系建设和对策方案的研究, 推动由政府主导的自然灾害政策性保险方案的实施. 请以 P 省小麦种植保险为例, 完成以下农业保险相关问题:

问题一: 二维码中附件 1 给出的 P 省 2002～2011 十年的主要气象数据, 对该数据进行分析, 在查找参考文献的基础上, 确定气象数据与对应的自然灾害的强度, 并推断该市小麦每年各类自然灾害的次数及强度的分布规律.

问题二: 利用 P 省的具体气象数据, 结合二维码中附件 2 中有关保险条款, 针对小麦种植保险, 重新设计实际可行的方案, 确定合适的保险金、保费、费率、赔付率、政府补贴率, 兼顾农户、保险公司、政府三方的利益.

问题三: 与二维码中附件 2 给出的 P 省小麦种植保险方案相比, 利用定量分析的方法说明模型的有效性, 并利用随机模拟方法验证你的分析.

附件 1: P 省的 2002～2011 年的主要气象数据 (见二维码).

附件 2: 2012 年 P 省小麦种植保险条款 (见二维码).

9.3 模型建立解析

9.3.1 问题分析

对于问题一，自然灾害发生次数分布，题目附件 1 给出的是 P 省 10 个地区 2002 年到 2011 年的气象数据，包括日降水量、日最高气温、日最低气温、日最大风速及是否有冰雹灾害等. 根据所给数据，可以得出的影响 P 省农作物生长的自然灾害可能有洪涝灾害、旱灾、风灾、冰雹灾害等. 经查阅相关资料，可以通过日降水量和日最大风速来界定洪涝灾害和风灾，而以题目所给的信息难以界定旱灾，所以只考虑洪涝灾害、风灾和冰雹灾害. 考虑到自然灾害等级有高有低，因此同样根据日降水量和日最大风速将上述灾害分为"大灾"和"小灾"，而对于冰雹灾害，题目只给出冰雹是否发生的情况，可以认为冰雹灾害属于"小灾". 于是，整理得到 P 省各区每年"小灾"和"大灾"发生的次数. 观察发现 P 省 10 个区的气象数据有所差别，各区的自然灾害发生的情况也就不尽相同，因此考虑分区研究自然灾害发生的次数分布，找到合适的先验分布和后验分布，利用贝叶斯方法研究自然灾害发生的规律，并给出合理预测.

对于问题二，因为"小灾"和"大灾"对农作物造成的影响不同，而题目也没有给出自然灾害（本文考虑洪涝灾害、风灾和冰雹灾害）对农作物的影响的相关信息，因此假定"小灾"造成农作物小部分损失，"大灾"造成大部分损失. 在问题一的基础上，充分考虑"小灾"和"大灾"发生次数的分布规律，参考附件 2 的农业保险涉及的小麦保险条款，制定小麦每亩赔偿标准. 另外，根据实际情况，当投保人的某一小麦地受灾得到赔付后，假定下一次赔付的每亩保险金额按几何级数下降，以此优化保险费率计算方法.

最后，按照问题一中灾害发生次数分布，模拟 P 省各区未来"大灾"和"小灾"发生的次数，用问题二中的两种保险费率计算方法，模拟计算保险费率，并与题目给出的保险条款的保险费率作比较分析.

9.3.2 模型准备

本题的核心思想在于贝叶斯统计方法，其过程包括样本数据的分析、模型分布的构造、先验信息和似然分布的假设以及最后的决策推断. 用简图表示如图 9.1 所示：

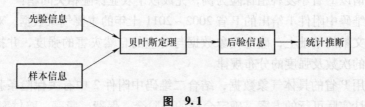

图 9.1

将未知参数 Θ 视为一个随机变量，Θ 的分布已知，把在做统计分析之前就已经知道的分布 $\pi(\theta)$ 称为参数 Θ 的先验分布，记为 $\Theta \sim \pi(\theta)$.

模型分布是指当参数 Θ 为一个特定的值 θ 时，所收集的数据的概率分布，用 $f_{X|\Theta}(\boldsymbol{x}|\theta)$ 表示. 如果观测向量 $\boldsymbol{x} = (x_1, \cdots, x_n)^{\mathrm{T}}$ 由独立同分布的随机向量组成，那么

$$f_{X|\Theta}(\boldsymbol{x}|\theta) = f_{X|\Theta}(x_1|\theta) \cdots f_{X|\Theta}(x_n|\theta),$$

则 (X, Θ) 的联合密度的表示式为：

$$f_{X, \Theta}(\boldsymbol{x}, \theta) = f_{X|\Theta}(\boldsymbol{x} \mid \theta) \pi(\theta).$$

参数 Θ 关于观察数据 X 的条件分布称为后验分布，记为 $\pi_{\Theta|X}(\theta \mid \boldsymbol{x})$. 后验分布可以通过以下公式计算：

$$\pi_{\Theta|X}(\theta \mid \boldsymbol{x}) = \frac{f_{X, \Theta}(\boldsymbol{x}, \theta)}{f_X(\boldsymbol{x})} = \frac{f_{X|\Theta}(\boldsymbol{x} \mid \theta) \pi(\theta)}{\int_{\Theta} f_{X|\Theta}(\boldsymbol{x} \mid \theta) \pi(\theta) \mathrm{d}\theta}.$$

损失函数 $l(\hat{\theta}, \theta)$ 是关于参数值 θ 和其估计量 $\hat{\theta}$ 的二元非负实值函数，用于计算采用估计量 $\hat{\theta}$ 作为真实参数 θ 的估计时所产生的损失量. 损失函数 $l(\hat{\theta}, \theta)$ 也可能是多维的，损失源于多个参数的估计错误.

使得平均后验损失，即

$$E(l(\hat{\theta}, \theta) \mid \boldsymbol{x}) = \int_{\Theta} l(\hat{\theta}, \theta) \pi_{\Theta|X}(\theta \mid \boldsymbol{x}) \mathrm{d}\theta \quad \text{或} \quad \sum_{\theta} l(\hat{\theta}, \theta) \pi_{\Theta|X}(\theta \mid \boldsymbol{x}),$$

达到最小的估计量 $\hat{\theta}$ 称为参数 θ 的贝叶斯估计. 此处采用平方损失函数 $l(\hat{\theta}, \theta) = (\hat{\theta} - \theta)^2$，此时 θ 的贝叶斯估计是后验均值.

贝叶斯估计融合了先验分布和观测结果的信息，在实际问题中经常会根据历史数据和先验信息预测未来. 对分布 $p_{X|\Theta}(\boldsymbol{x} \mid \theta)$ 及先验分布 $\pi(\theta)$，给定观察结果 $\boldsymbol{x} = (x_1, x_2, \cdots, x_n)^{\mathrm{T}}$ 的条件下，下一个新观察 Y 的分布 $p_{Y|X}(y \mid x) = \dfrac{P(x, y)}{P_X(x)}$ 称为预测分布. 可通过后验分布求预测分布，即

$$p_{Y|X}(y \mid x) = \int_{\Theta} p_{Y|\Theta}(y \mid \theta) \pi_{\Theta|X}(\theta \mid x) \mathrm{d}\theta \quad \text{或} \quad \sum_{\theta} p_{Y|\Theta}(y \mid \theta) \pi_{\Theta|X}(\theta \mid x).$$

其中，$\pi_{\Theta|X}(\theta \mid x)$ 为参数 θ 的后验分布. 在预报新观察 Y 时，取预测分布的均值 $\hat{Y} = E(Y \mid x)$.

9.3.3 数据处理说明

这里主要是对题目所给的附件 1 的数据进行处理. 题目附件 1 以二维码中 Excel 的形式给出了 P 省 10 个地区 2002 年到 2011 年的气象数据，包括日降水量、日最高气温、日最低气温、日最大风速及是否有冰雹灾害等. 首先，附件 1 中的"日降水量"中的"＊"表示降水量为微量，即小于 0.01mm，可以认为降水量为 0，于是用"0"来代替"＊"；其次，附件 1 中的"日最大风速"中有空值，同样用"0"来代替空值；对于附件 1 中"是否有冰雹"的列，题目用"Y"表示有冰雹，空格表示无冰雹，用"1"来代替"Y"，用"0"来代替空格. 上述都是利用 Excel 处理的.

经过上述的处理后，为了便于利用数学软件读取，将数据形式转化为"文本文档"的格式. 另外，从上面的"建模思路"可知，需要对数据进行筛选和计算，并且要分不同年份和不同地区，所以在数据的进一步处理时将年份 2002，2003，$\cdots$，2011 分别用 1，2，$\cdots$，10 表示，P 省的 10 个区 A，B，$\cdots$，J 用 1，2，$\cdots$，10 来表示.

9.3.4 模型建立及求解

1. 自然灾害发生次数分布的贝叶斯模型

考虑先利用贝叶斯统计方法估计各区自然灾害一年内发生次数的分布. 由于各地区发生

自然灾害的情况不同，且同一种自然灾害对不同农作物的影响也不同，从而需要分不同区不同品种的农作物来考虑自然灾害发生次数的分布．同时注意到不同农作物的生长时间段不同，农作物所受的自然灾害需是在其生长时间段内．另外，将自然灾害的程度分为"小灾"和"大灾"，按这两个等级分别考虑，并且"小灾"造成农作物部分损失，"大灾"造成农作物全部损失．需要说明的是，一般地，自然灾害的发生认为是随机的，对某一自然灾害，其一年内发生的次数的分布大多与二项分布、泊松分布和负二项分布等联系紧密．

通过对 P 省 10 个地区 2002～2011 年的气象数据的观察，猜测 P 省可能位于中原地区，认为 P 省的小麦是冬小麦．查阅相关资料可得冬小麦的四个生长期即"返青期""抽穗期""灌浆期"和"成熟期"一般在 3 月初到 6 月 15 日．所以对小麦而言，只需考虑从 3 月 1 日～6 月 15 日发生的自然灾害．为统计方便，把自然灾害的程度按如下标准划分（见表 9.1 所示）．需说明的是，由于题目中对冰雹灾害只给出"有"或"没有"，所以认为冰雹灾害是"小灾"．如果某一地区某一年既发生了"小灾"又发生了"大灾"，比如洪涝灾害是"大灾"，风灾是"小灾"，简化为只发生"大灾"，不计"小灾"．因为"大灾"对农作物的影响很大，在"大灾"发生时，"小灾"对农作物的影响已经可以不用考虑了，这也是比较符合实际情况的．另外，由于题目数据有限，没有考虑旱灾．

表 9.1　自然灾害程度划分标准

	小灾（部分损失）	大灾（全部损失）
洪涝灾害	50mm≤降水量≤80mm	降水量≥80mm
风灾	12.5m/s≤最大风速＜15.5m/s	最大风速≥15.5m/s
冰雹	全为小灾	

经过统计，各地区 2002～2011 年发生小灾和大灾的次数如表 9.2～表 9.3 所示．

表 9.2　各地区 2002～2011 年发生小灾次数表

地区	年份									
	2002	2003	2004	2005	2006	2007	2008	2009	2010	2011
A	1	1	1	2	1	0	0	1	0	1
B	1	1	1	0	2	2	1	2	0	0
C	2	0	2	1	1	2	1	0	0	0
D	0	1	0	1	1	0	1	0	0	0
E	0	0	0	0	0	0	0	2	1	1
F	0	0	0	0	2	2	0	1	0	0
G	1	2	3	1	2	2	0	0	0	0
H	0	0	0	0	0	0	0	0	0	0
I	0	2	0	0	0	1	0	2	0	0
J	0	0	0	2	1	0	1	2	1	0

表 9.3　各地区 2002～2011 年发生大灾次数表

地区	年份									
	2002	2003	2004	2005	2006	2007	2008	2009	2010	2011
A	0	0	0	0	0	0	0	0	0	0
B	0	0	0	0	0	0	0	0	0	0
C	0	0	0	0	0	0	0	0	0	0
D	0	0	0	0	0	0	0	0	0	0
E	0	0	0	0	0	0	0	0	0	0

（续）

地区	年份									
	2002	2003	2004	2005	2006	2007	2008	2009	2010	2011
F	0	1	0	0	0	0	0	0	0	0
G	0	0	0	0	0	0	0	0	0	0
H	0	0	0	0	0	0	0	0	0	0
I	0	0	0	0	0	0	0	0	1	1	0
J	0	0	0	0	0	2	0	0	0	0

不妨先考虑小灾发生次数的分布. 通过拟合样本数据可得, 各地区每年发生小灾的次数 $N \sim P(\Lambda)$, 各区的 Λ 取值如表 9.4 所示, Λ 为各地区小灾发生次数的均值.

表 9.4　各地区小灾发生次数分布的参数值

地区	A	B	C	D	E	F	G	H	I	J
Λ	0.8	1	0.9	0.4	0.4	0.5	1.2	0	0.5	0.7

可以通过似然函数求得 Λ 的先验分布, 再利用贝叶斯统计方法得到 Λ 的后验分布和 N 的预测分布.

假设 $(X_1, X_2, \cdots, X_n)$ 为取自 X 的样本, 其似然函数为

$$q_{X|\Theta}(x \mid \theta) = \prod_{i=1}^{n} \frac{\lambda^{x_i} \mathrm{e}^{-\lambda}}{x_i!} \propto \mathrm{e}^{-n\lambda} \lambda^{\sum_{i=1}^{n} x_i},$$

所以

$$q_{X|\Lambda}(x \mid \lambda) \sim \Gamma\left(\sum_{i=1}^{n} x_i + 1, n\right),$$

$q_{X|\Lambda}(x \mid \lambda)$ 所含 λ 的因式为 Γ 分布的核. 故设 Λ 的先验分布为 $\pi(\lambda) = \Gamma(\alpha, \beta)$. 于是 Λ 的后验分布为

$$\pi_{\Lambda|X}(\lambda \mid x) = \pi(\lambda) q_{X|\Lambda}(x \mid \lambda) \propto \lambda^{\alpha + \sum_{i=1}^{n} x_i - 1} \mathrm{e}^{-(n + \frac{1}{\beta})\lambda},$$

所以

$$\pi_{\Lambda|X}(\lambda \mid x) \sim \Gamma\left(\alpha + \sum_{i=1}^{n} x_i, \left(n + \frac{1}{\beta}\right)^{-1}\right).$$

在平方损失函数下, Λ 的后验估计为

$$\hat{\lambda} = \left(\alpha + \sum_{i=1}^{n} x_i\right)\left(n + \frac{1}{\beta}\right)^{-1},$$

由表 9.4 可得 $E(\lambda) = 0.64$, $\mathrm{Var}(\lambda) = 0.1227$.

下面用矩估计法来估计 α 和 β, 先计算 Λ 的一阶矩和二阶矩:

$$\begin{aligned}
E\Lambda &= \int_0^{+\infty} \lambda \frac{\beta^{-\alpha}}{\Gamma(\alpha)} \lambda^{\alpha-1} \mathrm{e}^{-\frac{\lambda}{\beta}} \mathrm{d}\lambda \\
&= \frac{\beta}{\Gamma(\alpha)} \int_0^{+\infty} \left(\frac{\lambda}{\beta}\right)^{\alpha+1-1} \mathrm{e}^{-\frac{\lambda}{\beta}} \mathrm{d}\left(\frac{\lambda}{\beta}\right) \\
&= \frac{\Gamma(\alpha+1)\beta}{\Gamma(\alpha)} = \alpha\beta, \\
E\Lambda^2 &= \int_0^{+\infty} \lambda^2 \frac{\beta^{-\alpha}}{\Gamma(\alpha)} \lambda^{\alpha-1} \mathrm{e}^{-\frac{\lambda}{\beta}} \mathrm{d}\lambda \\
&= \frac{\beta^2 \Gamma(\alpha+2)}{\Gamma(\alpha)} = \alpha(\alpha+1)\beta^2.
\end{aligned}$$

所以有

$$\begin{cases} \overline{\varLambda} = \hat{\alpha}\hat{\beta}, \\ \dfrac{1}{n}\sum_{i=1}^{n}\varLambda_i^2 = \hat{\alpha}(\hat{\alpha}+1)\hat{\beta}^2. \end{cases}$$

又

$$\mathrm{Var}(\varLambda) = E\varLambda^2 - (E\varLambda)^2.$$

所以有

$$E(\varLambda) = \hat{\alpha}\hat{\beta}, \mathrm{Var}(\varLambda) = \hat{\alpha}\hat{\beta}^2.$$

因此，

$$\hat{\beta} = \frac{\mathrm{Var}(\varLambda)}{E(\varLambda)} = 0.1917, \quad \hat{\alpha} = \frac{E(\varLambda)}{\hat{\beta}} = 3.3385.$$

于是，$\varLambda$ 的先验分布为 $\pi(\lambda) = \Gamma(0.1917, 3.3385)$，从而可得各地区的 $\varLambda$ 的后验估计如表 9.5 所示.

表 9.5　各地区小灾发生次数分布的参数值的后验估计

地区	A	B	C	D	E
$\varLambda$ 的后验估计 $\hat{\lambda}$	0.7451	0.8766	0.8109	0.4823	0.4823
地区	F	G	H	I	J
$\varLambda$ 的后验估计 $\hat{\lambda}$	0.5480	1.0080	0.2194	0.5480	0.6794

接下来以 $\varLambda$ 的后验估计作为泊松分布的参数值. 先求各区发生小灾的次数 N 的预测分布.

为了让计算更加清晰，$\varLambda$ 后验分布用 $\Gamma(\delta,\theta)$ 表示，其中，$\delta = \alpha + \sum_{i=1}^{n} x_i, \theta = \left(n + \dfrac{1}{\beta}\right)^{-1}$. 根据预测分布的计算公式，可得

$$\begin{aligned} P(N=k) &= \int_0^{+\infty} \frac{(\lambda/\theta)^\delta \mathrm{e}^{-\lambda/\theta}}{\lambda\Gamma(\delta)} \cdot \frac{\lambda^k}{k!}\mathrm{e}^{-\lambda}\mathrm{d}\lambda \\ &= \frac{\Gamma(\delta+k)}{\Gamma(\delta)k!}\frac{1}{\theta^\delta(1+1/\theta)^{\delta+k}}\int_0^{+\infty}\frac{(\lambda(1+1/\theta))^{\delta+k}\mathrm{e}^{-\lambda(1+1/\theta)}}{\lambda\Gamma(\delta+k)}\mathrm{d}\lambda \\ &= \frac{\Gamma(\delta+k)}{\Gamma(\delta)k!}\frac{1}{\theta^\delta(1+1/\theta)^{\delta+k}} = \binom{-\delta}{k}\theta^k(1+\theta)^{-\delta-k}. \end{aligned}$$

因此，预测分布为 $NB(\delta,\theta)$. 从而得到各地区未来小灾发生的预测分布，具体如表 9.6 所示.

表 9.6　各地区未来小灾发生的预测分布

地区	预测分布	地区	预测分布
A	$NB(11.3385, 0.0657)$	F	$NB(8.3385, 0.0657)$
B	$NB(13.3385, 0.0657)$	G	$NB(15.3385, 0.0657)$
C	$NB(12.3385, 0.0657)$	H	$NB(3.3385, 0.0657)$
D	$NB(7.3385, 0.0657)$	I	$NB(8.3385, 0.0657)$
E	$NB(7.3385, 0.0657)$	J	$NB(10.3385, 0.0657)$

对于大灾，通过拟合样本数据可得各地区每年发生大灾的次数 $N \sim P(\varLambda)$. 同上，计算各区 $\varLambda$ 的后验估计，并将之作为泊松分布的参数值，还得到各地区未来大灾发生的预测分布（见表 9.7 和表 9.8）.

表9.7　各地区大灾发生次数分布的参数值的后验估计

地区	A	B	C	D	E
λ 的后验估计 $\hat{\lambda}$	0.0205	0.0205	0.0205	0.0205	0.0205
地区	F	G	H	I	J
λ 的后验估计 $\hat{\lambda}$	0.0795	0.0205	0.0205	0.1385	0.1385

表9.8　各地区未来大灾发生的预测分布

地区	预测分布	地区	预测分布
A	NB（0.3472，0.0590）	F	NB（1.3472，0.0590）
B	NB（0.3472，0.0590）	G	NB（0.3472，0.0590）
C	NB（0.3472，0.0590）	H	NB（0.3472，0.0590）
D	NB（0.3472，0.0590）	I	NB（2.3472，0.0590）
E	NB（0.3472，0.0590）	J	NB（2.3472，0.0590）

2. 保险费率模型

假设 P 省某地区发生自然灾害的风险状况用 Θ 表示，其概率密度函数为 $\pi(\theta)$. 在冬小麦的四个生长期"返青期""抽穗期""灌浆期"和"成熟期"间即 3 月 1 日到 6 月 15 日间，自然灾害发生的次数为随机变量，记为 X. 在 Θ 给定时，第 i 年自然灾害发生次数的概率密度函数为 $f_{X|\Theta}(x_i|\theta)(i=1,2,\cdots)$，且不同年份间的自然灾害发生的次数是独立同分布的. 由题目所给数据得到每个地区在前 $n(n=10)$ 年内每年的自然灾害发生的次数为 $X=(X_1,X_2,\cdots,X_n)$. 基于以上条件，要通过贝叶斯方法推断出下一年度自然灾害发生的次数，从而计算保险费率的最优估计.

n 维损失随机变量 X 与风险水平随机变量 Θ 的联合概率密度函数为

$$f_{X,\Theta}(x,\theta)=f_{X|\Theta}(x|\theta)\pi(\theta)=\left[\prod_{i=1}^{n}f_{X|\Theta}(x_i|\theta)\right]\pi(\theta).$$

根据贝叶斯方法，在给定前 n 年自然灾害发生的次数条件下，X_{n+1} 的后验分布函数为

$$\pi_{\Theta|X}(\theta|x_1,x_2,\cdots,x_n)=\frac{f_{X,\Theta}(x,\theta)}{f_X(x_1,x_2,\cdots,x_n)}=\frac{\left[\prod_{i=1}^{n}f_{X|\Theta}(x_i|\theta)\right]\pi(\theta)}{\int\left[\prod_{i=1}^{n}f_{X|\Theta}(x_i|\theta)\right]\pi(\theta)\mathrm{d}\theta}.$$

如果选取平方损失函数来进行贝叶斯估计，则最优估计为

$$E_{\Theta|X}(\theta|x)=\int\theta\pi_{\Theta|X}(\theta|x_1,x_2,\cdots,x_n)\mathrm{d}\theta.$$

因此，在得到了 X 的具体分布的情况下，选取此分布的期望作为自然灾害发生的次数的最优估计. 前面已经用贝叶斯方法得到了自然灾害发生的次数的分布（见表9.5和表9.7），需注意，此处是将自然灾害分为"小灾"和"大灾"来分别估计的. 所以在推断下一年自然灾害发生的次数时也分为"小灾"和"大灾"，但计算保险费率时显然要将两者结合起来.

接下来计算各区的保险费率. 拟定小麦每亩赔偿标准：

① 小灾（部分损失）：每亩保险金额×10%；

② 大灾（全部损失）：每亩保险金额×40%.

如果某地区同一年内既发生小灾，又发生大灾，则只按发生大灾的情况来计算.

所以对某个地区的保险费率按如下计算：

$$保险费率=\lambda_L\times0.4+大灾不发生的概率\times\lambda_S\times0.1.$$

其中 λ_L 表示某区大灾发生次数后验分布的均值，λ_S 表示某区小灾发生次数后验分布的均值，每亩保险金额按题目所给附件2"P省2012年政策性农业保险统颁条款（种植部分）"中小麦部分的每亩保险金额311元来计算.

我们按以上方法得到了各区的保险费率，如表9.9所示.

表9.9　各区的保险费率

地区	A	B	C	D	E
保险费率	8.12%	9.41%	8.76%	5.55%	5.55%
地区	F	G	H	I	J
保险费率	8.24%	10.70%	2.97%	10.31%	11.46%

根据实际情况，当投保人的某一小麦地受灾得到赔付后，下一次赔付的每亩保险金额应该会减少，通常为几何级数下降，并且保险期内总的赔付金额不会超过每亩的保险金额. 可假定某一年内第 i 次发生自然灾害所赔付的小麦每亩赔偿标准按如下方式计算：

① 小灾（部分损失）：每亩保险金额 $\times 0.8^{i-1} \times 10\%$；

② 大灾（全部损失）：每亩保险金额 $\times 0.8^{i-1} \times 40\%$.

保险费率的计算方式如下：

$$\text{保险费率} = \sum_{i=1}^{n_L} \text{每亩保险金额} \times 0.8^{i-1} \times 40\% + \sum_{i=1}^{n_S} I \times \text{每亩保险金额} \times 0.8^{i-1} \times 10\%$$

其中

$$I = \begin{cases} 0, & \text{"大灾"发生,} \\ 1, & \text{"小灾"发生.} \end{cases}$$

n_L 表示模拟的"大灾"发生的总次数，n_S 表示模拟的"小灾"发生的总次数. 每亩保险金额按题目所给附件2"P省2012年政策性农业保险统颁条款（种植部分）"中小麦部分的每亩保险金额311元来算. 于是，按照上面的计算方式，就可以计算在模拟P省各区未来"大灾"和"小灾"发生的次数的情况下各区的保险费率. 最后通过模拟计算得到的保险费率如表9.10所示.

表9.10　由模拟计算得到的保险费率

地区	A	B	C	D	E
保险费率	7.44%	8.57%	8.02%	5.27%	5.27%
地区	F	G	H	I	J
保险费率	7.55%	9.65%	2.89%	9.50%	10.52%

注：每次模拟的结果不尽相同，但都会很接近.

比较表9.9和表9.10易知，由模拟方式计算所得的各区的保险费率比之前计算的都要小，但相差并不大. 上面说到现实中当投保人的某一小麦地受灾得到赔付后，下一次赔付的每亩保险金额应该会减少，通常为几何级数下降，由模拟计算得到的保险费率肯定会比之前计算的要小. 另外，因为自然灾害发生的概率本来就很小，在一定时间段内发生两次或两次以上的概率就更小，所以两种方式计算得到的保险费率不会相差较大. 总的来说，利用贝叶斯统计方法得到的结果还是比较让人满意的，上面两种方式得到的保险费率都有一定的指导意义，但用模拟的方法计算得到的保险费率更结合实际.

参考文献

[1] STARTA. KLUGMAN, HARRYH. PANJER, GORDONE. WILLMOT. Loss Models：from Data to Decisions[M]. 4th ed. A John Wiley & Sons, inc., Publication, 2012.

[2] 韩中庚. 数学建模方法及其应用[M]. 2 版. 北京: 高等教育出版社, 2009.

[3] 薛毅, 陈立萍. 统计建模与 R 软件[M]. 北京: 清华大学出版社, 2012.

[4] THOMAS LEONARD, JOHNS J HSU. 贝叶斯方法: 英文版[M]. 北京: 机械工业出版社, 2005.

[5] PRESS S JAMES. 贝叶斯统计学: 原理、模型及应用[M]. 廖文, 译. 北京: 中国统计出版社, 1992.

[6] 师义民, 徐伟, 秦超英, 许勇. 数理统计[M]. 北京: 科学出版社, 2009.

[7] 韩明, 徐波. Bayes 方法在股市预测中的应用[J]. 统计与决策, 1995, 12: 22-23.

竞赛效果评述

从交卷情况看, 各队伍缺乏必要的保险精算知识, 特别是精算模型方面, 没有成熟套路, 模型偏简短.

由于我们上面只是针对 P 省的小麦, 对可能发生的自然灾害及次数的分布用贝叶斯统计方法作了估计, 并给出了保险费率的计算结果, 所以我们也只是对农业灾害保险条款的小麦部分进行分析.

首先, 结合前述结果和问题实际背景, P 省的不同区之间自然灾害发生的情况应该不尽相同, 而 P 省农业灾害保险并未分区考虑, 将全省的情况视为一致, 这显然是不合理的地方.

其次, 我们重点要关注保险费率的问题. 在农业保险条款中的小麦部分, 每亩的赔偿标准按小麦的四个生长期即 "返青期" "抽穗期" "灌浆期" 和 "成熟期" 来分别制定的. 由于我们不知道 P 省具体是哪个省, 也缺乏一些必要的数据, 只是通过观察 P 省各区 10 年的气象数据来猜测 P 省可能位于中原地区. 可以认为 P 省小麦为冬小麦, 将 3 月 1 日到 6 月 15 日定为小麦的四个生长期期限, 并且不划分具体的生长期. 最后我们计算保险费率时也不具体划分小麦的生长期, 这会影响保险费率计算的准确性. 虽然如此, 但我们对小麦所受到的自然灾害的估计用到了贝叶斯统计方法, 充分利用了题目所给数据, 保险费率的计算方法也是斟酌再三, 所得到的结果也比较符合实际. 保险条款中对小麦的保险费率是 5.8%, 与表 9.10 对比, 容易发现 D 区、E 区和 H 区的保险费率小于 5.8%, 其他区则大于 5.8%. 这说明, 对 D 区、E 区和 H 区, 农业保险不会造成保险公司亏本, 而对其他区来说保险费率较低. 并且容易发现, 我们计算的 D 区和 E 区的保险费率为 5.27% 与 5.27% (由于设置了同样的随机种子, 故数字相同), 与 5.8% 比较接近, 说明保险条款对这两个地区比较适用. 综上所述, P 省农业保险的费率 (小麦部分) 对某些地区适用, 而对大部分地区不适用, 应该分区考虑制定不同的保险费率.

本题主要任务是估计自然灾害发生的次数的分布并计算了相关的保险费率. 通过比较我们所得的保险费率与题目给出的保险条款的保险费率, 对农业灾害保险条款 (小麦部分) 的合理性进行了分析. 由于题目所给数据有限, 我们计算的结果还有待改进. 总的来说, 我们用贝叶斯统计方法得到的结果对保险条款的制定和国家对农业灾害保险的政策的制定有一定的指导意义, 同时也说明贝叶斯统计方法在实际应用中可以发挥很大的作用.

从我们的理论准备到模型建立的整个过程来看, 不难得知如果题目能给出更多的信息, 如 P 省更多年份的气象数据、已有的自然灾害记录及 P 省各区农作物生长的特性等, 我们可以将 P 省各区的自然灾害发生的次数的分布假设的更加符合实际, 保险费率的计算也会更加精确合理, 对保险条款的制定和国家对农业灾害保险政策的制定也就更加有指导意义, 这也是我们所希望得到的结果.

第 **10** 章
校园附近餐饮场所的优化分析

10.1 命题背景

宁波大学师生众多，学校里每一时段都有一些场所的人员相对聚集，比如上课时段的教学楼、运动会期间的体育场、就餐时段的食堂区等. 如何合理规划使相应场所的拥挤程度得到缓解，不仅有利于提高校园生活的安全性，也有助于提升师生的工作生活品质，因而是一个值得分析和研究的重要问题.

10.2 题目

请针对校园附近的餐饮场所，展开数据调研和建模分析，给出你们对下列问题的具体解决方案.

问题一：以本学期为例，调研校内各教学、科研、工作场所的大致人流数据和校园内外附近各个主要餐饮场所区域的大致供餐能力数据，给出就餐高峰比较集中的中午时段校园不同区域师生的最优就餐路线，并对现有的餐饮场所区域的分布和供餐能力做出合理的评价. 在此基础上给出你们的进一步优化方案.

问题二：考虑外卖对上述问题的影响，收集数据并建模分析，给出校园内允许和禁止外卖的利弊分析和可行的控制优化措施.

问题三：如果学校要新建一个食堂，合理的供餐规模和所处位置是怎样的，请结合前述工作给出你们的规划方案.

附注：请完整列出调研得到的数据，并给出具体问题分析和建模求解的过程，如果在你们的建模过程中给定了一些预设数据，那么必须说明相应的理由.

10.3 模型建立解析

10.3.1 符号说明

符号	说　　明
A_i	第 i 个教学区，$i=1,2,3$
B_j	第 j 个餐饮点，$j=1,2,3,4,5$
X_{ij}	第 i 个教学区至第 j 个餐饮点的人数，$i=1,2,3$，$j=1,2,3,4,5$

（续）

符号	说　　　明
C_{ij}	第 i 个教学区至第 j 个餐饮点的路程，$i=1, 2, 3$；$j=1, 2, 3, 4, 5$
S_m	教学区至餐饮点的第 m 条路线的人数，$m=1, 2, \cdots, 13$
Z	总路程之和，单位：m
a_m	每条路线的权重系数，$m=1, 2, \cdots, 13$

10.3.2　数据收集与分析

（1）收集 4 月 16 日 ~ 4 月 27 日宁波大学校内三个餐厅中午的就餐人数，由于周五、周六、周日的人数变化波动较大，这里舍去不考虑. 计算得出平均值，作为工作日期间各餐厅日常供餐人数（来源自食堂数据），如表 10.1 所示.

表 10.1　三个餐厅中午就餐人数

地点	日期								
	4.16	4.17	4.18	4.19	4.24	4.25	4.26	4.27	平均值
甬江餐厅	6265	5961	5817	5921	5747	5558	5806	5593	5834
第一餐厅	10172	10562	10196	10141	9864	9683	10058	8362	9880
第二餐厅	7369	7635	7412	7132	7247	7166	6549	6068	7072

（2）学生在三、四节课下课后去附近餐饮点就餐，因此我们收集第八、九周周一至周五的三、四节课教学楼上课的总人数. 计算得出平均值，作为模型中从教学楼出发的总人数，数据在 8500 人左右，计算时大致取 8500 人（数据来源自宁波大学网上办事大厅），如表 10.2 所示.

表 10.2　单双周工作日三、四节课教学楼上课人数

周数	星期					
	周一	周二	周三	周四	周五	平均值
第八周（双周）	8207	9298	8418	8850	7531	8461
第九周（单周）	8553	9416	8387	8967	7514	8567

（3）校园附近的餐饮点为第一餐厅、第二餐厅、甬江餐厅和农贸. 将各餐厅以及农贸所有店铺的总座位数作为各个餐饮点在短时间内的供餐能力（数据来源自实地调查）如表 10.3 所示.

表 10.3　各餐饮区短时间内的供餐能力

餐饮点	第一餐厅	第二餐厅	甬江餐厅	农贸
供餐能力/人	2000	1200	700	2000

（4）将学校地图在 CAD 中进行测量，标记出从教学区至餐饮点各条路线的重要拐点，绘制出从教学区至各个餐饮点的各条路线，按 1:40000 的比例尺绘制于坐标轴上，同时记录下各个重要点位的坐标值以及各条路线的路程长度，如图 10.1 所示.

各个教学区至餐饮点的路线规划如下，舍弃掉部分人流量较少的路线，共得出 13 条路线

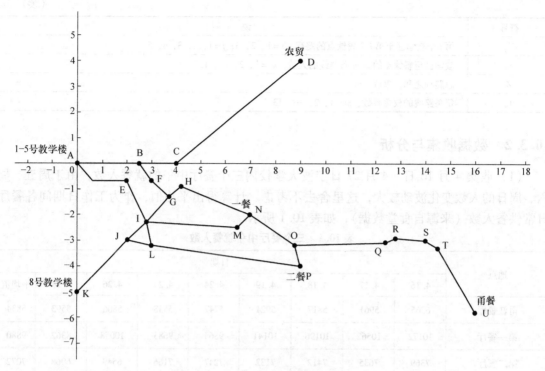

图 10.1　教学区至餐饮点路线图

如表 10.4 所示. 由于从教学点到达其中一个餐饮点的路线不止一条, 根据路程长度, 路面宽度以及各方面因素设置了一定的权重, 用以分配人数.

表 10.4　教学区至餐饮点路线规划

教学区	餐饮点	序号	路线	路程 /m	平均路程	权重 （%）
1~5 号楼	第一餐厅	S_1	A→B→F→G→H→N	350	390	40~60
		S_2	A→E→I→G→H→N	420		15~25
		S_3	A→E→I→M→N	400		25~35
	第二餐厅	S_4	A→B→F→G→H→N→O→P	490	505	20~30
		S_5	A→E→I→L→P	520		50~70
		S_6	A→E→I→M→N→O→P	500		10~20
	农贸	S_7	A→B→C→D	420	420	100
	甬江餐厅	S_8	A→B→F→G→H→N→O→Q→R→S→T→U	820	820	100
8 号楼	第一餐厅	S_9	K→J→I→G→H→N	450	425	20~30
		S_{10}	K→J→I→M→N	400		60~90
	第二餐厅	S_{11}	K→J→L→P	420	420	100
	甬江餐厅	S_{12}	K→J→I→M→N→O→Q→R→S→T→U	920	920	100
	农贸	S_{13}	K→J→I→G→H→C→D	680	680	100

（5）列出不同教学区至不同餐饮点的平均路程, 单位: m（数据来源自 CAD 测算）以及供餐、就餐量如表 10.5 所示. 根据数据, 发现总就餐人数与餐饮点合计供餐能力不平衡, 这里增加一个虚拟餐饮点 B_5, 它的供餐人数为 2600 人, 以达到供给平衡如表 10.5 所示.

表10.5　增加虚拟餐饮点后的路程以及供餐、就餐人数平衡表

教学区	餐饮点					就餐人数
	B_1	B_2	B_3	B_4	B_5	
A_1	390	505	820	420	0	7500
A_2	425	420	920	680	0	1000
供餐能力/人	2000	1200	700	2000	2600	—

（6）某日中午各个重要地点的人流数据和拿外卖人数（数据来源于实地调查）．可以看出宿舍区点外卖人数较多，教学区点外卖人数占比不大，如表10.6所示．

表10.6　某日中午11：20～12：00各地点人流数据和外卖人数

地点	总人数	外卖人数
东门公寓	140	39
南门公寓	650	260
甬江公寓	660	120
本部公寓	1300	442
本部宿舍	1350	450
教学楼	8836	63
图书馆	160	3
农贸	1976	0
总数	15072	1377

10.3.3　模型的建立与求解

1. 问题一的模型建立与求解

考虑最优就餐路线，首先需要考虑就餐路程最短．总路程为从不同教学点出发的人数与每段路程的乘积之和

$$Z = \sum_{i=1}^{2} \sum_{j=1}^{5} C_{ij} X_{ij}.$$

根据每条路线的人数与总人数的关系建立数学模型为

$$\min Z = \sum_{i=1}^{2} \sum_{j=1}^{5} C_{ij} X_{ij}$$

$$\text{s. t.} \begin{cases} X_{11} + X_{12} + X_{13} + X_{14} + X_{15} = 7500, \\ X_{21} + X_{22} + X_{23} + X_{24} + X_{25} = 1000, \\ X_{11} + X_{21} = 2000, \\ X_{12} + X_{22} = 1200, \\ X_{13} + X_{23} = 700, \\ X_{14} + X_{24} = 2000, \\ X_{15} + X_{25} = 2600, \\ X_{ij} \geqslant 0, \end{cases}$$

对模型进行求解，得到的就餐方案如表10.7所示．

表 10.7　教学区至各餐饮点人数分配表

教学区	餐饮点					就餐人数
	B_1	B_2	B_3	B_4	B_5	
A_1	2000	200	700	2000	2600	7500
A_2	0	1000	0	0	0	1000

其中，A_1 代表 1~5 号教学楼一整块教学区，A_2 代表 8 号楼，B_1 代表第一餐厅，B_2 代表第二餐厅，B_3 代表甬江餐厅，B_4 代表农贸，B_5 表示虚拟餐饮点.

可以看出，A_1 和 A_2 教学区共有 5900 名学生被分配至相应餐饮点，A_1 教学区有 2600 人被分配至虚拟餐饮点，这部分人需要等待一定时间才能就餐，将这剩余的 2600 人进行再次分配. 二次分配后餐饮点供餐能力大于就餐人数，需增加一个虚拟教学区 A_3，方案如表 10.8 所示.

表 10.8　增加虚拟教学区后的路程以及供餐、就餐人数平衡表

教学区	餐饮点				就餐人数
	B_1	B_2	B_3	B_4	
A_1	390	505	820	420	2600
A_3	0	0	0	0	3300
供餐能力	2000	1200	700	2000	—

改变模型的目标函数和约束条件：

$$\min Z = \sum_{i=1}^{3} \sum_{j=1}^{4} C_{ij} X_{ij}$$

$$\text{s. t.} \begin{cases} X_{11} + X_{12} + X_{13} + X_{14} = 2600, \\ X_{31} + X_{32} + X_{33} + X_{34} = 3300, \\ X_{11} + X_{31} = 2000, \\ X_{12} + X_{32} = 1200, \\ X_{13} + X_{33} = 700, \\ X_{14} + X_{34} = 2000, \\ X_{ij} \geqslant 0. \end{cases}$$

对模型进行求解，得到剩余的 2600 人就餐方案如表 10.9 所示.

表 10.9　教学区剩余 2600 人就餐分配表

教学区	餐饮点				就餐人数
	B_1	B_2	B_3	B_4	
A_1	2000	0	0	600	2600
A_3	0	1200	700	1400	1000
供餐能力	2000	1200	700	2000	—

由于从一个教学区前往一个确定的餐饮点有不同的路径，分析第一次分配的 5900 名学生的就餐路线，根据权重，代入模型求解得到这 5900 名学生的中午就餐路线. 再对后面的 2600 名学生的就餐路线进行分析，综合两次分配结果，将同一路线的人数相加，得出中午时段不同区域师生的最优建议就餐路线如表 10.10 所示. 由于 8 号楼距离第二餐厅较近，因此根据结果安排从 8 号楼出发的师生全部前往第二餐厅就餐，有一定的合理性.

表 10.10 全校师生中午时段最优建议就餐路线表

教学区	餐饮点	序号	路线	人数	总人数
A_1	B_1	S_1	A→B→F→G→H→N	2400	4000
		S_2	A→E→I→G→H→N	600	
		S_3	A→E→I→M→N	1000	
	B_2	S_4	A→B→F→G→H→N→O→P	40	200
		S_5	A→E→I→L→P	140	
		S_6	A→E→I→M→N→O→P	20	
	B_3	S_7	A→B→C→D	2000	2000
	B_4	S_8	A→B→F→G→H→N→O→Q→R→S→T→U	1300	1300
A_2	B_2	B_{11}	K→J→L→P	1000	1000

2. 问题二的模型建立与求解

由表 10.6 可知，某日就餐高峰期的总外卖量是 1377 人，将该数据作为日常中午时段的外卖总量. 考虑到外卖对教职工就餐的影响，只是改变了约束条件，其他条件没有发生改变，因此只要在问题一的模型的基础上，改变总人数这一数据即可.

由于就餐人数由 1~5 号楼的师生和 8 号楼的师生两部分构成，之前未考虑外卖影响时，1~5 号楼师生为 7500 人，8 号楼师生为 1000 人，按比例减去点外卖的 1377 人后，1~5 号楼前去餐饮点就餐的师生为 6285 人，8 号楼前去餐饮点就餐的师生为 838 人.

得到数学规划模型为：

$$\min Z = \sum_{i=1}^{2} \sum_{j=1}^{5} C_{ij} X_{ij}$$

$$\text{s.t.} \begin{cases} X_{11} + X_{12} + X_{13} + X_{14} + X_{15} = 6285, \\ X_{21} + X_{22} + X_{23} + X_{24} + X_{25} = 838, \\ X_{11} + X_{21} = 2000, \\ X_{12} + X_{22} = 1200, \\ X_{13} + X_{23} = 700, \\ X_{14} + X_{24} = 2000, \\ X_{15} + X_{25} = 1223, \\ X_{ij} \geqslant 0. \end{cases}$$

将模型输入 MATLAB 中求解，得到的就餐方案如表 10.11 所示.

表 10.11 教学区至各餐饮点人数分配表

教学区	餐饮点					就餐人数
	B_1	B_2	B_3	B_4	B_5	
A_1	2000	362	700	2000	1223	6285
A_2	0	838	0	0	0	838
供餐能力	2000	1200	700	2000	2600	—

再将分配至虚拟点 B_5 的 1223 人再次进行分配，模型同样与问题一类似，得到剩余 1223 人的就餐方案如表 10.12 所示.

表 10.12　教学区剩余 1223 人就餐分配表

教学区	餐饮点				就餐人数
	B_1	B_2	B_3	B_4	
A_1	1223	0	0	0	1223
A_2	777	1200	700	2000	1000
供餐能力	2000	1200	700	2000	—

将两表进行整合，即可得出考虑外卖因素后，各餐饮点需要承担的师生人数. 现将考虑外卖因素前后各供餐点的人数画出柱形图进行对比，如图 10.2 所示.

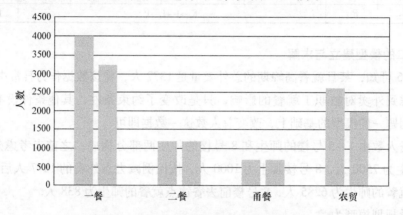

图 10.2　各供餐点人数考虑外卖前后对比图

可以看出，考虑到外卖因素后，各供餐点的人数基本都减少，可见外卖订单数分散了用餐高峰期各个餐饮点的供餐压力. 同时减少了前往各个餐饮点的就餐人数，一定程度上缓解了交通压力.

但送外卖的路线与学生的就餐路线有所重叠，会存在一定的安全隐患，易导致道路拥堵，可能会发生交通事故.

对此，我们提出了几点改进措施：

（1）禁止学校外的外卖流入，从源头上杜绝不卫生外卖；

（2）对学校内的各个外卖点进行质量审核，不合格的外卖点一律取缔；

（3）对外卖路线进行人为确定，设立高峰期外卖专用路线. 学生就餐的高峰时段禁止外卖员走人流量较大路线，避免出现交通事故.

下面针对措施三进行详细分析.

农贸至送餐点的 14 条具体路线如图 10.3 所示：

中午就餐高峰期，考虑到外卖员与师生的就餐路线会有一定的重合，将 14 条设定的外卖路线上遇到的全部就餐人数统计出来，绘出柱状图 10.4. 将教学区至餐饮点的路线图与农贸至送餐点的路线图作比较，把两图的重合路线上的学生人数计算出来，绘出柱状图 10.5.

考虑到中午就餐高峰期外卖员送外卖的安全问题，删去一部分学生人数较多的路线：AB、HG、BF、FG、IG、AE、EI、IJ、JK，剩余的路线为外卖配送路线. 规定这些人流较少的路线为外卖员配送专用路线，从而减少外卖配送对师生在中午时段就餐的影响.

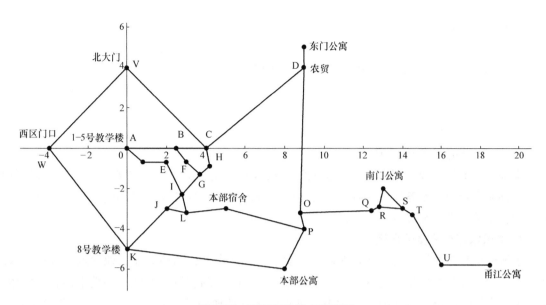

图 10.3　农贸至送餐点路线图

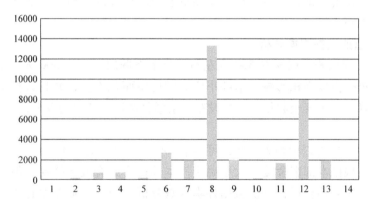

图 10.4　每条设定路线经遇学生人数统计图

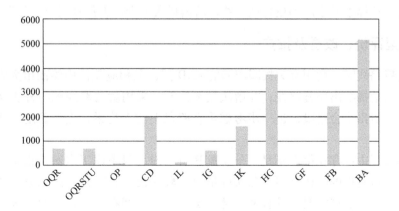

图 10.5　各重合路线学生人数统计

3. 问题三的模型建立与求解

通过对学校各个餐点供餐能力和外卖数量的分析，发现学校的供餐点数量确有不足，有

新增供餐点的必要性. 根据学校已有的供餐点分布, 得出如下结论:

(1) 食堂不应该设在教学区及学院区内, 影响教学和研究环境;

(2) 食堂应设在校园的中心位置, 不应过于偏僻;

(3) 基于成本考虑, 食堂最好在旧有地点进行改造, 不应该破坏校园的基本布局.

根据以上条件, 校园新食堂的地点可以做以下选择:

A: 本部小广场　　B: 本部宿舍楼改迁

1. 考虑本部小广场的原因

本部创业街目前处于闲置状态, 场地没有被合理利用, 造成一定的资源浪费. 建议可以在本部创业街新建一处餐厅, 缓解午餐时间的就餐压力. 而且考虑到本部创业街位于寝室区, 不影响教学及研究的开展以及不会造成道路上的拥挤.

2. 考虑本部宿舍楼的原因

了解到小教专业目前男生宿舍在西区, 女生宿舍在本部, 而该专业上课地点大多在西区. 并且本部宿舍部分楼层年久失修, 宿舍条件有限. 同时据调查目前西区有一教学楼属于危楼, 无法供正常教学. 出于这些因素的考虑, 可将西区的危楼建造成宿舍楼, 本部小教专业的女生搬至西区, 将空出的本部宿舍改造成一个新的餐点. 这样既缓解了就餐压力, 一定程度上也提高了学生的住宿条件.

3. 新增餐厅点的供餐规模分析

若选择 A 点, 建议餐厅规模在 500 人左右. 分上下两层, 上层 300 人, 下层 200 人. 实际上, 餐厅的规模受占地面积影响. 本部小广场的可用面积不多, 并且人员太过于密集的情况下会造成安全隐患, 为安全起见, 最好设有一条紧急通道. 考虑到以上几点, 500 人是一个比较合适的数字.

若选择 B 点, 规模可以稍增大一些, 可容纳 800 人. 第一层 300 人, 第二层 300 人, 第三层 200 人. 该数据根据本部宿舍楼的大小确定. 本部宿舍原有较多楼层, 但考虑到餐厅一般设三楼较好, 楼层过高不合适, 其次根据外卖人数分析, 500 ~ 800 是个比较合适的数字, 且不会造成资源浪费.

综合分析, 选择本部小广场更合适一些, 所消耗人工少, 工程时间短, 费用低.

10.3.4　模型评价、改进及推广

在规划就餐路线时, 利用有关校园布局的 CAD 图, 在相应软件中绘制出大致的就餐路线图, 更直观形象地描绘出就餐路线; 在解决模型二时, 采用就餐路线图与外卖送餐路线图相对比的方式, 分析出重合路段, 进一步考虑重合路段上的人流量, 进而确定外卖送餐的最优路线图.

但在建模过程中也存在很多不足. 外卖配送分析时, 只考虑了点对点送达, 而并没有考虑配送员对多个送餐点的配送路线, 与实际情况有较大出入; 本模型前期只调研了宁波大学本部中午的人流、餐饮点情况, 没有考虑部分学生下午的课在西区, 从而会选择去第三餐厅的就餐的情况.

针对上述不足, 可对模型作下述改进: 统计点外卖人数时, 同时对多幢寝室楼进行人数统计收集, 尽可能同时涵盖较多数据, 减小数据的误差; 在有条件时, 尽可能考虑配送员同一时间段需送达多处外卖点的情况, 使路线建模分析尽可能与实际情况相符合.

本题中模型的建立，有一定实际意义. 可应用于紧急逃生事件、多路线登山事件、快递员配送事件等，对各种路线选择规划都有一定的借鉴作用.

竞赛效果评述

本题来源于校园生活中实际存在的问题，题目背景易于学生理解，在问题的建模求解过程中需要综合运用图论知识和数学规划模型，且计算求解需要具备一定的计算机运用能力. 通过研究解决该问题，学生可以认识到数学知识对解决现实问题的重要性，并对生活学习的校园有更多更好的了解.

第 11 章
太阳灶设计问题

11.1 命题背景

本题目来源于一个与环境问题有关的学生科研项目,后来又转化成了创业项目.众所周知,有相当一段时间,全国对雾霾问题的关注度非常高.在当时提出这样的问题当然是有"蹭热度"的想法,但这种"蹭热度"的问题是比较容易引起学生兴趣的.在讨论雾霾问题时,我们很容易就考虑到了环保产业,于是开始讨论环保产品,太阳灶就很快浮出水面了.这个学生科研项目是研究关于太阳灶反光面的优化问题,包括设计上的优化和制作工艺上的优化.主要用到的就是数学上的旋转抛物面相关的计算,以及对旋转抛物面的各种近似.本科生的知识量已经是足够进行这些计算了,只是计算量偏大,需要花一些时间.后来也是机缘巧合,指导教师结识了一位专利律师.在跟律师闲聊的过程中,他感觉我们学生的东西挺有趣,建议我们申请专利试试.在律师的帮助下,我们申请成功了一个实用新型专利.这样一个成果对本科生来说还是值得祝贺的.后来,因为有了专利,所以就顺理成章的又开展了一个创业项目.

不得不承认,在申请专利这个问题上,或多或少受到一些教学上的、学科建设上的评估的影响.众所周知,很多评估都需要各种各样的指标,其中一个很重要的指标就是专利数量.然而,很多人都无法想象,数学专业居然也可以搞专利,专利似乎是有专业限制的.社会上有一些说法认为"专利"都是技术,而通常认为数学专业是研究科学的,它所研究的东西只能被"发现"而不能被"发明",因此,数学专业搞发明专利似乎是很困难的事情.但是,从实践中来看,只要对生活充满爱、充满好奇心,任何人都有可能搞发明,而数学系的学生,稍微应用一点点自己所学的专业知识,也可以做出比较有意思的发明专利.

上面的种种事项,抛开其中的功利成分不说,在跟学生的实际接触过程中,我们感觉这样的实践对学生还是有很大提高的.学生在这些活动中切切实实地学到了东西,也提升了能力、开阔了视野.学到的知识不再是书本上死的知识,而是跟生活密切相关的具有鲜活的生命力的知识.在实际动手完成项目的过程中,也让我们发现数学并不是那么高冷的,它也可以很生活,也可以很有趣.

11.2 题目

2013 年冬季,我国东部地区发生了严重的大面积雾霾事件,这给我们敲响了环保的警钟.

关于环保事业，我们每个人都应当付出自己的努力. 据调查，日常的炒菜做饭、户外烧烤等，因其使用的燃料都会对环境造成一定的影响. 而太阳灶，如图 11.1 所示，则不需要任何燃料，价廉、环保. 因此大力推广太阳灶的使用可以为环保事业做出贡献.

下面请就太阳灶的设计完成以下几个问题：

问题一：确定反光面的具体形状.

众所周知，太阳灶所利用的是凹面镜的聚光原理，将分散的太阳光（主要指太阳的热能）汇聚到一点，从而产生高温，以实现烹饪的目的. 但是，这个凹面镜具体应该设计成什么形状才能达到较好的聚光效果？请建立数学模型并说明你的结果.

问题二：确定反光面的设计参数.

表 11.1 给出了某一地区典型气象年 7 月份逐时参数及太阳直射辐射强度. 请根据这些数据（也可以自行搜集其他相关数据，但需说明数据来源），计算第一问中你所设计的凹面镜的各主要参数，并说明设计参数的有效性. 具体完成以下任务：

（1）根据实际情况做出合理假设（如制作流程中产生的误差、反光率等）；

（2）根据上面的假设，确定相关约束（如天气约束），计算反光凹面的设计参数，使其能够保证烧开 1L 室温的凉水，并估计烧开时间；

（3）说明你的设计是最优的（基于前面的假设及条件约束）.

问题三：整体型的太阳灶的制作工艺有较高的要求，成本高，不易实现. 有一种近似的解决方案，即：将凹面镜纵向切割，分解成多条凹面镜，如图 11.2 所示，将这些条状凹面镜用柱面代替，这样便可将其展开成平面，从而可实现平面加工，这将大大降低加工难度. 加工好的柱面展开条经拼接后可形成与原凹面镜近似的图形. 请就此近似方案（也可以自行提出其他新的近似方案或者制作工艺简化方案）讨论其反射热效率，并根据光照数据重新计算设计参数，类似于问题二，请说明参数的有效性，以及最优性（如最小切割条数，每条宽度分配等）.

说明：你无须解决所有问题. 请先重点讨论前两个问题. 时间充裕的情况下，再解决问题三. 相关太阳灶工作原理可自行查阅（网上）相关资料.

图 11.1 常见的太阳灶

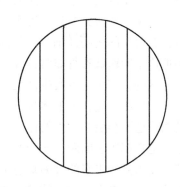

图 11.2 凹面镜切割示意图（俯视图）

表 11.1　某地区太阳直射辐射强度数据①

日期	时刻	小时	太阳直射辐射强度（W/m²）
7月1日	0	4344	0.00
7月1日	1	4345	0.00
7月1日	2	4346	0.00
7月1日	3	4347	0.00
7月1日	4	4348	0.00
7月1日	5	4349	31.54
7月1日	6	4350	39.11
7月1日	7	4351	0.00
7月1日	8	4352	0.00

① 该数据来源于"全国大学生数学建模竞争"2012 年 B 题. 这里也仅是部分数据，完整数据见天工讲堂二维码.

11.3　模型建立解析

11.3.1　问题分析

太阳灶在我国西北地区比较常见，然而在竞赛结束后与参赛同学闲聊的过程中发现很多学生并不知道太阳灶是什么. 这可能跟学校处于长江以南，学生以江南生源为主有关. 但是无论如何，还是体现了学生知识面的匮乏. 对于大部分学生而言，即使不知道太阳灶，也应该了解凸透镜可以汇聚太阳光. 事实上，很多男孩子小时候都应该有用放大镜烧蚂蚁的经历. 然而，凸透镜似乎不太容易做得很大（事实上，以现在的技术，做个大一点的凸透镜并不困难，市面上也已经出现了相关产品. 当然，这需要稍微利用一下"菲涅尔透镜"的原理. 有兴趣的读者可以自行查找相关技术资料及已经在售卖的相关产品），这就限制了其聚光能力. 很多学生所不知道的是通过反射光线也一样可以做到聚光的效果. 这方面最好的应用，也许就是天文望远镜了. 国际上现役的超大口径光学天文望远镜基本上都是反射式的（民间常说的"牛反"），这与凸透镜不容易做大是有一定关系的；更不用说那些射电望远镜了.

问题一主要是解决太阳灶反光面形状的问题，即什么样的表面可以实现汇聚光线的作用? 这个问题其实是一个送分题目，答案就在目前使用率非常高的高等数学教材之中. 书中微分方程一章就有直接的例题详细讨论了这个模型的建立与求解. 然而，令人失望的是，很少有学生能够把这个问题解答得非常漂亮. 这也体现出了学生的学习存在很大的问题，书本知识只是用来考试的，完全与现实生活无关. 当然，书上这么有趣的一个例子居然让绝大部分学生都忘记了，也在一定程度上体现出学生的生活经验太少. 由于没有实际生活的体会，书上再生动的例子也不会引起学生的任何共鸣、任何关注.

问题二是在解决了问题一的聚光问题的基础上，解决太阳灶的更详细的设计问题. 简单点讲，就是要求制造出来的太阳灶有能力把饭烧熟，当然，这里更具体地用烧开水的效率来评价太阳灶的烧饭能力. 为了能够把水烧开，就要能够聚集足够的热量. 众所周知，直接把水放到太阳底下晒，水是沸腾不了的，这说明热量不够，也就说明需要用太阳灶汇聚到足够多的热量. 因此, 这里需要考虑几个重要的信息: 第一, 水的起始温度是多少; 第二, 水从起始温度到 "烧开" 需要吸收多少热量; 第三, 多长时间内把水烧开是合理的, 人们可以接受的. 根据上面几个重要的参数, 就可以具体建立水的吸热模型以及太阳灶的供热模型了. 再进一步根据吸热、供热的某种平衡, 就可以具体得到太阳灶的设计参数. 事实上, 这一问的模型, 大部分学生在中学物理课上就已经学习过了, 但竞赛结果同样令人失望.

问题三是本题的核心, 前文所说指导学生所申请的专利就与这一问有关. 因为现有太阳灶都是一整块刚性固体制成的. 这样的太阳灶有两个缺点: 其一, 加工过程是立体成形的, 加工难度大, 且要达到较高的加工精度; 其二, 成品携带不方便, 巨大的一整块圆形反光面很难轻松地携带, 一般安装好以后就不再搬动了. 考虑上述缺点, 这里希望找到一个好的设计. 首先解决加工难的问题, 最好实现平面加工; 其次最好能使用低端设备生产出符合精度要求的产品; 最后, 成品最好方便组装与拆卸, 拆卸后零件占用空间要小, 这就解决了方便携带的问题. 基于这些考虑, 题目给出了 "条形切割" 的思想, 即: 把大的反光面切割成若干细条, 使得细条拼接后可以满足所需的反光条件, 更重要的是做出一定的近似, 满足精度要求. 这里的近似就是用柱面近似. 基于一些几何知识, 我们知道有个 "可展面" 的概念, 就是说有些曲面是可以展开成平面的, 而旋转抛物面不是可展面, 即无法展开成平面. 这里把切割后的条状曲面近似成柱面, 就可以将其展开, 从而实现平面加工. 由于采用近似思想, 所以要计算其精度问题, 使得所做近似图形满足精度要求. 理想状况的反光曲面应当能够将太阳光汇聚到一个理想的几何意义的 "点" 上. 然而, 实际应用中我们并不需要那么精确的汇聚, 只要能够将阳光汇聚到一个令人满意的小的范围就可以了. 这一问就是要具体计算出近似图形的汇聚范围, 根据不同的切割条数、切割方案, 可以得到不同的汇聚范围, 这就要根据实际的热量需求, 选择最经济的切割方案.

11.3.2 模型建立及求解

1. 问题一模型建立及求解

前面的分析已经说明问题一就是高等数学教材中的一个例题. 但是, 考虑到整个赛题求解的完整性, 这里还是简单阐述一下该问题的模型建立与求解.

这个问题的建模过程有一个非常重要的思想, 即: 降维. 这个思想在实际应用中是一个特别常用且非常有效的技巧. 若不考虑降维, 则用于太阳灶的反光面显然是三维空间中的一个曲面, 再具体一点, 是一个二元函数 $z = f(x, y)$, 如果能够具体确定 $f(x, y)$ 的表达式, 那么问题得到解决. 但是在三维空间里建模明显难度较大. 仔细分析, 可以发现这个问题完全可以转化到二维空间里去考虑. 试想: 假如某个曲面在正对太阳时可以满足聚光的要求, 则把该曲面沿着太阳的主光轴旋转任意角度后它仍然可以满足聚光要求, 更进一步, 该曲面在垂直于太阳光线的任意一个方向上应当具有相同的性质, 也就可以得知该曲面是一个旋转面. 因此, 我们只要讨论与太阳光线垂直的若干个方向中的一个就可以了. 具体的, 以太阳光线⊖为 x 轴, 以垂直于太阳光线的任意一条直线为 y 轴建立平面直角坐标系, 在该平面内找到一条曲线能够将平行光汇聚到一点, 最后该曲线绕 x 轴旋转一周即可得到所求曲面. 更具体的模型建立参见图 11.3.

⊖ 这里还需要一个基本假设: 太阳光在地表附近可近似看作是平行光. 这样的平行光自然有无穷多条, 只选取其中一条作为 x 轴即可. 更具体形象一点, 即选择太阳灶所在地点的一条光线.

根据图 11.3，平行入射的太阳光经反光面反射后汇聚到焦点 F 上，并且为了后期建模方便，将原点就设置在焦点 F 上. 反光面在平面 xOy 上面即成为一条曲线，假设该曲线为 $y = y(x)$，则其应满足下面的一阶常微分方程：

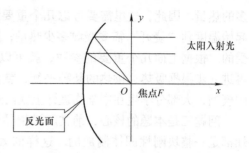

图 11.3　反光面聚光模型示意图

$$\frac{y}{y'} - x = \sqrt{x^2 + y^2},$$

该微分方程的推导过程详见文献［1］，这里不多赘述. 求解该微分方程的过程在文献［1］中也非常详细，因此这里仅给出结果：

$$y^2 = 2C\left(x + \frac{C}{2}\right).$$

这显然是一个抛物线，进一步优化该表达式：将抛物线顶点移至原点，焦点到曲线顶点的长度（即焦距，亦即 $C/2$）记为 f，绕中轴旋转得到旋转面，最终得太阳灶反光曲面的方程为：

$$z = \frac{1}{4f}(x^2 + y^2).$$

显然，这是一个旋转抛物面，其焦距为 f. 另外，根据微分方程的存在唯一性定理，可知：满足聚光要求的曲面只有旋转抛物面这一种.

2. 问题二模型建立及求解

该问题主要解决关于太阳灶更具体的设计问题. 对于太阳灶而言，不用插电、不用烧火，仅仅就是把它放太阳底下，居然就能把饭做熟，这似乎有些神奇. 众所周知，把饭直接放到太阳下晒，是晒不熟的. 太阳灶之所以能够做熟饭，是因为其汇聚了太阳的光和热，有了足够的热，就可以做熟饭了. 因此，这一问要求设计的参数一定是跟太阳灶汇聚热的能力有关.

太阳光是分散照射到大地上的，大地上的每个小区域都能够接收到一部分太阳的能量，如果能够把这些能量汇聚起来，就可以得到足够的热能，从而可以烧水做饭. 根据问题一的结果，旋转抛物面可以将太阳光汇聚到一点即把"镜子"做成旋转抛物面的形状就可以实现汇聚太阳能量的目的. 进一步分析可知：这个抛物面镜子"越大"，其接收到的太阳能量就越多，从而汇聚得到的能量就越多. 于是，太阳灶设计的关键就在于设计多"大"的反光面可以得到足够的热能以实现能够烧水做饭. 基于此分析，可以从两个主要方面来考虑模型的建立：其一，"足够的热能"具体是多少，如何衡量；其二，太阳灶的大小与其能够提供的热能之间的关系. 下面就从这两个方面开始本问题模型的建立.

（1）模型的建立

第一，实现烧水做饭目的所需的热能.

太阳灶的主要功能应该是做饭，但是"做饭"这个事情太过复杂，不太容易衡量，因此这个题目将问题简化，仅考虑将水烧开所需要的能量. 显然，如果太阳灶能够把水烧开，那么做饭应该也是没有问题的. 这样，就需要探讨把水从一定温度开始（一般应该是"室温"了）烧开至沸点需要吸收多少热量. 这里显然可以利用物体的吸热公式：

$$Q_{in} = c \cdot m \cdot \Delta T \tag{11.1}$$

其中 c 为比热容，m 为质量，ΔT 为温度的改变量. 值得一提的是，这个公式在初中的教材中就有，如文献［2］和文献［3］. 从公式（11.1）中可以看出，物体吸收的热量是与物体的质量有关的. 在需要提升相同温度的前提下, 物体质量越大, 需要吸收的热量就越多, 这是后期做具体设计的时候需要考虑的问题.

第二, 太阳灶所能提供的热能.

如果对于太阳灶供热原理不太清楚, 那么可以用电热水器来做类比. 简单分析一下电热水器, 应该可以发现它在固定时间内提供的热能是个定值, 这也就是人们常说的功率了. 而功率越高的电热水器, 其热水的速度也就越快. 太阳灶应该也是类似的, 它在太阳底下晒的时间越久, 接收到的太阳热能也就越多, 而且其单位时间内接收到的热能也是近似等于一个常数的. 能够想到**功率**这个概念, 那么关于太阳灶供热的模型就非常容易建立了. 显然, 太阳灶在一定时间内得到的热能应该等于吸热功率乘以时间:

$$Q = P\Delta t$$

其中, Δt 表示吸热时间, P 表示太阳灶的吸热功率. 然而, 这个"吸热功率"是什么呢? 仔细分析题目, 发现题目中给出了数据: 太阳辐射强度. 即使不了解"太阳辐射强度"这个概念, 单从数据上也可以略知一二. 仔细看数据, 发现其太阳辐射强度的单位是 W/m^2. 从这个单位上可以猜测, 这个辐射强度就是指太阳在每平方米的范围内所能够提供的热功率. 我们之前要的是太阳灶的吸热功率, 这里给出了太阳的每平方米提供的热功率, 两者之间有没有联系呢? 显然, 太阳灶的有效受热面积乘上太阳的辐射强度, 就是太阳灶的吸热功率了. 若用 I 表示太阳辐射强度, 用 S 表示太阳灶的有效受热面积, 则太阳灶接收到的太阳热量为:

$$Q = P\Delta t = SI\Delta t.$$

在太阳灶接收到太阳热量后, 它要把热量反射上去, 聚光, 再传递给上面的烧水壶, 最后就是水接收的传导来的热量. 这一个复杂的过程是有能量损失的. 若简化处理, 可以假设这个能量损失是有一个常值的比率的, 或者就简单叫作热传递系数, 记为 η, 则太阳灶最终传给水的热量可表示为:

$$Q_{out} = \eta SI\Delta t.$$

但是, 经进一步分析, 这个热量损失过程分为两步可以更加清晰地描述实际情况. 即: 太阳灶反射太阳热量时会有一个热量损失, 水在接收反射光热的过程中又会有一次热量损失. 把太阳灶的反光效率记为 η_1, 烧水容器传递热的效率记为 η_2, 则上式可写为

$$Q_{out} = \eta_1 \eta_2 SI\Delta t. \tag{11.2}$$

显然, 烧水所需要的热量应当等于水得到的热量, 即 $Q_{in} = Q_{out}$. 于是联系式 (11.1)、式 (11.2)即得:

$$cm\Delta T = \eta_1 \eta_2 SI\Delta t. \tag{11.3}$$

最后, 最优化参数设计.

仔细分析式 (11.3), 除了比热容是一个常数外, 其他的量也都可以根据生活经验取一个相对合理的值. 这样看来, 模型似乎是建立完毕了, 并且很容易求解了. 然而, 值得注意的是, 式 (11.3) 中的面积 S 指的是有效受热面积, 这个面积并不是太阳灶反光面的曲面的面积, 而是太阳灶反光面在垂直于太阳光线的平面上的投影面积. 对于相同的有效受热面积, 可以有多种不同的旋转抛物面供选择, 如图 11.4 所示.

因此, 在多个不同的抛物面里, 应当考虑寻找一个最优的设计. 为此, 引入一个指标: **采光系数** $\beta = S/S_p$, 来衡量太阳灶反光面的有效利用率. 其中 S 为有效受热面积, S_p 为太阳灶反光曲面的实际面积. 从图 11.4 中可以看到, 不同曲率的抛物面其有效反光面积是一致的.

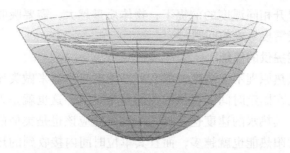

图 11.4　相同有效受热面积的不同旋转抛物面

显然，弯曲程度越大的抛物面其"浪费掉"的面积就越多；反过来，根据问题一所得反光面的方程可知，曲率越小的抛物面，其焦距就越大，为了实现普通人能够站立在灶前做饭的要求，焦距不可以太大（因为烧菜锅就是放置于焦点附近的）。基于这两点分析，应当在节约材料与应用便利性之间寻找一个平衡。有效反光面积 S 可以根据实际经验确定一个经验值，所以剩下的主要工作就是计算反光曲面实际的曲面面积 S_p。这个抛物面的面积用高等数学课程里面学过的曲面面积的积分计算方法即可简单计算出来，这里就不做详细推导了，只给出最后的面积公式。若假设太阳灶反光面外沿形状为圆形，其直径为 d，则有效反光面积 S 与抛物面曲面面积 S_p 的计算公式如下：

$$S = \frac{1}{4}\pi d^2,$$

$$S_p = \frac{\pi}{3f}\left[\left(4f^2 + \frac{d^2}{4}\right)^{\frac{3}{2}} - (2f)^3\right].$$

最终，以材料利用率最高为总目标，即**采光系数** β 最大，可建立这一问的最终的优化模型：

$$\max \beta = \frac{S}{S_p}$$

$$\text{s. t.}\begin{cases} cm\Delta T = \eta_1\eta_2 SI\Delta t, \\ S = \frac{1}{4}\pi d^2, \\ S_p = \frac{\pi}{3f}\left[\left(4f^2 + \frac{d^2}{4}\right)^{\frac{3}{2}} - (2f)^3\right], \\ f \leqslant f_0. \end{cases} \tag{11.4}$$

模型中 c，m，ΔT，η_1，η_2，I，Δt，d，f_0 均为模型参数。这些参数要么本身是一个常数，要么可根据实际经验取经验值。确定这些参数后，优化模型最终求解的是太阳灶反光面的焦距 f。

（2）模型的求解

模型（11.4）是本问的最终模型。因为该模型比较简单，甚至可以手算求解，所以这里就不再详细给出计算过程。另外，模型中的众多参数除 c 为物理常数外，其他量虽然也是需要优化设计的，但基本与用户体验有关，需要市场调研作为支持。具体分析如下：η_1，η_2 与所选材料有关，可以查阅相关资料获取；ΔT，Δt，d，f_0，m 几个量完全与用户体验有关（见表 11.2），更好地设计则需要加入"用户体验"相关的市场调研，那是另外一个更加复杂、专业的问题了，这里不做详细讨论；太阳辐射强度 I 已经由数据提供，但是在实际产品研发中需要考虑到地区差异，也与"用户体验"有关．考虑到上述诸多问题，作为一个简单的数学建模训练题目，这里不严格要求计算结果．只要能够考虑到这些因素都是需要优化的，就可以获得加分．具体这些参数取值为何，则完全鼓励百花齐放，鼓励各个队伍有自己的想法．

表 11.2　参数取值样表

c	m	ΔT	η_1	η_2	I	Δt	d	f_0
4200J/(kg·K)	1kg	80K	0.85	0.9	800W/m²	300s	1m	1m

基于上述分析，关于本问的结果，这里并不给出具体数值，只简单给出一个参考范围：焦距 0.6m ~ 1.0m，反光面开口半径 0.5m ~ 1.0m，烧水时间 0.5h 以内．其他参数取值取决于参考资料．

最后，还要再次强调，上面的数值也仅仅是个参考，未必是标准答案．限于笔者的专业限制、信息获取能力限制，上面所给范围也很有可能不太符合实际需求．要做到真正合理的设计，还是要结合更加专业的知识，同时也要有强有力的市场调研的支持．

3. 问题三模型建立及求解

这个赛题的命题来源主要就是解决了这最后一问的问题．但是从竞赛结果来看，大部分队伍无法理解这一问的切割、近似的具体思想，也无法建立相关的立体空间想象来解决该问题．实际的切割、展开成平面后的图形见图 11.5a、b．

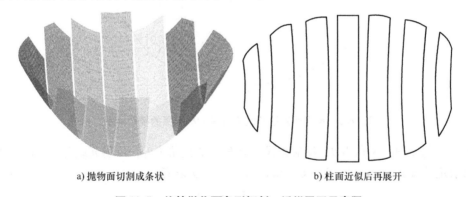

a) 抛物面切割成条状　　　　　　　　　　b) 柱面近似后再展开

图 11.5　旋转抛物面条形切割、近似展开示意图

这个问题的具体建模可以降维，仅在二维空间里讨论就可以了，下面进行详细分析．

（1）模型的建立

首先，建立直角坐标系：以反光面的顶点为原点，主光轴（即反光面顶点与焦点的连线）为 z 轴，以平行于切割线平面且过原点的直线为 y 轴，建立直角坐标系．易知，平行或者垂直于 x 轴的任意平面与反光面的交线仍然是抛物线，其反光性质完全满足前文的讨论．于是，只需讨论平行于 x 轴方向的情况即可．不失一般性，这里仅讨论 xOz 平面上的情况即可．

注意，这里的近似思想需要几何上的**可展面**的知识，即有些立体图形可以展开成平面图形，而有些不行．关于可展面的相关知识，请读者自行查阅相关文献．这里仅应用一个结果：旋转抛物面不是可展面，而柱面是可展面．这一问已经说明是将太阳灶反光面做条形切割，如图 11.5a 所示，但即使是做这样的切割，也无法把这样一个小细条展开成平面．因此需要对这些个小细条再做近似，即把其外侧面"磨平"，这样就把这个细条做成了柱面，从而可以展开成平面了. 这样做的结果, 其在 xOz 平面上的截面图就如图 11.6 所示. 在近似之前, 这个截面图形应该是一个抛物线, 近似之后就变成了如图 11.6 所示的折线, 其中每个小线段就是图 11.5a 中的某个细条. 这些小的线段将太阳光反射后就不再汇聚到一点, 而是一个线段. 只要这个线段足够小, 比如小于烧饭锅的锅底, 那么就不会影响到烧饭效果. 因此, 后面的任务就是具体给出反光线段长度与切割细条的宽度之间的关系, 然后根据这个关系给出优化设计方案即可.

参照图 11.6, 反光面被切割成若干条, 每条近似成柱面, 则其在 xOz 平面上的截面即成为折线段. 这里约定每段小线段的端点都落在抛物线上. 记第 i 段的起点为 P_i, 终点为 P_{i+1}, 相应的坐标分别为 $(x_i, x_i^2/(4f))$, $(x_{i+1}, x_{i+1}^2/(4f))$. 太阳光线经线段 $P_i P_{i+1}$ 反射后到焦平面上的光斑也是一个小线段, 记反射光斑的终点坐标分别为 (x_i', f), (x_{i+1}', f). 下面推导反射光斑的坐标与近似折线段坐标之间的关系.

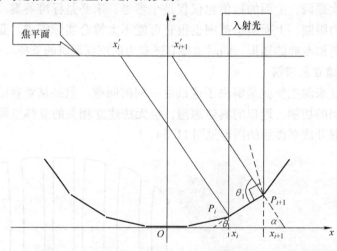

图 11.6 反光面做柱状近似后在 xOz 平面的横截面图

设 $P_i P_{i+1}$ 与 x 轴的夹角为 θ, 反射光线与 $P_i P_{i+1}$ 的夹角为 θ_1, 反射光线与 x 轴的夹角为 α. 则根据反射定律知: $\theta_1 = \pi/2 - \theta$, 又易知 $\theta + \alpha = \theta_1$, 所以有

$$\alpha = \frac{\pi}{2} - 2\theta,$$

所以反射光线的斜率满足:

$$\frac{f - x_i^2/(4f)}{x_i' - x_i} = -\tan\alpha = -\tan\left(\frac{\pi}{2} - 2\theta\right) = -\cot(2\theta) = -\frac{1 - \tan^2\theta}{2\tan\theta}.$$

又易知

$$\tan\theta = \frac{\dfrac{x_{i+1}^2}{4f} - \dfrac{x_i^2}{4f}}{x_{i+1} - x_i} = \frac{x_{i+1} + x_i}{4f},$$

代入上式整理得:

$$x_i' = x_i - \frac{(x_{i+1} + x_i)(4f^2 - x_i^2)}{1 - (x_{i+1} + x_i)^2}.$$

最后, 只要所有的小细条反射的光斑都在锅底范围之内, 同时又满足第二问的聚光要求, 就可以实现同样的烧菜效果. 假设烧饭用的锅底半径为 l, 则反射光斑应满足 $\max |x_i'| \leq l$. 若

同样寻求最优设计，则可令切割条数最少为总目标，因此可得下列优化模型：

$$\min n$$

$$\text{s. t.} \begin{cases} cx'_i = x_i - \dfrac{(x_{i+1} + x_i)\ (4f^2 - x_i^2)}{1 - (x_{i+1} + x_i)^2}, & i = 1, \cdots, n, \\ \max |x'_i| \leqslant l, & i = 1, \cdots, n. \end{cases} \tag{11.5}$$

（2）模型的求解

模型（11.5）的求解有两个难点，其中一个是对下标最大取值 n 的优化，这种优化是无法用常用软件 LINGO 来求解的. 事实上，这个问题并不复杂，实际需要的 n 一定不大，因此完全可以对 n 穷举来做计算.

第二求解难点在于：每个 x_i 都是未知的，问题的解空间维数太高，计算复杂度太大. 因此，可以考虑一些简化求解方案. 其中一种简化方案可以这样处理：取一种较特殊的、方便操作的切割方式，比如沿 x 轴均匀切割. 在这种均匀切割的方式下，若反光面开口直径为 d，切割条数为 n，则有

$$x_{i+1} = x_i + \frac{d}{n} = x_1 + i\frac{d}{n}.$$

这样所有小线段的端点坐标就只与 n 有关了. 又由于前面说明可以对 n 穷举来做，一旦 n 固定下来，则只需验证模型（11.5）中的第二个条件是否成立就可以了. 这个验证是简单的，最终只需找出能够满足第二个条件的最小的 n 就可以了.

同样因为这一问的计算并不复杂，稍微借助于一些数学软件，简单输入公式即可求解，所以这里就不再详细给出模型的求解过程，仅简单讨论一下结果. 首先，关于切割条数，结果在 5～7 条都是合理的. 这个结果与第二问的求解相关性较大，对第二问不同的理解会对最优条数的结果产生细微的影响. 其次，其他参数应该与第二问接近，甚至于直接使用第二问获得的设计参数都是可以接受的.

（3）竞赛结果中发现的好方法

在实际的竞赛中，发现有队伍[⊖]给出了不同于出题人思路的精妙解答，这里必须要提一下.

首先，在反射光斑的计算过程中，他们完全抛弃了抛物线的假设，反而考虑一个更加简单易算的情况，即每个小线段都相对于前一个小线段偏离同样的角度 θ，同时假定每个小线段等长（均为 l），如图 11.7 所示. 当累积到最后一个小线段时，其与 x 轴夹角成为 $(n-1)\theta$. 反光面其他参数与第二问一致，并进一步要求在等角偏转若干次后，折线的终点刚好到达第二问中的反光面边缘. 这样，反光面半径 R 有如下关系：

$$R = \frac{l}{2} + l(\cos\theta + \cos 2\theta + \cdots + \cos(n-1)\theta).$$

这个诸多连续 cos 之和似乎在中学阶段经常作为练习题或者竞赛题被见到，现在终于见识到它在实践中的应用了.

该队伍随后还讨论了各个小线段不等长的情况. 因为观察发现，等长的小线段其反射光斑不等长，为了得到更好的聚光效果，显然等长的反射光斑更好一些. 于是他们给出了图 11.8.

⊖　事实上，这支队伍在后来的全国大学生数学建模竞赛中荣获全国一等奖.

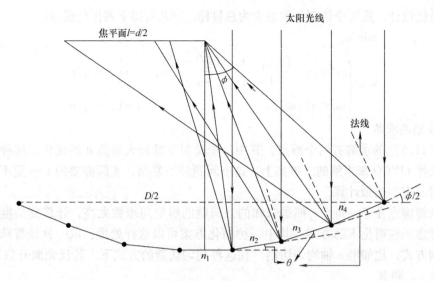

图 11.7　学生作品

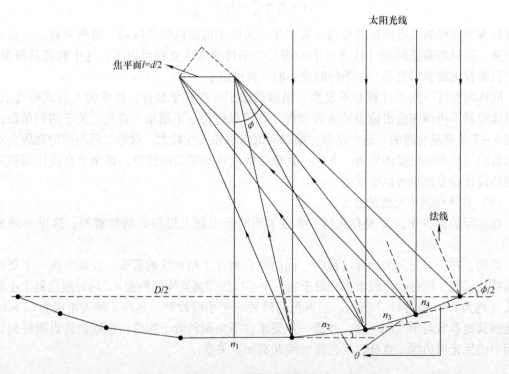

图 11.8　改进后学生作品

所有反射光线汇聚到同一个位置，有同样的大小. 这个设计的聚光效果一定优于前者. 这个模型的推导与计算稍微复杂一点，但仍然可以利用前面的技巧处理完成. 该队伍解出这种情况下的最优切割条数为 7 条.

　　再拓宽一点，这个队伍给出的这个一连串 cos 相加的模型，在机器臂的自动化控制中经常被用到，有兴趣的读者可以深入研究一下.

11.4 命题思路及评阅要点

作为校赛题目，在命题时就考虑到不要设计太难的问题，以适应学校大部分学生．因此，前两问有意将难度降低，甚至于都是高等数学教材中基本理论的简单应用．出题人也是希望利用这样的题目来具体体现我们高等数学教材里的东西"是有用的"．问题三，是直接关于指导学生所获得的专利的，计算稍微复杂一点，然而，在仔细算完之后发现也都是应用了一些最基本的几何和三角的知识而已．

本题的评阅要点具体如下：

问题一，应建立微分方程模型，推导出反光面应为旋转抛物面，借助微分方程的理论可知这种曲面只能是旋转抛物面．不用微分方程，直接给出抛物面的，应当酌情扣分．能把三维问题转化为二维的，应当加分．

问题二，焦距在 0.6m~1.0m，反光面开口半径 0.5m~1.0m，烧水时间半小时以内，均视为合理．评阅不以结果为准，关键看数学模型的建立及计算．行文中有涉及最优化思想的（不一定给出明确的优化模型），加分；对于各设计参数的取值有详细讨论的，加分．

问题三，该问整个作为加分问题处理，整体评分以前两问为主．该问结果应与问题二类似．相区别的主要是焦点附近的反射光斑的形状有差别，问题二模型的光斑形状应当近似为圆形或者椭圆形，而问题二则为矩形．如果有相关说明，则加分．最优切割条数的参考为：5~7 条（似乎选择一个奇数是比较适合于实际操作的）．

参考文献

[1] 同济大学数学系. 高等数学：上册[M]. 6 版. 北京：高等教育出版社，2007.

[2] 佚名. 物理：九年级全一册[M]. 北京：人民教育出版社，2013.

[3] 曹宝龙，周应章，唐建萍，等. 科学：七年级上册[M]. 杭州：浙江教育出版社，2012.

竞赛效果评述

从命题人的角度来看，这个题目还算是简单的，至少前两问是非常简单的，因为问题一直接来源于学生正在使用的高等数学教材，而问题二所需知识已经在中学阶段学习过了．但是从实际的竞赛效果来看，成绩并不理想，甚至命题人认为简单的前两问都几乎没有发现一个好的解答．具体分析如下：

问题一，很少有人根据实际问题列出微分方程．这在后来多年的培训中也发现了类似的问题，即：学生的建模能力差．也许很多优秀的学生在期末考试里（尤其是高等数学的考试）能够取得较高的分数，但是学生理论联系实际的能力较差，并不能够把课本里所学的理论知识与日常生活中的问题联系起来．在涉及微分方程类的问题时，具体表现为：不能从实际出发分析出实际问题所应当涉及的"量"以及这些"量"之间应当满足的**关系**；将这些"量"与"关系"抽象成数学概念、数学符号的能力就更差了．相对于"量"与"关系"的抽象能力，学生的数学推导能力似乎要稍微强一些，即：在给出具体的"量"的抽象数学符号表达以后，给出各种"关系"在数学上的表述以后，一些好的学生还是能够快速推导出若干数学公式的．因此，在实际教学中，数学抽象的能力应该是要注意培养的重点．

问题二，有相当多的学生在讨论"三圆作图法"．这大概是参考了什么文献．有很多关于"三圆作图法"的太阳灶设计的文献，这里不一一列出了，请有兴趣的读者自行搜索（查找文献的能力也是重要的建模能力之一）．"三圆作图法"一个关键的问题是随着太阳的移动，反光面的有效反光区域会发生变化，这显然是在太阳灶不动的前提下讨论的．但本题的一个重要的命题关键点是**"便携"**，"三圆作图法"显然与这个命题思路相左，凡是采用这种方式获得的设计参数都没有得到什么好成绩．这体现出学生两个方面的问题：第一，不自信外加懒惰．大部分学生总是先入为主地告诉自己"我不会做、我不行"，然后（部分还算是优秀的学生）就非常自然地去找参考文献了，再然后就是照抄，完全不会去考虑自己把问题解出来．再夸张一点，平时数学课的课后作业，几乎所有的学生第一反应是去找答案，却不是自己把题目做出来．第二，生活经验太过欠缺．前面总是说学生不能够从实际出发分析实际问题，这一方面跟建模能力有关，另外一方面也反映出学生的生活经验太过欠缺．在这一问的具体表现就是学生完全不知道太阳灶是什么．按理说，对于生活经验丰富的人，即使之前没听说过也没见过太阳灶，但只要见到一眼，就应该知道这是怎么回事了．但是，从跟学生的实际交流过程中发现：要想把太阳灶本身给学生讲明白简直是太难了．这就说明学生的生活经验极度匮乏．就这一问的求解来看，从生活经验出发，不难发现该问题的关键在于反光面所反射汇聚的热量是否足够．当把汇聚总热能作为该问的主要问题加以分析，则很容易把影响集热能力的次要因素忽略掉，从而也就不容易偏离命题思路了．如何解决学生生活经验匮乏的问题，这实在是教学中的一个大难题，但也确实是一个重要的问题．希望这个问题能够得到越来越多人的重视，包括教师、教育行政部门的领导，也包括学生及学生家长．

问题三应该是一个简单的几何问题．这一问在几何上的推导及计算其实并不复杂，多花一点时间甚至可以用手算加计算器（即不需要借助计算机编写计算程序）的方式得到最终结果．但是，在实践中，我们也发现学生的几何能力是最差的．这是个很奇怪的现象．因为学生在中学期间应当是不厌其烦地做着几何题目的训练，初中是平面几何的训练，高中则是立体几何和解析几何．在经过初中、高中的训练后，升入了大学，学生的几何能力反而几乎退化到零了，这是一个让人很难接受的事实．一定要在这里找一个原因，那么也许是跟大学里没有专门的几何课程有关．但事实上大学的各个数学基础课里面都或多或少包含着几何的内容．因此，这里建议大家在学习各个数学课程的时候要不断地、积极主动地寻找所学知识与几何的联系，这样既能够巩固知识点本身，又能够提高几何能力．几何能力的提升将对日后的学习、工作大有益处．

第 12 章

农业巨灾保险基金规模问题

12.1　命题背景

农业巨灾保险基金是在农业保险的基础上，另建的一种用于承担超出农业保险、再保险承保能力的风险责任的责任准备金. 农业巨灾风险基金的背后是国家政府，政府财政是基金筹资的主要来源之一. 2017 年中央财政共拨付保费补贴资金 179.04 亿元，其中有 30.18 亿元是针对大灾保险试点的专项资金. 近年来，国家财政对农业保险保费的补贴逐年上升. 建立农业巨灾风险基金的主要目的，就是实现对农业巨灾损失的充分补偿和灾后重建，这就对农业巨灾风险基金规模做出了要求，其资金实力至少要与农业巨灾损失总额相匹配，能够按照保险合同规定的赔付金额，实现对投保农户的足额赔偿，否则将使基金的风险分散作用大打折扣.

通过本题，希望能在为抵御农作物因遭遇罕见巨灾而设立的农业巨灾保险基金等方面，给政府相关部门提供建议.

12.2　题目

近年来，由于复杂多变的自然灾害的大范围发生，我国农业生产所遭受的巨灾损失一直居高不下. 2016 年内蒙古自治区东部和东北西部地区发生严重干旱，对当地玉米及牧草等作物生长造成严重影响. 自然条件复杂，各种灾害频发是我国的客观现实，加之农业抗风险能力差以及现阶段农业保险的保障单薄等因素，使得巨灾对农业的影响尤为突出. 灾害事件发生后，主要表现为农民收入急剧减少、保险公司业务付费大幅上升，政府的财政投入显著增加. 保险公司在承担农险业务的保险责任时，当遭遇巨灾，单靠保险公司无法给予足够的补偿，这就需要政府的参与，将由政府承担超过保险公司无法承担的部分，建立由政府主导的巨灾保险基金.

问题一：天工讲堂小程序中给出了 1983 年到 2016 年的全国农作物总播种面积、农作物成灾、受灾和绝收面积. 对该数据做统计分析，构建损失模型并给出 1983 ~ 2016 年全国的因灾损失数据.

问题二：对问题一中得到的因灾损失数据，拟合得出相关损失概率分布，可以考虑（但不限于）以下常见分布：Burr、Weibull、log - logistic、Normal、lognormal、Beta、Gamma、logistic.

问题三：建立农业巨灾风险基金模型，并分别计算在无保险（巨灾损失直接由政府补偿）、100% 以上赔付责任（保险公司按保费的 100% 先赔）、200% 以上赔付责任（保险公司按保费的 200% 先赔）时，政府需要出资建立多大规模巨灾风险基金才能抵御某一罕见巨灾？如 20 年、50 年甚至百年一遇的极端状况带来的超额经济损失.

问题四：通过模拟数据，检验问题三中模型的可靠性.

12.3 模型建立解析

12.3.1 问题分析

针对问题一：将天工讲堂小程序中给出的 1983～2016 年的全国农作物成灾、受灾和绝收面积折算为全国农作物总损失面积. 对该数据进行统计分析，构建损失模型，得出 1983～2016 年全国的因灾损失率数据，利用损失率数据画出折线图，分析全国农作物受灾情况，再进而作为农作物巨灾损失概率分布的基本依据.

针对问题二：本题需要从题目中所给的几个常见分布中挑选出一个最符合损失数据的对应概率分布. 我们可以通过 K-S 检验进行初次筛选，挑选出符合损失数据概率分布的常见分布，然后进行进一步筛选. 可以依据 BIC 模型选择准则，在模型复杂度与模型对数据集描述能力（即似然函数）之间寻求最佳平衡，从而挑选出最佳、最符合的概率分布模型.

针对问题三：由问题二中根据 BIC 准则得到的最优农作物受灾损失面积概率分布模型，利用目前经济学的风险度量方法即风险价值（Value at Risk，VaR）预测，借助 Lognormal 累积分布函数，进而对在遭遇 20 年、50 年、甚至百年一遇的罕见巨灾时，农业因灾损失面积进行有效度量，从而实现对农作物受灾风险的有效分析和评估，再根据保险公司分别在 100% 以上赔付责任、200% 以上赔付责任的条件下，求出政府分别应该建立多大规模的巨灾风险基金.

针对问题四：本题需要检验问题三，即分别在遭遇 20 年、50 年、百年一遇的罕见巨灾时，保险公司在不同的赔付责任下，政府准备的风险基金是否能够满足实际当年农作物因灾损失金额，从而对此进行相应的风险评估，即评估政府所设的风险基金不够的可能性. 而要评估这三种情况巨灾下政府所准备的风险基金能否满足实际所需金额的风险，可将其等价于评估实际这三种情况下发生的巨灾所产生的总损失面积是否会高于问题三理论得出的总损失面积的风险. 可以先计算出随机生产出的 100 组数据中每一组数据少于或等于问题三所得的总损失面积的总年数，然后统计出低于理论上总损失面积规模少于或等于此总损失面积的总年数为 95 年的组数，从而计算出相应的风险值.

12.3.2 模型假设

（1）全国的农作物承保面积等于全国农作物播种面积，即所有的播种面积都在承保范围内；

（2）忽略不同农作物和不同地区的保险金额、保险费率和产量等方面的差异；

（3）对全国的农作物保险按照近几年的数据整理，采用单位保险金额每亩 1000 元和 6% 的保险费率进行测算.

12.3.3 符号说明

符号	说　明	单位
S_{aj}	第 j 年农作物总播种面积	千公顷
S_{ij}	第 j 年农作物受灾、成灾、绝收面积，$i=1,2,3$	千公顷
C_i	农作物受灾、成灾、绝收面积的平均减产系数	
L_j	第 j 年总损失面积	千公顷
Rl_j	第 j 年农作物损失率	
Rl_i	遭遇 20 年，50 年，100 年一遇的罕见巨灾时，农作物的受灾损失率	
M_I	单位保险金额	亿元
M_f	被保人需要缴纳的单位保费	亿元

12.3.4 模型建立及求解

1. 问题一模型与求解

根据全国农作物总播种面积、农作物成灾、受灾和绝收面积来折算为农作物灾害实际损失面积，即

$$L_j = (S_{1j} - S_{2j}) \times C_1 + (S_{2j} - S_{3j}) \times C_2 + S_{3j} \times C_3 \qquad (12.1)$$

其中，S_{1j}，S_{2j}，S_{3j} 分别表示第 j 年农作物受灾、成灾、绝收面积.

由于农作物成灾、受灾和绝收面积分别指自然灾害造成农作物减产一成以上、减产三成以上和减产八成以上，本模型分别取减产损失的中位数作为农作物成灾、受灾和绝收的平均减产系数，即 $C_1 = 0.20$、$C_2 = 0.55$、$C_3 = 0.90$. 再将农作物灾害实际损失面积除以农作物总播种面积可以得到农作物损失率，即：

$$Rl_j = \frac{L_j}{S_{aj}} \times 100\% . \qquad (12.2)$$

利用上述模型计算每年农业受灾损失率，得出折线图（见图 12.1）.

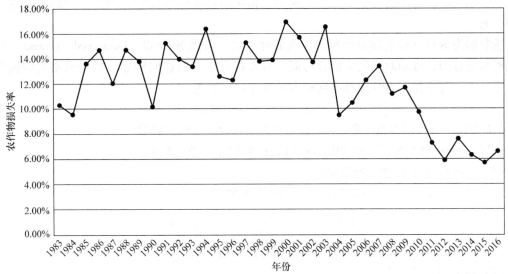

图 12.1　1983～2016 年全国农作物损失率折线图

由图 12.1 可见，分析期内全国的农业损失率均在 20% 以下，2003 年、2000 年分别高达 16.58% 和 16.97%；农作物损失率时间序列的年际变化呈下降趋势，尤其在 2010 年以后，损失率降低较为明显．从各年代平均值看，1983～1989 年全国农业受灾损失率为 12.69%，1990～1999 年为 13.71%，2000～2009 年为 13.17%，2010～2016 年为 7.04%，可见，农业因灾损失率年际变化呈现一致的降低趋势．此趋势可作为一个预测罕见巨灾所造成农作物损失率的依据，进而可预估为抵御农作物巨灾而建立的风险基金规模的大小．

2. 问题二模型与求解

本题要求我们根据问题一得到的因灾损失数据，通过考虑和比较一些常见的分布，拟合出相关的损失概率分布．换而言之，我们需要从这几个常见概率分布中挑出一个最适合的概率分布模型．可从两个方面去选择最优模型：一个是似然函数最大化，另一个是模型中的未知参数个数最小化．似然函数值越大说明模型拟合的效果越好，但是我们不能单纯地以拟合精度来衡量模型的优劣，这样会导致模型中未知参数越来越多，模型变得越来越复杂，会造成过拟合．所以一个好的模型应该是拟合精度和未知参数个数的综合最优化配置．

根据 BIC 模型选择准则，在模型复杂度与模型对数据集描述能力（即似然函数）之间寻求最佳平衡，从而挑选出最佳、最符合的概率分布模型．一般地，BIC（取绝对值）越小，该模型越好．

以下从 Weibull、Lognormal、Gamma、GEV 这四种常见分布进行挑选．在求解 BIC 值之前，我们可以先通过 K-S 检验来检测总损失面积数据集是否能够符合这些概率分布，可通过观察 p 值（显著性大小）来判断所检验的模型拟合优度．一般地，当 p 值大于 0.05 时，所检验数据的分布和该种概率分布无显著性差异，认为模型可用；反之，则说明不符．现通过 MATLAB 得到四种分布下的 p 值，如表 12.1 所示：

表 12.1 四种分布下总损失面积数据集对应的 p 值

分布	Weibull	Lognormal	Gamma	GEV
p 值	0.8749	0.9607	0.3751	0.2714

通过上表可得，四种分布下总损失面积数据集对应 p 值均大于 0.05，因此均符合这四种概率分布．

选择损失数据（即总损失面积）作为研究变量，考虑 Weibull、Lognormal、Gamma、GEV 这四种常见分布，分别对损失数据进行概率分布拟合．针对这四种分布拟合出相关的损失数据概率分布，建立如下 BIC 选择准则模型进行评判与筛选：

$$\text{BIC} = k\ln(n) - 2\ln(L)$$

其中，k 为概率分布的参数个数，n 为样本数量，L 为极大似然函数．

现以 Gamma 分布为例，对 BIC 选择准则模型的建立进行准备：

（1）Gamma 分布的概率密度函数

若随机变量 X 满足 $X \sim Ga(\beta, \alpha)$，X 的概率密度为

$$f(x;\beta,\alpha) = \frac{\beta^\alpha}{\Gamma(\alpha)}x^{\alpha-1}e^{-\beta x}, x \geq 0.$$

其中，α 为形状参数，β 为逆尺度参数，x 为总损失面积数据．

（2）极大似然函数 L

极大似然函数是用来评价模型对数据集描述的能力，而其表达式为

$$L = \prod_{i=1}^{n} f(x_i;\beta,\alpha).$$

其中，n 为样本数量，x_i 为第 i 年对应的总损失面积.

其余 Weibull、Lognormal、GEV 三个分布对应的 BIC 值可建立相同的模型进行求解.

其中，Weibull 分布的概率密度函数为

$$f(x;\lambda,k) = \frac{k}{\lambda}\left(\frac{x}{\lambda}\right)^{k-1} e^{-(x/\lambda)^k} \quad (x \geq 0).$$

Lognormal 分布的概率密度函数为

$$f(x;\mu,\sigma) = \frac{1}{x\sigma\sqrt{2\pi}} e^{-\frac{(\ln x - \mu)^2}{2\sigma^2}} \quad (x > 0).$$

GEV 分布的概率密度函数为

$$f(x;\mu,\sigma) = \frac{1}{\sigma} e^{-\left[1 + k \cdot \left(\frac{x-\mu}{\sigma}\right)\right]^{-\frac{1}{k}}} \times \left[1 + k \cdot \left(\frac{x-\mu}{\sigma}\right)\right]^{-1-\frac{1}{k}}.$$

继续以 Gamma 分布为例，对上述所建立模型进行求解：

由 Gamma 概率密度函数可得，该概率分布有 2 个参数. 我们又以总损失面积数据为研究样本，所以样本数量 n 为 34. 可再将总面积损失数据集导入 MATLAB 中，通过极大似然估计，得到 α 和 β 的估计值分别为 14.0887 和 1295.1460. 然后将已得到的 α 和 β 的估计值代入极大似然函数 L，得到 Gamma 分布下对应的极大似然函数值为 1.1322×10^{-146}. 通过已经得到的概率分布的参数个数 k、样本数量 n 以及极大似然函数值，代入 BIC 的相关表达式中，得到 Gamma 分布下对应的 BIC 值为 675.3480.

其余 Weibull、Lognormal、GEV 三个分布对应的 BIC 值采用同样的方法进行求解. 最后，四种分布的结果如表 12.2 所示：

表 12.2　四种分布下总损失面积数据集的 BIC 值

概率分布	Weibull	Gamma	GEV	Lognormal
参数估计值	λ：4.6951	α：14.0887	k：-0.4550	σ：0.2780
	k：19996.7640	β：295.1460	σ：4885.7001	μ：9.7758
		μ：17017.4241		
L	7.6124×10^{-146}	1.1322×10^{-146}	1.1473×10^{-145}	8.0268×10^{-146}
$\ln(L)$	-334.1476448	-336.0532761	-333.7374043	-334.0946375
BIC	675.3480107	679.1592732	678.0538901	675.241996

从上表我们得知了四种分布下总损失面积数据集对应的 BIC 值，通过比较发现 Lognormal 分布下对应的 BIC 值最大，因此该损失数据集的概率分布最符合 Lognormal 分布.

3. 问题三模型与求解

若随机变量 X 满足 $\ln X \sim N(\mu,\sigma^2)$，$X$ 的概率密度为

$$f(x;\mu,\sigma) = \begin{cases} \frac{1}{x\sigma\sqrt{2\pi}} e^{-\frac{(\ln x - \mu)^2}{2\sigma^2}}, & x > 0, \\ 0, & x \leq 0. \end{cases} \tag{12.3}$$

由问题二可知全国农业损失面积服从 Lognormal 分布. Lognormal 分布的概率密度分布函数

$$f(x) = \frac{1}{x\sigma\sqrt{2\pi}}e^{-\frac{(\ln x-\mu)^2}{2\sigma^2}}, \tag{12.4}$$

其累积分布函数为

$$F(x) = \frac{1}{2} + \frac{1}{2}\mathrm{erf}\left(\frac{\ln x - \mu}{\sigma\sqrt{2}}\right). \tag{12.5}$$

式（12.4）、式（12.5）中，μ 为农业总损失面积均值，σ 为其标准差，x 为随机变量，式（12.5）中 $\mathrm{erf}(\beta)$ 为误差函数.

根据全国农业受灾损失模型，采用极大似然法进行参数估计，利用 MATLAB 求解最优模型的各项参数值. 所得参数为：$\mu = 9.7758$，$\sigma = 0.2780$. 其图像如图 12.2 和图 12.3 所示：

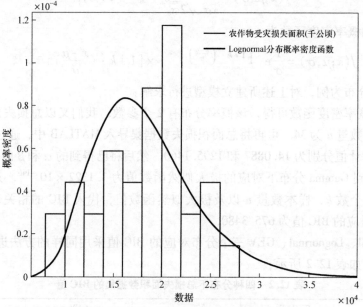

图 12.2　Lognormal 分布概率密度函数（pdf）

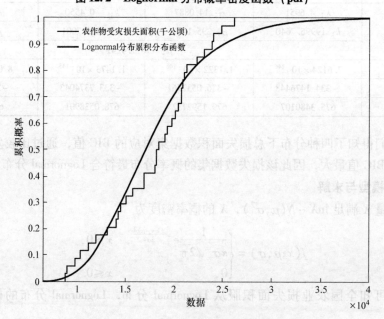

图 12.3　Lognormal 分布累积分布函数（cdf）

采用目前经济学的风险度量方法即风险价值（Value at Risk，VaR）对农业受灾风险进行有效度量. VaR 按字面解释就是"风险价值"，其含义指：在市场正常波动下，某一金融资产或证券组合的最大可能损失. 更为确切的是指，在一定概率水平（置信度）下，某一金融资产或证券组合价值在未来特定时期内的最大可能损失. VaR 与以往风险管理方法均在事后衡量风险大小不同，其重要特点是可以事前计算风险，可描述为，设 x 为某一金融资产或证券组合损失的随机变量，$F(x)$ 是其累积分布函数，置信水平为 $1-\alpha$，则：

$$\text{VaR}(\alpha) = \max\{x \mid F(x) \geq 1-\alpha\}. \tag{12.6}$$

也可表述为：

$$P(\Delta X \leq \text{VaR}) = 1-\alpha. \tag{12.7}$$

式中，P 为资产价值损失小于可能损失上限的概率；ΔX 为某一金融资产在一定持有期 Δt 内的价值损失额；$1-\alpha$ 为预先给定的置信水平；VaR 为在置信水平下处于风险中的价值，即可能的损失上限. VaR 属于统计概念的范畴，可用 $1-\alpha$ 的概率保证损失不超过 VaR. 从 VaR 的原始定义来看，只有在给定置信水平和持有期这两个关键参数的情况下才具有实际意义.

根据最优模型得到的农业受灾损失累积分布函数 $F(x)$，其中 x 为农业受灾损失率，VaR 为农作物在遭遇 20 年一遇（$\alpha=0.05$ 的上分位数）、50 年一遇（$\alpha=0.02$ 的上分位数）以及 100 年一遇（$\alpha=0.01$ 的上分位数）的罕见巨灾事件下，预期得到的农作物的总损失面积，借助预估的农作物的总损失面积从而实现对农业受灾风险的有效分析和评估，用来构建巨灾风险基金规模模型.

VaR 本质上是计算 $F(x)$ 在置信水平 α 下的上分位数或下分位数，本问题中 VaR 是指农作物在面临灾害时"处于风险状态的价值"，即在给定的置信水平内，处于某种风险水平的预期受灾最大损失量，求的是在置信水平 α 下的上分位数. 再根据问题二中最优模型得到农业受灾损失累积分布函数 $F(x)$（其中 x 为农业旱灾损失率）. 最终算出 VaR 即为农作物遭遇 20 年一遇（$\alpha=0.05$ 的上分位数）、50 年一遇（$\alpha=0.02$ 的上分位数）以及 100 年一遇（$\alpha=0.01$ 的上分位数）的罕见巨灾事件，预期得到的农作物的总损失面积.

上侧 α 分位数是指使式子 $P\{X>\lambda\} = 1-F(\lambda) = \alpha$ 成立的 λ 的值. 其中 $F(x)$ 是 Lognormal 分布的累积分布函数，即式（12.5）.

在无保险（巨灾损失直接由政府补偿）的情况下农业巨灾保险基金规模为

$$M_I L_j. \tag{12.8}$$

在 100% 以上赔付责任（保险公司按保费的 100% 先赔）的情况下农业巨灾保险基金规模为

$$(M_I - M_f)L_j. \tag{12.9}$$

在 200% 以上赔付责任（保险公司按保费的 200% 先赔）的情况下农业巨灾保险基金规模为

$$(M_I - 2M_f)L_j. \tag{12.10}$$

式（12.8）、式（12.9）、式（12.10）中 M_I 为单位保险金额，M_f 为单位保费，L_j 为农作物总损失面积.

基于全国农业受灾损失累积分布函数，运用 VaR 方法计算出全国农业生产遭 20 年一遇、50 年一遇和 100 年一遇重灾时的农作物损失面积.

当全国农业生产遭 20 年一遇的重灾时，

$$\frac{1}{2} + \frac{1}{2}\text{erf}\left(\frac{\ln x - \mu}{\sigma\sqrt{2}}\right) \geq 0.95, \tag{12.11}$$

当全国农业生产遭 50 年一遇的重灾时，

$$\frac{1}{2} + \frac{1}{2}\text{erf}\left(\frac{\ln x - \mu}{\sigma\sqrt{2}}\right) \geq 0.98, \tag{12.12}$$

当全国农业生产遭 100 年一遇的重灾时，

$$\frac{1}{2} + \frac{1}{2}\text{erf}\left(\frac{\ln x - \mu}{\sigma\sqrt{2}}\right) \geq 0.99, \tag{12.13}$$

式（12.11）、式（12.12）、式（12.13）中的误差函数计算复杂，故可以通过查 $\text{erf}(\beta)$ 误差函数表得到不同 $\text{erf}(\beta)$ 对应的 β 值，进而计算出 x. 其中 $\mu = 9.7758$，$\sigma = 0.2780$.

计算结果见表 12.3. 由表可知，在遭遇 20 年一遇的巨灾时，全国农业的总损失面积达到 27880.98 千公顷；在遭遇 50 年一遇的巨灾时，全国农业的总损失面积达到 31128.20 千公顷；在遭遇 100 年一遇的巨灾时，全国农业的总损失面积达到 34343.13 千公顷.

表 12.3　全国农业受灾风险度量表（千公顷）

	20 年一遇巨灾	50 年一遇巨灾	100 年一遇巨灾
总损失面积	27880.98	31128.20	34343.13

由于该损失面积为遭遇某种程度的巨灾时全国农业总损失面积的最小值，而为较好地抵御该种巨灾，在设计农业巨灾保险时，我们又加上了可能发生更大灾害的保险系数 0.8，以应对可能出现不能抵御的部分受灾面积. 因此，针对这三种重灾情况，我们可以重新计算相应的总损失面积，从而增大抵御成功的概率：

当全国农业生产遭 20 年一遇的重灾时，

$$\frac{1}{2} + \frac{1}{2}\text{erf}\left(\frac{\ln x - \mu}{\sigma\sqrt{2}}\right) \geq 0.95 + (0.98 - 0.95) \times 0.8,$$

当全国农业生产遭 50 年一遇的重灾时，

$$\frac{1}{2} + \frac{1}{2}\text{erf}\left(\frac{\ln x - \mu}{\sigma\sqrt{2}}\right) \geq 0.98 + (0.99 - 0.98) \times 0.8,$$

当全国农业生产遭 100 年一遇的重灾时，

$$\frac{1}{2} + \frac{1}{2}\text{erf}\left(\frac{\ln x - \mu}{\sigma\sqrt{2}}\right) \geq 0.99 + (1.00 - 0.99) \times 0.8.$$

最后，通过计算得到应对三种情况新总损失面积，如表 12.4 所示：

表 12.4　应对三种情况下可抵御的总损失面积（千公顷）

	20 年一遇巨灾	50 年一遇巨灾	100 年一遇巨灾
新总损失面积	30283.22	33019.12	39254.79

根据上表得到的三种情况下可抵御受灾面积，进而算出在无保险（巨灾损失直接由政府补偿）、100% 以上赔付责任（保险公司按保费的 100% 先赔）、200% 以上赔付责任（保险公司按保费的 200% 先赔）时，政府需要出资建立多大规模的巨灾保险基金，结果见表 12.5.

表 12.5　农业巨灾保险基金规模

	巨灾损失无保险	100% 以上赔付责任	200% 以上赔付责任
20 年一遇巨灾	4542.48 亿元	4269.93 亿元	3997.39 亿元
50 年一遇巨灾	4952.87 亿元	4655.69 亿元	4358.52 亿元
100 年一遇巨灾	5888.22 亿元	5534.93 亿元	5181.63 亿元

4. 问题四模型与求解

本题要求通过模拟数据，检验模型中的可靠度。换而言之，需要检验问题三得出的分别在遭遇 20 年、50 年、100 年一遇的罕见巨灾时，保险公司在不同的赔付责任下，政府准备的风险基金是否能够满足实际当年农作物因灾损失金额，从而对此进行相应的风险评估，即评估政府所设的风险基金不够的可能性。而要评估这三个时间段的巨灾下政府所准备的风险基金能否满足实际所需金额的风险，可将其等价于评估实际这三种情况下发生的巨灾所产生的总损失面积是否会高于问题三得出的总损失面积的风险。

通过 Lognormal 模型概率分布随机生成每组年份数为 100 的 100 组数据进行风险评估。现以检验问题三所得到的 20 年一遇的巨灾下所产生的总损失面积是否可靠为例：

问题三中得到了理论上 20 年一遇的巨灾的总损失面积，而理论上在 100 年里，总损失面积规模少于或等于此总损失面积的年数为 95 年。因此，我们可以先计算出随机生产出的 100 组数据中每一组数据少于或等于问题三所得的总损失面积的总年数，然后统计出低于理论上总损失面积规模少于或等于此总损失面积的总年数为 95 年的组数，即超出了政府预算的组数，从而计算出相应的风险值。

其中，随机模拟的流程如图 12.4 所示：

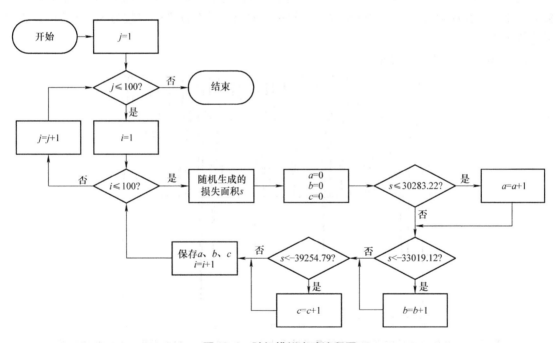

图 12.4　随机模拟实验流程图

50 年、100 年一遇的罕见巨灾下政府所给的保险基金的风险也是按照此方法进行评估。

由问题三可知 20 年一遇、50 年一遇、100 年一遇的总损失面积分别大于 100 年中的 95%、98%、99% 年份中的总损失面积。通过模拟数据，可以分别计算出这三种情况下随机生产出的 100 组数据中每一组数据少于或等于问题三所得的总损失面积的总年数，并绘制出相应巨灾情况下随机生成的 100 组数据中每一组数据少于或等于问题三所得的总损失面积的总年数曲线图，并评估相应的风险：

（1）20 年一遇的巨灾（见图 12.5）

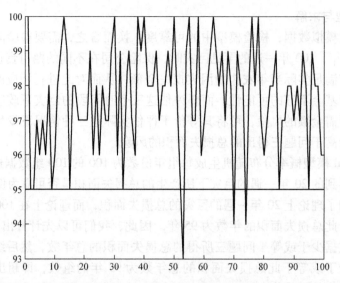

图 12.5 20 年一遇巨灾随机生成的各组数据少于或等于理论总损失面积的总年数曲线图

通过 EXCEL 的统计，少于或等于理论总损失面积的总年数低于理论上为 95 年的随机组数为 3 组，即在这随机产生的 100 组数据中超过政府风险基金预算的组数为 3，从而可计算出风险值为 3%.

（2）50 年一遇的巨灾（见图 12.6）

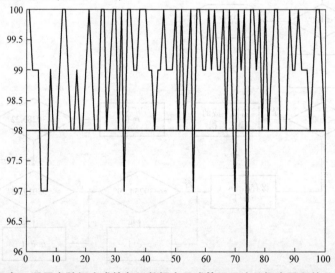

图 12.6 50 年一遇巨灾随机生成的各组数据少于或等于理论总损失面积的总年数曲线图

通过 EXCEL 的统计，少于或等于理论总损失面积的总年数低于理论上为 98 年的随机组数为 6 组，即在这随机产生的 100 组数据中超过政府风险基金预算的组数为 6，从而可计算出风险值为 6%.

（3）百年一遇的巨灾（见图 12.7）

通过 EXCEL 的统计，少于或等于理论总损失面积的总年数低于理论上为 99 年的随机组数为 1 组，即在这随机产生的 100 组数据中超过政府风险基金预算的组数为 1，从而可计算出风险值为 1%.

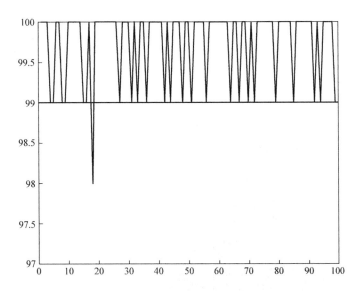

图 12.7　100 年一遇巨灾随机生成的各组数据少于或等于理论总损失面积的总年数曲线图

在通过模拟 100 组数据之后, 发现经该模型建立的农业巨灾保险基金可以应对农业灾害, 并且具有良好效果, 只存在极少数不能应对的情况.

5. 模型结果分析与检验

为检验问题三得出的在遭遇 20 年、50 年、100 年一遇的罕见巨灾时, 农作物的受灾损失率. 首先运用统计软件根据 Lognormal 模型的概率分布生成 10 万个随机数, 图 12.8 是数据直方图. 再分别统计总损失面积大于 27880. 98、31128. 20、34343. 13 的数据个数. 最后把数据个数除以产生的随机数样本容量, 即为发生总损失面积大于目标总损失面积的灾害的概率. 将此概率与 5% (20 年一遇巨灾)、2% (50 年一遇巨灾)、1% (100 年一遇巨灾) 相比较, 可得问题三估计的大灾害发生时农作物受灾损失率的准确性. 结果如表 12.6 所示, 进而得出农业巨灾风险基金模型的可靠性.

表 12.6　计算所得概率与实际模拟概率的比较表

	20 年一遇巨灾 (5%)	50 年一遇巨灾 (2%)	100 年一遇巨灾 (1%)
发生巨灾的次数	5021	2062	994
发生巨灾的概率	5. 02%	2. 06%	0. 99%

由模拟的将近 10 万个数据得出: 遇到 20 年一遇的巨灾的概率为 5. 02%, 相对误差为 0. 40%; 遇到 50 年一遇的巨灾的概率为 2. 06%, 相对误差为 3. 00%; 遇到 100 年一遇的巨灾的概率为 0. 99%, 相对误差为 1%; 在误差允许的范围内, 说明由建立的模型计算得出的 20、50、100 年一遇的巨灾损失率较为准确.

VaR 与以往风险管理方法均在事后衡量风险大小不同, 其重要特点是可以事前计算风险, 本模型采用了 VaR 风险评估, 有助于确定在遭遇罕见巨灾时, 应该建立的风险基金规模大小. 本模型考虑了 4 种常见概率分布, 并且运用了 K – S 检验和 BIC 模型选择原则, 综合得出最优概率模型. 根据 Lognormal 概率分布模型, 通过该模型随机生成 1 万个随机数, 数量规模大, 准确性较高.

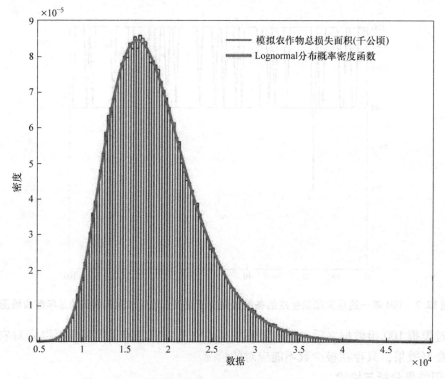

图 12.8　模拟的农作物总损失面积直方图

参考文献

[1] 姜启源. 数学模型[M]. 4 版. 北京：高等教育出版社，2011.

[2] 张平. MATLAB 基础与应用[M]. 北京：北京航空航天大学. 2007.

[3] JAMES, PICKANDS. Statistical Inference Using Extreme Order Statistics[J]. The Annals of Statistics, 1975, 3(1):119-131.

[4] 王芝兰，王静，王劲松. 基于风险价值方法的甘肃省农业旱灾风险评估[J]. 农业气象，015，36(3)：331-337.

[5] 张万龙，魏嵬，马明玥，等. 数学建模方法与案例[M]. 北京：国防工业出版社，2014.

[6] 司守奎. 数学建模与算法应用[M]. 北京：国防工业出版社，2007.

[7] 刘来福. 数学建模方法与分析[M]. 3 版. 北京：机械工业出版社，2009.

竞赛效果评述

　　本文模型建立以 34 年农业因灾损失数据为基础，运用 Lognormal 概率模型预测在遭遇巨灾时农业的因灾损失率，进而确定风险基金规模，本模型可以推广到对极端天气的预测，如洪水、干旱等，为抵御巨灾提供科学依据.

　　该题需要了解保险基础知识，需查阅文献. 部分大一学生，没有学完概率统计课程，基础知识不够. 论文质量整体一般，少数高年级有过数模经验的队伍，论文质量较好，该题只评了 1 队一等奖.

第13章
基于高通量数据的海洋生态分析

13.1 命题背景

习近平总书记在党的十九大报告中指出："坚持陆海统筹，加快建设海洋强国."加快海洋生态文明建设，实现海洋经济持续健康发展，具有重大意义. 目前，海洋生态系统健康状况仍不容乐观，在监测预警和海洋污染治理方面，一般考虑海洋环境中光、温度、盐度、海流等主要生态因子的影响，并结合生态系统中生物群落的组成、结构和生态演替状态进行探讨. 随着高通量测序技术和宏基因组技术等诸多新手段的出现，数据呈指数化膨胀，分析周期呈指数化递减，作为传统分析的有益补充，基于高通量数据的海洋生态分析也日益彰显出其重要性.

13.2 题目

浙江北部海域位于长江河口的南部，钱塘江的下游，容纳了两江输入的过多的营养物质. 近几年通过工业活动和渔业向沿海海域排放了大量的污染物质，主要包括有机质、重金属和营养盐等的污染. 因此，浙江北部海域正遭受多种环境污染的影响. 而在浙江东部海域（象山、舟山海域）由于陆源污染的大量排放，也面临着和杭州湾类似的境遇.

海洋微生物由于其繁殖周期短，生长迅速及新陈代谢快等特点，在多种生态过程和功能中扮演了极其重要的角色. 了解海洋微生物的生态特征和规律能帮助我们及时了解当地环境的变化和生态情况. 我们采集了浙江北部海域（杭州湾及其附近海域）的表层海水，共95个站位，8个近海区域，横跨200km. 用高通量测序技术测定16S rRNA基因序列，并进一步得到各微生物的分类与相对丰度信息数据，试分析如下问题：

问题一：通过各站位微生物相对丰度数据，基于门、或纲、或目、或科水平的一个合适方式选取重要微生物种群；

问题二：基于问题一中选定的微生物种群，通过95个站位的环境因子数据，分析影响这些微生物的环境因子及其关系；

问题三：结合95个站位的坐标，分析是否需要调整问题一的模型，使选定的微生物种群具有地域分布特征？

13.3 模型建立解析

13.3.1 问题分析

微生物是生态环境系统中重要的组成部分，在地球物质循环和能量流动中发挥了至关重要的作用，因其丰富的物种多样性，基因多样性及生态系统多样性，具有较大的挖掘潜质，一直备受研究者关注. 在生态学研究中，高通量测序分析技术极大拓宽了我们对微生物群落结构及功能的认识，成为研究环境细菌群落结构最新的研究方法.

对于问题一，对于界、门、纲、目、科、属、种分类的选择应有助于筛选重要的微生物总群，同学们可以做各种尝试. 但核心问题是何为重要微生物总群? 标准是什么? 如何筛选? 可以从下面几个尺度去考虑: (1) 选取的微生物应有较大的相对丰度; (2) 选取的微生物相对丰度在各站点的表现应有较大的差异; (3) 选取的微生物总群不应过多，否则无法体现出重要性.

对于问题二，通过 95 个站位的环境因子数据对这些微生物的影响，在对这些微生物种群缺少机理分析的背景下，一般可考虑找它们之间的经验关系，由于理化因子较多，从可行的角度看，可考虑筛选出重要因子，并构建线性模型或多项式模型.

对于问题三，结合 95 个站位的坐标，判断问题一的模型的优劣，需要加入同区域微生物种群应具有更高的相似性这一标准，可考虑结合理化因子进行建模筛选微生物种群，并通过聚类分析验证筛选效果.

13.3.2 符号说明

符号	说 明
$M_{i,k}$	第 k 个站点的第 i 个微生物相对丰度，$i=1, \cdots, n$，$k=1, \cdots, 95$
$E_{j,k}$	第 k 个站点的第 j 个理化因子值，$j=1, \cdots, m$，$k=1, \cdots, 95$
$P_{i,k}$	第 k 个站点下第 i 个微生物所占的比重
e_k	第 k 个站点的熵值
w_k	第 k 个站点的权值
Z_i	第 i 个微生物的评分
$M_{i,k}^{\gamma}$	第 k 个站点的第 i 个微生物有效相对丰度
m_i	第 i 个微生物的有效表现数
$\overline{M_i}$	第 i 个微生物的平均相对丰度
$\overline{M_i^{\gamma}}$	第 i 个微生物的有效平均相对丰度
CV_i	第 i 个微生物的变异系数
DC_i	第 i 个微生物的优势站点数
DC_i^{γ}	第 i 个微生物的有效优势站点数
T	多维筛选指标体系
Sc	多维筛选指标体系主成分得分
S_t	第 t 组微生物群落的组内离差平方和
Y_m	第 m 个微生物群落相对丰度
β_{mk}	第 k 个理化因子对第 m 个微生物的边际效应

13.3.3 数据处理说明

对于微生物群落分类的选择，具体按照界、门、纲、目、科、属、种何种方式处理对应的结果和效果是不同的，但这不是问题的关键．本题给出的数据只包含界、门、纲、目、科 5 级分类，若分别按门、纲、目、科分类，可简单编程进行数据汇总得到各有 61 个门种群、179 个纲种群、342 个目种群和 536 个科种群．本文后面的分析均是建立在 342 个目种群基础上分析微生物筛选问题．

13.3.4　模型建立及求解

1. 熵权法微生物筛选模型

熵权法是比较容易想到的一种常规思路．在信息论中，熵是对不确定性的一种度量．信息量越大，不确定性就越小，熵也就越小；信息量越小，不确定性越大，熵也越大．根据熵的特性，可以通过计算熵值来判断一个事件的随机性及无序程度，也可以用熵值来判断某个指标的离散程度，指标的离散程度越大，该指标对综合评价的影响越大．下面简要给出**熵权法微生物筛选模型**的建模步骤：

记 $M_{i,k}$ 为第 k 个站点的第 i 个微生物相对丰度，$i=1, \cdots, n$，$k=1, \cdots, m$．由于各微生物种群的相对丰度基础不一致，因此在用它们计算综合指标前，先对微生物种群的相对丰度进行标准化处理，令

$$M'_{i,k} = \left[\frac{M_{i,k} - \min(M_{1,k}, M_{2,k}, \cdots, M_{n,k})}{\max(M_{1,k}, M_{2,k}, \cdots, M_{n,k}) - \min(M_{1,k}, M_{2,k}, \cdots, M_{n,k})} \right] \times 100, \quad (13.1)$$

则 $M'_{i,k}$ 为第 i 个微生物的第 k 个站点的数值（$i=1, \cdots, n$，$k=1, \cdots, m$）．为了方便起见，仍记数据 $M_{i,k} = M'_{i,k}$．

计算第 k 个站点下第 i 个微生物所占的比重：

$$P_{i,k} = \frac{M_{i,k}}{\sum\limits_{i=1}^{n} M_{i,k}} (i = 1,2,\cdots,n, k = 1,2,\cdots,m). \quad (13.2)$$

计算第 k 个站点的熵值：$e_k = -\sum\limits_{i=1}^{n} P_{i,k}\ln(P_{i,k})/\ln(n)$，$k=1, 2, \cdots, m$．

对第 k 个站点，指标值的差异越大，对方案评价的作用就越大，熵值就越小，最后求得第 k 个站点的权值：

$$w_k = \frac{1-e_k}{n-M_e}, \quad (13.3)$$

其中 $M_e = \sum\limits_{k=1}^{m} e_k$，$0 \leq w_k \leq 1$，$\sum\limits_{k=1}^{m} w_k = 1$．

对第 i 个微生物进行最终评分

$$Z_i = \sum\limits_{k=1}^{m} w_k M_{i,k}. \quad (13.4)$$

熵权法微生物筛选模型重点考虑了在不同站点的各微生物群落的相对丰度的离散程度，由此可以得到一个评分顺序[1]．

但若考虑到重点微生物群落应该具有较高的平均相对丰度，一个微生物群落在不同站点具有较大的差异才能体现区分度，以及一个微生物群落在不同站点的相对丰度在平均相对丰度之上的占比等指标都会对微生物群落的重要性参数产生影响，尤其是如何选择合适数量的微生物群落更是我们必须考虑的问题（见图 13.1）．

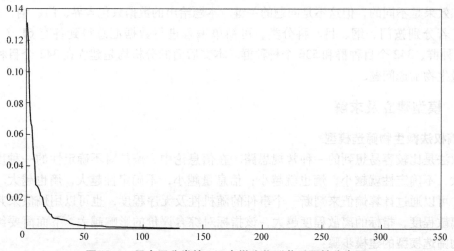

图 13.1　目水平分类的 342 个微生物群落重要性分布图

2. 微生物均散多维筛选模型

（1）自然指标的筛选

进一步考虑微生物种群在各站点的整体表现，尤其是在相对丰度为正的站点的平均水平和离散程度，将较大影响对各站点附近生态环境的判断.

记

$$M_{i,k}^\gamma = M_{i,k} I_{(M_{i,k} > 0)}$$

为第 k 个站点的第 i 个微生物有效相对丰度，其中 $I_{(M_{i,k} > 0)}$ 为示性函数.

$$m_i = \sum_{k=1}^m I_{(M_{i,k} > 0)}$$

为第 i 个微生物的有效表现数，

$$\overline{M}_i = \frac{1}{m} \sum_{k=1}^m M_{i,k}, \quad \overline{M}_i^\gamma = \frac{1}{m_i} \sum_{k=1}^m M_{i,k}^\gamma,$$

分别为第 i 个微生物的平均相对丰度和有效平均相对丰度，

$$\sigma_i = \sqrt{\frac{1}{m-1} \sum_{k=1}^m (M_{i,k} - \overline{M}_i)^2}, \quad \sigma_i^\gamma = \sqrt{\frac{1}{m_i-1} \sum_{k=1}^m (M_{i,k}^\gamma - \overline{M}_i^\gamma)^2},$$

分别为第 i 个微生物的标准差和有效标准差，

$$CV_i = \frac{\sigma_i}{\overline{M}_i}, \quad CV_i^\gamma = \frac{\sigma_i^\gamma}{\overline{M}_i^\gamma}, \tag{13.5}$$

分别为第 i 个微生物的变异系数和有效变异系数，

$$DC_i = \sum_{k=1}^m I_{(M_{i,k} > \overline{M}_i)}, \quad DC_i^\gamma = \sum_{k=1}^m I_{(M_{i,k} > \overline{M}_i^\gamma)}, \tag{13.6}$$

分别为第 i 个微生物的优势站点数和有效优势站点数. 由此构造多维筛选指标体系（Z_i，CV_i，$\overline{M}_i$，$\overline{M}_i^\gamma$，DC_i，DC_i^γ），分别体现如下四个方面的影响：

① 所选微生物群落在同一站点具有较大差异性；

② 单一微生物群落在不同站点具有较大差异性；

③ 重要微生物群落具有较高的相对丰度，弱化不可测噪声的影响；

④ 重要微生物群落在各站点均具优势.

（2）数据冗余的排除

考虑到所选取的四个方面 7 个维度的指标会产生数据冗余，具有部分相互替代性，下面利用主成分分析方法解决这个问题（同学们在此处可自行补充主成分分析的关键理论步骤）.

记多维筛选指标体系

$$T = \begin{pmatrix} Z_1 & CV_1 & \overline{M}_1 & \overline{M}_1^\gamma & DC_1 & DC_1^\gamma \\ Z_2 & CV_2 & \overline{M}_2 & \overline{M}_2^\gamma & DC_2 & DC_2^\gamma \\ \vdots & \vdots & \vdots & \vdots & \vdots \\ Z_n & CV_n & \overline{M}_n & \overline{M}_n^\gamma & DC_n & DC_n^\gamma \end{pmatrix}. \tag{13.7}$$

求得中心化处理后的内积为

$$R = (T - \overline{T})'(T - \overline{T}) = \begin{pmatrix} 3.13 & 2.02 & 3.03 & 3.02 & 1.84 & 2.73 \\ 2.02 & 9.82 & 2.05 & 2.03 & 11.75 & 13.35 \\ 3.03 & 2.05 & 2.94 & 2.94 & 1.87 & 2.76 \\ 3.02 & 2.03 & 2.94 & 2.94 & 1.86 & 2.74 \\ 1.84 & 11.75 & 1.87 & 1.86 & 21.61 & 18.53 \\ 2.73 & 13.35 & 2.76 & 2.74 & 18.53 & 22.49 \end{pmatrix},$$

进而获得特征向量矩阵，即主成分分量[2]

$$Co = \begin{pmatrix} 0.09 & 0.56 & 0.15 & -0.05 & 0.81 & -0.02 \\ 0.41 & 0.07 & -0.29 & 0.86 & 0.01 & 0.00 \\ 0.09 & 0.54 & 0.14 & -0.04 & -0.40 & 0.72 \\ 0.09 & 0.54 & 0.14 & -0.04 & -0.43 & -0.70 \\ 0.62 & -0.30 & 0.73 & -0.03 & 0.00 & 0.00 \\ 0.65 & 0.00 & -0.57 & -0.50 & 0.00 & 0.00 \end{pmatrix},$$

以及对应的特征值 $\lambda = (49.77, 8.27, 3.52, 1.35, 0.01, 0.00)^T$，由此得到各主成分贡献为 $ex = (79.10, 13.15, 5.60, 2.14, 0.01, 0.00)^T$. 第一主成分和第二主成分累计贡献已达到 92.25%，因此考虑利用第一主成分和第二主成分做后续分析，其中第一主成分体现了单一微生物群落在不同站点差异性，以及是否能作为站点优势微生物的站点数；第二主成分体现了所选微生物群落在同一站点具有较大差异性，以及微生物群落平均相对丰度的影响.

记 $Co2 = \begin{pmatrix} 0.09 & 0.41 & 0.09 & 0.09 & 0.62 & 0.65 \\ 0.56 & 0.07 & 0.54 & 0.54 & -0.30 & 0.00 \end{pmatrix}'$ 为主成分分量的前两列，则可以计算第一主成分和第二主成分的得分

$$Sc = (T - \overline{T}) * Co2. \tag{13.8}$$

由于当**多维筛选指标体系**中的六个分量具有较大表现时有助于各站点生态状况的分析和区分，而第一主成分系数 $(0.09, 0.41, 0.09, 0.09, 0.62, 0.65)^T$ 和第二主成分系数 $(0.56, 0.07, 0.54, 0.54, -0.30, 0.00)^T$ 与六个自然指标具有正相关性，因此，第一主成分得分和第二主成分得分是否具有较大值是重要微生物群落的主要判断标准（见图 13.2）.

（3）重要微生物群落的筛选

利用主成分得分并不能直接给出重要微生物群落的筛选结果，第一主成分得分和第二主成分得分是否具有较大值是重要微生物群落的判断标准也不宜明确重要微生物群落的范围，采用系统聚类、K – 均值聚类等方法利用主成分得分对微生物群落进行分类. 在特定距离的定义下，以期获得类内微生物群落指标具有高相似性，距离较小，而类间距离较大的结果，结

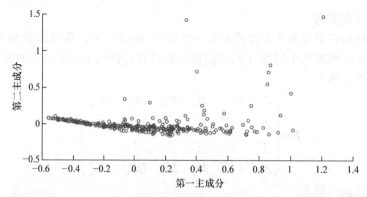

图 13.2 342 个微生物群落第一和第二主成分得分图

合主成分得分大小可以获得重要微生物群落筛选结果.

下面利用系统聚类,并采用 Ward 法(离差平方和法),在欧氏距离定义下进行聚类. 设将 n 个微生物群落分成 k 类: G_1, G_2, $\cdots$, G_k, 用 $X_i^{(t)}$ 表示 G_t 中的第 i 个样品(此处 $X_i^{(t)}$ 是 2 维向量), n_t 表示 G_t 中的样品个数, $\overline{X}^{(t)}$ 是 G_t 的重心, 则 G_t 中样品的离差平方和为:

$$S_t = \sum_{i=1}^{n_t} (X_i^{(t)} - \overline{X}^{(t)})'(X_i^{(t)} - \overline{X}^{(t)}).$$

k 个类的类内离差平方和为

$$S = \sum_{t=1}^{k} S_t = \sum_{t=1}^{k} \sum_{i=1}^{n_t} (X_i^{(t)} - \overline{X}^{(t)})'(X_i^{(t)} - \overline{X}^{(t)}).$$

如果分类正确, 同类样品的离差平方和应当较小, 类与类的离差平方和应当较大. 具体做法是先将 n 个样品各自成一类, 然后每次缩小一类, 每缩小一类离差平方和就要增大, 选择使 S 增加最小的两类合并(因为如果分类正确, 同类样品的离差平方和应当较小)直到所有的样品归为一类为止, 最终聚类结果如图 13.3 所示.

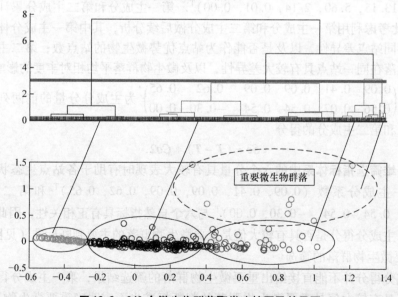

图 13.3 342 个微生物群落聚类冰柱图及效果图

其中, 重要微生物群落包含 7 个目, 对应的编号分别为 66, 120, 145, 259, 267, 334, 335,

其详细信息见表13.1.

表13.1　重要微生物群落列表

序号	界	门	纲	目
1	Bacteria	Chlorobi	BSV26	PK329
2	Bacteria	Cyanobacteria	Synechococcophycideae	Synechococcales
3	Bacteria	Firmicutes	Erysipelotrichi	Erysipelotrichales
4	Bacteria	Proteobacteria	Deltaproteobacteria	Sva0485
5	Bacteria	Proteobacteria	Gammaproteobacteria	Chromatiales
6	Bacteria	Verrucomicrobia	Verruco -5	SS1 $-$ B $-$ 03 $-$ 39
7	Bacteria	Verrucomicrobia	Verrucomicrobiae	Verrucomicrobiales

3. 微生物相对丰度和环境因子关系的逐步回归模型

（1）数据处理

诸多站点的理化因子数据由于各种原因造成数据不全，这可以通过各种合理手段进行处理，比如通过其他信息补全，通过合理方式插值获得等，下面对其进行直接删除处理，并保留完整的65个站点的数据进行研究.

（2）逐步回归模型

理化因子主要包括"pH"，"Salinity"，"SS"，"DO"，"COD"，"TOC"，"TN"，"NO$_3$"，"NH$_4$"，"NO$_2$"，"DIN"，"TP"，"PO$_4$"，"SiO$_4$"，"Chla"，"Cd"等23种，它们之间同样会产生数据冗余，而有效站点数为65个，在建模中会产生自由度不足问题，利用逐步回归模型可以保留核心影响因子，简化模型复杂度，增加自由度[3].

不妨记65个站点的23个理化因子为 $(X_{i,j})_{65 \times 23}$，65个站点的7个重要微生物群落相对丰度为 $(Y_{i,j})_{65 \times 7} = (Y_1, Y_2, Y_3, Y_4, Y_5, Y_6, Y_7)$，可以分别对每一微生物群落的相对丰度构建线性模型：

$$Y_m = \beta_{m0} + \beta_{m1}X_1 + \cdots + \beta_{mk}X_k + u_m, \quad m = 1, \cdots, 7. \qquad (13.9)$$

其中 $\boldsymbol{B}_m = (\beta_{m0}, \beta_{m1}, \cdots, \beta_{mk})'$ 为参向量，$u_m \sim N(0, \sigma_m^2)$ 为干扰项.

通过逐步回归模型可以看出部分理化因子对7个重要微生物有显著影响，以"Chromatiales"为例，易见有"SS"、"DO"、"NO$_2$"、"SiO$_4$"4个理化因子显著，判决系数 $R^2 = 0.694$，尾概率 $p = 7.67\mathrm{E} - 16$，结果如下

$$\text{Chromatiales} = 0.109 + 0.0000262\text{SS} - 0.008\text{DO} - 0.941\,\text{NO}_2 + 0.006\,\text{SiO}_4.$$

拟合值与实测数据对比如图13.4所示：

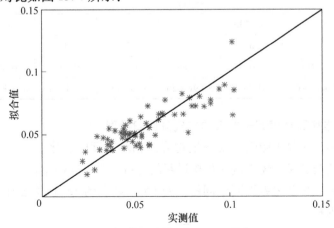

图13.4　逐步回归模型拟合效果

其他 7 个重要微生物群落也有类似结果, 主要受 3~6 个理化因子显著影响, 尾概率均小于 0.001, 具体指标如表 13.2 所示.

表 13.2　7 个重要微生物群落相对丰度与理化因子关系表

理化因子	微生物						
	1	2	3	4	5	6	7
常数项	-0.019	1.543	3.726	0.123	0.109	0.533	-0.121
pH		-0.187	-0.444			-0.057	
Salinity		0.003					
SS	-3.62E-05	-2.83E-05	-5.02E-05		2.62E-05	-1.67E-05	-3.96E-05
DO	0.028			-0.008			
COD							
TOC							0.053
TN						0.011	
NO₃							
NH₄		-0.953					
NO₂		2.933	2.389	-1.150	-0.941		
DIN							-0.079
TP							
PO₄			-1.872	-0.669			
SiO₄	-0.042			0.006			
Chla	-0.002						0.006
Cd							
Zn							
Pb							
Cu				-0.008			
Hg							
As							0.100
Cr			0.119				
Oil		-1.730				-1.184	
入选变量数	4	6	5	3	4	4	5
R^2	0.414	0.665	0.789	0.237	0.694	0.468	0.616
P-value	1.46E-07	1.49E-13	5.99E-20	0.00013	7.67E-16	8.60E-09	2.22E-12

4. 微生物相对丰度和环境因子关系的主成分回归模型

逐步回归模型给出了显著影响重要微生物群落相对丰度的理化因子, 但若要考虑其他非显著因子带来的影响与意义, 还需进一步探讨新的分析手段以及构建新的模型.

首先通过主成分分析解决数据冗余问题. 对 65 个站点的 23 个理化因子数据进行标准化中心化处理并得到内积

$$RE = (E - \overline{E})'(E - \overline{E})/\sigma_E^2.$$

利用特征值求出各主成分的贡献率（见图13.5）.

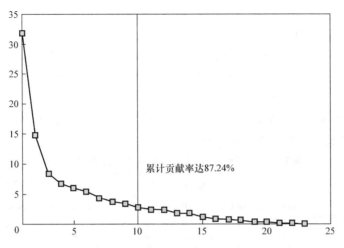

累计贡献率达87.24%

图 13.5 碎石图

选取前 10 个主成分，累计贡献率达 87.24%，主成分系数 CE 见表 13.3.

表 13.3 理化因子前 10 个主成分系数

因子	主成分									
	z_1	z_2	z_3	z_4	z_5	z_6	z_7	z_8	z_9	z_{10}
1	0.03	−0.48	−0.04	−0.14	−0.06	0.05	−0.20	−0.01	−0.04	0.23
2	0.35	0.03	0.04	0.02	−0.09	0.06	0.08	0.02	−0.01	−0.08
3	−0.17	0.07	0.30	−0.34	−0.23	0.01	0.40	−0.16	−0.05	0.22
4	−0.04	−0.49	0.10	−0.02	0.06	0.02	−0.13	−0.02	0.06	0.08
5	−0.13	−0.39	0.17	−0.11	0.13	−0.11	−0.07	−0.25	0.06	−0.22
6	−0.08	−0.14	−0.13	0.28	0.13	0.30	0.61	−0.08	0.44	0.15
7	−0.34	0.02	−0.13	0.05	0.07	0.01	0.04	−0.01	−0.01	−0.06
8	−0.35	0.05	−0.10	0.01	0.08	−0.03	0.00	−0.01	−0.01	−0.04
9	0.15	0.05	0.23	−0.04	0.06	−0.52	0.13	0.06	0.50	0.09
10	0.20	0.15	−0.25	−0.06	0.08	0.05	0.14	−0.48	0.02	−0.45
11	−0.35	0.05	−0.10	0.00	0.08	−0.04	0.01	−0.01	0.00	−0.05
12	−0.26	0.09	0.26	−0.25	−0.12	−0.01	0.12	−0.11	−0.03	0.30
13	−0.32	0.11	0.08	0.02	0.08	−0.11	0.03	−0.20	−0.08	−0.23
14	−0.34	0.04	−0.07	0.11	0.01	−0.09	−0.07	0.07	0.06	0.00
15	0.05	−0.45	−0.21	−0.10	0.05	−0.07	0.14	−0.12	−0.10	−0.02
16	0.10	0.07	−0.11	−0.29	0.57	−0.08	−0.15	−0.10	0.39	0.11
17	0.02	0.04	−0.10	0.14	−0.55	0.13	−0.32	−0.52	0.38	0.15
18	0.14	−0.03	0.38	−0.32	0.07	0.16	0.14	−0.22	−0.15	−0.28
19	−0.10	−0.02	0.18	−0.24	−0.15	0.48	−0.13	0.44	0.42	−0.38
20	0.03	0.11	−0.29	−0.45	−0.27	−0.39	−0.02	0.13	0.09	−0.05
21	−0.26	−0.02	−0.21	−0.25	−0.01	0.07	−0.15	−0.10	0.11	−0.13
22	−0.08	−0.22	0.22	0.33	−0.24	−0.40	0.10	0.08	0.11	−0.42
23	0.04	−0.18	−0.45	−0.21	−0.24	−0.03	0.36	0.20	−0.05	−0.07

最后经过计算得到主成分得分

$$ScE = (E - \bar{E}) \cdot CE / \sigma_E. \tag{13.10}$$

利用主成分得分构建线性模型

$$Y_m = \beta_{m0} + \beta_{m1}z_1 + \cdots + \beta_{mk}z_k + u_m, \quad m = 1, 2, \cdots, 7, \quad k = 10. \tag{13.11}$$

仍以"Chromatiales"为例,可以得到有 7 个主成分显著,对应的判决系数 $R^2 = 0.621$,尾概率 $p = 1.40E - 11$,具体结果如下:

$$Y_5 = 0.056 - 0.004 z_1 + 0.004 z_2 + 0.004 z_3 - 0.003 z_4 - 0.004 z_5 - 0.003 z_6 + 0.005 z_{10}.$$

换算为 23 个环境因子的系数有如下结果(见表 13.4):

表 13.4 "Chromatiales"与 23 个理化因子系数表

常数	pH	Salinity	SS	DO	COD	TOC	TN	NO$_3$	NH$_4$	NO$_2$	DIN
0.056	$-6.05E-06$	-0.000782	$2.78E-05$	$-2.96E-05$	$-3.37E-07$	$2.22E-06$	$6.14E-05$	$6.48E-05$	$-3.90E-07$	$-4.75E-07$	$6.39E-05$

TP	PO$_4$	SiO$_4$	Chla	Cd	Zn	Pb	Cu	Hg	As	Cr	Oil
$6.60E-06$	$2.26E-06$	$7.90E-05$	-0.00072	$-6.31E-07$	$-1.53E-06$	$-1.92E-05$	$1.68E-05$	$-6.10E-08$	$2.56E-05$	$2.88E-07$	$-2.78E-07$

5. 微生物相对丰度和环境因子关系的 PLS 模型

上述分析均是针对单一微生物分别分析环境因子对其的影响,但微生物种群结构和多样性在对环境的反馈中发挥着决定性作用,而群落之间的竞争、调控、物质交换、演替等相互作用机制至今不甚明了,这就需要把微生物种群结构也要纳入进来进行研究,偏最小二乘回归(PLS)模型为其提供了可能.

偏最小二乘回归模型集成了主成分分析、典型相关分析、线性回归分析的优点,可以按照如下过程进行求解. 设有 q 个因变量 $\{y_1, \cdots, y_q\}$ 和 p 自变量 $\{x_1, \cdots, x_p\}$. 为了研究因变量和自变量的统计关系,我们观测了 n 个样本点,由此构成了自变量与因变量的数据表 $X = \{x_1, \cdots, x_p\}$ 和 $Y = \{y_1, \cdots, y_q\}$. 偏最小二乘回归模型分别在 X 与 Y 中提取出成分 t_1 和 u_1. 在提取这两个成分时,为了回归分析的需要,有下面两个要求:

(1)t_1 和 u_1 应尽可能大地携带它们各自数据表中的变异信息;

(2)t_1 与 u_1 的相关程度能够达到最大.

在第一个成分 t_1 和 u_1 被提取后,偏最小二乘回归分别实施 X 对 t_1 的回归以及 Y 对 u_1 的回归. 如果回归方程已经达到满意的精度,那么算法终止;否则,将利用 X 被 t_1 解释后的残余信息以及 Y 被 u_1 解释后的残余信息进行第二轮的成分提取. 如此往复,直到能达到一个较满意的精度为止. 若最终对 X 共提取了 m 个成分 $t_1, t_2, \cdots, t_m$,偏最小二乘回归模型将通过实施 y_k 对 $t_1, t_2, \cdots, t_m$ 的回归,然后再表达成 y_k 关于原变量 $X_1, X_2, \cdots, X_q$ 的回归方程,$k = 1, 2, \cdots, p$.

偏最小二乘回归模型具有如下形式:

$$Y_{65 \times 7} = X_{65 \times 24} B_{24 \times 7} + u_{65 \times 7} \tag{13.12}$$

其中 Y 为 7 个重要微生物群落的 65 个站点数据,X 第一列为 1,其余为 23 个环境因子的 65 个站点数据,B 为参数矩阵,u 为误差矩阵.

最终可以得到参数矩阵 B 的估计值如表 13.5 所示:

表 13.5　PLS 模型参数估计值

理化因子	微生物						
	PK329	Synechococcales	Erysipelotrichales	Sva0485	Chromatiales	SS1 – B – 03 – 39	Verrucomicrobiales
常数项	$-1.98E+00$	$1.39E+00$	$3.07E+00$	$-7.09E-01$	$2.00E-01$	$1.46E-01$	$-1.39E+00$
pH	$2.64E-01$	$-1.78E-01$	$-3.92E-01$	$1.06E-01$	$-1.80E-02$	$-1.22E-02$	$1.47E-01$
Salinity	$-1.58E-03$	$4.97E-03$	$3.55E-03$	$1.48E-03$	$6.43E-04$	$4.43E-04$	$3.91E-03$
SS	$-7.66E-06$	$-4.62E-05$	$-4.18E-05$	$3.56E-06$	$2.19E-05$	$-8.24E-06$	$-5.61E-05$
DO	$1.74E-02$	$-1.38E-02$	$-7.47E-03$	$4.31E-03$	$-4.91E-03$	$-2.84E-03$	$9.78E-03$
COD	$-4.77E-02$	$7.17E-02$	$-3.83E-03$	$-4.80E-02$	$5.41E-03$	$-2.99E-03$	$2.94E-02$
TOC	$-1.26E-02$	$-1.60E-02$	$-2.29E-02$	$3.88E-03$	$-4.27E-03$	$-7.04E-04$	$3.88E-02$
TN	$-2.26E-02$	$-7.96E-03$	$6.29E-02$	$-8.51E-03$	$7.70E-03$	$7.38E-03$	$-1.55E-02$
NO$_3$	$2.71E+13$	$1.78E+13$	$7.27E+13$	$9.54E+12$	$-9.05E+12$	$5.47E+12$	$1.96E+13$
NH$_4$	$2.71E+13$	$1.78E+13$	$7.27E+13$	$9.54E+12$	$-9.05E+12$	$5.47E+12$	$1.96E+13$
NO$_2$	$2.71E+13$	$1.78E+13$	$7.27E+13$	$9.54E+12$	$-9.05E+12$	$5.47E+12$	$1.96E+13$
DIN	$-2.71E+13$	$-1.78E+13$	$-7.27E+13$	$-9.54E+12$	$9.05E+12$	$-5.47E+12$	$-1.96E+13$
TP	$-2.07E-01$	$1.00E-01$	$-4.70E-02$	$-5.88E-02$	$3.61E-02$	$-1.41E-02$	$2.13E-01$
PO$_4$	$6.41E-01$	$-3.87E-01$	$-1.72E+00$	$2.40E-01$	$1.45E-01$	$-2.74E-01$	$-1.33E-01$
SiO$_4$	$-1.99E-02$	$4.84E-03$	$3.40E-02$	$2.96E-03$	$6.22E-03$	$4.97E-03$	$4.07E-02$
Chla	$-2.73E-03$	$-7.84E-04$	$6.43E-04$	$6.00E-04$	$-2.38E-05$	$-2.68E-04$	$2.55E-03$
Cd	$-6.76E-02$	$8.47E-02$	$2.52E-01$	$-1.44E-01$	$3.86E-02$	$9.78E-02$	$-3.00E-01$
Zn	$2.37E-03$	$-9.23E-04$	$2.83E-03$	$-3.42E-03$	$4.57E-04$	$-4.61E-04$	$-7.54E-03$
Pb	$3.03E-02$	$4.74E-03$	$5.30E-03$	$-1.44E-03$	$-7.40E-03$	$-6.00E-03$	$9.48E-03$
Cu	$6.63E-03$	$2.09E-03$	$1.45E-02$	$-4.65E-03$	$-7.64E-04$	$3.09E-03$	$-1.09E-02$
Hg	$2.06E-01$	$-6.33E-01$	$8.82E-01$	$4.37E-01$	$5.25E-01$	$2.60E-01$	$-2.98E+00$
As	$-8.67E-02$	$1.54E-02$	$-1.46E-02$	$-5.36E-03$	$-4.51E-03$	$-7.86E-03$	$9.78E-02$
Cr	$-1.31E-02$	$4.35E-02$	$1.54E-01$	$-6.85E-02$	$-5.74E-03$	$5.02E-02$	$-3.75E-02$
Oil	$6.27E-01$	$-4.39E-01$	$-5.13E-01$	$-6.50E-01$	$-1.76E-02$	$-1.32E+00$	$3.82E+00$

估计的具体效果仍以"Chromatiales"为例,接近 97% 的误差范围都在 2%,最大误差仅为 3.07%,具体如图 13.6 所示.

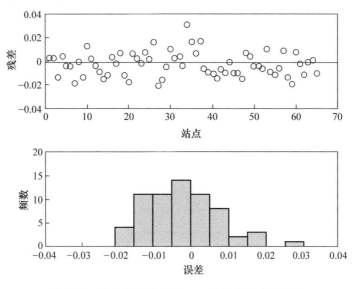

图 13.6　PLS 模型下"Chromatiales"的估计误差

6. 考虑站点坐标的微生物筛选模型

在考虑 95 个站位的地域特征时，可以综合考虑微生物群落结构、环境因子，以及站位坐标三者的表现. 而对于判断问题一的模型的优劣，也需要考虑微生物群落与理化因子，微生物群落与坐标的相关性进行建模筛选微生物种群；并通过对筛选出的重要微生物群落、环境因子，以及站位三类指标对站点进行聚类分析以验证筛选效果.

记 L 为各站点的经纬度，r_L 为微生物群落相对丰度与经纬度相关矩阵，r_E 为微生物群落相对丰度与环境理化因子主成分相关矩阵，由此构建新的多维筛选指标体系（Z_i，CV_i，$\overline{M}_i$，$\overline{M}_i^\gamma$，DC_i，DC_i^γ，r_E，r_L），后续可以继续利用主成分分析方法降维并排除数据冗余，并利用聚类分析获得重要微生物群落，最终再根据重要微生物群落对 95 个站点进行聚类和各站点地理位置进行匹配验证结果优劣，这部分内容由于和微生物均散多维筛选模型相比，仅多了最后一步验证，可由同学自行仿照前面过程完成.

参考文献

[1] 韩中庚. 数学建模方法及其应用[M]. 2 版. 北京：高等教育出版社. 2009.

[2] RICHARD A JOHNSON. Applied Multivariate Statistical Analysis[M]. 6ed. Pearson Education Limited. 2013.

[3] 师义民，徐伟，秦超英，等. 数理统计[M]. 北京：科学出版社. 2009.

竞赛效果评述

本题主要涉及评价指标体系的设计、统计方法的应用和各类模型的构建. 从交卷情况看，各队伍在这几个方面完成的都不太好，没有成熟思路，模型偏简短，这也和参与学生低年级较多，而统计课程多在三、四年级有关，随着 2019 年开始的全国大学生数学建模题目增加为 3 题，新增的 C 题偏向经济管理方向，经济、统计等方面的知识还需让学生及早学习和练习.

第 14 章
校园交通车

14.1 命题背景

14.1.1 问题的现实背景

命题人发现很多高校都已经拥有了校园交通车,师生在校园内乘坐校园交通车可以轻松快速地到达目的地,甚是方便. 在学校规模不大的情况下,师生员工靠步行从一处到另一处也不会感觉太累、太浪费时间. 然而,随着学校发展,校区越来越大,学校部门间的人员交流也越来越频繁,再凭借步行就明显感觉到疲劳了,也确实影响效率. 命题人所在学校就面临着这样的问题,师生员工对校园交通车的需求已经非常迫切了. 在这样一个时期,给出这样一道题目,可谓是非常的应景了. 从实际的竞赛效果来看,这道题目也确实受到了学生的青睐. 另外,值得一提的是,该题目竞赛后两年学校就出现了校园交通车,恰是学生的创业项目. 当然,这个项目是否与本题有关,就无从考证了.

14.1.2 问题的理论背景

该问题的理论背景即是非常著名的 TSP[○] 问题,即一个旅行商要通过一定数量的城市,要求通过每个城市一次且仅一次,问如何规划路线可以使得行程最短. 感兴趣的读者可以参见文献 [1] 和文献 [2]. TSP 问题是非常经典的优化问题,写出它的数学模型似乎并不困难,但是完全由学生自己写出完整的数学模型,其中的一些巧妙的构造似乎又不太容易一下子想出来. 因此,在数学建模培训过程中,TSP 经常拿来作为经典的例子加以介绍. 从多年的数学建模培训经验来看,从优化模型开始的训练是让学生迅速入门数学建模的良好途径,而 TSP 模型是让学生迅速掌握优化模型的建立以及求解的有效工具.

14.2 题目

随着学校的不断发展,校园面积在逐步扩大,这使得教师、学生在校园内行走变得越来越吃力,尤其是炎热的夏天;另外,学校的发展也使得外来人员进校办事越来越多,由于路线不熟悉,也会造成不便. 这些原因都使得校内交通车的需求变得越来越迫切. 那么,作为宁波大学的一员,我们能否帮助学校分析一下设计校园交通车的可行性以及交通车开设的具

○ Traveling Salesman Problem,即旅行商问题.

体方案？（电瓶观光游览车见图 14.1）

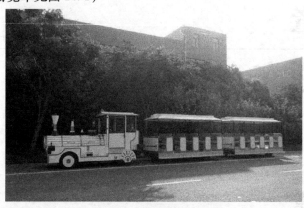

图 14.1 电瓶观光游览车

请根据题目提供的相关数据（你也可以自行搜集其他必要的数据）完成下列各问：

问题一：为交通车选择合理的停靠站点．表 14.1 和表 14.2 列出了我校东校区主要建筑物，及近邻建筑的距离．试找出能够覆盖这些建筑物的最少站点，要求未被选为站点的建筑物到其最近站点的距离小于 200m.

问题二：基于问题一的站点，设计一条能够通过所有这些站点的最优运行环线．

问题三：综合考虑站点的选择和运行线路的总路程，能否给出更优的结果？

感谢宁波大学后勤管理服务处供题并提供相关数据．

表 14.1 学校主要建筑物信息

编号	建筑物名称
1	本部公寓
2	南门
3	甫江公寓北
4	甫江公寓南

表 14.2 相邻建筑物距离

建筑物 1	建筑物 2	邻接距离/m
1	2	197
2	28	115
3	5	131
4	3	394
5	2	236

14.3 模型建立解析

14.3.1 问题分析

这个题目非常像是 TSP 问题，交通车可以看作旅行商，停靠站点可以看作城市．但是完整的问题又比旅行商问题更加复杂一点，因为这里还要涉及选择站点的问题．在实际中，会有非常多的候选点，但是这些点并不一定都要停靠，从交通车和乘客双方的方便程度统一来考虑，我们只要选择部分站点停靠就可以了．因此，总的来说，这是一个综合考虑选择站点数最少、交通车行驶总路程最少的优化问题. 众所周知, TSP 问题是 NPC 问题, 对于稍微复杂一点的问题, 其计算机求解程序就需要花费相当长的时间去求解; 而这里又增加了选择站点问题, 即在候选站点里选取一个满足条件的子集, 这大概又是一个 NPC 问题. 诸多 NPC 问题结合在一起, 其复杂度可想而知. 因此, 本题目把问题做了简化. 即: 不要求一下子就给出问题的完整解, 或者说, 不要求直接给出全局优化模型, 而是把问题分解, 先不考虑路线的最优, 直接给出选点方案, 然后再跑最优回路. 这样的简化思想也是在实际处理问题时经常会用到的.

对于问题一, 这一问就是对整体题目的一个极大的简化. 虽然题目最终是要求交通车行驶总路程最短, 但是为了能够快速求解, 这一问暂时不考虑路线最优的问题, 仅仅考虑选点问题. 在选点的过程中, 也仅仅是考虑找到一组满足要求的站点, 至于选择方案是否最优, 则不过多追求. 尤其要知道的是, 针对不同的站点选择方案, 其对应的交通车行驶路程也是不同的, 什么样的选择方案对应的交通车行驶路程最短, 在这一问是不去考虑的. 这个问题初看比较容易, 对于程序能力比较强的队伍, 求解起来也会比较容易, 似乎就是编个程序而已. 然而, 见到题目就考虑代码, 这是数学建模竞赛要避讳的问题, 尤其是代码能力较强的同学要注意转变思路. 这要强调的是: 数学建模竞赛并不是程序代码竞赛, 能够从实际的问题中抽象出数学模型、写出数学的表达式, 这才是我们数学建模竞赛要考察的重点能力. 因此, 这一问初看简单, 做起来似乎也简单, 但是真正的难点在于数学模型的抽象. 后文将重点讨论这一问的数学模型的抽象.

对于问题二, 在第一问的基础上, 这一问就是单纯的 TSP 问题了. 关于 TSP 问题有相当多的资料可供参考. 只要根据合适的参考资料建立合理的模型, 并借助软件求解即可.

对于问题三, 这一问是一个探讨性的问题了, 不一定要求同学必须要给出一个计算结果. 在问题一的分析中也已经强调, 不同的站点选择会对应不同的交通车行驶路线. 哪种站点的选择会带来最优的行驶路线, 这个问题在第一问是没有考虑的. 那么, 如何综合考虑站点的选择和路线的设计, 给出一个综合考虑两方面的数学模型? 这个综合的数学模型是本问题的考察重点. 很明显, 如果第一问中不能给出一个明确的数学模型, 那么这一问也是拿不出什么数学模型的. 但是, 这里一样要强调: 数学模型是这一问的评分重点, 结果仅仅是辅助.

14.3.2 模型建立及求解

1. 问题一模型建立及求解

(1) 模型的建立

基于上面的分析, 这一问的难点在于数学模型的建立. 很多计算机编程能力强的队伍并不觉得这一问难, 拿到题目就开始敲代码, 很快就可以给出一个结果. 然而, 数学建模竞赛考察的关键在于数学模型的抽象能力, 而不是编程能力 (虽然程序也很重要, 现如今的竞赛题目用人工来计算似乎都已经是不可能的事情). 事实上, 完全没有数学的抽象, 写程序代码也是不可能的事情. 会写代码的人应该知道, 代码里起码要使用 "变量", 程序无非是这些变量之间的运算及变化, 从而最终给出我们需要的结果. 这些 "变量" 在数学上也就是一些数学符号而已. 因此, 所谓的不会写数学模型, 只不过是没有习惯一种说话的语言而已, 即 "数学的语言" 或者 "数学模型的语言". 下面就看一下, 如何从实际问题中抽象出数学模型.

从实际问题中抽象出数学模型的第一步, 就是: 抽象出数学的 "**量**", 简单说就是把实际问题中的某些对象用数学符号表达出来. 用中学生的思维来解释, 就是"设 x", 有了"x"再写数学式子就容易多了. 这一问的任务是从候选站点中选出一部分作为实际的停靠站点. 因此, 比较容易的建模思路就是: 先把**候选站点**和**停靠站点**两个对象用数学符号表示. 显然, 这两个对象用数学中的集合概念来表达最为合适. 于是可以令 A 表示**候选站点**集, B 表示**停靠站点**集, 并且显然有 $A \supset B$. 更具体的, 可令

$$A = \{a_i \mid i = 1, \cdots, n\}$$
$$B = \{b_j \mid j = 1, \cdots, m\}$$

根据题意 (或者更准确地讲应当是"根据实际"), 要求选出的停靠站点要能够"覆盖"候选站点. 如何更准确地理解"覆盖"这个词, 或者说如何用数学的语言更精确地表达"覆盖"这个概念呢? 这个题目中也有阐述, 当然也是考虑到了实际的乘车需求, 即车辆不能直达的地方应当有就近的直达点可以利用. 于是, 用更准确的数学语言来表达就是 A 中任意一个候选点到 B 中最近的一个点的距离不超过乘客可容许步行距离. 这里所谓的距离, 并不是通常意义下的直线距离, 而是受交通道路限制的步行距离, 用 $d(x, y)$ 表示 x, y 两点间的步行距离, 则上述文字用更加准确的数学语言可表达为:

$$\min_j \{d(a_i, b_j)\} \leqslant d_0, \quad i = 1, \cdots, n.$$

满足上面约束的集合 B 有很多种选择, 其中一个平凡解就是取 B 等于 A. 若想获得某种最优的结果, 最好还是建立优化模型. 由于这一问不考虑后面的最短路程问题, 所以一个简单的优化目标就是选取的点数最少. 若用 #B 表示集合 B 拥有的元素个数, 则该优化模型可写为:

$$\min \, \#B$$
$$\text{s. t.} \begin{cases} \min_j \{d(a_i, b_j)\} \leqslant d_0, & i = 1, \cdots, n, \\ a_i \in A, b_j \in B, B \subset A, & i = 1, \cdots n; j = 1, \cdots, m. \end{cases} \quad (14.1)$$

上面这个模型不太适合编程, 尤其是不方便使用我们比较熟悉的 LINGO 来编程求解. 因此, 需要做更巧妙的一些转化. 其实, 大部分计算机软件擅长的还是计算, 式 (14.1) 里的描述语言是基于集合的, 集合相关的计算用一般的程序语言描述并不方便. 因此, 这里考虑一些技巧, 以方便用加减乘除来实现式 (14.1).

首先, 考虑到 B 是 A 的子集, 也就是要在 A 中挑选一部分元素组成 B, 更进一步, 对于 A 中的任意一个元素 a_i, 就是要确定它是否应该属于 B. 一旦提及"是否"二字, 就很容想到 0-1 变量了. 因此, 针对 A 中的每一个元素 a_i 引入 0-1 变量 x_i, 其值为 1 表示 a_i 被选入 B, 其值为 0 表示 a_i 不被选入 B. 于是目标函数就有了一个很简单的表达:

$$\min \, \#B = \sum_{i=1}^{n} x_i.$$

其次, 观察约束条件, 原模型中 min 使得这个模型成为非线性的, 而非线性的优化问题求解起来非常的困难. 所以接下来要考虑的一个重要问题就是非线性问题的线性化. 对于这个问题, 约束条件里的这个 min 是可以线性化的. 线性化的主要思路还是从实际出发去理解问题. 实际中的思维是这样的, 对于 A 中的点可能被选入 B 也可能不被选入, 无论是哪种情况, 对于 A 的点 a_i, 在 B 中总可以找到一个距离 a_i 最近的点 b_j, 要求 a_i、b_j 的距离不超过人们可容忍的步行距离. 在这个思维中, 问题的关键是对于 a_i, 要能够找到与其最邻近的点 b_j. 一个简单的思路仍然是借助于 0-1 变量, 为此引入 t_{ij}, 表示 a_i 的最邻近点是否为 b_j. 于是, 模型 (14.1) 中的距离约束就可写为:

$$t_{ij}d(a_i, b_j) \leqslant d_0, \quad i = 1, \cdots, n; \ j = 1, \cdots, n.$$

显然，t_{ij} 的取值也要满足一定的条件，具体如下：

第一，每一个 a_i 都有且仅有一个最邻近点，于是：

$$\sum_{j=1}^{n} t_{ij} = 1, \quad i = 1, \cdots, n.$$

第二，a_i 的最邻近点必须是 B 中的点，即：若 $x_i = 0$ 则 $t_{ij} = 0$ $(j = 1, \cdots, m)$. 这个条件的线性化技巧也是充分利用 0-1 变量的 0-1 特性，也是常用技巧，这里仅给出结果，不做推导，请读者自行推导.

$$\sum_{i=1}^{n} t_{ij} \leqslant n\, x_j, \quad j = 1, \cdots, n.$$

第三，若 a_i 本身也是 B 中的点，则 t_{ij} 也等于零，即仅对不属于 B 的站点考虑其最邻近点. 这个条件是冗余的，因为，这种情况下，完全可以令 $t_{ii} = 1$，则一定可以满足距离约束. 但是，这个条件的线性化也比较有意思，所以这里特意介绍一下. 同样，还是不给出推导过程，只提供结果：

$$t_{ij} \leqslant \frac{1 - x_i + x_j}{2}, \ i = 1, \cdots, n; \ j = 1, \cdots, n; \ i \neq j.$$

到此，就完成了模型（14.1）的线性化过程. 需要指出的是，任意两个候选站点间的距离是可以事先求出的，即模型中的 $d(a_i, b_j)$ 可以看作常数，于是令 $d(a_i, b_j) = c_{ij}$. 最终，得到模型（14.1）的线性化模型如下：

$$\min \#B = \sum_{i=1}^{n} x_i$$

$$\text{s. t.} \begin{cases} c_{ij}t_{ij} \leqslant d_0, & i = 1, \cdots, n; \ j = 1, \cdots, n, \\[2mm] \displaystyle\sum_{j=1}^{n} t_{ij} = 1, & i = 1, \cdots, n, \\[2mm] \displaystyle\sum_{i=1}^{n} t_{ij} \leqslant n\, x_j, & j = 1, \cdots, n, \\[2mm] t_{ij} \leqslant \dfrac{1 - x_i + x_j}{2}, & i = 1, \cdots, n; \ j = 1, \cdots, n; \ i \neq j, \\[2mm] t_{ij}, x_i \in \{0, 1\}. \end{cases} \quad (14.2)$$

模型（14.2）是直接从模型（14.1）出发一步步分析得到的线性化模型，而模型（14.1）是与实际问题的生活化描述比较接近的. 但是，可以看出，模型（14.2）是比较麻烦的，尤其是涉及比较多的 0-1 变量，这会带来较大的求解难度. 值得一提的是，在参赛论文中发现了一个非常简洁的模型，让我们感受到了青年学生喜人的智慧. 先将具体模型列出：

$$\min \#B = \sum_{j=1}^{n} x_j$$

$$\text{s. t.} \begin{cases} \displaystyle\sum_{i=1}^{n} x_i d_{ij} \geqslant 1 - x_j, & j = 1, \cdots, n, \\[2mm] x_i \in \{0, 1\}. \end{cases} \quad (14.2')$$

其中 d_{ij} 是 **0-1 常量**，满足：$d(a_i, a_j) > d_0$ 时，$d_{ij} = 0$；$d(a_i, a_j) \leqslant d_0$ 时，$d_{ij} = 1$. 模型（14.2′）中的约束条件表明：当 $x_j = 0$ 时，即 a_j 不被选择为站点时，至少有一个站点 a_i 到 a_j 的距

离小于可容忍距离d_0；而当$x_j = 1$时，约束条件是恒成立的。很显然，这个模型的决策变量要远远少于模型（14.2），能够有效降低决策变量的数量。它的巧妙之处就是引入了 **0-1 常量**。0-1 型的决策变量在建模竞赛中的应用十分广泛，却很少有见到 0-1 常量。这确实是一个比较有意思的创新，虽然是比较小的创新，但万事总是先易后难、先小后大的。本科生能够做出小的创新，也是非常之难能可贵的。

（2）模型的求解

无论是模型（14.2）还是模型（14.2′），都已经是非常标准的优化模型了，而且还是线性化的。这样的模型是非常容易利用专业的数学软件来求解的（比如使用率非常高的 LINGO 软件）。

另外，需要特别指出的是，模型（14.2）中的c_{ij}需要事先求出。显然这类问题属于图论问题，这个c_{ij}指的是图上任意两个结点i、j间的最短距离，即沿着图上所给的路径从i走到j最少要走多远。题目所给数据已经提供了相邻两个结点间的距离，这就需要根据相邻距离计算出任意两点间的图上的距离。计算图上的任意两点间距离常用的算法是 Floyd 算法。这是个经典的算法，这里也不详细给出代码了。在计算完c_{ij}之后，根据c_{ij}的值计算出模型（14.2′）中d_{ij}的值应当是件很容易的事情了，这里也不多赘述。

根据计算机程序运行结果，本问的参考答案，即最少站点数的参考值为 13。

2. 问题二模型建立及求解

在第一问中，交通车停靠站点已经确定了 13 个，于是这一问就化为经典的 TSP 问题。具体的，就是解决 13 个站点的交通车巡游问题。TSP 问题是非常古老的问题了，其数学模型和求解算法在网络上也可以找到很多参考资料，但是，由于它是数学建模入门的极佳的数学模型，所以这里还是详细讲解其建模过程。希望更多的读者可以从 TSP 问题开始，逐步踏入数学建模的精彩世界。

（1）模型的建立

首先，根据上一问的求解过程，我们已经得到了 13 个交通车停靠站点，为了模型的更一般化，我们假设总共有 n 个站点。同时，上一问也求出了所有站点两两间的距离 c_{ij}（i，$j = 1$，$\cdots$，n）。下面就是要选择一个周游所有停靠站点的环游路线。具体来讲，对于任意两个站点 i 和 j，我们需要决定是否要选择从 i 到 j 这一段作为整个环路的一部分。对于数学建模来说，要回答"是 - 否"这样的问题，很容易想到利用"0-1"变量来解决。因此，引入 0-1 变量 $x_{ij} \in \{0, 1\}$，（i，$j = 0$，1，$\cdots$，n），其含义如下：

$$x_{ij} = \begin{cases} 1, & \text{选择从 } i \text{ 到 } j \text{ 作为环路中的一段,} \\ 0, & \text{不把从 } i \text{ 到 } j \text{ 作为环路中的一段,} \end{cases}$$

当一条合理的环游线路被选定以后，显然位于环路内的先后相继抵达站点 i 和 j 所对应的 x_{ij} 等于 1，而其他的 x_{ij} 等于 0。因此，利用 x_{ij} 就可以写出目标函数，即总路程：

$$z = \sum_{i=1}^{n} \sum_{j=1}^{n} c_{ij} x_{ij}. \tag{14.3}$$

接下来就需要确定这个优化问题的约束条件了。TSP 问题的约束条件主要是使得 x_{ij} 的取值能够保证其构成一个"合理的环游线路"。如果把 n 个站点串成一个环游线路，那么每个站点都应该有且仅有一个"前导站点"（即访问本站之前而访问的那个站点），也应该有且仅有一个"后继站点"（即从本站出发而抵达的那个站点）。利用决策变量 x_{ij} 来表达就是：对于每一

个固定的 i，x_{i1}，$\cdots$，x_{in} 中有且仅有一个为 1，其余为 0（即后继站点唯一）；同理，对于每一个固定的 j，x_{1j}，$\cdots$，x_{nj} 中有且仅有一个为 1，其余为 0（即前导站点唯一）. 因此有：

$$\sum_{j=1}^{n} x_{ij} = 1, \quad (i = 1, \cdots, n) \tag{14.4}$$

$$\sum_{i=1}^{n} x_{ij} = 1, \quad (j = 1, \cdots, n) \tag{14.5}$$

但是，仅有上面两个算式是不够的. 上面两个式子可以保证这些 x_{ij} 的取值使得站点间串成环路，但是有可能会出现两个以上子环路的情况. 那么如何避免出现子环路呢？这可以通过引入一组整型的"排序变量"来解决. 这个巧妙的想法来源于文献 [1]，下面给出详细的介绍.

用 u_1，u_2，$\cdots$，u_n 来表示 n 个站点的游历顺序，即：若 $u_k = i$，则表示站点 k 是第 i 个到达站. 当然，u_k 的取值应当与 x_{ij} 的取值有关，而不应该独立于 x_{ij}. 显然，当 $x_{ij} = 1$ 时，$u_j - u_i$ 应当等于 1（但，当站点 j 为始发站时，$u_j - u_i$ 不必有此限制）；当 $x_{ij} \neq 1$ 时，$u_j - u_i$ 没有特殊限制，只需保证 u_k 的取值为 1～n 的整数. 由于 TSP 问题无论把哪个站点作为第一个访问站点，其结果都是一样的，所以这里不妨设始发站点编号为 1. 现考察下式：

$$u_i - u_j + n x_{ij} \leq n - 1 (j \neq 1). \tag{14.6}$$

该式显然满足上面的两个要求. 下面来看此式是如何避免子环路的出现的.

若结果包含两个或两个以上环路，则必有一个环路不包含站点 1，设此环路由 u_{i_1}，$\cdots$，u_{i_k} 组成，则公式（14.6）必有 k 个式子含 u_{i_1}，$\cdots$，u_{i_k}，即有：

$$u_{i_1} - u_{i_2} + n x_{i_1 i_2} \leq n - 1,$$
$$\vdots$$
$$u_{i_{k-1}} - u_{i_k} + n x_{i_{k-1} i_k} \leq n - 1,$$
$$u_{i_k} - u_{i_1} + n x_{i_k i_1} \leq n - 1,$$

上述式子相加，则得到：

$$k \cdot n \leq k \cdot (n - 1)$$

矛盾. 因此在公式（14.6）的约束下，不可能出现不包含站点 1 的子环路. 公式（14.4）、公式（14.5）和公式（14.6）结合在一起就可以保证 x_{ij} 的取值可以构成一个"合理的环游线路".

综上，可得 TSP 问题的数学模型如下：

$$\min z = \sum_{i=1}^{n} \sum_{j=1}^{n} c_{ij} x_{ij}$$

$$\text{s. t.} \begin{cases} \sum_{j=1}^{n} x_{ij} = 1, (i = 1, \cdots, n), \\ \sum_{i=1}^{n} x_{ij} = 1, (j = 1, \cdots, n), \\ u_i - u_j + n x_{ij} \leq n - 1, (j \neq 1), \\ x_{ij} \in \{0, 1\}, i, j = 1, \cdots, n, \\ u_i \in \mathbf{N}, i = 1, \cdots, n. \end{cases} \tag{14.7}$$

（2）模型的求解

模型（14.7）中只有一组需事先确定的参数c_{ij}，这个参数在第一问的模型中已经由 Floyd 算法求出，剩下的就是编程求解了。类似 TSP 问题这样典型的优化模型，可以方便地应用成熟的数学软件求解。书后附录中详细介绍了利用 LINGO、MiniZinc 等软件求解 TSP 问题的代码，所以这里就不再详细阐述了。

这一问的参考最优解，即 13 个站点的最短行驶路程为：4993m。交通车行驶路线为 $2-7-9-10-15-13-14-19-22-25-26-4-5-2$。

事实上，这一问可以有很多解，具体取决于第一问获取的停靠站点。只要总行驶路程不是长太多，都是可以接受的。

3. 第三问模型建立及求解

第二问求得的最优路径受限于第一问求得的 13 个站点。第一问筛选站点的时候并没有考虑所选站点是否能带来最优的路线方案。因此，这一问考虑将站点的选择和最优路径的规划放到一起来考虑。即建立一个全局最优模型，统筹考虑站点的选取和运行总路程。

（1）模型的建立

在前面两问工作的基础上构建这一问的模型应该是比较容易的事情了，只要把前面两个模型结合起来就可以了。

首先，第一问的核心思想就是交通车没有必要每个候选站点都要跑遍，只要能够满足步行容忍度，少跑几个站点是可以接受的。因此，第一问的主要工作是做站点筛选，并且要求满足步行容忍度条件。因此，模型（14.2′）中的约束条件是重要的，应当归并到本问的综合模型中来。为了避免与模型（14.7）中的决策变量发生冲突，这里令站点选择变量为y_i，于是模型（14.2′）中的约束条件改写为

$$\sum_{i=1}^{n} y_i d_{ij} \geq 1 - y_j, \quad j = 1, \cdots, n. \tag{14.8}$$

其次，问题的主体还是 TSP 问题，因此，模型（14.7）应当是模型的主要部分。但是要做适当的修改。注意分析，可以发现公式（14.8）中的n与模型（14.7）中的n含义不同。公式（14.8）中的n是候选站点数，而模型（14.7）中的n是停靠站点的数量。在综合模型中，这两个n需要区别开来。停靠站点的数量是未知的，在这一问是需要优化的，而候选站点数是一个常量（即题目给出的 28 个站点）。因此，这里的n保留公式（14.8）中的含义。停靠站点数改用n_0表示，于是有：

$$n_0 = \sum_{i=1}^{n} y_i.$$

同时，避免出现子环路的约束变为

$$u_i - u_j + n_0 x_{ij} \leq n_0 - 1 \quad (j \neq 1).$$

注意，在子环路约束中，n_0可以很好地控制环路中的站点个数，灵活得运用好n_0可以构建很多其他有意思的模型。但是，限于该约束的表现能力，这里不得不硬性规定一个起始站点，也就自然硬性规定了一个必选的停靠站。当然，这个硬规定并不违反实际应用常识。除停靠站点数的影响外，停靠站本身也对环路约束有所影响。显然，非停靠站点即无"前导站点"也无"后继站点"，因此它所对应的x_{ij}都等于零。于是，关于"前导""后继"的约束变为

$$\sum_{j=1}^{n} x_{ij} = 1 \cdot y_i, \quad (i = 1, \cdots, n),$$

$$\sum_{i=1}^{n} x_{ij} = 1 \cdot y_j, \quad (j = 1, \cdots, n).$$

综上所述，综合考虑站点选择和路线优化的全局优化模型为

$$\min z = \sum_{i=1}^{n} \sum_{j=1}^{n} c_{ij} x_{ij}$$

$$\text{s. t.} \begin{cases} \sum_{i=1}^{n} y_i d_{ij} \geqslant 1 - y_j, & j = 1, \cdots, n, \\ \sum_{j=1}^{n} x_{ij} = 1 \cdot y_i, & i = 1, \cdots, n, \\ \sum_{i=1}^{n} x_{ij} = 1 \cdot y_j, & j = 1, \cdots, n, \\ n_0 = \sum_{i=1}^{n} y_i, \\ u_i - u_j + n_0 x_{ij} \leqslant n_0 - 1 & (j \neq 1), \\ x_{ij} \in \{0,1\}, & i, j = 1, \cdots, n, \\ u_i \in \mathbf{N}, & i = 1, \cdots, n. \end{cases} \quad (14.9)$$

事实上，上述模型还是可以优化的．仔细分析一下，对于子环路约束，不必要求 n_0 必须等于通过的站点数，稍微大一点也仍然可以有效避免子环路的出现．所以，上面模型中的 n_0 完全可以改为 n，这样求站点数 n_0 的式子也就不需要了．于是，模型（14.9）可以简化为

$$\min z = \sum_{i=1}^{n} \sum_{j=1}^{n} c_{ij} x_{ij}$$

$$\text{s. t.} \begin{cases} \sum_{i=1}^{n} y_i d_{ij} \geqslant 1 - y_j, & j = 1, \cdots, n, \\ \sum_{j=1}^{n} x_{ij} = 1 \cdot y_i, & i = 1, \cdots, n, \\ \sum_{i=1}^{n} x_{ij} = 1 \cdot y_j, & j = 1, \cdots, n, \\ u_i - u_j + n x_{ij} \leqslant n - 1, & (j \neq 1), \\ x_{ij} \in \{0,1\}, & i, j = 1, \cdots, n, \\ u_i \in \mathbf{N}, & i = 1, \cdots, n. \end{cases}$$

（2）模型的求解

编写求解程序求解．这个程序运行时间就比较长了，大概花费了笔者 3 个小时的时间．最终得最优的总路程长度为：4845m．最优路线为：2 - 5 - 3 - 4 - 27 - 26 - 25 - 18 - 22 - 17 - 16 - 15 - 13 - 10 - 9 - 8 - 7 - 2.

14. 4　命题思路及评阅要点

　　TSP 问题是数模培训中比较受欢迎的数学模型之一，经常会被拿来作为数学建模入门教程，所以在命题的时候经常会想到 TSP 问题. 这个题目的最终成型也是有很多机缘巧合：首先就是市场驱动，现实中我们确实是需要这个校园交通车了；其次，刚好得到了学校后勤集团公司的支持，提供了数据. 从多年的数模命题经验来看，数据问题是命题的软肋. 很多很好的问题，就是缺乏数据，从而最终没有形成题目. 但是，基于 TSP 问题的命题似乎可以规避掉数据问题，即使得不到实际的数据，我们也可以适当地"造"一些数据，从而达到培训、竞赛的一些目的.

　　这个问题总体并不是特别复杂，但是结果并不唯一. 因此，评分时不以结果为准，主要看数学模型的构建. 三个问题都应当给出明确的数学模型，仅靠程序出结果的竞赛作品应适当扣分.

参考文献

[1] 袁新生，邵大宏，郁时炼. LINGO 和 Excel 在数学建模中的应用[M]. 北京：科学出版社，2007.

[2] DAVID L APPLEGATE，ROBERT E BIXBY，VASEK CHVÁTAL，WILLIAM J COOK. The Traveling Salesman Problem：A Computational Study[M]. New Princeton University Press，2011.

竞赛效果评述

　　在命题的时候，感觉此题难度并不大. 然而，在竞赛过程中，发现选做该题的学生怨声一片，尤其是最后一问，结果计算不出来. 这也是 TSP 问题的一大特色，很多类似的问题表面看感觉难度不大、规模不大，但是真正开始计算，却发现计算量太大，以至于无法在短时间内求解. 当然，在另外一方面，也通过竞赛发现了一些实力强队. 如模型（14.2′）中 0-1 常量的引入及使用，体现出了非常精妙的创造性. 这些创造性不仅体现在模型的构建上，还体现在模型的求解上，这让我们在青年一代身上看到了希望.

第 15 章
人才吸引力评价模型研究

15.1 命题背景

21 世纪是科技与人才主导的世界，人才资源是最重要的战略资源之一．随着经济结构的调整和产业技术的升级，在这场对人才的竞争中，高学历人才、更具国际视野的海外归国人才以及高技能型的技术工人成为各个城市竞相争夺的主要目标群体．除了户口，一个城市的人文气息、营商环境、创业氛围、生活方式、教育水平等都是能否吸引人才留下来的重要因素．城市之间人才的竞争才刚刚开始，在可以预见的未来，这种竞争将愈演愈烈，那些在这场战役中获胜的城市将会在未来的发展中领先一步，成为未来中国的城市之星．在各地都加大人才争夺力度的背景下，各地方政府必须出台有效的人才引进政策以保证城市竞争力．比如，2018 年宁波市政府公布了新的市区户口迁移细则，以吸引更多优秀的高新企业和优秀的人才．

本题以 2018 年"深圳杯"数学建模挑战赛 A 题为基础，研究宁波市人才吸引力模型．通过本题，希望能建立相关数学模型来量化各城市对人才的吸引力，并以宁波市区以及国家高新区为例，获取相关数据，分析人才吸引水平，与其他城市比较说明当地人才吸引力的优势与不足．

15.2 题目

在各地都加大人才争夺力度的背景下，一个城市要保持其竞争活力和创新力，必须与时俱进调整相关人才吸引政策．2018 年宁波市政府公布了新的市区户口迁移实施细则（试行），以吸引更多优秀的高新企业和优秀人才．

吸引人才最关键的是符合人才的理想，满足人才的需求和愿望．对大多数人来说，首先关心的是"发展前景"：就业实体及其所在城市的前景，不光当前好，未来也不会很快衰落，毕竟人是要考虑"迁移成本"的；其次是收入（报酬或盈利），这方面有绝对（同行业）的和相对（同地域，平价购买力）的两种考量；再次是环境方面的因素：治安、交通、污染、教育、医疗、购物、等．目前，这方面定性讨论多，定量研究少；定量研究中单因素的多，综合考虑的少；静态考量多，动态（时变）考量少，考虑"不可比"条件的更少．"少"的原因主要是缺乏合适的"数学模型"，使得结论既缺乏说服力，也缺乏可验证性．

团队的任务如下，可以归结为解决三个问题：

问题一通过收集相关数据、建立数学模型，量化地评价宁波市的人才吸引力水平，并尝试就宁波"市区户口迁移实施细则（试行）"对人才吸引力水平的影响做出量化评价.

问题二针对具体人才类别，深入分析比较宁波市与其他同类城市（如杭州、苏州、武汉、西安、厦门等）在人才吸引力上的优势与不足，给出有效提升人才吸引力的可行方案.

问题三针对宁波市国家高新区的经济技术发展特点和相关人才政策，同时考虑人才在各个发展阶段的动态需求，量化地评价宁波市国家高新区人才吸引力水平.

15.3　模型建立解析

15.3.1　问题分析

问题一要求量化地评价宁波市的人才吸引力水平以及户口迁移对人才吸引力水平的影响. 首先基于科学性、可操作性、系统性等原则，将宁波市人才吸引力水平的评价量化为经济状况、基本设施、生活环境、就业等方面的指标，通过调查相关数据，对数据标准化处理后进行因子分析，然后依照提取的公因子对宁波市的人才吸引力水平进行综合评价打分，从而量化得到宁波市的人才吸引力水平值. 同时，根据户口迁移与所建立的指标的相关性所产生的影响调整指标的权重数据，进一步量化人才吸引力水平.

问题二针对具体人才类别，比较分析宁波市与其他同类城市在人才吸引力水平上的优势与不足. 首先，对于人才类别，根据宁波市人才规划纲要，将人才主要分为五大类：党政人才、企业经营管理人才、专业技术人才、高技能人才及社会工作人才. 同类城市中选取杭州、苏州、武汉、西安以及厦门为例进行分析，相关资料显示，这些城市的经济发展水平均高于全国经济发展平均水平. 显然，地区对人才的吸引力与该地区的经济发展水平成正比，且经济发展水平与全国平均水平差距越大，吸引力越大. 同时，当地对某类人才需求量越高，对人才的吸引力随之越高. 在此基础上，建立基于万有引力模型的人才吸引力评价模型.

问题三根据人才在各个发展阶段的动态需求，量化评价宁波市国家高新区人才吸引力水平. 人才在不同的发展阶段对社会资源的需求也是不同的. 据相关资料显示，人才的成长流程总体可分为引入期、成长期和成熟期，其相应的需求也可分为三个阶段：第一个阶段是初始阶段，此时人才对环境资源所需量较少，且需求增长缓慢；第二个阶段，人才对社会资源的需求处于快速上升阶段；而第三个阶段处于平稳阶段，此时人才对环境的需求趋于饱和值. 据此特征，尝试用 Logistic 方程拟合人才对环境所需的曲线. 搜集相关数据并进行拟合，对比得出宁波高新区对人才各发展阶段需求的满足程度，从而可量化评价宁波市国家高新区人才吸引力水平.

15.3.2　模型假设

（1）假设人才流向人才吸引力强的城市完全取决于理性分析，个人的情感因素、个人喜好不会影响人才的流动；

（2）类似于电荷之间的电场强度，把它叫作人才引力强度模型；

（3）假设人才的成长周期都会经历引入期、成长期与成熟期三个阶段，且人才能力在成长期阶段上升最快，在引入期和发展期趋于稳定.

15.3.3 符号说明

符号	说　　　明
f_i	影响宁波市人才吸引力水平的公因子
T	宁波市人才吸引力水平最终得分
X	指标变量矩阵
R	表示地区在特定时间内资源的供给量
μ	放大系数
a	表示人才所需社会环境资源的饱和值
$W(t)$	人才吸引力函数
D_i	第 i 个城市与国家平均生产总值的差
k_{ij}	表示第 i 个城市对第 j 类人才的需求指数

15.3.4 模型建立及求解

1. 问题一模型的建立与求解

（1）基于因子分析法的人才吸引力水平模型

城市人才吸引力水平是衡量一个城市聚集人才的能力，目前关于城市人才吸引力水平的研究可分为四类：人才吸引力评价，人才吸引力影响因素权重分析，人才吸引力提升策略及指标体系构建，人才吸引力与其他变量的相关分析. 研究方法多以构建指标体系的基础上运用层次分析、熵值法、模糊综合评价法等方法. 上述研究在人才吸引力的评价上都取得了进步，但一个城市的人才吸引力水平很难得到具体的量化，考虑到城市人才吸引力评价指标的选取受多方面的影响，现有的研究资料也表明地区人才吸引力的指标构建尚未得到完全统一，因此只能在上述研究的基础上，兼顾数据的准确性与可获得性，来评价城市对人才的吸引力水平.

（2）指标选取

城市人才吸引力水平是由多个因素决定的，测量人才吸引力水平需要将其划分为多个分指标. 本题需要考虑到评价指标的可操作性、全面性、客观性及可比性，将城市人才吸引力的评价量化为包括经济状况、城市设施、生活环境、卫生条件、就业等方面的 m（$m = 12$）个指标. 用变量 x_i（$i = 1, 2, \cdots, 12$）来表示这些指标，其中 x_1 表示生产总值（亿元）；x_2 表示固定资产投入；x_3 表示财政收入；x_4 表示城镇建设投入；x_5 表示减排量；x_6 表示卫生技术人员数量；x_7 表示人才引进数量；x_8 表示授权专利数；x_9 表示高新企业数；x_{10} 表示高校学生数量；x_{11} 表示教职工数；x_{12} 表示投保人数. 通过查找文献与相关网站，得到宁波市从 2009—2017 年上述 12 个人才吸引力水平指标的数据.

数据预处理：由于各项指标的数据的量纲不同，所以必须将这些指标的数进行无量纲处理，这样才便于指标之间进行相关性分析. 采取阈值法对数据进行无量纲化处理，公式为

$$\frac{X_i - X_{\min}}{X_{\max} - X_{\min}}.$$

（3）因子分析法

因子分析法是多元统计分析中一种重要的降维方法，它在应用于综合评价中有一定的优势：一是降维实现了较大的信息浓缩，从而大大降低了信息处理成本；二是因子旋转使其在

数学建模案例集锦

信息降维后生成的因子具有更合理的解释. 因此因子分析被广泛用于建立综合评价模型. 可用因子分析方法来评价城市对人才吸引力的研究.

假设 m 个指标为变量 x_1，x_2，$\cdots$，x_{12}，且每个变量的均值为 0，标准差为 1，则这 12 个变量能用 $n(n<m)$ 个因子 f_1，f_2，$\cdots$，f_n 的线性组合来表示，即

$$\begin{cases} x_1 = a_{11}f_1 + a_{12}f_2 + \cdots + a_{1n}f_n + \varepsilon_1, \\ x_2 = a_{21}f_1 + a_{22}f_2 + \cdots + a_{2n}f_n + \varepsilon_2, \\ \quad\quad\quad\quad\quad\vdots \\ x_m = a_{m1}f_1 + a_{m2}f_2 + \cdots + a_{mn}f_n + \varepsilon_m. \end{cases}$$

其中，a_{ij} $(i=1,2,\cdots,m; j=1,2,\cdots,n)$ 称为因子载荷；ε_i $(i=1,2,\cdots,m)$ 为特殊因子，表示公因子未解释的原变量部分.

以上模型也可以用矩阵的形式表达，即

$$X = AF.$$

其中，$X = (x_1,x_2,\cdots,x_m)^{\mathrm{T}}$ 为原变量，即各项指标；$F = (f_1,f_2,\cdots,f_m)^{\mathrm{T}}$ 为提取的因子；$A = (a_{ij})_{p \times q}$ 为因子载荷矩阵.

(4) 人才吸引力水平指数模型

1) 因子分析检验. 本题选用统计年鉴中 2016 年以前（包括 2016 年）的 12 个指标数据，利用 SPSS25.0 进行 KMO 检验和 Bartlett 球形检验，以测定样本是否适宜做因子分析. 由表 15.1 可知，KMO 的检验结果为 $0.602 > 0.500$，说明数据比较适合做因子分析；同时 Bartlett 球形检验的 P 值为 $0.000 < 0.050$，假设被拒绝，说明先关系数矩阵与单位矩阵有明显差异，也说明数据适合作因子分析.

表 15.1 KMO 和巴特利特检验

KMO 和巴特利特检验		
KMO 取样适切性量数		0.602
巴特利特球形度检验	近似卡方	258.49
	自由度	55
	显著性	0.000

2) 计算因子载荷矩阵. 根据因子分析原理，利用 SPSS25.0 对数据进行因子分析. 按照累计方差贡献率大于 85% 的原则提取主因子，可得到 3 个主因子；且第一、第二、第三因子的累计贡献率已经达到 96.592%，具有代表性，因此主成分因子分析过程应提取三个主分量为 F_1，F_2，F_3，得分矩阵如表 15.2 所示.

表 15.2 旋转得分矩阵表

因子变量	成分得分		
	F_1	F_2	F_3
X_1	0.864	0.482	0.104
X_2	0.904	0.37	0.187
X_3	0.9	0.405	0.142
X_4	0.944	0.304	0.013

（续）

因子变量	成分得分		
	F_1	F_2	F_3
X_5	0.927	0.342	0.095
X_6	0.167	0.225	0.957
X_7	0.509	0.792	0.099
X_8	0.25	0.889	0.28
X_9	0.826	0.5	0.212
X_{10}	0.926	0.166	0.18
X_{11}	0.927	0.204	0.269

3）根据主成分因子变量计算因子得分. 在统计学上，一般要通过方差极大法来实现矩阵旋转，以求选主因子能更准确反映实际含义. 从表 15.2 可以看出，主因子 F_1 在生产总值、财政收入、城镇建设投入、全社会固定资产投资等变量上有较大的载荷，可见 F_1 更多地是反映一个地区的经济实力；F_2 在投保人数、人才引进数和高校学生数等变量上有较大载荷；F_3 在城镇建设投入与减排量两个变量上有较大的载荷，可见 F_2，F_3 更多地反映了基础设施以及生活环境方面的信息. 经济实力、基础设施以及生活环境都是吸引人才的关键之处. 由此可得到各主成分在各个指标的权重关系，结果如表 15.3 所示.

表 15.3 因子变量得分表

因子变量	成分得分		
	F_1	F_2	F_3
X_1	0.065	0.035	0.114
X_2	0.164	−0.072	0.051
X_3	0.115	−0.033	0.11
X_4	0.125	−0.087	0.176
X_5	0.131	−0.068	0.119
X_6	0.078	−0.004	0.268
X_7	−0.044	0.557	−1.29
X_8	−0.218	0.096	1.549
X_9	0.102	0.006	0.135
X_{10}	0.303	−0.145	−0.478
X_{11}	0.188	−0.05	−0.334
X_{12}	−0.234	0.587	−0.435

根据相应的成分得分矩阵表，可以得到主因子的得分计算公式

第一个主因子

$$F_1 = 0.065X_1 + 0.164X_2 + 0.115X_3 + 0.125X_4 + 0.131X_5 + 0.078X_6 -$$
$$0.044X_7 - 0.218X_8 + 0.102X_9 + 0.303X_{10} + 0.188X_{11} - 0.234X_{12}$$

第二个因子

$$F_2 = 0.035X_1 - 0.072X_2 - 0.033X_3 - 0.087X_4 - 0.068X_5 - 0.004X_6 +$$
$$0.557X_7 + 0.096X_8 + 0.006X_9 - 0.145X_{10} - 0.05X_{11} + 0.587X_{12}$$

第三个因子

$$F_3 = 0.114X_1 + 0.051X_2 + 0.11X_3 + 0.176X_4 + 0.119X_5 + 0.268X_6 - 1.29X_7 + 1.549X_8 + 0.135X_9 - 0.478X_{10} - 0.334X_{11} - 0.435X_{12}$$

4）计算宁波市人才吸引力水平指数. 将 3 个主因子得到的总分计为宁波市的人才吸引力指数评分. 为了使得分更易展现为宁波市的人才吸引力水平等级，可利用得分后的均值作为评价标准，将城市人才吸引力水平指数量化为 0 到 1 的数，其相对大小值，按照低、较低、中、较高、高划分为 5 个等级，进而判定出宁波市的人才吸引力水平指数等级. 进而得到城市的吸引力水平指数的计算公式为

$$T = \frac{\sum_{i=1}^{n} F_i}{n}.$$

其中，T 表示宁波人才吸引力的最终得分. 利用 SPSS 将各成分对应下所有变量系数和作为各因子得分，得

$$F_1 = 0.7750, \quad F_2 = 0.8220, \quad F_3 = -0.0150.$$

代入数据可知，宁波市人才吸引力最终得分为 $T = 0.5273$，表明 2016 年时宁波市的人才吸引力水平为中等.

（5）户口迁移条件下的人才吸引力水平指数模型

实际上，宁波市市区户口迁移政策的出台，会对当地人才吸引力水平将会产生一定的影响，假设在短时间内迁移户口政策的出台并不会影响指标数据，因此，引入激励因子 γ，体现户口迁移政策对人才吸引力水平的影响程度，改进后的人才吸引力水平指数模型为

$$T = \frac{\gamma \sum_{i=1}^{n} F_i}{n}.$$

在同一外在因素的影响下，假定激励因子 γ 基本保持不变，更新 2017 年得分系数矩阵，如表 15.4 所示.

表 15.4 2017 年得分的系数矩阵

因子变量	得分		
	F_1	F_2	F_3
X_1	0.092	0.069	-0.129
X_2	0.138	-0.042	0.006
X_3	0.125	-0.021	0.017
X_4	0.173	-0.037	-0.323
X_5	0.157	-0.02	-0.256
X_6	0.078	0.037	0.127
X_7	-0.073	0.404	-0.516
X_8	-0.202	0.116	1.748
X_9	0.082	0.053	0.02
X_{10}	0.19	-0.274	0.56
X_{11}	0.195	-0.111	-0.177
X_{12}	-0.175	0.618	-0.87

计算得

$$F'_1 = 0.7800, \quad F'_2 = 0.7920, \quad F'_3 = 0.2070.$$

2017 年宁波市人才吸引力实际最终得分为 $T' = 0.5930$，等级为中等偏高型.

因此激励因子 $\gamma = \dfrac{T_i}{T} = 1.1246$（大于 1），表明宁波市市区户口迁移政策的出台对当地人才的引进具有一定的促进作用.

2. 问题二模型的建立和求解

（1）基于万有引力模型的人才引力模型　根据宁波市人才规划纲要，将人才主要分为五大类党政人才、企业人才、专业技术人才、高端人才及社会工作人才. 各类人才向各城市流动方向如图 15.1 所示. 选取其中一个城市，对各类人才向该城市流动情况做具体分析，以宁波市为例，流动情况如图 15.2 所示.

图 15.2 表明一个城市的人才有引进和流失两种可能性，其中箭头的方向表示人才流动方向，箭头指向宁波市，表明人才引进，箭头向外则表明人才流失. 同时，箭头的粗细表明该城市对人才的吸引力大小，箭头越粗，吸引力越大. 在图示基础上，认为各类人才向城市的流动可形象类比万有引力模型，即城市与人才之间也存在着一种特殊的相互吸引力，这种引力的大小与该城市的综合实力以及对人才的需求量等因素有关. 城市对人才的吸引力越大，人才更倾向于向该城市流动，由此，建立基于万有引力模型的人才引力模型.

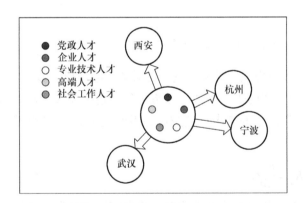

图 15.1　各城市各类人才流动关系

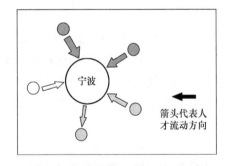

图 15.2　各类人才向宁波市的流动情况

（2）模型建立　引力模型起源于物理中的万有引力定律，它是反映物质相互影响的基本规律的三大自然科学基础之一，是非常科学和普遍的. 它也适用于城市对人才吸引现象的解释. 城市对人才的吸引力，简称人才吸引. 这种力量不是虚构的，而是一种与引力强度相似的具有抽象意义的引力. 牛顿万有引力定律如下：

$$F = \frac{GMm}{R^2}.$$

F 为两物体间的引力，G 为常数，M，m 分别对应物体的质量，R 为物体间的距离. 总的来说，引力模型有三个主要变量，即 M，m，R. 对于本题，需要考虑的是，与万有引力公式比较，城市对人才的引力模型的三个变量分别代表哪些合理的参数. 由于人类的复杂性和社会性，引力的三大要素很难进行定量调查，但运用普遍引力定律的定性和定量方法，可以对城市对人才的竞争力进行综合研究. 在众多城市当中每个城市只有提高自己在人才当中的竞争力，才有更多的人才选择在这个城市发展，进而说明城市对人才有较高的吸引力. 从这个角度讲，认为城市的综合实力越高，其竞争力越大，对人才的吸引力也就越大；城市对某类人才的需求指数越高，人才在该城市发展中实现自我价值的可能性就越大，因此对于人才来讲，城市的吸引力也就越大；另外，对于城市来讲，城市与国家整体的平均生产总值的差异越大，城市的吸引力也越大. 对于宁波、杭州、武汉的等城市，它们的生产总值是高于平均水平的，差异越大即表明其生产总值越高，竞争力越强，从而对人才的吸引力也就越大.

综合以上分析，可建立基于牛顿万有引力的人才引力模型：

$$F_{ij} = \frac{K_{ij}T_iP_j}{R_i^2}, \quad i = 1, 2, \cdots, 4; \quad j = 1, 2, \cdots, 5$$

其中，F_{ij} 为第 i 个城市对第 j 类人才的吸引力，K_{ij} 为第 i 个城市对第 j 类人才的需求指数，T_i 为城市的人才吸引力水平指数，P_j 为人才的自身能力，R_i 为"距离". 令

$$R_i = \frac{1}{D_i}$$

其中 D_i 为第 i 个城市与国家平均生产总值的差.

为了简化模型并考虑到本题是求城市对人才的吸引力，将城市作为主体，人才作为客体，城市的"重量"远远大于人才的"重量"，根据万有引力模型，此时人才可看作质点，于是得到改进后的人才引力模型：

$$F_{ij} = \frac{K_{ij}T_i}{R_i^2} \quad i = 1, 2, \cdots, 4; \quad j = 1, 2, \cdots, 5.$$

类似于电荷之间的电场强度，称之为人才引力强度模型，进而可对各系数进行求解.

（3）对人才需求指数 K_{ij} 的求解　城市对人才的需求指数为城市每年引进人才数量对时间的导数，导数越大、斜率越大反映城市对某类人才的需求程度越高，设时间为 t，第 i 个城市在某一年引进第 j 类人才数量为 S_{ij}，则：

$$K_{ij} = \frac{\mathrm{d}S_{ij}}{\mathrm{d}t}.$$

以宁波市为例，搜集宁波市 2009～2017 年各类人才引进数据，绘出宁波市各类人才的引进量随时间的关系如图 15.3 所示. 宁波市的社会工作人才在 2009～2011 年内的引进人数为负值，说明宁波市这类人才表现为流失状态，即人才有引进与流失两种情况，与假设相符，验证了模型的合理性. 同时，随着时间的增长，每类人才的引进数量变化率都是有所不同的，整体来看宁波市在近几年的引进人才量处于上升的状态表现良好. 为了较为准确地计算出宁波市对各类人才的需求指数，需要对数据进行拟合，能够整体反映宁波市在某一年的需求趋势性，通过拟合后的函数再进行需求指数的求解. 选取高端人才引进数量为例，可以看出高端人才的引进量增长较为平稳，结果如图 15.4 所示. 拟合度为 0.98，拟合结果较好，由此求解得出高端人才在 2017 年的需求指数.

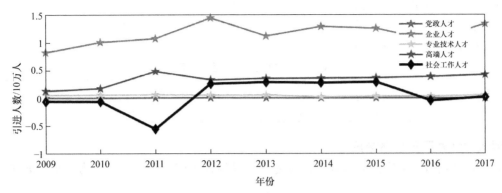

图 15.3　宁波市 2009 ~ 2017 年各类人才引进数据

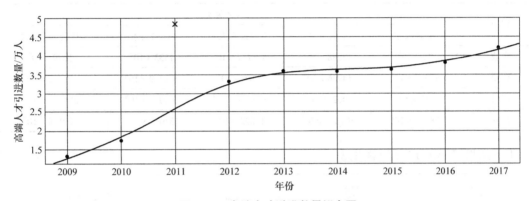

图 15.4　高端人才引进数量拟合图

同理, 也可求出其他各类城市的各类人才需求指数. 最终求得的需求指数表, 如表 15.5 所示.

表 15.5　2017 年各城市对各类人才的需求指数表

城市	人才种类				
	党政人才	企业人才	专业技术人才	高端人才	社会工作人才
宁波	-24	30328	1200	3500	8396
杭州	-318	3409	18859	-8497	3396
武汉	-347	2264	8800	4658	13118
西安	1791	11455	31570	3060	5231

(4) 对于城市人才吸引力水平指数的求解

根据问题一的模型可以得到:

$$T_i = \sum_{i=1}^{n} a_i X_i = \gamma \frac{\sum_{i=1}^{n} F_i}{m}, \ n = 1,2,\cdots; m = 1,2,\cdots$$

其中, a_i 为各个人才引力指标的权重, γ 为激励因子, F_i 为主因子.

对于 "距离" R_i 的求解

$$R^2 = \frac{1}{D_i^2} = \frac{1}{(G_i - Q)^2}$$

其中 G_i 为第 i 个城市的生产总值，Q 为我国城市平均生产总值，以 2017 为例，全国 GDP 为 827122 亿元，且包含 661 个城市，故 $Q = 827122$ 亿元/661 = 1251.31 亿元. 得到各个城市的"距离" R^2 值，如表 15.6 所示.

表 15.6 各个城市"距离"表

项目	宁波	杭州	武汉	西安
R^2	0.1353×10^{-7}	0.0749×10^{-7}	0.0671×10^{-7}	0.2587×10^{-7}

对人才引力强度 F_{ij} 的求解

在上述各指数求解得出的基础上，最终可以得到各城市各类人才吸引力大小，如表 15.7 所示.

表 15.7 各城市各类人才吸引力大小

城市	人才种类				
	党政人才	企业人才	专业技术人才	高端人才	社会工作人才
宁波	11×10^8	13288×10^8	5257.7×10^8	1533×10^8	3679×10^8
杭州	139.3×10^8	14936×10^8	8269×10^8	3722.9×10^8	1750.8×10^8
武汉	152×10^8	992×10^8	3855.7×10^8	2040.9×10^8	5747.6×10^8
西安	784.7×10^8	5018.9×10^8	13832×10^8	1340.7×10^8	2291.8×10^8

上表结果可用图 15.5 可视化表示.

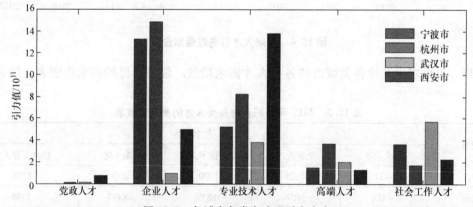

图 15.5 各城市各类人才吸引力大小

图 15.5 表明宁波市在企业人才吸引力上有着绝对优势，而在专业技术人才和高端人才的吸引力度上却与杭州市相距甚远，且在社会工作人才吸引力上也与武汉市有较大差距.

联系实际背景，宁波市有着浓厚的创新创业氛围，在此诞生的企业数也多，对企业人才的需求量相应也大，对企业人才的吸引力较高；而作为国家级经济技术开发区的杭州，其对高新技术人才的需求量较大，因此对高端技术人才的吸引力较高. 基于以上分析，可以认定结果的可靠性. 因此，宁波市要想全面提高各类人才的吸引力，应该更新发展理念，加快经济发展方式的转变，从而谋求经济更快更好更稳地发展，以此提高对人才的吸引力.

另一方面，对于社会工作人员，宁波市可以加大福利保障，以此调节社会需求，推动经济发展；而对于高端人才和专业技术人才，宁波市应增加科技资金投入，以此拉大对此类人才的内需，最终达到对高端人才和专业技术人才的吸引力.

3. 问题三的求解：基于 Logistic 函数的宁波高新区人才吸引力评价模型

（1）人才需求微分方程　由于人才在不同发展阶段对社会资源的需求不同，根据需求的增长特征建立相关微分方程：

$$\frac{\mathrm{d}x}{\mathrm{d}t} = kx(a-x)$$

其中，$x(t)$ 表示人才在各个阶段对环境资源的需求量；k 表示比例系数；a 表示人才所需社会环境资源的饱和值. 其通解为

$$x(t) = \frac{aAe^{bt}}{Ae^{bt}+1} = \frac{a}{1+Be^{-bt}}$$

其中，$B = \frac{1}{A} = \mathrm{e}^{-x}$，且 B 和 b 的为正常数.

（2）高新区供给能力函数关系　对于一个地区所能给予的环境资源总量，用线性函数简化供给关系，即

$$R = \rho t + \beta_0$$

其中，R 表示地区在特定时间内资源的供给量；t 表示时间；ρ 和 β_0 表示相关系数. 此处环境不是自然环境，而是针对高新区人才所需的环境资源. 显然，对于高新区人才来说，他们所需的资源主要是相关科研资金的投入，故资金投入可作为高新区环境资源供给能力的主要指标. 用历年高新区的科技投资数据作为高新区的环境资源数据，所得结果如表 15.8 所示.

表 15.8　历年高新区的科技投资数据

年份	2007	2008	2009	2010	2011	2012	2013	2014	2015	2016	2017
投入/亿元	36.68	62.73	76.4	90.3	110.7	135.6	153.5	171.8	197.6	221.2	241.8

将表 15.8 数据进行拟合，拟合结果如图 15.6 所示.

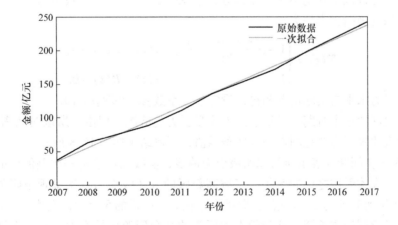

图 15.6　投资金额随年份变化图

拟合结果显示，一次函数的拟合效果较好，表明所得的结果与假设吻合程度较高. 最终得到 $\rho = 20.26$，$\beta_0 = -40627$.

（3）高新区人才吸引力水平的量化评价　从人才的成长过程可知，人才可分为引入期、

成长期和成熟期三个发展阶段. 一般来说, 人才从引入期到成熟期需要 15 年左右的时间, 据此研究高新区自 2012~2027 年人才的环境资源需求量与社会供给量的供求关系.

对于 2017~2027 年社会投资金额变化情况, 根据人才需求微分方程进行预测. 预测结果如表 15.9 所示:

表 15.9　2017~2027 年社会投资金额变化情况

年份	2017	2018	2019	2020	2021	2022	2023	2024	2025	2026	2027
投入/亿元	237.4	257.6	277.9	298.2	318.5	338.7	358.9	379.2	399.5	419.6	440

又由上述分析可知, 人才对环境资源的需求最终会趋于饱和值, 也就说到 2027 年, 资源供求平衡, 解得参数 $a = 440$, $B = 10.996$, $b = 0.4$. 据此, 可以得到社会环境资源供给曲线与人才需求曲线, 如图 15.7 所示.

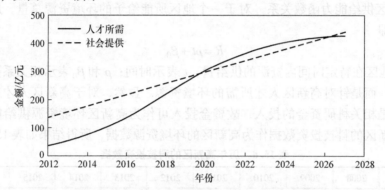

图 15.7　社会环境资源供给与人才需求曲线对比图

显然, 在人才发展的引入期阶段, 社会环境资源的供给量能满足人才的需求量, 此时, 该地对人才具有较高的吸引力, 然而随着人才的不断发展, 社会环境资源逐渐难以满足人才的需求量, 也就是说该地环境不再利于人才的发展, 因此对人才的吸引力下降. 基于上述两点分析, 定义该地吸引力水平为

$$W(t) = \begin{cases} 1 - \mu \dfrac{x(t) - R(t)}{R(t)} & , x(t) - R(t) > 0, \\ 1 & , x(t) - R(t) \leqslant 0. \end{cases}$$

为了使吸引力水平与实际情况相符, 设定放大系数 μ, 并取 $\mu = 10$.

针对人才发展的三个时期, 可以绘出人才吸引力趋势图. 但由于所取时间离散程度较大, 需要对所得的人才吸引力变化图做一次样条插值, 所得结果如图 15.8 所示.

在图 15.8 中, 间断线表示所得原始吸引力曲线, 实线表示经过一次差值后的人才吸引力曲线. 显然, 在人才引进之后的 5 年, 宁波高新区的人才吸引力首次呈现下降的趋势, 并在引进人才的 10 年到 11 年达到最低值, 原因在于在人才引进的 5 年后, 人才会出现一个快速成长阶段, 也就是所谓的成长期, 该阶段人才所需的社会资源数量大大提升, 而社会所能给予的资源难以满足需求, 即可认为人才环境变得恶劣, 吸引力下降.

而在人才引进的 11 年到 15 年, 人才的成长趋于成熟, 即所谓的成熟期, 此时人才对环境的需求量趋于稳定, 那么环境对于人才就显得相对友好, 吸引力逐渐回升. 因此只要在人才需求环境恶劣的时期给予人才更多的政策支持, 人才就不会外流, 即可实现人才的长期引

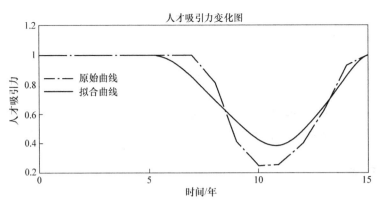

图 15.8　地区人才吸引力变化图

进. 对高新区未来的发展有更好地促进作用.

15.3.5　模型的灵敏度分析

　　在问题一中，引入了激励因子这一参数，在假设人才吸引力水平指标的数据在短时间不会发生变化，从而以 2017 的实际数据计算出激励因子. 但实际上的计算出的激励因子大小是会随着时间的改变而改变的，对于这样需要变动的数据，需要对其进行灵敏度分析来观察当激励因子数值不同时对模型的影响从而观察模型是否可靠. 可直接绘出不同的激励因子与结果的函数图像，如图 15.9 所示.

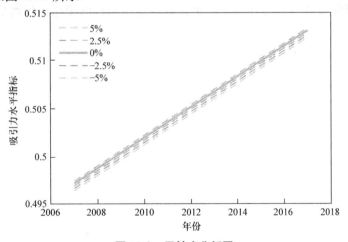

图 15.9　灵敏度分析图

　　由于人才吸引力函数是线性函数且随激励因子增加而增加，当激励因子增加小于 5% 时，是明显低于原函数模型的值，说明此时的数据出现了明显波动，对激励因子的反映的灵敏度较高，从而函数在正向波动 5% 以上时以及负向波动时不灵敏.

参考文献

［1］姜启源，谢金星，叶俊. 数学模型［M］. 3 版. 北京：高等教育出版社，2003.

［2］卓金武. MATLAB 在数学建模中的应用［M］. 北京：北京航空航天大学出版社，2010.

［3］李涛. 基于因子分析法的广西城市人才吸引力研究［J］. 广西：通化师范学院学报，2014. 7.

［4］FANG. Research on Human Capital and Talent Gravitation Model of Industrial Cluster［J］. Computer Sciences and Convergence InformationTechnology，2009.

［5］高子平. 基于层次分析法的上海市人才吸引力研究［J］. 上海：华东经济管理，2012. 2.

［6］宁波市人民政府办公厅关于印发宁波市区户口迁移实施细则（试行）的通知甬政办发〔2018〕16 号）：http：//gtog. ningbo. gov. cn/art/2018/3/6/art 1773 892706. html

［7］宁波市政府信息公开系统网站：http：//zfxx. ningbo. gov. cn/

［8］宁波市人力资源和社会保障局网站：http：//www. nbhrss. gov. cn/

［9］宁波市国家高新区人力资源和社会保障局网站 http：//www. nbhtz. gov. cn/col/col82126/

竞赛效果评述

该解析中，第一个模型主要运用了因子分析法，考虑了影响城市吸引力的多方面因素，并对主要因素和次要因素进行了区分，该模型具有在众多影响因素中快速区分主要因素的能力，模型的操作性较好. 第二个模型用万有引力公式衡量一个城市的吸引力，方法新颖且便于推广，可以灵活应用于其他与引力相关的行业之中. 第三个模型从 Logistic Equation 入手，分析了高新区人才的需求变化以及社会环境资源供给随时间的变化，为解决此类问题提供了新的思路.

该题比较开放，需要学生找数据，可以考察学生数据获取和挖掘能力. 大部分队伍用到了回归分析、主成分分析、因子分析、聚类分析等传统的统计分析方法，还有层次分析法、熵权法等综合指标分析方法，展现了一定的统计素养，答卷效果良好，共评了五个一等奖. 当然，也有不少低年级队伍，统计知识不足，难以建立明确的模型，仅简单罗列图表，还需提高建模素养.

第 **16** 章
期末考场的自动化安排

16.1 命题背景

16.1.1 问题的现实背景

如何合理排考以及排课很久以来都是高等院校教学管理实践中亟待解决的问题，也一直深受研究者的热爱. 同时，该问题也是摆在学生面前非常现实的问题. 因此，选择这样的问题作为数学建模赛题能够在一定程度上激发学生的兴趣.

从目前我国高校的发展情况来看，过去的情况与现今的情况大不相同. 过去，学校规模小，学生少、课少，利用人力仍然可以完成复杂的考试编排（甚至于课程编排）；另一方面，过去计算机的计算能力差，无法高速地完成超级复杂的任务，这就造成利用计算机辅助安排考试的结果不尽如人意，仍然需要人力的介入、调整，纯人工的排考与计算机辅助排考相差不大. 而现如今，学校规模日益增加，学生数激增，课程数也随之倍增，学生选课的复杂性增加，而考试安排对避免冲突的要求又异常之高，这些原因造成排考的复杂性也大大增加，纯粹用人力排考着实吃力；另一方面，计算机的性能较以前有大幅提升，可以在短时间内完成非常复杂的运算，这使得利用计算机给出一个令人满意的考试安排结果成为可能.

从目前我国高校信息化建设的现状来看，有相当多的高校都是采取社会化采购的形式来建设自己的校园管理、教学管理系统. 当然，并不是说社会化行为不好，事实上，随着社会的进步，细化社会分工、学校（乃至政府）采购社会化产品应当是非常值得推崇的行为. 然而，我们不得不注意到一个现实问题，即我国企业拥有的核心技术人才欠缺，现有的核心技术又有深度不够的问题，极度缺乏数学力量的支撑. 我们目前面临的排考、排课问题是一个极其复杂的问题，如果不借助于数学模型的力量，很难得到令人满意的结果. 从实际产品来看，大部分产品（如果有自动排考、排课功能）都是缺乏数学模型的支撑，其算法基本上是基于贪婪策略的局部寻优算法，所得结果难以达到实际的使用要求.

综上所述，目前硬件能力可以满足自动化的要求，应用层面急需优秀的软件来解放人力工作，社会层面也确实缺少这样的软件. 因此，在这样的历史时期下，安排这样一个考试安排自动化的数学建模题目可谓是恰到好处，学生既可以得到数学建模的训练，又可以接触实际问题，同时（如果学生做得好）还可以帮助学校解决实际的应用需求，可谓是一举多得. 事实上，本题正是由笔者所在学校的教务处提出，并希望数模组加以解决的一个真实的问题.

16.1.2 问题的理论背景

该问题大体上属于优化问题. 从数学建模培训的角度来看，优化问题是比较容易作为入门教程传授给学生的，因为优化问题（尤其是线性优化）需要的数学基础非常的少，学生可以在短时间内学会，求解对编程能力要求不高，有很多优秀的软件可以协助学生快速撰写代码并完美求解．因此，我们在数学建模校级竞赛中比较喜欢放一道"简单"的优化问题．

经过简单的分析，可以发现本题与"指派问题"非常类似．而指派问题是经典的优化问题，在很多教材中都有介绍，读者可以参考文献［1］和文献［2］．基于经典优化模型来命题，也是本题的命题思路之一．为了后文讨论方便，这里简单描述一下指派问题及其数学模型的建立．

现在考虑一个简单的指派问题：假设有 n 份工作需要分配给 n 个员工去完成，每个人完成各工作的效用不同，希望能够找出一个最优的工作分配方案（见图 16.1）．

为了更好地解决这样一个现实问题，还需要进一步的抽象，以便用数学的语言将其表达出来，从而得以更方便地求解．

首先，要把"效用"一词更加明确化．不妨考虑用某个员工完成某项工作的时间来衡量该员工完成该工作的效用．这里进一步假设每个员工都能够完成每项工作，且对应的完成时间已知．为了后面建立模型的方便，这里用符号 w_{ij} 表示员工 i 完成工作 j 所需的时间．

其次，要把"最优"一词更加明确化．在实际问题中，按工作时间支付劳动报酬是一种常见的报酬支付办法．前面已经用劳动时间来衡量工

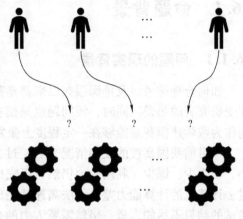

图 16.1　工作匹配示意图

作完成的效用，那么在仅考虑老板的支付成本的前提下，这个"最优"就可以理解为总支付成本最低．更进一步，总支付成本最低等价于总工作时间最少．

通过上述分析，我们就可以着手建立指派模型了．优化问题建模的基本步骤可拆分为经典的"三部曲"：第一步、确定决策变量；第二步、构造目标函数；第三步、写出约束条件．下面就按照这三个步骤来建立指派问题模型．

1）确定决策变量．

由于指派问题是决定选择哪个员工去完成哪个工作的问题，即要考虑是否分配员工 i 去完成工作 j．这类需要回答"是否"的问题，用 0-1 变量来解决是常见的思路．为此，引入 0-1 变量 x_{ij} 来表示员工 i 是否被分配到工作 j．即：

$$x_{ij} = \begin{cases} 1, & \text{员工 } i \text{ 被分配到工作 } j, \\ 0, & \text{员工 } i \text{ 不被分配到工作 } j. \end{cases}$$

2）构造目标函数．

前文已经分析到该问题的最优目标就是总工作时间最少．这里可以有效利用 x_{ij} 的 0-1 特性来计算总的工作时间．即：x_{ij} 等于 1 时，则对应的工作时间 w_{ij} 应当计算进去，x_{ij} 等于 0 时，则对应的工作时间 w_{ij} 不计入总工作时间．因此，目标函数可表达为：

$$\min z = \sum_{i,j=1}^{n} w_{ij} x_{ij}.$$

3）确定约束条件．

显然，决策变量x_{ij}的取值不是随意的，需要满足一定的约束.

约束一：每个员工只能被分配到一个工作. 仍然利用x_{ij}的0-1特性，该约束可表达为：

$$\sum_{j=1}^{n} x_{ij} = 1, \quad i = 1, \cdots, n.$$

上式表明，固定i时，从x_{i1}一直加到x_{in}恰好等于1，这说明x_{i1}到x_{in}这n个数中只有一个为1，其余的都为零. 这正是"每个员工只能被分配到一个工作"的意思.

约束二：每个工作只能由一个员工来完成. 类似于上面的约束，该约束可写为：

$$\sum_{i=1}^{n} x_{ij} = 1, \quad j = 1, \cdots, n.$$

综合上述公式，指派问题模型的完整表达式如下：

$$\min z = \sum_{i,j=1}^{n} w_{ij} x_{ij}$$

$$\text{s. t.} \begin{cases} \sum_{j=1}^{n} x_{ij} = 1, & i = 1, \cdots, n, \\ \sum_{i=1}^{n} x_{ij} = 1, & j = 1, \cdots, n, \\ x_{ij} \in \{0,1\}, & i,j = 1, \cdots, n. \end{cases}$$

至此，指派问题模型建立完毕. 该模型的求解可以借助专门的优化问题求解软件.

16.2　题目

大学课程安排、期末考试安排（后文简称"排考"）这两个问题一直都是大学教务管理的难题. 近年来，随着我校办学规模的扩大、课程数量的增多，有限的教学资源更是加大了"排课"、"排考"的难度. 目前我校的课程安排与期末考试安排还几乎都是人力劳动，自动化程度较低. 如果能够自动化排课、排考，将会大大降低教学管理的人力成本.

从目前我校的管理实践来看，课程安排需要考虑的人为因素过于繁多，现有的技术水平恐怕难于实现自动化；而影响期末考试安排的人为因素相对较少，实现自动化的可能性大一些. 因此，这里仅讨论"排考"的自动化问题.

天工讲堂小程序中提供了"排考"所需的原始数据（已做脱敏处理），包括《学生选课名单》（附件1）和《可用教室考位数》（附件2）. 对附件1中的数据做说明如下：对于教学内容相同、考试内容相同的，我们视为同一门课程，附件1中以"课号"来区别不同的课程，相同的课程则"课号"相同；有时，同一门课程（如大学英语）会有非常多的人选修，一个教室容纳不下，这就需要开设多个"平行班"，班级不同但学习内容相同的其"课号"相同，不同的"平行班"在附件1中用"组号"加以区别. 我校"排考"的基本规则包括：第一，在现有的教室资源的限制下，不可能一天内完成所有的考试，因此可以采取多安排考试场次的方法来解决，目前我校每天可安排上午、下午、晚上三场，共有10天可以安排考试；第二，同"课号"的课程应当排在同一场次进行考试；第三，一个学生同时在修的不同课程不可以安排在同一时间考试，这种多门课程有共同学生在修的情况在"排考"过程中我们称之为"冲突".

请同学们根据以上信息及数据，完成下列问题：

问题一：根据附件 1 统计每门课程的选课人数以及"冲突"情况，并在论文中列出冲突发生较多的课程.

问题二：假设考生可以随机安排在任何一个可用的教室内，不要求同班级的考生在同一个教室，即只考虑总考位数是否能够满足总考生数的情形，问：在附件 2 给定的教室范围内，安排 20 场次能否完成所有的考试需求？更进一步，最少需要多少场次？具体列出每个场次需安排考生多少人次.

问题三：只考虑总考位数和总考生数来安排考试，很可能考生会随机地分布在各个考场，一个考场内会有考不同科目的学生，考同一科目的考生会分布在不同的考场，这样会对考试管理造成极大的麻烦，从而增加考务成本. 为解决这样的麻烦，我们需要使得考同一科目的考生尽量集中在一个考场内，考虑到"平行班"的问题，应当做到同一"平行班"的考生尽量在同一考场内（除非一个"平行班"的考生太多，一个考场安排不下）. 当然，对于选课人数过少的班级，也可以考虑与其他班级共享一个考场. 在这样的要求下，20 场次能否完成所有考试需求？

问题四：注意到我校现在有 3 个距离较远的校区，附件 1 中的"校区"一栏里的"0"表示本部校区，"1"表示植物园校区，"2"表示梅山校区. 如果要求所有课程必须在规定校区内安排考试，那么 20 场次是否仍然能够达到要求？

问题五：提出若干衡量考试安排优劣的指标，优化前面的模型，能否给出更加"令人满意"的期末考试安排方案？

附件 1　学生选课表（部分数据，完整表格见天工讲堂二维码小程序）

学号	课号	组号	课名	校区
7090	060Y30A	4	大学英语五	0
7158	060Y30A	4	大学英语五	0
7370	060Y30A	4	大学英语五	0
7374	060Y30A	4	大学英语五	0
8006	060Y30A	4	大学英语五	0

附件 2　教室考位表（部分数据，完整表格见二维码小程序）

教室名称	考位数
1 - 201	71
1 - 220	22
1 - 401（公共听力五）	46
1 - 407（公共听力六）	46

16.3　模型建立解析

16.3.1　问题分析

无论是排课问题还是排考问题，都是高校教务管理面临的大难题. 据了解，大部分高校的课程安排和考试安排还是由人工来完成. 然而，随着办学规模的逐步扩大，排课、排考的工作量越来越大，因此对这项工作的自动化需求越来越强烈. 但是，排课、排考问题的复杂性也是众所周知的，学校规模的扩大更提高了其复杂性，从而增加了实现自动化的难度，自动化排课、排考的程序实现变得越发不可能. 这是一个非常大的矛盾. 本题的提出正是希望找到一定的解决方案，把问题做适当的简化，使得在一定程度上实现排课、排考的自动化. 另一方面，由于本题用于校内竞赛，为了能够适应大部分学生，也不允许题目的难度过高，即需要对问题进行适当的简化. 为此，题目避开过于复杂的排课问题，选择了相对简单的期末考试安排问题展开讨论. 同时，题目给出的 5 个问题就是出于简化问题的考虑而逐步提出的.

对于问题一，要求解决两个小问题：每门课程的选课人数和"冲突情况". 选课人数似乎比较容易统计，只要对题目给出数据进行统计就可以了. 但是也要注意细节问题，因为题目中提到了一门课程开设多个平行班的情形，那么这里要求统计的人数是一门大的课程人数还是平行班的人数呢？这个问题在后续建模过程中会得到细化. 而关于"冲突"，这是负责排考的工作人员在工作过程中使用的一个不太严格的名词，为了学生能够更好地理解实际排考工作，这里特意为"冲突"下了一个不太严格的"定义"，并要求对这种多门课程具有相同的修读学生的情形进行统计. 由于题目对"冲突"下的定义不是十分严格，所以这里可以由学生按照自己的理解自由发挥，不严格强调结果. 当然，对"冲突"的好的理解对后续任务的完成大有帮助.

对于问题二，为方便求解，对实际问题做了极大的简化. 这里只需考虑每一场考试都考哪些科目，安排多少人考试. 具体哪个人安排在哪个考场并不是很重要，只要能够满足总考位数大于等于考试人数就可以了，具体的考生和考位的对应关系完全可以随机安排. 因此，这个问题与指派问题很相似，需要解决的就是考试科目和考试场次的指派问题. 当然，在指派问题的基础上，再加上一个考位数限制就可以了. 更进一步，要求场次最少，则该问题成为一个优化问题.

对于问题三，显然是在问题二的基础上安排考位，这样更加符合实际工作场景. 问题二是完全随机地安排考生，这样不便于管理. 最好的情况是同一个班级的学生在同一个考场考试，但是对于班级人数过多的，也可以考虑拆成两个班或者三个班. 这个问题完全可以在问题二的基础上添加约束条件来完成. 另外，为了简化问题，此问题先解决 20 场次能否安排下的问题，至于几个场次最优，则暂时不做要求.

对于问题四，在问题三的基础上添加校区限制即可.

对于问题五，更加完整的解决问题，试图将问题向着实际进一步推进. 这一问没有明确的要求，需要学生根据实际情况提炼出问题，并进行求解. 这一问是考察学生观察生活、理解生活的能力，训练学生从实践中发现问题、提炼问题的能力.

16.3.2 模型建立及求解

1. 问题一模型建立及求解

这一问的主要目的是为了简化问题，为初学者引路. 本问要解决的主要内容就是统计数据，并没有特别的数学模型，所以这里不详细说明其模型的建立与求解，只给出结果.

首先，关于人数的统计，需要两种统计都做，一种统计各个课程的选修人数，一种统计各个平行班的人数. 统计所得部分数据见表 16.1 和表 16.2，完整统计结果见天工讲堂二维码小程序.

表 16.1　各课程选课人数统计表（部分）

课号	人数
011R01C	499
011R03A	260
011R03B	220
011R04A	72
⋮	⋮

表 16.2　各平行班人数统计表（部分）

课号	组号	人数
011R01C	1	61
011R01C	2	54
011R01C	3	55
011R01C	4	50
⋮	⋮	⋮

其次，关于"冲突"的统计，事实上并不是特别重要，这里只是希望学生通过这个问题更好地理解"冲突"，以方便后面问题的建模及求解. 对于后面问题求解比较有帮助的其实就是两门课之间是**有冲突**，还是**没有冲突**. 任意两门课程 i、j 之间是否有冲突，可以考虑用一个 0-1 变量来表示. 据统计，这里共有 519 门课程，若把所有课程两两间是否有冲突都记录下来，需要 519^2 个 0-1 变量，这需要消耗大量的存储空间. 事实上只记录下有冲突的课程就可以了. 一种有效减少存储量的方法见表 16.3（这里仅列出部分统计数据，全部数据见天工讲堂二维码小程序），这种思想来源于**稀疏矩阵**，相关的理论大家可以参考文献 [3].

表 16.3　有"冲突"的课程组列表

课程 1	课程 2
011R01C	011R03A
011R01C	011R03B
011R01C	011R08A
011R01C	011R16A
011R01C	011R26A
011R01C	012A04E
⋮	⋮

2. 问题二模型建立及求解

这一问已经把问题做了很大的简化，不考虑一个班级的同学是否安排在一个考场，也不考虑一个考场是否用一种试卷. 这就使得具体哪个学生（或者哪一门课程、哪个平行班）安排在哪个考位（或者教室）是无关紧要的，只要总考位数不小于总考生数就可以满足要求. 当然，还需要一些防止冲突的约束. 因此，该问题就转化为将若干门课程安排到若干个场次中使得学生的考试无冲突. 这与指派问题极为相似，即建立"课程 - 场次"间的匹配关系.

（1）模型的建立

基于上述分析，首先类比指派问题模型，建立本问的数学模型.

1）确定决策变量

基于上文分析，本问主要解决课程 i 被指派到场次 k 进行考试的问题. 因此，类比指派问题的决策变量，引入表达匹配关系的 0-1 决策变量如下

$$x_{ik} = \begin{cases} 1, & \text{课程 } i \text{ 被安排到第 } k \text{ 场考试,} \\ 0, & \text{课程 } i \text{ 不被安排到第 } k \text{ 场考试.} \end{cases}$$

2）确定约束条件

① 同课同时考

若同一门课程使用同一份试卷，但分散到不同的场次进行考试，则会泄题. 为了避免泄题，或者减少出卷量（事实上，同课程应当统一试卷，这样的考试成绩才有可比性），同一门课程必须安排在同一个时间段内考试. 这里巧妙利用决策变量 x_{ik} 的 0-1 特性，可以给出该约束简单的数学表达

$$\sum_{k=1}^{m} x_{ik} = 1, \quad i = 1, \cdots, n.$$

上式表明：固定 i 则 $x_{i1}, \cdots, x_{im}$ 中有且仅有一个 1，即表达了同一课程必在同一个时间段内考试.

② 考位数限制

即每一个考试场次要能够容纳参加该场考试的所有考生. 为了能表达清楚这个限制，还必须知道两个量（常量，或者叫作模型参量）：其一，每门课程的选课人数，这里记课程 i 的选课人数为 p_i；其二，学校可以提供的总考位数，这里记为 q. 于是此约束可表述为：

$$\sum_{i=1}^{n} p_i x_{ik} \leq q, \quad k = 1, \cdots, m.$$

③ 考试冲突限制

这个限制比较复杂，表面来说应该满足：若 i、j 两门课程有相同的学生修读，则对于某个固定的 k，x_{ik} 和 x_{jk} 不可以同时为 1. 这不太像是数学式子，至少不是一个简单的数学模型. 众所周知，简单的数学模型大概应该是线性模型了，所以如果这个条件能够用 x_{ik} 和 x_{jk} 的线性表达式表达出来，那是最好不过的了. 为此，下面将做一系列工作，以实现对此条件的线性化.

首先，定义"冲突"集如下：

$$A = \{(i, j) \mid \text{课程 } i \text{ 与课程 } j \text{ 含有相同的修读学生}\}.$$

很显然，这个集合 A 正是前面第一问得到的表 16.3. 利用集合 A 和下标序偶 (i, j)，上面用语言叙述的约束条件可以直接翻译成数理逻辑（相关知识可参见文献［4］）的符号：

$$(i,j) \in A \rightarrow x_{ik} x_{jk} = 0.$$

显然，这样一个式子不是简单的线性表达式. 事实上，充分应用 x_{ik} 的 0-1 特性，在纸上稍加罗列，不难得到下面这个等价的式子

$$x_{ik} + x_{jk} \leq 1, (i,j) \in A; k = 1, \cdots, m.$$

至此，可以得到解决问题二的完整模型：

$$\begin{cases} \sum_{k=1}^{m} x_{ik} = 1, & i = 1,\cdots,n, \\ \sum_{i=1}^{n} p_i x_{ik} \le q, & k = 1,\cdots,m, \\ x_{ik} + x_{jk} \le 1, & (i,j) \in A; k = 1,\cdots,m, \\ x_{ik} \in \{0,1\}, & i = 1,\cdots,n, k = 1,\cdots,m. \end{cases} \quad (16.1)$$

若解决问题二的第一小问，即"20 场次能否安排完成所有考试"，则只要令上述模型中的 $m=20$，求解这个方程组即可．这里似乎还没有**优化**．若要解决问题二的第二小问，即"最少需要几个场次"，则增加使得"场次最少"的目标函数即可，最简单的目标即为：

$$\min z = m$$

于是，第二问完整模型即为：

$$\min z = m$$

$$\text{s. t.}\begin{cases} \sum_{k=1}^{m} x_{ik} = 1, & i = 1,\cdots,n, \\ \sum_{i=1}^{n} p_i x_{ik} \le q, & k = 1,\cdots,m, \\ x_{ik} + x_{jk} \le 1, & (i,j) \in A; k = 1,\cdots,m, \\ x_{ik} \in \{0,1\}, & i = 1,\cdots,n, k = 1,\cdots,m. \end{cases} \quad (16.2)$$

（2）模型的求解

由于这个模型相对比较简单，利用现成的软件求解是比较好的选择．适合于求解优化问题的软件有很多，建模竞赛中最常用的莫过于 LINGO．为了适合不同人群的需要，这里再介绍几个适合的软件：MiniZinc、or-tools、python．这三个软件相互之间有交叉，在二维码中有简要介绍，有兴趣的读者可以参考其他书籍，这里不多赘述．

在具体求解之前，首先需要确定模型中的常量：p_i 和 q．p_i 已经在第一问中求出，具体见表 16.1．q 可通过提供的考位数加总求得，即 $q = 8659$．另外还有"冲突"集合 A 即为表 16.3，课程门数也在第一问中统计得出的，即 $n = 519$．

然而，在具体编写程序的时候，发现模型（16.2）存在一个非常严重的问题，该问题是由目标函数引起的．模型（16.2）的目标函数是对下标 m 进行优化，这说明模型（16.2）的一个下标集合——场次集合——是不确定的，这就造成了决策变量的个数是不确定的．经典的规划论所研究的问题都要求有确定数目的决策变量．也正因为如此，大部分求解优化问题的软件都要求下标集合确定，即要求决策变量的个数是定值，这样才容易用通用的算法求解，否则软件无能为力．Lingo 就要求下标集必须是确定的．为了能够使用成熟的软件求解这个优化模型，必须将模型（16.2）做适当的转化，以适应软件的要求．

下面讨论对模型（16.2）的转化方法．仔细分析题意，发现该问题的规模不算太大．从问题的叙述中可以猜测最佳的场次安排应该在 20 场次左右．事实上，可以猜测 20 场次是可以安排下所有考试的．又根据附件一，可知考试总人次为 60482，总考位数为 8659，所以场次安排的一个下限为 $60482/8659 \approx 7$ 场次．因此，最优解应当在 7～20 之间．如此来看，一种比较简单的转化方法为：去除目标函数，针对 $m=20$，$m=19$，…去求解模型（16.1），即仅仅求解约束方程组．若能够得到可行解，则继续减小 m 的值，直到某个 m 的值使得问题无可行解.

按照上述思想，选择合适的软件编制程序，求解得：$m = 20$，19，18，17 时均得到可行解，$m = 16$ 时程序运行时间过长，终止程序不再往下求解. 但是，稍微简化一下模型，去除考位数限制，即求解下面的模型

$$\begin{cases} \sum\limits_{k=1}^{16} x_{ik} = 1, & i = 1, \cdots, n, \\ x_{ik} + x_{jk} \leqslant 1, & (i,j) \in A, \\ x_{ik} \in \{0,1\}, & i = 1, \cdots, n, k = 1, \cdots, 16. \end{cases}$$

则可以很快求得：$m = 16$ 时，"**无可行解**". 因此，可知 **17 个场次**是最优解. 一个可行的场次安排结果（完整结果见天工讲堂二维码小程序）如表 16.4 所示.

表 16.4 部分课程考试场次安排

课号	场次	课号	场次	课号	场次
011R01C	5	011R11A	6	012A04E	11
011R03A	14	011R16A	10	012A04F	16
011R03B	1	011R26A	4	012A05U	1
011R04A	7	011R30A	2	012A06A	1
011R08A	6	012A02T	17	012A06L	15
⋮	⋮	⋮	⋮	⋮	⋮

从结果中可以看出：考场数量是充足的，场次安排较多主要是避免考生的考试发生冲突所造成的.

3. 问题三模型建立及求解

问题二已经解决了在考试无冲突、同课同时考、考位数不低于考生数等三个约束下的最少场次问题. 按照第二问模型求解的结果，只知道哪些课程在同一场次考，但是具体哪个考生安排在哪个考场的哪个位置并不知晓. 一个比较简单的安排方案是完全随机地安排各个考生. 但是这种方案会造成极大的混乱，会使得每个考场的考生所考内容五花八门，这将对考卷的发放、收集、以及后期的阅卷造成极大的麻烦. 因此，比较好的考场安排应当是同一个平行班的学生尽量安排在一个考场，同时，一个考场内尽量使用同一份试卷. 当然，若一个平行班的人数过多，则必然要将其分拆到两个甚至于多个考场；相对的，若有两个班级人数过少，出于节省监考教师资源的考虑，也可以将两个班级合并到一个考场（这种安排增加的发卷、收卷工作量非常有限，完全可以忽略不计）. 基于上述实际工作的需求，就要在问题二的基础上增加约束条件，以求得更加"实用"的结果.

从问题二的结果中我们发现学校的考位数事实上是非常充足的. 在此结果的基础上，为了简化问题，这里不考虑两个人数过少的平行班合并到一个考场的操作，即要求一个考场内只能安排一个平行班. 将两个或者两个以上的小班级合并成一个考场无疑是节省资源的好方法，但这样的"小班级"在实际考试中并不多见. 对于偶尔出现的几个"小班级"，完全可以通过后期人工合并的方式来实现. 由于数量稀少，人力劳动的工作量并不大，对实际工作效率的影响极小. 从另一个方面来看，这个简化能够大大降低自动化的求解模型的复杂性. 因此，这个简化是十分有价值的.

对于大班级的情况, 一个考场如果安排不下, 就需要考虑多个考场容纳一个班级的排考方案了. 这是一个必须要考虑的硬性条件, 不可以简化, 必须要在后面的模型中体现.

(1) 模型的建立

下面开始具体展开数学建模了. 为了建模及后面求解方便, 这里继续对问题进行简化. 问题二中, 对同一个班的同学是否排在同一个考场不做任何要求, 得到最少场次的模型. 假如问题二的最优解是 L 个场次, 并且得到了每个场次的考试科目. 那么在这个基础上, 在每个场次内安排考生的考场, 若能得到符合要求的考场安排, 那么这几乎就是最优解了. 因此, 这里先在问题二结果的基础上建立考场安排模型.

1) 确定决策变量

对于某个场次 k, 这里要把第 i 个平行班的考生安排到第 j 个考场, 因此引入表达匹配关系的 0-1 决策变量如下:

$$y_{ij} = \begin{cases} 1, & \text{授课班 } i \text{ 被安排到考场 } j, \\ 0, & \text{授课班 } i \text{ 不被安排到考场 } j. \end{cases}$$

2) 确定约束条件

① 考位限制

按照上面的分析, 允许一个平行班的考生分配到多个考场, 这样对于某个固定的 i, $y_{i1}, \cdots, y_{is}$ 中应当允许有多个 1, 同时要求该班级占用的考场所拥有的考位数不可以小于该平行班人数. 即

$$\sum_{j=1}^{s} q_j y_{ij} \geqslant p_i, \quad i = 1, \cdots, n.$$

其中 p_i 表示第 i 个平行班的人数, q_j 表示第 j 个考场的考位数, s 表示全校可供使用的总考场数.

② 考场单纯性约束

该约束即上文提到的每个考场只能安排一个平行班. 固定考场 j 以及场次 k, 在该场次内考试的所有班级 i 中只有一个在考场 j 中考试, 即对应的若干个 y_{ij} 中只有一个 1, 用公式表达即为

$$\sum_{i \in \{\text{场次} k\}} y_{ij} = 1, \quad j = 1, \cdots, s; k = 1, \cdots, m.$$

3) 目标函数

这一问的总目标为: 每个场次占用的考场数最少, 该目标可表达为

$$\min z = \sum_{i \in \{\text{场次} k\}} \sum_{j=1}^{s} y_{ij}.$$

至此, 可以得到解决第三问的完整模型

$$\min z = \sum_{i \in \{\text{场次} k\}} \sum_{j=1}^{s} y_{ij}$$

$$\text{s. t.} \begin{cases} \sum_{j=1}^{s} q_j y_{ij} \geqslant p_i, & i = 1, \cdots, n, \\ \sum_{i \in \{\text{场次} k\}} y_{ij} = 1, & j = 1, \cdots, s; k = 1, \cdots, m, \\ y_{ik} \in \{0, 1\}, & i = 1, \cdots, n; j = 1, \cdots, s. \end{cases} \quad (16.3)$$

注意：这个模型是针对每个场次的. 即对每个场次 k，都有一个这样的模型.

（2）模型的求解

类似于问题二，编制求解程序（程序代码及数据见天工讲堂二维码小程序）求解. 17 个场次占用教室数量情况如表 16.5 所示.

表 16.5 各场次考场数量统计

场次	1	2	3	4	5	6	7	8	9	10	11	12	13	14	15	16	17
考场数	89	90	62	55	69	55	79	54	79	77	82	64	67	91	84	123	152

各个平行班具体的考场及场次安排见二维码.

（3）模型的改进——全局优化模型

上述模型是为了模型求解方便，在问题二求得的场次安排内，针对每个场次的考试科目做最优的考场分配. 这样得到的模型事实上是一个局部优化模型. 那么能不能得到一个综合考虑场次、考场安排的全局最优模型呢？答案是可以的，只要结合问题二、问题三，就可以得到一个全局最优模型.

1）确定决策变量

直接使用问题二、问题三的决策变量 x_{ik} 和 y_{ij} 即可. 但是，考虑到问题二和问题三的下标 i 表示的含义不同，为加以区分，这里用 i 表示课程的编号，用 i' 表示平行班级的编号. 即新的约束变量写为：x_{ik} 和 $y_{i'j}$.

2）确定约束条件

① 同课同时考

$$\sum_{k=1}^{m} x_{ik} = 1, \quad i = 1, \cdots, n.$$

注意：问题二和问题三的下标 i 表示的含义不同，为了建立统一这两问的全局模型，这里只能将着眼点缩小到平行班. 这就要搞清楚平行班与课程的对应关系.

② 考位限制

$$\sum_{i=1}^{n} p_i x_{ik} \leqslant q, \quad k = 1, \cdots, m,$$

$$\sum_{j=1}^{s} q_j y_{i'j} \geqslant p_{i'}, \quad i' = 1, \cdots, n'.$$

③ 考试冲突限制

$$x_{ik} + x_{jk} \geqslant 1, \quad (i,j) \in A; k = 1, \cdots, m.$$

④ 考场单纯性约束

$$\sum_{i' \in \{场次 k\}} y_{i'j} = 1, \quad j = 1, \cdots, s; k = 1, \cdots, m.$$

3）目标函数

由于结合了问题二、三，该模型就具有两个目标函数：目标一，安排场次最少；目标二，占用考场数最少. 这两个目标可表达为

$$\min z_1 = \sum_{i', j} y_{i'j},$$

$$\min z_2 = m.$$

最后，完整的全局最优模型为

$$\min z_1 = \sum_{i',j} y_{i'j}$$

$$\min z_2 = m$$

$$\text{s. t.} \begin{cases} \sum\limits_{k=1}^{m} x_{ik} = 1, & i = 1, \cdots, n, \\ \sum\limits_{i=1}^{n} p_i x_{ik} \leqslant q, & k = 1, \cdots, m, \\ x_{ik} + x_{jk} \leqslant 1, & (i,j) \in A; k = 1, \cdots, m, \\ \sum\limits_{j=1}^{s} q_j y_{i'j} \geqslant p_i, & i' = 1, \cdots, n', \\ \sum\limits_{i \in \{\text{场次}k\}} y_{i'j} = 1, & j = 1, \cdots, S; k = 1, \cdots, m, \\ y_{i'k} \in \{0,1\}, & i' = 1, \cdots, n'; j = 1, \cdots, s \end{cases}$$

显然这是一个双目标规划. 目标 z_1 是教室使用总数, 目标 z_2 是场次数. 模型 (16.3) 的做法就是先忽略目标 z_1, 直接求解目标 z_2, 然后在目标 z_2 最优的基础上得到最优的目标 z_1. 这是求解双目标规划的诸多方法中的一种. 这种方法有一个缺点: 如果在目标 z_2 最优的基础上求解目标 z_1 无可行解, 那么需要使用目标 z_2 的次优解 (甚至于次次优解) 再次求解目标 z_1.

另外一种常用的双目标规划的解法是对两个目标做加权处理, 以转化成单目标规划. 使用加权法, 两个目标权重的不同取法, 会得到不同效果. 对于总教室使用数的权重超过场次数的权重的情况, 虽然问题二已经求得了最优场次为 17 个, 但是会不会出现 18 场次可以使用更少的教室这种情况呢? 如果 18 场次可以得到更少的教室使用总数, 那么模型 (16.3) 得到的就不是偏重于 "总教室使用数最少" 意义下的全局最优. 对于场次数权重超过总教室使用数权重的情形, 还要考虑第二问得到的最优 17 个场次的科目安排是否唯一? 如果唯一, 那么模型 (16.3) 所得就是全局最优; 如果不唯一, 那么 17 场次不同科目安排会得到不同的教室使用数量, 这样模型 (16.3) 所得就不一定是全局最优.

从实践中来看, 考场数是足够的, 也就是说在满足场次最优的情况下, 一定可以得到一个合理的考场安排方案, 上文提及的目标 z_2 最优的前提下造成目标 z_1 无可行解的情况不会出现. 另外, 更重要的, 场次数是实践中更加注重的, 所以实际的做法一定是在场次最优的前提下寻找最少的教室安排方案. 由前文的分析知道场次安排较多主要是避免考生的考试发生冲突造成的, 因此, 所得场次安排是非常紧凑的, 稍作调整就会发生考试冲突, 也就是说科目的场次安排调整余地不大. 这就使得模型 (16.2) 即使存在多个最优, 其占用教室数量的差别也不大. 基于这样的事实, 又考虑到全局最优模型的求解难度较大, 所以最终不求解这个模型, 仅仅是在这里做一个全局最优模型的探讨.

4. 问题四模型建立及求解

这一问的模型与问题三相差不大, 只需要多考虑一下学校拥有多个校区的情形. 即在具体安排考场的时候要注意按规定的校区来实施操作. 显然, 前面问题三的简化模型是具体安排考场的, 因此, 在问题三的模型中加入校区约束即可.

为了建模方便, 引入校区常量:

a_i：表示平行班 i 所在校区；

b_j：表示考场 j 所在校区.

仍然使用模型（16.3）中的决策变量 y_{ij}，根据要求，若 $y_{ij}=1$，则平行班 i 所在校区应当与考场 j 所在校区相同. 反之，若 $y_{ij}=0$，则无需考虑校区. 因此，可由下面的方程表达此约束：

$$y_{ij}(a_i - b_j) = 0.$$

上式与模型（16.3）合并，则构成了问题四的优化模型：

$$\min z = \sum_{i \in \{\text{场次}k\}} \sum_{j=1}^{s} y_{ij}$$

$$\text{s. t.} \begin{cases} \sum_{j=1}^{s} q_j y_{ij} \geqslant p_i, & i = 1, \cdots, n, \\ \sum_{i \in \{\text{场次}k\}} y_{ij} = 1, & j = 1, \cdots, s; l = 1, \cdots, m, \\ y_{ij}(a_i - b_j) = 0, & i = 1, \cdots, n; j = 1, \cdots, s, \\ y_{ik} \in \{0, 1\}, & i = 1, \cdots, n; j = 1, \cdots, s. \end{cases} \quad (16.4)$$

这一问的模型与问题三相似，代码与结果也大体上相似，这里不多赘述了. 值得指出的是：有很多课程的考试对教室有特殊的要求，比如听力考试要安排在听力教室内. 对于这种有特殊教室要求的考试，利用校区的思想其实非常容易解决，只要把这种考试对应的课程及所要求的教室视作单独的校区即可.

5. 问题五模型建立及求解

这一问主要考察学生从生活中提出问题的能力，我们在解决一个问题的时候，常常会想要把问题解决得最好. 但做到什么程度才可以算得上好？达到什么标准才能够说是最好？这就需要一定的量化. 对问题做出客观公正的评价，首先要做的就是提出评价指标. 评价指标的提炼在很多实际应用中是十分重要的工作，具备了这样的能力也就具备了将来承担重大工作的基本素质之一. 这里提出几个建议的指标：

（1）排考场次尽可能少（问题二已经涉及）；

（2）考场使用尽可能少（问题三已经涉及）；

（3）考场分布尽可能集中，这样对学校的考试管理大有益处；

（4）同一考生的不同考试的时间间隔尽量大；

（5）尽量不使用晚间场次.

如果还有其他关于考试安排优劣的评价指标，学生可以自由发挥，提出自己独到的见解.

在提出评价指标之后，接下来要做的就是针对各个评价指标，给出量化计算的数学表达式. 从实际问题中抽象出数学公式，是数学建模训练最主要提升的能力. 针对最后一问数学公式的抽象，这里不详细阐述了，留作练习，由读者自行完成.

最后需要提示一个重要的问题：因为这一问提出了多个评价指标，实际上希望每个指标都要达到最优，这就形成了多目标规划. 关于多目标规划的解决，有很多成熟的理论，希望读者在实际求解之前，详细参考一些经典的教材（如文献［5］和文献［6］），这样写出来的文章会比较规范.

16.4 命题思路及评阅要点

本题的最主要任务是合理安排考试，需主要解决两个问题：其一，在避免学生考试冲突的前提下尽可能少的安排场次；其二，尽可能少的使用教室．在出题的过程中，考虑到这是一个校赛题目，参赛的同学大部分没有竞赛经验且建模实力不强，所以要将题目难度降低，以使得大部分学生有事可做，而不是见到题目就被"难倒了"．因此，特意将问题分解为五个小问题，使得大部分同学可以完成前面的两到三问，而水平高的学生可以完成三到五问．

问题一，纯粹的数据整理、数据预处理问题．从我国数学建模竞赛的发展情况来看，数学建模赛题越来越贴近实际问题，数据量、计算量也越来越大，数据处理能力已经成为数学建模基本能力之一．因此本问题有意提供了最原始的数据．从二维码中可以看到，本题的选课数据多达 6 万多条，这对学生的数据处理能力也是一个挑战．显然，单纯利用人工"点鼠标"完成一系列统计工作是有困难的，需要编写适当的代码完成复杂的统计工作．另外，第一问关于"冲突发生较多的课程"的统计并没有标准答案，这里实际上有一点点概念不清晰．这种概念不清晰的问题在实际中比较常见．遇到这种问题就需要学生有能力给出自己合理的理解，并加以**定量的描述**．这也是考察学生能力的一个出题点．**评阅要点**：给出含相同学生的两两课程组即可．

问题二，将实际要解决的问题做了很大的简化．做这样的简化一方面是希望学生能做出点结果，而不是一开始就被难倒；另外一方面也是希望通过实例传达给学生一个信息，就是在问题太过复杂而难于求解时不妨尝试先简化问题．**评阅要点**：能够列出优化模型，结果要能够给出每个场次的考试课程．

问题三则是本问题真正要解决的问题．在问题二已经有了结果的前提下，问题三仍然可以简化．虽然这个简化给出的是一个局部最优模型，但从实践经验来看，这个局部最优在实际中与全局最优是相同的．因此这样的简化是可取的．**评阅要点**：列出优化模型，给出每个平行班的考试场地．

问题四不一定每个学校都有这种情况，所以是主要问题的推广．**评阅要点**：列出优化模型，给出每个平行班的考试场地（强调校区）．

问题五，表面上看是考虑整个问题的进一步优化，但值得注意的是，这一问的考点并不在优化上，更不在于问题的解．从竞赛期间的计算情况来看，问题二就已经很难求解了．那么问题五又增加了更多的目标，为了表达这些目标，很有可能会添加更多的变量与约束，这就对问题的求解增加了更多的难度．因此，问题五很有可能解不出来，这也就是这一问的考点根本不在问题求解的原因．这一问的考点在于：评价指标的提炼．这一问关心的是得到更加"令人满意"的期末考试安排方案．那么什么叫"令人满意"？用更加数学模型化的语言来说，就是什么才叫作"优"．这就需要人为提炼衡量优劣的指标．评价指标的提取，在一些实际问题中非常重要，是学生应当具备的基本素质之一．**评阅要点**：明确列出评价考试安排优劣的评价指标，若能将评价指标量化并写出计算公式，则加分．

参考文献

[1] 袁新生，邵大宏，郁时炼．LINGO 和 Excel 在数学建模中的应用[M]．北京：科学出版社，2007．
[2] 孟丽莎，丁四波，李凤延．管理运筹学[M]．北京：清华大学出版社，2011．

［3］汪沁，奚李峰，邓芳，金冉，刘晓利，陈慧. 数据结构与算法［M］. 2 版. 北京：清华大学出版社，2018.

［4］朱保平，陆建峰，金忠，等. 离散数学［M］. 北京：清华大学出版社，2019.

［5］EISELT H A, SANDBLOM C L. Multiobjective Programming. In：Operations Research［M］. Switzerland Springer，2010.

［6］胡运权，郭耀煌. 运筹学教程［M］. 5 版. 北京：清华大学出版社，2018.

竞赛效果评述

　　该问题最主要的结果是考试场次. 经笔者计算，最优解应当是 17 场，但是也有学生安排了 15 场. 这跟计算机程序有很大关系，具体是几场最优，还有待探讨. 从计算结果及实际操作情况来看，考位数量实际上是十分充足的，造成考试场次过多的主要原因是学生考试冲突的问题. 也就是说，在实际操作中，只要能够避免学生考试冲突，那么安排出来的每个场次都是有充足的考位供我们使用的. 基于这个实践中的事实，我们还可以进一步简化问题.

　　在场次安排完毕以后，具体的每个学生安排在什么位置上考试是简单的，事实上这个问题完全可以手工完成，目前大部分学校恐怕就是手工完成此项工作.

　　在第二问中，出题教师给出的目标函数是：$\min z = m$. 这个目标函数对决策变量的下标进行优化了，这造成了决策变量的个数不是一个定值，是待优化的了. 这已经完全超出了经典的规划论所研究的问题，以至于几乎没有软件能够解决这样的问题. 但是，从竞赛结果来看，有很多学生给出了一个非常新奇的目标函数，巧妙地规避了这个问题. 这个目标函数是：

$$\min z = \sum_{i,k} k \cdot x_{ik}$$

其中 $k = 1，\cdots，20$，因为从题目中大体可以猜出来 20 场次是够用的. 这样决策变量的个数就确定下来了. 不难推导出来，这个目标和上面那个目标是等价的. 学生能够给出这样新奇的模型，着实令人吃惊和欣慰，让我们在年轻一代的身上看到了希望.

　　在问题四中，有个别解答是把考生范围缩小，即框定在一个校区的范围内求解问题二、三的模型. 由于范围的缩小，问题规模得以大幅度缩小，这样就能够用软件快速求解问题. 但是，这样做忽视了一个非常重要的条件：不同校区的学生完全可以修读相同的课程，比如英语课、公共数学基础课、思想政治课等. 割裂开校区，每个校区独立地安排考试，则不同校区的学生修读的相同课程极有可能在不同的时间段内考试，这违背了考试安排的基本原则. 这种方法不可取，正确的做法应当是不同校区间联动安排，保证同课程同时考. 出现上述错误，说明学生的全局思想还是不足的. 在数学建模竞赛中这种错误常有发生，建议在授课或者训练过程中多强调全局思想.

第 17 章
渔业锚地渔船避风能力评估问题

17.1 命题背景

长期以来，台风季节船舶走锚事故经常发生，造成了巨大的损失，因此对锚泊安全问题的研究，尤其是如何最大限度地确保在大风天气条件下锚泊船的安全，显得尤为重要. 本题选取了宁波市奉化、宁海、象山 3 个地区的锚地为例，根据锚地的水文条件，如水深、底质、地形、风速、避风条件、潮流和救助条件等因素，尝试建立渔业锚地渔船避风能力的理论模型，对不同水文气象条件下锚地抗风能力做出评估，为渔船进入锚地抗台风提供科学依据.

17.2 题目

台风季节渔业锚地避风能力一直困扰着沿海各地的海洋渔业局及各级应急指挥部门，如何正确实施防抗台，是一项亟待解决的问题. 全国各地渔船防台的重点难点是大中型渔船的防台. 进入避风锚地锚泊是各地大中型渔船防台的主要方式. 但因各个渔船避风锚地的自然条件参差不齐，渔船的锚泊设备不尽规范，渔民的锚泊操作水平普遍不高等影响，走锚、横倾、沉没现象时有发生. 例如"桑美"台风是 50 年来登陆中国大陆的最强台风，该台风来临时，有 1 万多艘船在福建沙埕港避风，由于风力太强，走锚导致碰撞，1594 艘船舶被损坏，952 艘船舶被台风击沉，留在船上的船员大多死亡、失踪. 沙埕港的教训表明：我们应当建立渔船避台问题的理论模型，对不同水文气象条件下锚地抗风能力做出评价，使渔船能有序、安全地避台锚泊，为主管部门作出正确决策，指挥渔船进入锚地抗台提供科学依据.

锚地的抗风能力与锚地的水文条件有关，如水深、底质、地形、风速、避风条件、潮流和救助条件等. 目前现有测量设备较为落后，并且台风时测量有生命危险，因此定量数据的采集比较困难. 表 17.1 给出了根据老渔民的观察和经验得到的 3 个锚地的相对评价：

表 17.1 渔船锚地的条件

	水深	地形	避风条件	潮流	求助条件
锚地 A	深	最差	差	急	最好
锚地 B	最深	中	最差	最急	好
锚地 C	浅	好	最好	缓	最差

注：表中地形指的是锚地水底的地形.

另外，系驻力（锚和锚链的抓力）也能反映锚地的抗风能力. 为了验证各锚地的系驻力，表 17.2 给出了这 3 个锚地实测数据：

表17.2　渔船在泥质中的实测系驻力

测试锚位点		水深/m	底质	真风向	风速/(m/s)	流速（节）	链长＋索长/m	链径＋索径/mm	走锚拉力/t
									校正后力/N
锚地 A	1	7	泥	080°	6.2	1	2.8＋76	20＋18	1.5
									18000
	2	15	泥	081°	6.5	涨平	2.8＋76	20＋18	1.55
									19000
	3	4	泥沙	069°	6	涨平	2.8＋76	20＋18	3.2
									37000
锚地 B	4	13.5	泥	070°	4.5	1	13＋76	20＋18	2.8
									32000
	5	6.2	泥	055°	3.4	1.5	13＋76	20＋18	2
									23000
锚地 C	6	6.3	泥	095°	5.7	1	13＋76	20＋18	1
									12500
	7	4.3	泥	098°	3.5	1	13＋76	20＋18	1.3
									16250

注：实测时的试验条件为中国渔政 33212（渔船改造），吃水 2.8m、船长 31m、船宽 6.3m、锚重 340kg、马力 300hp. 待船在测试锚位点平稳后，再用测量仪测量. 测量仪采用 10t 拉力器. 因拉力器有一定的误差，表中最后一列下面行的数据为校正以后的力，单位为 N.

（1）请你建立数学模型，综合水深、底质、地形、风速、避风条件、潮流和救助条件等因素，就不同锚地的抗风能力进行评价.

（2）请尽可能地收集文献、资料、数据和模型，尝试推导或获取极端气候的数据和数学模型.

（3）请建立数学模型，根据现有的数据和你收集的资料等，预测就 3 个锚地的最大能抵抗风力的级数.

17.3　问题分析

渔船锚地的水深、底质、地形、风速、避风条件、潮流、求助条件及渔船自身的因素（如锚的种类、锚重量、单位长度锚索重、出链长度、船的吃水深度、长度和宽度等）都对渔船锚地的抗风能力产生影响. 据此，我们将首先建立判断矩阵，描述渔船锚地对抵抗台风能力的权重，然后利用层次分析法，综合分析判断不同渔船锚地抵御台风的能力. 然后，根据已有的物理模型和力学公式，对船的锚泊力最大值进行估算. 对于台风及其带来的海浪、海潮等各种因素，分别通过经验公式和数值计算，得到不同级数的风、海浪、海潮等对船产生的力. 通过对渔船的受力分析，最终可以得到不同渔船在不同渔业锚地能抵抗的最大的台风级数.

17.4 模型假设

（1）题中提供的资料较为客观和全面；

（2）题中所给的数据具有一定的真实性；

（3）计算船舶所受外力时，纵向因受力足够小，不考虑纵向力.

17.5 符号说明

符号	说　　明
x_i	渔船锚地的条件因素：水深、底质、地形等条件（$i=1,2,\cdots,7$）
a_{ij}	x_i，x_j对渔船锚地避风条件影响的权重比例
$\lambda_{\max}$	正反矩阵 a 的最大特征值
CI	一致性指标（consistency index）
RI	随机一致性指标
CR	一致性比率（consistency ratio）
ω	正互反矩阵的归一化的特征向量
E	有效波波动能量
C_g	有效波群速度
R	各种能量消耗、波–波间非线性相互作用综合导致的净能量增长率
H	有效波高
T	有效波周期
U	海面上方10m处风速
X	同时代表一个点的坐标和它的风区长度
k	波数
L	有效波波长
d	水深
x	台风大小，即台风级数
y_i	风舷角30°，140°，0°时不同台风大小对应的风力大小（单位：万牛）（$i=1,2,3$）
r	残差向量
F	统计量值
s^2	剩余方差
R^2	可由模型确定的点的百分比
p	锚的总抓力（9.8kN）
p_c	锚链抓力（9.8kN）
λ_a	锚抓力系数
λ_c	链抓力系数
w_a	锚在空气中的质量（kg）
w_c	每米锚链在空气中的重量（kg/m）
l	卧底链长（m）
S	悬链长度
W_c	锚链在水中的锚重
Y	锚链筒至水面的垂直高度

17.6 模型建立解析

17.6.1 问题一的建模与求解

1. 层次分析法的基本原理

层次分析法，简称 AHP，是美国运筹学家 T. L. Saaty 教授在 20 世纪 70 年代提出的一种系统分析方法. 其基本原理是：首先将复杂的问题层次化，即根据问题的性质和要达到的目标，将问题分解为不同的组成因素，按照因素间的相互影响和隶属关系将其分层聚类组合，形成一个递阶的、有序的层次结构模型. 然后根据系统的特点和基本原则，对各层的因素进行对比分析，引入 1~9 比率标度方法构造出判断矩阵，用求解判断矩阵最大特征根及其特征向量的方法得到各因素的相对权重. 最终通过计算最底层相对于最高层的相对重要性次序的组合权值，以此作为评价和选择方案的依据.

2. 建立层次分析的结构模型

首先对影响锚地抗风能力的 7 个主要因素进行分层，将决策问题分为 3 个层次：目标层 O，准则层 C，方案层 P，每层有若干元素，如图 17.1 所示.

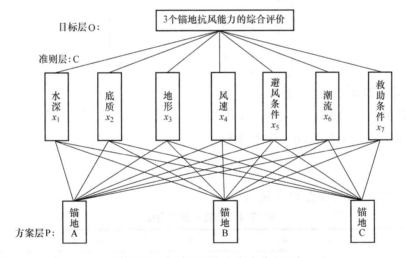

图 17.1 锚地抗风能力优选递阶层次

3. 构造判断矩阵

首先分析准则层对目标层的影响，将准则层的因素与目标层中某个指标两两成对比较，采用 1~9 及其倒数标度其重要性，标度如表 17.3 所示，根据网上所查资料及其经验，构造出判断矩阵.

表 17.3 判断矩阵权重分配

尺度a_{ij}	含义
1	x_i 与 x_j 的影响相同
3	x_i 比 x_j 的影响稍强
5	x_i 比 x_j 的影响强

（续）

尺度a_{ij}	含义
7	x_i比x_j的影响明显的强
9	x_i比x_j的影响绝对的强
2,4,6,8	x_i与x_j的影响之比在上述两个相邻等级之间
$1, \dfrac{1}{2}, \cdots, \dfrac{1}{9}$	x_i与x_j的影响之比为上面a_{ij}的互反数

通过上述方法，可得到判断矩阵A：

$$A = \begin{pmatrix} 1 & 2 & 5 & 2 & 2 & 2 & 7 \\ \frac{1}{2} & 1 & 3 & 3 & 1 & 1 & 3 \\ \frac{1}{5} & \frac{1}{3} & 1 & \frac{1}{2} & \frac{1}{3} & \frac{1}{3} & 2 \\ \frac{1}{2} & \frac{1}{3} & 2 & 1 & 1 & \frac{1}{3} & 1 \\ \frac{1}{2} & 1 & 3 & 1 & 1 & 1 & 3 \\ \frac{1}{2} & 1 & 3 & 3 & 1 & 1 & 3 \\ \frac{1}{7} & \frac{1}{3} & \frac{1}{2} & 1 & \frac{1}{3} & \frac{1}{3} & 1 \end{pmatrix}$$

4. 层次单排序及其一致性检验

利用 MATLAB 语言求得正互反矩阵A的最大特征值为：$\lambda_{\max} = 7.2625$，对正互反矩阵A进行一致性检验，采用 T. L. Saaty 一致性指标：

$$CI = \frac{\lambda - n}{n - 1},$$

随机一致性指标 RI 的数值如表 17.4 所示

表 17.4　随机一致性指标

n	1	2	3	4	5	6	7	8	9	10	11
RI	0	0	0.58	0.9	1.12	1.24	1.32	1.41	1.45	1.49	1.51

在本模型中 RI = 1.32. 一致性比率为：

$$CR = \frac{CI}{RI}.$$

当 CR < 0.1 时，认为正互反矩阵的不一致程度在容许范围内，可用其特征向量作为权向量. 当检验不通过时要对已有的矩阵进行修正.

代入数据后可得该正互反矩阵的 CR = 0.03314 < 0.1，一致性检验通过.

通过归一化消除指标间的差异，得到权向量，利用 MATLAB 语言计算可得到该正互反矩阵的归一化的特征向量：

$$w = (0.2960, 0.1743, 0.0603, 0.0936, 0.1485, 0.1743, 0.0530)^{T}$$

该向量即为权向量，即水深、底质、地形等因素在影响锚地抗风能力中所占的比重. 准则层对目标层的评价如表17.5所示.

表17.5　准则层对目标层的评价

x	x_1	x_2	x_3	x_4	x_5	x_6	x_7	w
x_1	1	2	5	2	2	2	7	0.2960
x_2	1/2	1	3	3	1	1	3	0.1743
x_3	1/5	1/3	1	1/2	1/3	1/3	2	0.0603
x_4	1/2	1/3	2	1	1	1/3	1	0.0936
x_5	1/2	1	3	1	1	1	3	0.1485
x_6	1/2	1	3	3	1	1	3	0.1743
x_7	1/7	1/3	1/2	1	1/3	1/3	1	0.0530

$\lambda_{\max} = 7.2625$，CI $= 0.0438$，CR $= 0.03314 < 0.1$

5. 计算组合权向量

下面开始按照上述方法构造方案层对准则层的每个准则的正互反矩阵. 然后对所给出的正互反矩阵进行一致性检验，若一致性检验通过，则通过 MATLAB 语言计算出该正互反矩阵的最大特征值及归一化特征向量，即权重. 若一致性检验没有通过，则修正该正互反矩阵，直到一致性检验通过为止. 方案层对准则层各准则的评价如表17.6~表17.12所示.

表17.6　锚地 A，B，C 对水深的正互反矩阵

x_1	A	B	C	w_1
A	1	1/2	7	0.3458
B	2	1	9	0.5969
C	1/7	1/9	1	0.0572

$\lambda_{\max} = 3.0217$，CI $= 0.0109$，CR $= 0.0187 < 0.1$

表17.7　锚地 A，B，C 对底质的正互反矩阵

x_2	A	B	C	w_2
A	1	2	2	0.5000
B	1/2	1	1	0.2500
C	1/2	1	1	0.2500

$\lambda_{\max} = 3$，CI $= 0$，CR $= 0 < 0.1$

表17.8　锚地 A，B，C 对地形的正互反矩阵

x_3	A	B	C	w_3
A	1	1/5	1/8	0.0670
B	5	1	1/3	0.2718
C	8	3	1	0.6612

$\lambda_{\max} = 3.0441$，CI $= 0.0220$，CR $= 0.0380 < 0.1$

表 17.9　锚地 A，B，C 对风速的正互反矩阵

x_4	A	B	C	w_4
A	1	1/3	1/2	0.1634
B	3	1	2	0.5396
C	2	1/2	1	0.2970

$\lambda_{max} = 3.0092$，CI = 0.0046，CR = 0.0079 < 0.1

表 17.10　锚地 A，B，C 对避风条件的正互反矩阵

x_5	A	B	C	w_5
A	1	2	1/8	0.1218
B	1/2	1	1/9	0.0738
C	8	9	1	0.8044

$\lambda_{max} = 3.0369$，CI = 0.0184，CR = 0.0318 < 0.1

表 17.11　锚地 A，B，C 对潮流的正互反矩阵

x_6	A	B	C	w_6
A	1	3	1/5	0.1782
B	1/3	1	1/9	0.0704
C	5	9	1	0.7514

$\lambda_{max} = 3.0291$，CI = 0.0145，CR = 0.0251 < 0.1

表 17.12　锚地 A，B，C 对救助条件的正互反矩阵

x_7	A	B	C	w_7
A	1	2	9	0.5891
B	1/2	1	8	0.3568
C	1/9	1/8	1	0.0540

$\lambda_{max} = 3.0369$，CI = 0.0184，CR = 0.0318 < 0.1

由上述表可得上述所有正互反矩阵都通过了一致性检验，都具有满意的一致性. 综合上述矩阵可得到组合权向量，如表 17.13 所示.

表 17.13　组合权向量

k	1	2	3	4	5	6	7
	0.3458	0.5000	0.0670	0.1634	0.1218	0.1782	0.5891
w_k	0.5969	0.2500	0.2718	0.5396	0.0738	0.0704	0.3568
	0.0572	0.2500	0.6612	0.2970	0.8044	0.7514	0.0540

6. 综合评价

我们已知准则层对目标层的权向量：

$$w = (0.2960, 0.1743, 0.0603, 0.0936, 0.1485, 0.1743, 0.0530)^T$$

所以各方案在目标层中的层次总排序应该为 w 与 w_k 对应向量的两两乘积之和. 由此可得到综

合评价表（见表 17.14）.

表 17.14　综合评价结果

锚地	x_1	x_2	x_3	x_4	x_5	x_6	x_7	权重
	0.2960	0.1743	0.0603	0.0936	0.1485	0.1743	0.0530	
A	0.3458	0.5000	0.0670	0.1634	0.1218	0.1782	0.5891	0.2892
B	0.5969	0.2500	0.2718	0.5396	0.0738	0.0704	0.3568	0.3293
C	0.0572	0.2500	0.6612	0.2970	0.8044	0.7514	0.0540	0.3815

由准则层对目标层的权重比例可以得出，在这 7 个影响锚地抗风能力的主要因素中，水深对其影响最大，其次是底质和潮流. 再由方案层对目标层的权重来看，锚地 C 的权重最大，但其和锚地 A 和锚地 B 的权重相差不大，相比较而言，锚地 C 的抗风能力最强，其次是锚地 B，3 个锚地中抗风能力最弱的是锚地 A.

17.6.2　问题二的建模与求解

1. 台风浪经验公式

台风浪的经验公式对我们问题三的研究有重要作用，因此我们先介绍经验公式. 首先，风浪的时空变化由下面能量方程确定：

$$\frac{\partial E}{\partial t} + \frac{\partial}{\partial x}(EC_g\cos\theta) + \frac{\partial}{\partial y}(EC_g\sin\theta) = R \tag{17.1}$$

其中，E 为有效波波动能量，C_g 为有效波群速度，R 为各种能量消耗、波 – 波间非线性相互作用综合导致的净能量增长率，在模式中，利用经验公式的风浪成长关系计算式（17.1）左侧各项，从而得到右侧的 R，R 是风速的风浪尺寸（此处使用有效波高 H）和有效波周期 T 的函数. 在风浪预报中根据经验的风浪成长关系得到如下一组预报方程.

对深水波，采用 $\theta = 0$ 推导 R 的过程得到有效波高的预报方程：

$$\frac{\partial H}{\partial t} + 8.576U^{-\frac{1}{3}}H^{\frac{1}{2}}\left(\frac{\partial H}{\partial x}\cos\theta + \frac{\partial H}{\partial y}\sin\theta\right) = 2.526 \times 10^{-8}U^{3.1}H^{-1.2} \tag{17.2}$$

其中，U 为海面上方 10m 处风速. 长度和时间的单位分别为 m 和 s（以下相同），数值常数是有因次的，重力加速度（$g = 9.8\text{m/s}^2$）已并入其中. 式（17.2）右侧为各种能量输入和消耗的净结果，它是根据波高和周期的经验公式：

$$\frac{\partial H}{U^2} = 5.5 \times 10^{-3}\left(\frac{gt}{U}\right)^{1.3}, \tag{17.3}$$

$$\frac{\partial X}{U} = 0.55\left(\frac{gX}{U^2}\right)^{0.233}, \tag{17.4}$$

计算得到的，此处 X 同时代表一个点的坐标和它的风区长度. 风时和风速的关系由

$$\frac{gX}{U^2} = 0.01196\left(\frac{gt}{U}\right)^{1.3} \tag{17.5}$$

换算. 由于式（17.3）~式（17.5）计算的结果仅适用于风时或风区的成长，而式（17.2）使用于同时相对两者的成长，故应用公式（17.2）时应将右侧乘以小于 1 的系数（取 0.42）.

对于有限深度的波，推导浅水海浪方程的概念和过程上与深水情形类似，对应关系为：

$$H^* = 5.5 \times 10^{-3}X^{*0.35}th\left(30\frac{d^{*0.8}}{X^{0.35}}\right), \tag{17.6}$$

$$T^* = 0.55X^{0.233}th^{\frac{2}{3}}\left(30\frac{d^{*0.8}}{X^{0.35}}\right), \tag{17.7}$$

$$X^* = 0.01196th^{1.3}(1.4kd)t^{*0.3}. \tag{17.8}$$

其中

$$H^* = \frac{gH}{U^2}, T^* = \frac{gT}{U}, d^* = \frac{gd}{U^2}, X^* = \frac{gX}{U^2}, t^* = \frac{gt}{U}, \tag{17.9}$$

k 为波数（$k=2\pi/L$，L 为有效波波长），d 为水深.

2. 回归模型的建立

通过查找资料，我们可以得到如表 17.15 所示的表格.

表 17.15　不同船型风级不同时所受最大风力 （单位：N）

船型	风舷角	风速（级）						
		11	12	13	14	15	16	17
5.5m 船	30°	63729.1	82693.9	104727.0	130997.6	160950.9	195444.1	234882.7
	140°	59426.0	77110.3	97842.2	122152.5	150083.4	182247.5	219023.2
	0°	8600.6	11160.0	14160.5	17678.9	21721.2	26376.3	31698.7
6.3m 船	30°	76760.6	99603.5	126382.9	157784.5	193862.8	23409.3	282912.5
	140°	71569.4	92867.4	117835.8	147114.0	180752.2	219488.9	263779.5
	0°	10053.3	13045.0	16552.3	20665.0	25390.3	30831.5	37053.0
7.0m 船	30°	86026.6	11629.9	141568.8	176831.0	217264.4	263826.1	317063.5
	140°	80238.5	104116.3	132109.0	164933.3	202646.3	246075.1	295730.5
	0°	12368.7	16049.5	20364.5	25424.4	31237.8	37932.4	45586.7

本题中表 17.2 所给出的数据是用 6.3m 宽的船测得的，因此为了大致地分析 6.3m 宽的在不同的风舷角船所受风力级数与船所受最大风力的关系，用 MATLAB 软件模拟二者的关系（图 17.2a，b，c 中风舷角分别为 30°，140°，0°），模拟曲线如图 17.2 所示：

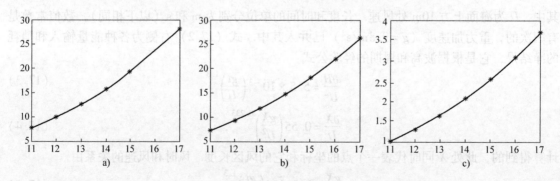

图 17.2　不同的风舷角船所受风力级数与船所受最大风力的关系

通过图 17.2 中这 3 幅子图可发现，在相同的风舷角下，风力级数与船所受的最大风动力能用二次函数较好地拟合. 因此设：

$$y = b_3x^2 + b_2x + b_1 + \varepsilon \tag{17.10}$$

其中 ε 为随机误差.

3. 回归模型的求解及残差分析

当风舷角为30°，140°，0°时，利用 MATLAB 语言分别对上述模型进行求解.

（1）风舷角为30°时的解及残差分析

当风舷角为30°时，解的结果如表 17.16 所示.

表 17.16　风舷角为30°时的回归结果

参数	参数估计值	参数置信区间
b_1	16.0127	[12.1150, 19.9103]
b_2	-3.4582	[-4.0226, -2.8937]
b_3	0.2458	[0.2257, 0.2659]

$R^2 = 0.9999$, $F = 41542.4208$, $p < 0.001$, $S^2 = 0.0033$

表 17.16 中数据是保留小数点后四位的结果. $R^2 = 0.9999$，表示因变量 y 的 99.99% 可由模型确定，$p < 0.001$，置信区间不包含零点，所以模型可用.

（2）风舷角为140°时的解及残差分析

当风舷角为140°时，解的结果如表 17.17 所示.

表 17.17　风舷角为140°时的回归结果

参数	参数估计值	参数置信区间
b_1	14.9852	[11.7724, 18.1979]
b_2	-3.2288	[-3.6944, -2.7631]
b_3	0.2292	[0.2126, 0.2457]

$R^2 = 0.9999$, $F = 4811.3872$, $p < 0.001$, $S^2 = 0.0030$

表 17.17 中数据是保留小数点后四位的结果. $R^2 = 0.9999$，表示因变量 y 的 99.99% 可由模型确定，$p < 0.001$，置信区间不包含零点，所以模型可用.

（3）风舷角为0°时的解及残差分析

当风舷角为0°时，解的结果如下：

表 17.18　风舷角为0°时的回归结果

参数	参数估计值	参数置信区间
b_1	2.1078	[1.6111, 2.6044]
b_2	-0.4538	[-0.5258, -0.3818]
b_3	0.03220	[0.0296, 0.0348]

$R^2 = 0.9999$, $F = 39710.5574$, $p < 0.001$, $S^2 = 0.0001$

表 17.18 中数据是保留小数点后四位的结果. $R^2 = 0.9999$，表示因变量 y 的 99.99% 可由模型确定，$p < 0.001$，置信区间不包含零点，所以模型可用.

（4）总结

综上述所示，风舷角分别为30°、140°、0°时，风力级数与船所受的最大风力的函数关系如下：

$$y_1 = 0.2458 x^2 - 3.4582x + 16.0127, \tag{17.11}$$

$$y_2 = 0.2292 x^2 - 3.2288x + 14.9852, \tag{17.12}$$

$$y_3 = 0.03220 \, x^2 - 0.4538x + 2.1078. \qquad (17.13)$$

17.6.3 问题三的建模与求解

针对锚泊船在强风中容易走锚的情况，提出了根据锚泊船锚链受力情况，对锚泊状态做出分析的一种安全评估方法。船舶所受到的外力主要受风的影响、流的影响以及波浪影响，有公式计算出船舶所受的外力，然后将外力与锚泊力相比较，若外力 > 锚泊力，则发生走锚，若外力 < 锚泊力，则船舶出于安全状态。以此来判断不同环境下的锚地所能抵抗的最大风力级数。

单锚泊时的锚抓力由锚的抓力和链与海底间的摩擦力两部分组成，即

$$p = p_a + p_c = \lambda_a w_a + \lambda_c w_c l. \qquad (17.14)$$

当作用于船体的水平外力小于或等于锚泊力时，船舶处于安全状态，由此可得到安全锚泊的出链长度应为：

$$L_c = S + l \geqslant \sqrt{Y\left(Y + \frac{2T_0}{W_c}\right) + T_0} - \frac{\lambda_a W_a}{\lambda_c W_c}. \qquad (17.15)$$

根据相关资料查询可知，船舶所受的外力受风的影响，流的影响以及波浪的影响。

风动压力是指处于一定运动状态下的船舶，船体水线以上部分所受的空气动压力。船舶受风影响主要表现在，船速发生变化，船体向下风产生漂移，同时船首将向上风或下风偏转[1]。

$$F_a = \frac{1}{2} \cdot \rho_a C_a v_a^2 (A_a \cos^2\theta + B_a \sin^2\theta),$$

$$X_a = \frac{1}{2} \cdot \rho_a C_{ax} A_a \cos\theta \cdot v_a^2, \qquad (17.16)$$

$$Y_a = \frac{1}{2} \cdot \rho_a C_{ay} B_a \sin\theta \cdot v_a^2.$$

船舶与其周围的水有相对运动时，船体就会受到水的作用力，这种作用力统称为水动压力。船与水之间的相对运动，可能是由于船舶本身自力（车、舵、锚、缆）作用，也可能是由于外力（拖轮、风动压力、水流作用）所引起的。由于水流的存在而对船体产生的作用，称为流压力。流压力的计算公式如下：

$$Y_W = 1/2 \cdot \rho \, C_{wy} v_w^2 LD. \qquad (17.17)$$

规则波中的船舶受到的波浪干扰力，采用 Froude – Krylov 假设：设定船舶的外形为正六面体，所受的力的计算公式如下：

$$X = 2\rho g(1 - e^{-kd})/k^2 B \frac{\sin((kL/2) \cdot \cos x) \cdot \sin((kB/2) \cdot \sin x)}{(kB/2) \cdot \sin x} (kh/2)\sin(\omega_e t),$$

$$Y = -2\rho g(1 - e^{-kd})/k^2 L \frac{\sin((kL/2) \cdot \cos x) \cdot \sin((kB/2) \cdot \sin x)}{(kL/2) \cdot \cos x} (kh/2)\sin(\omega_e t).$$

$$(17.18)$$

从单锚泊船锚情况来看，保证安全锚泊的必要条件是使锚泊力等于或大于船体所受外力。因此，在不同外界环境条件下，出链长度是不同的。船舶锚泊时，锚链将形成悬链线，并可分为卧底部分和悬链部分。由式（17.15）可知，在已知定长外力 T 的条件下，可求出最短出链长度，或者在一定出链长度时，可求出锚泊船所能抵御的外力极限。显然，在外力 T 增大

时，卧底链长就会缩短，从而减少锚的总抓力，当减小到不够抵抗外力的作用时，就可能引起走锚. 锚泊船的出链长度大于悬链长度，这就可以保证锚干与海底的夹角为 0°，为锚有最大的抓力系数创造了前提. 经过计算，得到了如表 17.19 所示的不同风级和水深所对应的出链长度参考表.

表 17.19　不同风级和水深所对应的出链长度

水深/m	风级					
	5	6	7	8	9	10
7	2.5	2.6	2.8	3.3	4.1	5.3
8	2.9	2.9	3.2	3.8	4.7	6
9	3.2	3.3	3.6	4.3	5.3	6.8
10	3.6	3.7	4	4.8	6	7.5
11	4	4	4.4	5.2	6.5	8.3
12	4.3	4.4	4.8	5.7	7.1	9
13	4.7	4.8	5.3	6.2	7.7	9.8

注：表格中的数据为出链长度，单位为节.

由模型二可以得到风级数与船舶所受最大风动力的函数关系，查阅资料可得到宽 6.3m 的船在不同流速下受到的最大力和最小力，如表 17.20 所示.

表 17.20　不同漂角和流速下宽 6.3m 船舶的受力

受力/N	流速/kn			
	1 (0.514m/s)	2 (1.028m/s)	3 (1.542m/s)	4 (2.056m/s)
漂角 90° (H/D=1.1)	58702.9	234811.6	528325.6	939245.9
漂角 10° (H/D=1.1)	6380.8	25523.0	57426.7	102092.0
漂角 10° (H/D=7)	1276.2	5104.6	11485.3	20418.4

根据海洋观测站的常年观测，近海在不同风力下的波浪情况如表 17.21 所示.

表 17.21　不同风力下波浪的特征

风级	波浪要素		
	周期/s	波高/m	波长/m
12 级 (37.05m/s)	8	5	99.84
14 级 (46.2m/s)	6	6	56.16
16 级 (56m/s)	5	7	39

可由经验公式得到 11 级风、13 级风、15 级风等的周期和波高.

通过上述所给的公式及本题中表 17.22 所给的数据，可算出这 3 个锚地的锚泊力以及外力，综合考虑各因素，最终得到锚地 A 的最大能抵抗风力的级数为 13 级左右，锚地 B 的最大能抵抗风力的级数为 11 级左右，锚地 C 的最大能抵抗风力的级数为 12~13 级左右.

表 17.22　不同锚地的抗风能力

	锚地 A	锚地 B	锚地 C
能抵抗的最大风力级数	13 级左右	11 级左右	12~13 级左右

17.6.4　模型评价及建议

对于问题一中用层次分析法建立的模型，我们根据所查阅的资料给出准则层对目标层的判断矩阵，主观因素相对较小，且一致性检验通过. 而对于方案层对准则层各准则的判断矩阵，我们根据题中所给的条件构造出判断矩阵，虽然一致性检验都通过了，但主观因素较大，可以考虑收集更多关于这3个锚地的数据及条件，从而更客观的给出判断矩阵，使矩阵的一致性更好，从而改进该模型的结果.

对于问题二中基于经验公式建立的回归模型，由 MATLAB 运行出的数据可知，该模型模拟效果较好，误差都在可允许的范围内.

对于问题三，我们考虑船舶受风、浪、流的影响，计算出船舶所受的外力，再与船舶力相比较，此过程中忽略了纵向力，由于考虑的因素较多，收集到的数据有限，从而考虑的因素不全面，因此该模型需要改进很多方面，得出的3个锚地分别能承受的最大风力级数可能会有较大的误差，为了减少走锚事故的发生，给出以下建议：

（1）如果此船周围有相对足够的水域空间，那么可以采用增加链长的方法，增加锚泊力；

（2）如果空间有限或单锚不足以提供足够的锚泊力，那么可加抛八字锚；

（3）如果没有足够的空间，那么令其起锚离开到新的锚泊位置抛锚，以免其走锚和周围的船舶形成碰撞事故；

（4）加强值守，密切关注锚地船舶，防止走锚或可以及时发现走锚，以便采取措施，最大限度地避免事故的发生.

参考文献

[1] 夏东兴，武桂秋，杨鸣. 山东省海洋灾害研究[M]. 北京：海洋出版社，1999.

[2] 胡云平，刘阳. 宁波渔业锚地船舶避风能力评价研究[J]. 武汉理工大学学报（交通科学与工程版），2011，35(1)：146 – 150.

[3] 杨春成，戴明瑞，高志华，等. 一种台风浪的数值预报方法[J]. 海洋学报：中文版，1996，18(1)：1 – 12.

[4] YING M，ZHANG W，YU H et al. An Overview of the China Meteorological Administration Tropical Cyclone Database[J]. Journal of Atmospheric and Oceanic Technology，2014，31(2)：287 – 301.

竞赛效果评述

该赛题中，第一个模型主要运用了层次分析法，考虑锚地的多方面因素，模型的操作性较好. 第二个模型需要查找各类资料，用经验公式和物理公式计算渔船的受力. 最后综合锚地的水深、渔船的锚链长度、船锚链类型等因素进行受力平衡分析给出各个锚地的最大抗风能力.

该题面向本科生，完全客观的完成赛题不现实，题目既有主观的层次分析，又有基于经验公式的回归分析，最后还有客观的受力分析. 赛题需要学生找数据找公式，既可以考察学生数据和知识获取能力，又可以考察学生客观的受力分析能力. 大部分队伍用到了层次分析法，效果良好. 当然，也有不少低年级队伍，由于知识储备不足，难以建立模型，所以还需培养建模素养.

第 **18** 章
交巡警服务平台的设置与调度

18.1 命题背景

"有困难找警察"，是家喻户晓的一句流行语. 警察肩负着刑事执法、治安管理、交通管理、服务群众四大职能. 为了更有效地贯彻实施这些职能，需要在市区的一些交通要道和重要部位设置交巡警服务平台. 每个交巡警服务平台的职能和警力配备基本相同. 由于警务资源是有限的，那么如何根据城市的实际情况与需求合理地设置交巡警服务平台、分配各平台的管辖范围、调度警务资源是警务部门面临的一个实际课题. 本章问题就是基于此背景产生的.

18.2 题目

天工讲堂二维码中附件 1 和附件 2 是某市设置交巡警服务平台的相关情况，要求建立数学模型分析研究下面的问题：

（1）附图 1 给出了该市中心城区 A 的交通网络和现有的 20 个交巡警服务平台的设置情况示意图，相关的数据信息见附件 2. 请为各交巡警服务平台分配管辖范围，使其在所管辖的范围内出现突发事件时，尽量能在 3min 内有交巡警（警车的时速为 60km/h）到达事发地.

对于重大突发事件，需要调度全区 20 个交巡警服务平台的警力资源，对进出该区的 13 条交通要道实现快速全封锁. 实际中一个平台的警力最多封锁一个路口，请给出该区交巡警服务平台警力合理的调度方案.

根据现有交巡警服务平台的工作量不均衡和有些地方出警时间过长的实际情况，拟在该区内再增加 2 至 5 个平台，请确定需要增加平台的具体个数和位置.

（2）针对全市（主城六区 A，B，C，D，E，F）的具体情况，按照设置交巡警服务平台的原则，分析研究该市现有交巡警服务平台设置方案的合理性. 如果有明显不合理，请给出解决方案.

如果该市地点 P（第 32 个节点）处发生了重大刑事案件，在案发 3min 后接到报警，犯罪嫌疑人已驾车逃跑. 为了快速搜捕嫌犯，请给出调度全市交巡警服务平台警力资源的最佳围堵方案.

附件 1：A 区和全市六区交通网络与平台设置的示意图.

说明：

（1）图中实线表示市区道路；灰线表示连接两个区之间的道路；

（2）实圆点"·"表示交叉路口的节点，没有实圆点的交叉线为道路立体相交；

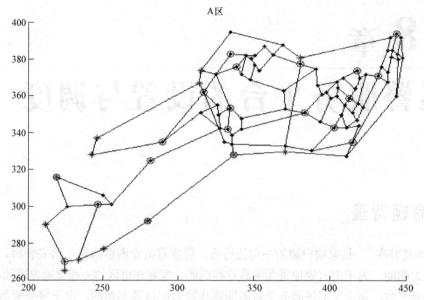

A区

附图1 A区的交通网络与平台设置的示意图

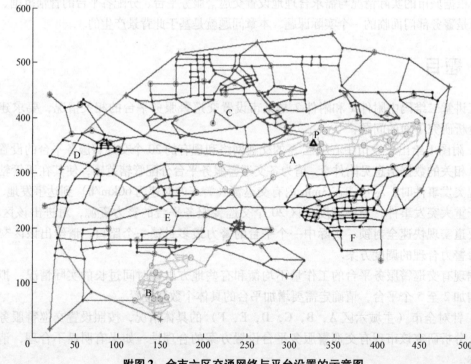

附图2 全市六区交通网络与平台设置的示意图

（3）星号"＊"表示出入城区的路口节点；

（4）圆圈"○"表示现有交巡警服务平台的设置点；

（5）圆圈加星号"⊛"表示在出入城区的路口处设置了交巡警服务平台；

（6）附图2中的不同颜色表示不同的区.

附件2：全市六区交通网络与平台设置的相关数据表（共5个工作表）.

18.3 基本假设与符号说明

18.3.1 基本假设

（1）车辆行驶畅通无阻，警车出警途中不发生拥堵等异常情况；
（2）在每个节点配置的警力及设置的交巡警服务平台的费用相当，差别不大；
（3）交巡警按最短路径驾驶车辆前往案发路口节点；
（4）犯罪嫌疑人行驶速度为 60km/h；
（5）路口节点间的道路为双向道路.

18.3.2 符号说明

符号	说　　明
i	表示 A 城区交巡警服务平台的位置标号，$i=1, 2, \cdots, 20$；
j	表示 A 城区交通网络中路口节点的标号，$j=1, 2, \cdots, 92$；
x_{ij}	0－1 决策变量，若第 i 个交巡警服务平台服务第 j 个路口节点则为 1，否则为 0；
k	表示单个交巡警服务平台服务的最多路口节点数；
w_{ij}	表示第 i 个路口节点到第 j 个路口节点的直线距离；
d_{ij}	表示第 i 个路口节点到第 j 个路口节点的最短行驶距离；
t_{ij}	表示第 i 个路口节点到第 j 个路口节点按警车时速 60km/h 驾驶所需的最短时间；
m_i	0－1 决策变量，表示第 i 个路口节点是否设置为交巡警服务平台，若设置则为 1，否则为 0；
T	表示实现全封锁所需的最短时间；
p_j	表示第 j 个路口节点的案发率（次数）；
$\bar{p}$	表示平均案发率.

18.4 问题一模型的建立与求解

18.4.1 建模准备

首先，利用附件中所给节点坐标及线路数据，用 MATLAB 编程处理，并利用 Floyd 算法 [1] 求出所给交通网络图中任意两点间的最短距离矩阵，具体方法如下：

令 $G=(V,E,F)$ 为所给的网络图，其中 $V=\{v_1, v_2\cdots, v_n\}$ 为赋权图 G 的顶点集，$E=\{e_1, e_2, \cdots, e_m\}$ 表示赋权图 G 的边集，F 为用图中坐标计算得到的有边相连的两点之间距离. 下面介绍构建最短时间矩阵的几个步骤：

（1）建立赋权邻接矩阵 $W=(w_{ij})_{n \times n}$

当 $v_iv_j \in E$ 时，$w_{ij}=F(v_iv_j)$，否则取 $w_{ii}=0$，$w_{ij}=+\infty(i \neq j)$，即：

$$w_{ij}=\begin{cases} F(v_iv_j), & v_iv_j \in E, \\ 0, & i=j, \\ +\infty, & i \neq j. \end{cases}$$

令d_{ij}表示从v_i点到v_j点的最短距离，r_{ij}表示从v_i点到v_j点的最短路中一个点的编号.

（2）求最短距离矩阵$\boldsymbol{D} = (d_{ij})_{n \times n}$

在求得赋权邻接矩阵$\boldsymbol{W} = (w_{ij})_{n \times n}$后，用 Floyd 算法求最短距离矩阵$\boldsymbol{D} = (d_{ij})_{n \times n}$，Floyd 算法具体如下：

步骤 1. 赋初值. 对所有i，j，$d_{ij} = w_{ij}$，$r_{ij} = j$. $k = 1$. 转向步骤 2；

步骤 2. 更新d_{ij}，r_{ij}. 对所有i，j，若$d_{ik} + d_{kj} < d_{ij}$，则令$d_{ij} = d_{ik} + d_{kj}$，$r_{ij} = k$，转向步骤 3；

步骤 3. 终止判断. 若$d_{ij} < 0$，则存在一条含有顶点v_i的负回路，终止；或者$k = n$终止；否则令$k = k + 1$，转向步骤 2.

于是，由此得到的矩阵$\boldsymbol{D} = (d_{ij})_{n \times n}$即为任意两点间的最短距离矩阵，$d_{ij}$就是从$v_i$到$v_j$的最短路的长度. 同时，$\boldsymbol{R} = (r_{ij})_{n \times n}$即为路径矩阵，可由$\boldsymbol{R}$来查找任何点对之间最短路的路径.

最后，根据最短距离矩阵$\boldsymbol{D}$建立最短时间矩阵$(t_{ij})_{n \times n}$，其中$t_{ij} = d_{ij}/v$，题中$v = 60\text{km/h}$.

18.4.2 第一问的解答

对第一问，先作以下处理提取所需数据：

（1）提取交巡警服务平台到路口节点的最短时间矩阵

由于每个交巡警服务平台标号与其所在的路口节点的标号相同，因此各个交巡警服务平台到各个节点的最短时间就是标号为 1 到 20 的各个节点到节点的最短时间，由此得到交巡警服务平台到路口节点的最短时间矩阵$(t_{ij})_{20 \times 92}$.

（2）预先分配 6 个特殊点

首先考虑 92 个路口节点各自到 20 个服务平台的最短时间，通过分析矩阵$(t_{ij})_{20 \times 92}$可以发现，在现有的 20 个交巡警服务平台设置下，交巡警 3min 内不能到达的路口节点标号为 28，29，38，39，61 和 92. 因此，把这些路口节点预先分配给距离它们最近的交巡警服务平台. 预先分配的结果如表 18.1 所示：

表 18.1 预先分配结果

路口节点标号	28	29	38	39	61	92
交巡警服务平台标号	15	15	16	2	7	20
出警最短时间	4.7518	5.7005	3.4059	3.6822	4.1902	3.6013

由表 18.1 的分配结果得到最长出警时间为 5.7005min. 下面建立模型.

在上述六个节点预先分配的基础上，以 3min 出警时间为限，建立一个 0-1 规划模型.

从出警次数均衡性（公平性）原则考虑，每个服务平台每日所处理的案件次数不能过多，也不能过少，过多和过少都会减小分配的公平性. 特别是在过多的情况下，不仅影响公平性，还会使服务平台因案件太多而处理不过来，从而降低整个服务平台处理案件的能力. 因此，本模型以服务平台每日处理的最多案件次数为目标函数，即

$$\min k$$

其中k表示服务平台每日处理的最大案件次数.

约束条件如下：

a. 交巡警服务平台要在 3min 内赶到其管辖的路口节点（除预先分配的路口节点外），因此，前往各节点服务的服务平台到被服务节点的最短时间应小于等于 3，即

$$x_{ij}t_{ij} \leqslant 3, i = 1, 2, \cdots, 20; j \in \{1, 2, \cdots, 92\} \setminus \{28, 29, 38, 39, 61, 92\} \tag{18.1}$$

其中，x_{ij}为决策变量：

$$x_{ij} = \begin{cases} 1, & \text{第 } i \text{ 个交巡警服务平台服务第 } j \text{ 个路口节点,} \\ 0, & \text{第 } i \text{ 个交巡警服务平台未服务第 } j \text{ 个路口节点.} \end{cases}$$

b. 预先分配的路口节点被距离各自最近的服务平台所管辖，即

$$x_{15,28} = x_{15,29} = x_{16,38} = x_{2,39} = x_{7,61} = x_{20,92} = 1 \tag{18.2}$$

c. 一般来说，现实生活中位于交巡警服务平台上的路口节点都由该服务平台自己来管理．因此，标号从 1 至 20 的路口节点由标号从 1 至 20 的服务平台管理，即

$$x_{ij} = 1, \text{ 当 } i = j \text{ 时，} i, j = 1, 2, \cdots, 20 \tag{18.3}$$

d. 每个路口节点都有交巡警服务，即

$$\sum_{i=1}^{20} x_{ij} = 1, j = 1, 2, \cdots, 92 \tag{18.4}$$

e. 每个交巡警服务平台每日处理的最多案件次数不能超过 k，为决策变量，体现出警次数均衡性，即

$$\sum_{j=1}^{92} x_{ij} p_j \leqslant k, i = 1, 2, \cdots, 20 \tag{18.5}$$

其中 p_j 表示第 j 个路口节点的案发率．

综上所述，模型（18.M1）的数学表达式如下：

$$\min k$$

$$\text{s. t.} \begin{cases} \sum\limits_{j=1}^{92} x_{ij} p_j \leqslant k, i = 1, 2, \cdots, 20, \\ x_{ij} t_{ij} \leqslant 3, i = 1, 2, \cdots, 20; j \in \{1, 2, \cdots, 92\} \setminus \{28, 29, 38, 39, 61, 92\}, \\ x_{15,28} = x_{15,29} = x_{16,38} = x_{2,39} = x_{7,61} = x_{20,92} = 1, \\ x_{ij} = 1, \text{当 } i = j \text{ 时}, i, j = 1, 2, \cdots, 20, \\ \sum\limits_{i=1}^{20} x_{ij} = 1, j = 1, 2, \cdots, 92, \\ x_{ij} \text{ 为 0 或 1}, i = 1, 2, \cdots, 20; j = 1, 2, \cdots, 92. \end{cases} \tag{18.M1}$$

模型求解：

用 LINGO 软件求解结果如表 18.2 和表 18.3 所示：目标函数值为 8.5 次．

表 18.2　路口节点分配方案

交巡警平台标号	管辖的节点标号	交巡警平台标号	管辖的节点标号
1	1、44、64、66、67、77、79、80	11	11、26、27
2	2、39、40、69、71、74	12	12、25
3	3、54、55、76	13	13、21、22、23、24
4	4、57、58、60、62、63	14	14
5	5、47、49、52、53、56、59	15	15、28、29、31
6	6、48、50、51	16	16、38
7	7、30、33、34、61	17	17、41、42、43
8	8、35、36、37、45、46	18	18、72、87、88、89、90、91
9	9、32	19	19、68、70、73、75、78
10	10	20	20、81、84、85、86、92

表 18.3　路口节点管辖次数

平台标号	1	2	3	4	5	6	7	8	9	10
出警次数	7.6	8.5	5.2	6.9	8.3	5.8	8.2	7.6	3.6	1.6
平台标号	11	12	13	14	15	16	17	18	19	20
出警次数	4.6	4.0	8.5	2.5	6.4	3.8	7.0	7.9	6.1	7.7

下面对目标函数用方差来刻画建立另外一个模型.

为每个服务平台分配管辖范围时，在满足所有路口节点（除预先分配的路口节点外）3min 内都有交巡警赶到的条件下，应追求每日出警次数均衡原则，即每个服务平台出警的次数尽可能接近平均数. 因此，以出警次数方差为目标函数，即

$$\min \sum_{i=1}^{20} \left(\sum_{j=1}^{92} x_{ij} p_j - \bar{p} \right)^2$$

其中：p_j 表示第 j 个路口节点的案发率；

$\bar{p} \left(= \sum\limits_{j=1}^{92} p_j / 20 \right)$ 表示单个服务平台每日处理案件次数的平均值.

约束条件同模型（18. M1）中的（18.1），（18.2），（18.3），（18.4）.

由此得到的模型（18. M2）数学表达式如下所示：

$$\min \sum_{i=1}^{20} \left(\sum_{j=1}^{92} x_{ij} p_j - \bar{p} \right)^2$$

$$\text{s. t.} \begin{cases} \bar{p} = \sum\limits_{j=1}^{92} p_j / 20, \\ x_{ij} t_{ij} \leq 3, \ i = 1,2,\cdots,20; \ j \in \{1,2,\cdots,92\} \setminus \{28,29,38,39,61,92\}, \\ x_{15,28} = x_{15,29} = x_{16,38} = x_{2,39} = x_{7,61} = x_{20,92} = 1, \\ x_{ij} = 1, \text{当} \ i = j \ \text{时}, \ i,j = 1,2,\cdots,20, \\ \sum\limits_{i=1}^{20} x_{ij} = 1, \ j = 1,2,\cdots,92, \\ x_{ij} \text{为 0 或 1}, \ i = 1,2,\cdots,20; \ j = 1,2,\cdots,92. \end{cases} \quad (18. M2)$$

用 LINGO 软件求解得到的结果如表 18.4 和表 18.5 所示：目标函数值 4.88585.

表 18.4　路口节点分配方案

交巡警平台标号	管辖的节点标号	交巡警平台标号	管辖的节点标号
1	1, 72, 74, 75, 76, 78, 79, 80	11	11, 25, 26, 27
2	2, 39, 40, 69, 70	12	12,
3	3, 44, 54, 55, 66, 68	13	13, 21, 22, 23, 24
4	4, 57, 60, 62, 63, 64, 65	14	14
5	5, 49, 50, 53	15	15, 28, 29, 31
6	6, 51, 52, 56, 58, 59	16	16, 34, 36, 38
7	7, 30, 48, 61	17	17, 41, 42, 43
8	8, 35, 37, 46, 47	18	18, 73, 77, 84, 88, 90, 91
9	9, 32, 33, 45	19	19, 67, 71, 81, 82, 83
10	10	20	20, 85, 86, 87, 89, 92

表 18.5　路口节点管辖次数

平台标号	1	2	3	4	5	6	7	8	9	10
出警次数	7.9	7.2	6.9	7.3	5.8	6.4	6.5	6.7	6.4	1.60
平台标号	11	12	13	14	15	16	17	18	19	20
出警次数	6.2	2.4	8.5	2.5	6.4	6.6	7.0	7.3	7.1	7.8

18.4.3　第二问的解答

若发生重大突发事件，需要调度全区 20 个交巡警服务平台的警力资源对进出该区的 13 条交通要道实现快速全封锁. 为了达到此目的，只需要封锁标号为 12，14，16，21，22，23，24，28，29，30，38，48 和 62 这 13 个路口节点即可. 为了实现快速全封锁，所建立的模型必须用最短的时间赶到上述 13 个路口节点，这样问题就转化成了单目标 0-1 规划模型. 首先提取交巡警服务平台到出入 A 区的 13 个路口节点的最短时间矩阵. 根据最短时间矩阵，找出 20 个交巡警服务平台到出入 A 区的 13 个路口节点的最短时间矩阵 $(t_{ij})_{20 \times 13}$，其中行表示交巡警服务平台的编号，列表示 13 条交通要道路口的节点标号.

为了实现快速全封锁，所建立的模型必须以最快的时间赶到上述 13 个路口节点，这样问题就转化成了单目标 0-1 规划模型. 在相应的规划模型中，以第 i 个交巡警服务平台是否服务第 j 个路口节点为 0-1 决策变量，以实现全封锁所需最短时间为目标函数，使用 0-1 规划模型来建模.

以实现全封锁所需最长时间最小为目标函数，即

$$\min T$$

其中，T 为实现全封锁所需的最长时间.

约束条件为：

a. 第 i 个交巡警服务平台服务第 j 个路口节点所需的时间必须小于等于实现全封锁所需的最长时间，即

$$x_{ij} t_{ij} \leqslant T, \ i = 1, 2, \cdots, 20; \ j = 1, 2, \cdots, 13 \tag{18.6}$$

其中，x_{ij} 为决策变量：

$$x_{ij} = \begin{cases} 1, & \text{第 } i \text{ 个交巡警服务平台服务第 } j \text{ 个路口节点，} \\ 0, & \text{第 } i \text{ 个交巡警服务平台未服务第 } j \text{ 个路口节点.} \end{cases}$$

b. 每条交通要道所在的路口节点都有交巡警服务，即

$$\sum_{i=1}^{20} x_{ij} = 1, j = 1, 2, \cdots, 13 \tag{18.7}$$

c. 每个交巡警服务平台至多服务一条交通要道，即

$$\sum_{j=1}^{13} x_{ij} \leqslant 1, i = 1, 2, \cdots, 20 \tag{18.8}$$

综上所述，模型（18.M3）的表达式如下所示：

$$\min T$$

$$
\text{s. t. }
\begin{cases}
\displaystyle\sum_{i=1}^{20} x_{ij} = 1, j = 1,2,\cdots,13, \\[2mm]
x_{ij} t_{ij} \leqslant T, i = 1,2,\cdots,20; j = 1,2,\cdots,13, \\[2mm]
\displaystyle\sum_{j=1}^{13} x_{ij} \leqslant 1, i = 1,2,\cdots,20, \\[2mm]
x_{ij} \text{ 为 } 0 \text{ 或 } 1, i = 1,2,\cdots,20; j = 1,2,\cdots,13.
\end{cases}
\tag{18. M3}
$$

用 LINGO 求解得到的方案如表 18.6 所示：全封锁所需要的最长时间为 $T = 8.015457$，所需总时间为 68.0538min.

表 18.6 要封锁的路口节点分配方案

封锁要道 节点编号	交巡警平台编号	所需的时间	封锁要道 节点编号	交巡警平台编号	所需的时间
12	A10	7.5866	28	A 15	4.7518
14	A 16	6.7417	29	A 7	8.0155
16	A 9	1.5325	30	A 5	3.1829
21	A 11	5.0723	38	A 1	5.8809
22	A 12	6.8825	48	A 8	3.0995
23	A 14	6.4733	62	A 20	6.4489
24	A 13	2.3854			

同时，利用 Floyd 算法得到的路径矩阵 R，可以查出各个交巡警服务平台调度警力资源封锁各路口的最短路径，例如表 18.4 中 10 号交巡警平台封锁 12 号路口节点所应该走的最短路径为：$10 \rightarrow 26 \rightarrow 27 \rightarrow 12$.

虽然模型（18. M3）已经找到了实现全封锁所需的最短时间，但是所得到的方案并不一定能使在满足以最短时间实现全封锁条件下，所有服务平台实现全封锁所用的总时间最小. 为了弥补模型（18. M3）的不足，模型（18. M4）以第 i 个服务平台是否服务第 j 个路口节点为 0-1 决策变量，以所有服务平台实现全封锁所用的总时间最小为目标函数，并把模型（18. M3）得到的 T 值作为约束条件，使用 0-1 规划来建模.

该模型不但能以最短的时间实现全封锁，还能使所有服务平台实现全封锁所用的总时间最小.

以所有服务平台实现全封锁所用的总时间最小为目标函数，即

$$\min \sum_{i=1}^{20} \sum_{j=1}^{92} x_{ij} t_{ij}$$

约束条件如下：

每个服务平台赶到要封锁的路口节点所需的时间要小于等于模型中得到的 T（$=8.015457$），即

$$x_{ij} t_{ij} \leqslant 8.0155, i = 1,2,\cdots,20; j = 1,2,\cdots,13;$$

其他约束条件同模型（18. M3）中（18.7）和（18.8）.

综上所述，模型（18. M4）的数学表达式如下所示：

$$\min \sum_{i=1}^{20} \sum_{j=1}^{92} x_{ij} t_{ij}$$

$$\text{s. t.} \begin{cases} \sum_{i=1}^{20} x_{ij} = 1, \ j = 1,2,\cdots,13, \\ x_{ij} t_{ij} \leqslant 8.015457, \ i = 1,2,\cdots,20; \ j = 1,2,\cdots,13, \\ \sum_{j=1}^{13} x_{ij} \leqslant 1, \ i = 1,2,\cdots,20, \\ x_{ij} \text{为 0 或 1}, \ i = 1,2,\cdots,20; j = 1,2,\cdots,13. \end{cases} \quad (18.\text{M4})$$

用 LINGO 求解得到的方案如表 18.7 所示：所需总时间为 46.1884min.

表 18.7　要封锁的路口节点分配方案

封锁要道 节点编号	交巡警 平台编号	所需的时间	封锁要道 节点编号	交巡警 平台编号	所需的时间
12	12	0	28	15	4.751842
14	16	6.741662	29	7	8.015457
16	9	1.53254	30	8	3.06082
21	14	3.264966	38	2	3.982186
22	10	7.707918	48	5	2.475826
23	13	0.5	62	4	0.35
24	11	3.805274			

通过比较表 18.6 和表 18.7，在全封锁所需最短时间相同的情况下，模型（18.M4）得到的所有服务平台实现全封锁所用的总时间为 46.1885min，明显优于模型（18.M3）的 68.0538min，因此，模型（18.M4）更合理.

18.4.4　第三问的解答

在给 A 区增加服务平台时，模型应遵循出警时间短和出警次数均衡这两个原则. 出警时间短要求交巡警在 3min 甚至更短的时间内赶到案发现场，出警次数均衡原则要求每个服务平台处理的案件次数尽量均衡.

以第 i 个服务平台是否服务第 j 个路口节点和第 j 个路口节点是否设置为服务平台为 $0-1$ 决策变量，以服务平台每日处理的最多案件次数为目标函数，使用 $0-1$ 整数规划方法来建模.

从公平性原则考虑，每个服务平台每日所处理的案件次数不能过多，也不能过少，即要求均衡. 以服务平台每日处理的最多案件次数作为衡量出警次数均衡的指标，并以此为目标函数建立模型，即

$$\min k$$

其中，k 表示服务平台每日处理的最大案件次数.

约束条件如下：

a. 原先 20 个交巡警服务平台保持不变，即

$$m_i = 1, i = 1,2,\cdots,20 \quad (18.9)$$

$$m_i = \begin{cases} 1, & \text{第 } i \text{ 个路口节点设置为交巡警服务平台;} \\ 0, & \text{否则.} \end{cases} \quad i = 21, 22, \cdots, 92;$$

b. 标号为 1 至 20 的路口节点的案件都由它们各自所在的交巡警处理，即

$$x_{ij} = 1，当 i = j 时，i = 1,2,\cdots,20 \tag{18.10}$$

c. 从标号为 21 至 92 个路口节点中选出 2 至 5 个设为服务平台，即

$$2 \leqslant \sum_{i=21}^{92} m_i \leqslant 5，i = 21,22,\cdots,92 \tag{18.11}$$

d. 每个路口节点都有交巡警服务，即

$$\sum_{i=1}^{92} x_{ij} = 1，j = 1,2,\cdots,92 \tag{18.12}$$

e. 交巡警要在 3min 内赶到案发现场，因此，前往各节点服务的服务平台到被服务节点的最短时间小于等于 3，即

$$x_{ij}t_{ij} \leqslant 3，i = 1,2,\cdots,92；j = 1,2,\cdots,92 \tag{18.13}$$

其中（t_{ij}）在此处表示 92 个节点之间的最短时间矩阵，即 $(t_{ij})_{92 \times 92}$；x_{ij} 为决策变量，$x_{ij} = \begin{cases} 1，第 i 个交巡警服务平台服务第 j 个路口节点， \\ 0，第 i 个交巡警服务平台未服务第 j 个路口节点. \end{cases}$ $i = 1, 2, \cdots, 92；j = 1, 2, \cdots, 92.$

f. 每一个路口节点只被一个服务平台服务，即

$$x_{ij} \leqslant m_i，i = 21,22,\cdots,92；j = 1,2,\cdots,92 \tag{18.14}$$

g. 每个交巡警服务平台处理的最多案件次数不能超过 k，即

$$\sum_{j=1}^{92} x_{ij}p_j \leqslant k，i = 1,2,\cdots,92 \tag{18.15}$$

综上所述，模型（18. M5）的数学表达式如下所示：

$$\min k$$

$$\text{s. t.} \begin{cases} m_i = 1，i = 1,2,\cdots,20， \\ x_{ij} = 1，当 i = j 时，i = 1,2,\cdots,20， \\ 2 \leqslant \sum_{i=21}^{92} m_i \leqslant 5，i = 21,22,\cdots,92， \\ \sum_{i=1}^{92} x_{ij} = 1，j = 1,2,\cdots,92， \\ x_{ij}t_{ij} \leqslant 3，i = 1,2,\cdots,92；j = 1,2,\cdots,92， \\ x_{ij} \leqslant m_i，i = 21,22,\cdots,92；j = 1,2,\cdots,92， \\ \sum_{j=1}^{92} x_{ij}p_j \leqslant k，i = 1,2,\cdots,92， \\ x_{ij} = 0 或 1，i = 1,2,\cdots,92；j = 1,2,\cdots,92. \end{cases} \tag{18. M5}$$

用 LINGO 软件求解得到如下结果：

新增交巡警服务平台应设在标号为 21，29，40，48 和 88 的路口节点. 观察后发现每个服务平台每日处理的案件次数还是不够均衡.

由题意得 A 区服务平台的个数在 20~25 之间，所以一般来说每个服务平台所管辖的路口节点个数在 3~5 个之间，而 A 区各节点平均案发率为 1.352，由此得到每个服务平台处理案件次数一般在 4.1~6.8 之间.

根据上面得到的数据，该模型求解得到的每日处理案件次数不够合理的服务平台的标号如表 18.8 所示：

表 18.8　每日处理案件次数不够合理的服务平台

交巡警服务平台标号	10	12	14	15	17
每日处理案件次数	1.6	4	2.5	2.1	2.7

下面介绍模型可改进之处.

若考虑经济成本，多设置一个服务平台必定会增加财政的投入，所以相关部门在同等情况下会尽量少新增服务平台. 为了达到此目的，本文把条件（18.11）中的 5 分别改为 4 和 3，并用 LINGO 软件求解得到如下结果：

当 5 改为 3 时，无解.

当 5 改为 4 时，新增的交巡警服务平台应设在标号为 29、39、48 和 88 的路口节点，每日处理案件次数不够合理的服务平台标号如表 18.9 所示：

表 18.9　每日处理案件次数不够合理的服务平台

交巡警服务平台标号	1	9	10	12	13	14	15	16	29	49
每日处理案件次数	8.4	8.2	1.6	4	8.5	2.5	2.1	3.8	2.7	7

通过比较表 18.8 和表 18.9，发现在该模型中多增设一个服务平台对服务平台每日处理案件次数的均匀性有明显的改善，因此在财政充裕的情况下相关部门选择增设 5 个交巡警服务平台是合理的.

在满足所有节点 3min 内都有交巡警赶到的情况下，以交巡警服务平台每日处理案件次数的方差作为衡量出警次数均衡性的指标，可以建立另一个 0 - 1 规划模型.

在增设服务平台时，该模型的目标函数是交巡警服务平台每日处理案件次数的方差最小，即

$$\min \sum_{i=1}^{92} m_i \left(\sum_{j=1}^{92} x_{ij} p_j - \bar{p} \right)^2$$

其中 $\bar{p} = \left(\sum_{j=1}^{92} p_j \right) / \sum_{i=1}^{92} m_i$ 表示服务平台每日处理案件次数的平均值.

综上所述，模型（18. M6）的数学表达式如下：

$$\min \sum_{i=1}^{92} m_i \left(\sum_{j=1}^{92} x_{ij} p_j - \bar{p} \right)^2$$

$$\text{s. t.} \begin{cases} m_i = 1, \ i = 1,2,\cdots,20, \\ x_{ij} = 1, \ \text{当} \ i = j \ \text{时}, \ i,j = 1,2,\cdots,20, \\ 2 \leqslant \sum_{i=21}^{92} m_i \leqslant 5, \ i = 21,22,\cdots,92, \\ \sum_{i=1}^{92} x_{ij} = 1, \ j = 1,2,\cdots,92, \\ x_{ij} t_{ij} \leqslant 3, \ i = 1,2,\cdots,92; \ j = 1,2,\cdots,92, \\ x_{ij} \leqslant m_i, \ i = 21,22,\cdots,92; \ j = 1,2,\cdots,92, \\ \bar{p} = \left(\sum_{j=1}^{92} p_j \right) / \sum_{i=1}^{92} m_i, \\ x_{ij}, m_i \ \text{为} \ 0 \ \text{或} \ 1, \ i = 1,2,\cdots,92; \ j = 1,2,\cdots,92. \end{cases} \quad (18. \text{M6})$$

用 LINGO 软件求解得到如下结果：

新增交巡警服务平台应设在标号为 29、40、48、86 和 89 的路口节点，服务平台每日处理案件次数不够合理的服务平台的标号如表 18.10 所示：

表 18.10　每日处理案件次数不够合理的服务平台（一）

交巡警服务平台标号	10	13	14	15	17	20	29	86
每日处理案件次数	1.6	8.5	2.5	3.7	7	3.9	2.7	3.7

模型可改进之处如下：

若考虑经济成本，用模型（18.M6）中的方法求解得到：

当 5 改为 3 时，无解.

当 5 改为 4 时，新增的交巡警服务平台应设在标号为 29、40、48 和 88 的路口节点，每日处理案件次数不够合理的服务平台标号如表 18.11 所示：

表 18.11　每日处理案件次数不够合理的服务平台（二）

交巡警服务平台标号	10	13	14	15	17	29	40	9
每日处理案件次数	1.6	8.5	2.5	3.7	7	2.7	4.1	3.8

通过比较表 18.10 和表 18.11，发现多增设一个服务平台对服务平台每日处理案件次数的均衡性没有明显的改善，多增设的那个服务平台只是分担了那些能正常处理案件的平台的工作，效果不好，反而还增加了财政负担. 在这种情况下，一般新增设 4 个服务平台比较合理.

模型（18.M6）从公平原则出发，求出了在满足所有节点 3min 内都有交巡警赶到情况下，服务平台每日处理的最多案件次数的最小值 k，但是在此模型下求出的方案并不一定能使所有服务平台总出警时间最小.

为了弥补模型（18.M6）的不足，模型（18.M7）以第 i 个服务平台是否服务第 j 个路口节点和第 j 个路口节点是否设置为服务平台为 $0-1$ 决策变量，以所有服务平台的总出警时间最小为目标函数，并把模型（18.M6）得到的 k 值，不妨设为 k_1 引入约束条件，使用 $0-1$ 规划来建模.

该模型不但能使各个交巡警服务平台出警次数尽量均衡，还能使所有服务平台总出警时间最小.

以所有交巡警服务平台的总出警时间最小为目标函数，即

$$\min \sum_{i=1}^{92} \sum_{j=1}^{92} x_{ij} t_{ij} p_j$$

其中，t_{ij} 在此处表示 92 个节点之间的最短时间矩阵，即 $(t_{ij})_{92 \times 92}$.

把模型（18.M6）中，约束条件（18.15）中 k 改为 k_1，即

$$\sum_{j=1}^{92} x_{ij} p_j \leqslant k_1, i = 1, 2, \cdots, 92$$

其余约束条件如（18.9），（18.10），（18.11），（18.12），（18.13），（18.14）.

综上，得到的模型（18.M7）的数学表达式如下：

$$\min \sum_{i=1}^{92} \sum_{j=1}^{92} x_{ij} t_{ij} p_j$$

$$\text{s. t.} \begin{cases} m_i = 1, i = 1,2,\cdots,20, \\ x_{ij} = 1, \text{当} i = j \text{时}, i,j = 1,2,\cdots,20, \\ 2 \leqslant \sum\limits_{i=21}^{92} m_i \leqslant 5, i = 21,22,\cdots,92, \\ \sum\limits_{i=1}^{92} x_{ij} = 1, j = 1,2,\cdots,92, \\ x_{ij}t_{ij} \leqslant 3, i = 1,2,\cdots,20; j = 1,2,\cdots,92, \\ x_{ij} \leqslant m_i, i = 1,2,\cdots,92; j = 1,2,\cdots,92, \\ \sum\limits_{j=1}^{92} x_{ij} p_j \leqslant k_1, i = 1,2,\cdots,92, \\ x_{ij}, m_i \text{为 0 或 1 变量}, i = 1,2,\cdots,92; j = 1,2,\cdots,92. \end{cases} \tag{18. M7}$$

用 LINGO 软件求解得到如下结果:

新增交巡警服务平台应设在标号为 21、29、40、48 和 88 的路口节点. 每日处理案件次数不够合理的服务平台的标号如表 18.12 所示:

表 18.12　每日处理案件次数不够合理的服务平台（三）

交巡警服务平台标号	10	12	14	15	21	29
每日处理案件次数	1.6	8.5	2.5	3.7	7	2.7

模型改进之处如下:

按照模型（18. M7）中的方法，对模型进行改进，得到如下结果:

新增交巡警服务平台应设在标号为 29、39、48 和 88 的路口节点. 在此情况下，每日处理案件次数不够合理的服务平台如表 18.13 所示:

表 18.13　每日处理案件次数不够合理的服务平台（四）

交巡警服务平台标号	1	9	10	12	13	14	15	16	29	48
每日处理案件次数	8.4	8.2	1.6	4	8.5	2.5	2.1	3.8	2.7	3.1

通过比较表 18.12 和表 18.13，发现在该模型中多增设一个服务平台对服务平台每日处理案件次数的均匀性有明显的改善，因此在财政充裕的情况下相关部门会选择增设 5 个交巡警服务平台.

上述三个模型求得的方案优缺点比较见表 18.14.

表 18.14　三个模型求得的方案优缺点比较

模型	模型（18. M5）	模型（18. M6）	模型（18. M7）
增设的服务平台个数	5	4	5
增设的服务平台节点位置	21，29，40，48，88	29，40，48，88	21，29，40，48，88
优点	均衡性最好	最经济，均衡性较差	总出警时间最小，均衡性较好

18.5 问题二模型的建立与求解

18.5.1 第一问的解答

1. 评价指标体系的建立

针对全市的具体情况，为了准确地评价交巡警服务平台设置方案的合理性，首先需要建立一套正确的评价体系. 从交巡警服务平台的原则和任务出发，本文选用如下3个指标：

指标1：出警时间

出警时间是指从交巡警服务平台赶到其所管辖的路口节点所用的时间，该指标越短越好.

指标2：出警次数均衡性

该指标是使交巡警服务平台的出警次数尽量均衡，可以用服务平台出警次数的方差和每个服务平台每日处理案件次数最多的最小表示，即

$$\min\left\{\max_{i=1,\cdots,20}\sum_{j=1}^{n}x_{ij}p_{j}\right\}$$

指标3：总出警时间

总出警时间是指所有交巡警服务平台赶往案发点所花时间之和，即

$$\sum_{i=1}^{m}\sum_{j=1}^{n}x_{ij}t_{ij}p_{j}$$

在实际生活中，出警时间最重要，出警次数均衡性次之，总出警时间作用最弱.

为表述方便，补充定义如下符号：

令 $z=1,2,3,4,5,6$ 表示 A，B，C，D，E，F 六个区，a_z 表示第 z 区的节点数量，b_z 表示第 z 区的平台数量.

根据指标1可建立现有方案出警时间评价模型（18.M8）如下：

以第 i 个交巡警服务平台是否服务第 j 个路口节点为 $0-1$ 决策变量，以最短出警赶到时间为目标函数，建立 $0-1$ 规划模型. 模型（18.M8）如下所示：

$$\min T$$

$$\text{s.t.}\begin{cases}\displaystyle\sum_{i=1}^{b_z}x_{ij}=1,\ j=1,2,\cdots,a_z,\\ x_{ij}t_{ij}\leqslant T,\ i=1,2,\cdots,b_z;\ j=1,2,\cdots,a_z,\end{cases}\tag{18.M8}$$

其中：x_{ij} 为 $0-1$ 决策变量，$i=1,2,\cdots,b_z$；$j=1,2,\cdots,a_z$；

$\displaystyle\sum_{i=1}^{b_z}x_{ij}=1,j=1,2,\cdots,a_z$ 表示每个路口节点都有交巡警服务；

$x_{ij}t_{ij}\leqslant T,i=1,2,\cdots,b_z;j=1,2,\cdots,a_z$ 表示交巡警要在 3min 内赶到案发现场.

根据指标2建立现有方案出警率均衡评价模型（18.M9）如下：

以第 i 个交巡警服务平台是否服务第 j 个路口节点为 $0-1$ 决策变量，以每个服务平台每日处理案件个数最多的最小为目标函数，并把模型（18.M8）得到的 T 值代入约束条件，建立 $0-1$ 规划模型. 模型（18.M9）如下所示：

$$\min k$$

$$\text{s. t.} \begin{cases} \sum_{j=1}^{a_z} x_{ij} p_j \leqslant k, \ i = 1,2,\cdots,b_z, \\ x_{ij} t_{ij} \leqslant T, \ i = 1,2,\cdots,b_z; \ j = 1,2,\cdots,a_z, \\ \sum_{i=1}^{b_z} x_{ij} = 1, \ j = 1,2,\cdots,a_z. \end{cases} \tag{18. M9}$$

其中: T 用模型 (18. M8) 得到的数据代入;

x_{ij} 为 0 – 1 决策变量, $i = 1,2,\cdots,b_z; j = 1,2,\cdots,a_z;$

$\sum_{j=1}^{a_z} x_{ij} p_j \leqslant k, i = 1,2,\cdots,b_z$ 表示每个服务平台处理的案件个数不超过 k. 或以第 i 个交巡警服务平台是否服务第 j 个路口节点为 0 – 1 决策变量, 以交巡警服务平台出警次数的方差最小为目标函数, 用模型 (18. M8) 得到的 T 值代入约束条件, 建立 0 – 1 规划模型. 模型 (18. M10) 如下所示:

$$\min \sum_{i=1}^{b_z} \left(\sum_{j=1}^{a_z} x_{ij} p_j - \overline{p_z} \right)^2$$

$$\text{s. t.} \begin{cases} \overline{p_z} = \sum_{j=1}^{a_z} p_j / b_z, z = 1,2,3,4,5,6, \\ x_{ij} t_{ij} \leqslant T, i = 1,2,\cdots,b_z; \ j = 1,2,\cdots,a_z, \\ \sum_{i=1}^{b_z} x_{ij} = 1, j = 1,2,\cdots,a_z. \end{cases} \tag{18. M10}$$

其中: T 用模型 (18. M8) 得到的数据代入;

$\overline{p_z} = \sum_{j=1}^{a_z} p_j / b_z, z = 1,2,3,4,5,6$ 表示该市 A, B, C, D, E, F 六个区的平均案发率;

其他约束条件含义同模型 (18. M8).

根据指标 3 建立现有方案总出警时间评价模型 (18. M11).

以第 i 个交巡警服务平台是否服务第 j 个路口节点为 0 – 1 决策变量, 以总出警时间为目标函数, 并把模型 (18. M8) 和模型 (18. M9) 得到的 T 值和 k 值代入约束条件, 建立 0 – 1 规划模型. 模型 (18. M11) 如下所示:

$$\min \sum_{i=1}^{b_z} \sum_{j=1}^{a_z} x_{ij} t_{ij} p_j$$

$$\text{s. t.} \begin{cases} \sum_{i=1}^{b_z} x_{ij} = 1, \ j = 1,2,\cdots,a_z, \\ x_{ij} t_{ij} \leqslant T, \ i = 1,2,\cdots,b_z; \ j = 1,2,\cdots,a_z, \\ \sum_{j=1}^{a_z} x_{ij} p_j \leqslant k, \ i = 1,2,\cdots,b_z. \end{cases} \tag{18. M11}$$

其中 T 和 k 用模型 (18. M8) 和模型 (18. M9) 得到的数据代入; 其他约束条件含义同模型 (18. M9).

2. 根据指标建立优化后方案的评价模型

在现有方案不合理的情况下，为方便起见，本模型首先采用对交巡警服务平台重新选址的方式进行优化. 为此，根据上述 3 个指标建立优化后方案的评价模型. 通过比较现有方案和优化后方案的指标，确定现有方案是否合理，是否需要改进.

根据指标 1 建立优化后方案出警赶到时间评价模型（18. M12）.

以第 i 个交巡警服务平台是否服务第 j 个路口节点和第 j 个路口节点是否设为交巡警服务平台为 $0-1$ 决策变量，以出警时间最大的最小为目标函数，建立 $0-1$ 规划模型. 模型（18. M12）如下所示：

$$\min T$$

$$\text{s. t.} \begin{cases} \sum_{i=1}^{a_z} x_{ij} = 1, j = 1,2,\cdots,a_z, \\ x_{ij}t_{ij} \leqslant T, i = 1,2,\cdots,a_z; j = 1,2,\cdots,a_z, \\ x_{ij} \leqslant m_i, i = 1,2,\cdots,a_z, j = 1,2,\cdots,a_z, \\ \sum_{i=1}^{a_z} m_i = b_z \\ x_{ij}, m_i \text{ 为 } 0-1 \text{ 变量}, i = 1,2,\cdots,a_z, j = 1,2,\cdots,a_z \end{cases} \quad (18. M12)$$

其中：$\sum_{i=1}^{a_z} x_{ij} = 1, j = 1,2,\cdots,a_z$ 表示每个路口节点都有交巡警服务；

$x_{ij} \leqslant m_i, i = 1,2,\cdots,a_z, j = 1,2\cdots,a_z$ 为可行性约束；

$\sum_{i=1}^{a_z} m_i = b_z$，表示新设置的交巡警服务平台总数和原先相等.

根据指标 2 建立优化后方案出警率均衡评价模型（18. M13）.

以每个服务平台每日处理案件个数最多的最小为目标函数，并把模型（18. M12）得到的 T 代入约束条件，建立 $0-1$ 规划模型. 模型（18. M13）如下所示：

$$\min k$$

$$\text{s. t.} \begin{cases} \sum_{j=1}^{a_z} x_{ij} p_j \leqslant k, i = 1,2,\cdots,a_z, \\ \sum_{i=1}^{a_z} x_{ij} = 1, j = 1,2,\cdots,a_z, \\ x_{ij}t_{ij} \leqslant T, i = 1,2,\cdots,a_z; j = 1,2,\cdots,a_z, \\ x_{ij} \leqslant m_i, i = 1,2,\cdots,a_z, j = 1,2\cdots,a_z, \\ \sum_{i=1}^{a_z} m_i = b_z, \\ x_{ij}, m_i \text{ 为 } 0-1 \text{ 变量}, i = 1,2,\cdots,a_z, j = 1,2,\cdots,a_z. \end{cases} \quad (18. M13)$$

其中：T 用模型（18. M12）得到的数据代入；

$\sum_{j=1}^{a_z} x_{ij} p_j \leqslant k, i = 1,2,\cdots,a_z$ 表示每个服务平台处理的案件个数不超过 k；其他条件含义同模型（18. M12）. 或以交巡警服务平台出警次数的方差为目标函数，用模型（18. M12）得到

的 T 值作为约束条件，建立 $0-1$ 规划模型，模型（18.M14）如下所示

$$\min \sum_{i=1}^{a_z} m_i \left(\sum_{j=1}^{a_z} x_{ij} p_j - \overline{p_z} \right)^2$$

$$\text{s.t.} \begin{cases} \overline{p_z} = \sum_{j=1}^{a_z} p_j / \sum_{i=1}^{a_z} m_i, \\ \sum_{i=1}^{a_z} x_{ij} = 1, j = 1,2,\cdots,a_z, \\ x_{ij} t_{ij} \leqslant T, i = 1,2,\cdots,a_z; j = 1,2,\cdots,a_z, \\ x_{ij} \leqslant m_i, i = 1,2,\cdots,a_z, j = 1,2,\cdots,a_z, \\ \sum_{i=1}^{a_z} m_i = b_z, \\ x_{ij}, m_i \text{ 为 } 0-1 \text{ 变量}, i = 1,2,\cdots,a_z, j = 1,2,\cdots,a_z. \end{cases} \quad (18.\text{M}14)$$

其中：T 用模型（18.M12）得到的数据代入；

$\overline{p_z} = \sum_{j=1}^{a_z} p_j / \sum_{i=1}^{a_z} m_i$，表示该市 z 区（为 A，B，C，D，E，F 六个区中的一个）平均每个服务平台每日需处理的案发率；其他条件含义同模型（18.M12）.

根据指标 3 建立优化后方案总出警时间评价模型（18.M15）.

以总出警时间为目标函数，并把模型（18.M12）和模型（18.M13）得到的 T 和 k 代入约束条件，建立 $0-1$ 规划模型. 模型（18.M15）如下所示：

$$\min \sum_{i=1}^{a_z} \sum_{j=1}^{a_z} x_{ij} t_{ij} p_j$$

$$\text{s.t.} \begin{cases} \sum_{j=1}^{a_z} x_{ij} p_j \leqslant k, i = 1,2,\cdots,a_z, \\ \sum_{i=1}^{a_z} x_{ij} = 1, j = 1,2,\cdots,a_z, \\ x_{ij} t_{ij} \leqslant T, i = 1,2,\cdots,a_z; j = 1,2,\cdots,a_z, \\ x_{ij} \leqslant m_i, i = 1,2,\cdots,a_z, j = 1,2,\cdots,a_z, \\ \sum_{i=1}^{a_z} m_i = b_z, \\ x_{ij}, m_i \text{ 为 } 0-1 \text{ 变量}, i = 1,2,\cdots,a_z, j = 1,2,\cdots,a_z. \end{cases} \quad (18.\text{M}15)$$

其中：T 和 k 用模型（18.M12）和模型（18.M13）得到的数据代入；其他含义同模型（18.M12）.

对模型（18.M13），模型（18.M14）和模型（18.M15）可改进如下：

若用模型（18.M13），模型（18.M14）和模型（18.M15）求解得到的方案还是不够理想，则对不合理的方案用增设交巡警服务平台的方式进行改进. 此时，只要在模型（18.M13），模型（18.M14）和模型（18.M15）适当扩大 b_z 的值即可.

3. 现有交巡警服务平台设置方案的合理性评价

用 LINGO 软件求解可得下述结果.

1）现有方案的各个指标见表 18.15.

表 18.15　现有方案的各个指标

区号	A	B	C	D	E	F
最长出警到达时间	5.7005	4.470312	6.8605	16.06282	19.1051	8.47985
最多出警次数	7	8.4	13.1	7.7	8.4	10.8
出警次数方差	1.8919	0.0175	10.8905	0.1133	0.5557	2.6165
总的出警时间	142.90	97.01	403.307	176.3078	379.44	293.16

2）以重设平台方式优化后方案的各个指标见表 18.16.

表 18.16　以重设平台方式优化后方案的各个指标

区号	A	B	C	D	E	F
最长出警到达时间	3.4713	3	4.6	6.8529	5.0221	7.5932
最多出警次数	7	8.4	13.1	8.5	9.5	10.8
出警次数方差	1.9949	0.0275	8.4634	4.8911	7.7637	3.5147
总的出警时间	135.6697	73.97	344.54	121.55	306.21	223.32

3）合理性评价.

比较表 18.15 和表 18.16，发现用重设平台方式得到优化后方案在最长出警时间方面有了很大的改善，而其他的指标变化不是很明显，这说明现有方案不够合理需要改进.

在实际情况中，出警时间起着决定性的作用，这是设立交巡警服务平台的第一原则. 只有在满足该原则下，考虑公平性才有意义. 观察表 18.16 发现，在 A 区和 B 区，出警时间与要求的 3min 之内赶到比较接近. 考虑到实际中该市的道路本身分布的也够均匀，增设服务平台又需要成本，所以本文就认为 A 区和 B 区通过重设服务平台就能得到较合理的方案. 对于 C，D，E，F 区则需要通过增设服务平台方式来优化，得到的评价结果如表 18.17 所示：

表 18.17　以增设平台的方法得到优化后方案的各个指标

区号	C	D	E	F
最长出警到达时间	4	4.6057	4.2202	4.1012
最多出警次数	8.4	7.5	8	8
出警次数方差	6.4316	6.7758	2.9893	6.0333
总的出警时间	274.89	130.44	247.53	176.26

比较表 18.16 和表 18.17，发现用增设服务平台的方法得到优化后方案在出警时间方面有了较大的改善，而其他的指标也有一定程度改善.

4. 现有方案调整

根据指标评价结果，我们给出如下调整方案：A 区和 B 区只需重设服务平台，C 至 F 区则要增设服务平台，具体调整方案如表 18.18 所示：

表 18.18   以增设平台方式得到的调整方案

城区	各交巡警服务平台位置所在节点标号
C	166，167，171，175，179，186，191，201，210，219，224，225，227，244，247，254，261，269，271，276，287，291，296，311，316
D	321，324，325，330，334，337，343，345，347，361，362，370
E	373，375，379，385，387，388，391，398，403，408，419，441，446，453，457，458，466，468
F	475，478，479，482，483，485，492，507，521，525，540，548，553，372，567，575，577，582

在财政紧张的时候，通过重设服务平台也能得到较好的结果，其调整方案如表 18.19 所示：

表 18.19   以重设平台方式得到的调整方案

城区	各交巡警服务平台位置所在节点标号
A	3，4，5，9，10，17，18，20，21，24，27，29，31，36，40，48，59，69，76，89
B	99，102，106，116，123，133，147，164
C	167，169，170，173，175，179，186，201，210，213，228，240，262，272，286，307，314
D	320，324，326，329，334，341，361，367，170
E	384，387，388，391，396，403，405，418，423，429，448，450，456，457，460
F	489，498，511，518，539，542，548，553，557，569，576

18.5.2   第二问的解答

1. 方案 1

主要思想：为了围堵犯罪嫌疑人，要求警察先于犯罪嫌疑人到达其可能的出逃路口节点，为此我们首先利用 MATLAB 编程，计算出犯罪嫌疑人从地点 p（第 32 个节点）直达的节点集，然后解一个 0-1 规划问题，如存在解，则按此解给出围堵方案，否则我们计算从地点 p 经过一次换乘可到达的节点，再解一个 0-1 规划问题，依此进行，直到找到解为止，并且该解保证最坏情况下所花的时间最小.

下面我们详细描述方案 1：

第 1 步：首先我们给出从地点 p（第 32 个节点）可以直达的节点 $l_1^1, l_2^1, \cdots, l_{n_1}^1$，考虑在节点 $l_1^1, l_2^1, \cdots, l_{n_1}^1$ 处封堵. 令 $k=1$，求解如下的 0-1 规划：

目标函数：$\min T$
约束条件：

$$x_{il_j^1} t_{il_j^1} \leqslant T, i=1,2,\cdots,80; j=1,2,\cdots,n_1;$$

$$x_{il_j^1} t_{il_j^1} \leqslant t_{32,l_j^1}-3, i=1,2,\cdots,80; j=1,2,\cdots,n_1;$$

$$\sum_{i=1}^{80} x_{il_j^1}=1, j=1,2,\cdots,n_1;$$

$$\sum_{j=1}^{n_1} x_{il_j^1} \leqslant 1, i=1,2,\cdots,80.$$

其中目标函数为到达封堵路口节点的最长时间最短，第一个约束条件为所有到达时间的上界，第二个约束条件为满足封堵要求的时间可行性约束，要求警察比犯罪嫌疑人先到达封堵路口 $l_1^1, l_2^1, \cdots, l_{n_1}^1$；第三个约束条件保证 $l_1^1, l_2^1, \cdots, l_{n_1}^1$ 都要被封堵，第四个约束条件保证一个交巡警服务平台至多围堵一个节点．若不存在可行解，令 $k = k + 1$；转下一步．

第 2 步：给出从地点 p（第 32 个节点）经过（$k - 1$）次换乘可到达的节点，$q_1^k, q_2^k, \cdots, q_{n_k}^k$，考虑节点 $q_1^k, q_2^k, \cdots, q_{n_k}^k$ 为封堵节点，求解如下的 $0 - 1$ 规划：

目标函数：$\min T$

约束条件：

$$x_{il_j^1} t_{il_j^1} \leq T, i = 1, 2, \cdots, 80; j = 1, 2, \cdots, n_k,$$

$$x_{il_j^1} t_{il_j^1} \leq t_{32, l_j^1} - 3, i = 1, 2, \cdots, 80; j = 1, 2, \cdots, n_k,$$

$$\sum_{i=1}^{80} x_{il_j^k} = 1, j = 1, 2, \cdots, n_k,$$

$$\sum_{j=1}^{n_k} x_{il_j^k} \leq 1, i = 1, 2, \cdots, 80.$$

若解存在，则按此解给出封堵方案，终止．若不存在可行解，则令 $k = k + 1$；转第 2 步．

按方案 1 用 LINGO 求解的过程及结果如下：

首先用 MATLAB 编程给出以 p 为根结点的树，如图 18.1 所示．

从树可看出从 p 可到达的各层节点，对有些层的节点集经简单计算可判断不存在可行解，直接考虑下一层，以减少运算时间．最后我们在第 7 层找到了如上 $0 - 1$ 规划的可行解，最多需要 9.351053min 即可围堵犯罪嫌疑人．

具体的封堵方案为见表 18.20，其中被分配的交警服务平台在案发 3min 后立即驱车前往对应的围堵路口节点，如交巡警平台编号为 E1 封堵路口节点 13.

表 18.20　封堵方案 1

平台编号	E1	E14	A2	A1	A6	A4	A18	A3	A17	A20	C3
围堵节点	13	24	42	43	56	64	66	67	70	81	85
平台编号	A19	C16	C10	A5	C11	C8	C6	C2	C4	D2	C1
围堵节点	92	167	186	189	190	231	243	252	254	258	260
平台编号	C5	D8	E13	D4	D7	D5	D1	A11	E12	A12	F7
围堵节点	273	321	340	347	350	365	367	372	458	471	481
平台编号	F8	F3	F4	A16	F1	F6					
围堵节点	482	487	548	550	558	562					

方案 1 封堵图为图 18.2，其中，黑色点表示案发处的 p 点，红色点表示被封堵点．

2. 方案 2

方案 2 采用逐步退缩封堵的方法，算法主要思想如下：

第 1 步：用 MATLAB 编程给出以节点 p 为根的可达树，在该树中称与 p 有边直接相连（即 1 条边）的节点集为第 1 层节点，通过 2 条边与 p 相连的节点集称为第 2 层节点，类似地通过 k 条边与 p 相连的节点集称为第 k 层节点，令 $t = 3, l = 1$．

第 2 步：利用以节点 p 为根的可达树，筛选出从 p 出发可达的每条路中第 1 个所需时间大

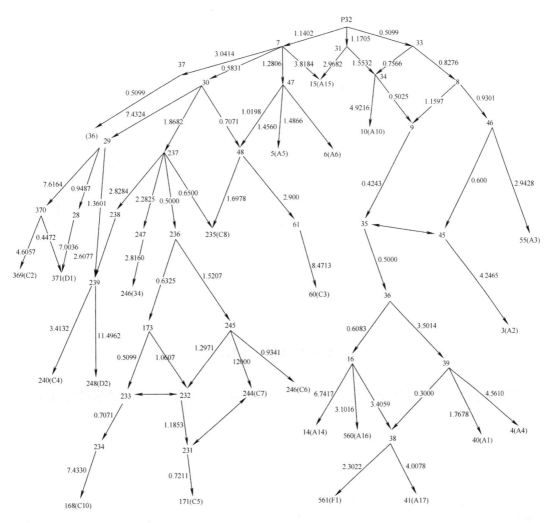

图18.1 以 p 为根结点的树

于或等于 t 分钟的节点,记这些节点为 $p_1^l, p_2^l, \cdots, p_{nl}^l$,考虑在 $p_1^l, p_2^l, \cdots, p_{n_l}^l$ 处封堵,类似于方案1解一个0-1规划,若存在解,终止,输出解. 否则令 $t = t + \Delta t$(其中 Δt 可取0.1或0.01等),$l = l + 1$ 转第二步.

用 MATLAB 编程求解可得最多需要 7.361269min 可围堵犯罪嫌疑人. 封堵方案见表18.21,即表中平台编号的交巡警服务平台在案发3min后马上派出警车前往封堵节点进行围堵.

表18.21 封堵方案2

平台编号	A1	A2	A3	A4	A5	A6	A10	A14
围堵节点	40	3	55	4	5	6	10	14
围堵时间	3.82	2.12	1.27	0	0	0	0	0
平台编号	A15	A16	A17	C2	C3	C4	C5	C6
围堵节点	15	560	41	369	60	240	171	246
围堵时间	0	3.12	0.85	5.06	4.74	7.05	4.20	2.95
平台编号	C7	C8	C10	D1	D2	F1		
围堵节点	244	235	168	371	248	561		
围堵时间	3.53	0.54	4.98	7.37	5.56	4.36		

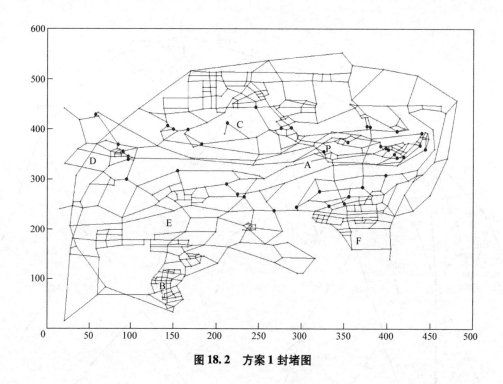

图 18.2   方案 1 封堵图

方案 2 的封堵图为图 18.3，其中，黑色点表示案发处的 P 点，红色点表示被封堵点.

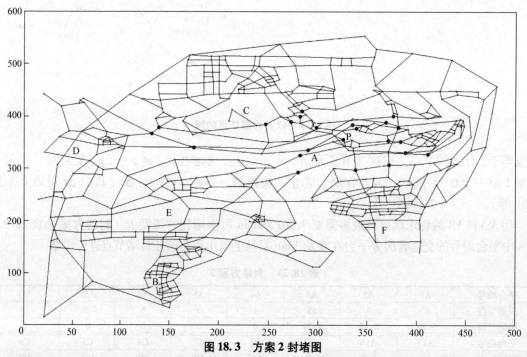

图 18.3   方案 2 封堵图

分析表 18.20 和表 18.21，可以看到方案 2 得到的交巡警最大围堵时间 7.361269min 小于方案 1 中得到的 9.351053min，也就是说方案 2 中犯罪嫌疑人的在逃时间少，因此对社会造成的危害要小于方案 1. 同时，方案 2 中全市交巡警服务平台共需派出 22 个平台的警力，明显比方案 1 得到的所需 39 个平台的警力要少得多,因此,就警力资源的利用方面来说方案 2 所需警力较少.

此外,对方案 1 和方案 2 的两幅封堵图(图 18.2、图 18.3)进行分析,可以很快看到方案 1 所需封堵的范围明显大于方案 2 的封堵范围. 因此,可以认为实行方案 2 对社会产生的影响较方案 1 小.

综上所述,方案 2 要优于方案 1,因此,交巡警的追捕方案应选择方案 2.

18.6 模型总结

本文从多方面考虑,对所给问题建立了多个模型. 其中,有不少亮点当然也有不足之处.

本文中模型的优点如下:

1)对于每一个问题,本文中的模型都是从多个角度出发,层层推进,不断优化,建立了多个模型,尽可能得到满足多方面要求的解供决策者选择. 如在解答问题一第二问时,先求解实现全封锁所需的最短时间,接着把解得的实现全封锁所用的最短时间代入约束条件,以实现全封锁所用的总时间最小为目标函数求解. 该模型不但能以最短的时间实现全封锁,还能使所有服务平台实现全封锁所用的总时间最小.

2)在解答问题二第二问时,不但用两种方法求解,还能用 MATLAB 将所求的围堵方案在地图上呈现出来,使结果更加明了.

本文中模型的不足之处:

1)虽然在多个模型中都能从经济的角度出发,考虑方案的合理性,但是由于缺少数据未能进行深刻的分析和研究;

2)在解答问题二第一问时,原本打算同时重设和增设交巡警服务平台进行方案的优化,但是由于所编的程序运行时间过长,没能得到最优结果,取到了局部最优结果.

3)本文没有考虑交巡警服务平台的设置费用问题,实际中交巡警服务平台的设置费用会影响模型的实用性.

参考文献

[1] 韩中庚,等. 交巡警服务平台的设置与调度问题解析[J]. 数学建模及其应用,2012,1(1):67-72.
[2] 陈睿,陈修素. 交巡警服务平台设置与调度的优化模型[J]. 重庆工商大学学报:自然科学版,2016,33(2):34-39.
[3] 付诗禄,方玲,王春林. 交巡警服务平台的设置与调度[J]. 后勤工程学院学报,2012,28(4):79-84.

竞赛效果评述

该赛题是一个综合性的数学建模题,是训练参赛学生对网络优化和数学规划的综合建模能力很好的素材. 首先要求学生根据所给的路段数据和各个路口的坐标数据,计算出整个路口间的邻接矩阵,然后由邻接矩阵运行最短路算法得到各路口之间的最短路矩阵,而这是整个建模的基础. 在训练中,部分学生没有发现这一点,不知道如何下手,而只是来凑结果. 这说明学生没有系统的掌握图论与网络优化建模知识,在后续训练中需要加强. 有了最短路矩阵,据此就可以从平台负荷均衡及快速出警两方面考虑第一问,建立多目标 0-1 规划模型，得出各平台的管辖范围，但此处对负荷均衡的处理可以有不同的方法，一种可以用平台负荷方差极小来刻画，另一种可以用平台最大负荷最小来刻画．但选取不同的刻画负荷均衡性目标，用 LINGO 编程时求解时间差异很大，且结果也不同．对该问的主要问题在于很多学生只考虑了单个目标即出警时间，这说明没有正确的理解题意，所得结果造成不同平台出警次数差异大，这在实际中是不合理的．这也说明多花时间理解题意是很关键的，另外，对结果一定要分析在实际中的合理性，这也有助于理解题意．对第二问，要求给出围堵方案，显然选取的围堵点越少越好，但由于受出警时间的限制，有些围堵点逃犯比最快的平台警察先到．这些围堵点是不合理的．因此，如何筛选出合理的围堵点是建模的首要一步，据此可以以逃犯所在路口为根节点建立一棵树，计算逃犯到树上每个节点所需时间，同时计算平台警察到树上每个节点的最短时间．由此就可选出候选围堵点，进一步建立 0 - 1 规划模型，以围堵所需时间最短为目标，通过求解就可得出围堵方案．对该问，很多同学对树的相关知识应用不够灵活，这导致在候选围堵节点的选取上，很多学生采用直接手工观察的方法确定，虽然也可得出解，但不是正确的建模方法．由此可见，培养学生对一些常见知识的深刻理解并能灵活应用到实际当中去是重要的．总体来看，通过该题的训练，可以加强学生对最短路算法，树的知识及多目标规划在实际建模中的应用能力，并使用 MATLAB 软件与 LINGO 软件进行综合求解，并对求解的结果进行分析．

第 **19** 章
DNA 位置检索

19.1 命题背景

随着基因测序和精准医疗的兴起，对 DNA 的研究也逐步深入. 然而，DNA 序列存储和检索始终是基因研究的一项重要的、基础的课题. 第一代全基因测序数据包含信息相对完整，数据量巨大. 即便对于第二代基因测序来说，对其冗长的 DNA 数据的快速存储和检索对原有的存储资源和计算资源来说都是巨大挑战.

本题是 2015 "深圳杯" 数学建模竞赛 B 题 DNA 序列的 k-mer index 问题.

19.2 题目

这个问题来自 DNA 序列的 k-mer index 问题.

给定一个 DNA 序列，这个序列只含有 4 个字母 A、T、C、G，给定一个整数值 k，从该 DNA 序列的第一个位置开始，取一连续 k 个字母的短串，称之为 k-mer，然后从该 DNA 序列的第二个位置，取另一 k-mer，这样直至该 DNA 序列的末端，就得一个集合，包含全部k-mer.

通常这些 k-mer 需一种数据索引方法，可被后面的操作快速访问. 也就是对给定一个整数值 k 来说，当查询某一具体的 k-mer，通过这种数据索引方法，可返回其在 DNA 序列中的位置.

问题：

现在以文件形式给定 100 万个 DNA 序列，序列编号为 1 ~ 1000000，每个基因序列长度为 100.

（1）要求对给定 k，给出并实现一种数据索引方法，可返回任意一个 k-mer 所在的 DNA 序列编号和相应序列中出现的位置. 每次建立索引，只需支持一个 k 值即可，不需要支持全部 k 值.

（2）要求索引一旦建立，查询速度尽量快，所用内存尽量小.

（3）给出建立索引所用的计算复杂度和空间复杂度分析.

（4）给出使用索引查询的计算复杂度和空间复杂度分析.

（5）假设内存限制为 8G，分析所设计索引方法所能支持的最大 k 值和相应数据查询效率.

（6）按重要性由高到低排列，依据以下几点，来评价索引方法性能.

1）索引查询速度.

2）索引内存使用.

3）8G 内存下，所能支持的 k 值范围.

4）建立索引时间.

19.3 问题分析

19.3.1 索引的理解

本题中的索引就是对每一个给定的 k-mer 即键值能够快速找到其在 DNA 序列中的位置，对于每一个 k-mer 都对应着一个位置集合，在数学上指键值与 DNA 序列中的位置集形成了一一对应的函数关系.

19.3.2 存储问题分析

存储方式的分类及优缺点：

（1）顺序存储：用一组地址连续的存储单元依次存储线性表的数据元素. 顺序存储有存储密度大、存储空间利用率高的优点；但也有存储空间需要预先设定，插入或删除数据元素都会引起大量的结点移动的缺点.

（2）链式存储（非顺序存储）：不需要用一组地址连续的存储单元来依次存储线性表的数据元素. 非顺序存储有存储空间不需预先设定，插入或删除数据元素时不会引起大量的结点移动的优点. 也有指针域需要外加存储空间，对于任意结点的操作都要首先从开始指针顺链查找的缺点.

（3）定长存储：用一组地址连续的存储单元存储串值的字符序列，按照预定义的大小，为每个定义的串变量分配一个固定长度的存储区，串的实际长度可在这预定义长度的范围内随意，超过预定义长度的串值则被舍去.

（4）非定长存储：不同于定长存储方式的，不预先定义存储区的大小.

因此可知顺序的定长存储可以实现快速检索和大量存储的功能，但本问题又有诸多限制：

1）索引的建立过程是在线的（不可预知的）.

2）内容 c 的长度是不确定的，同时也是在线的. 这说明，若采用定长存储，则需要预留足够的空间，不管今后需不需要，这些空间将被长期占用.

19.3.3 检索问题分析

检索即查找是根据给定的某个值，在查找表中确定一个其关键字等于给定值的记录或数据元素. 而衡量某一检索算法的好坏通常以"其关键字和给定值进行过比较的记录个数的平均值"作为依据.

为确定记录在查找表中的位置，需和给定值进行比较的关键字个数的期望值称为查找算法在查找成功时的**平均查找长度（ASL）**[1].

检索方式的分类及优缺点：

（1）顺序查找：从表中最后一个记录开始，逐个进行记录的关键字和给定值的比较. 顺序查找的优点是算法简单且适应面广，缺点是查找效率较低.

（2）折半查找：先确定待查记录所在的范围（区间），然后逐步缩小范围直到找到或找不到该记录为止．折半查找的优点是查找效率较高，缺点是只适用于有序表，且限于顺序存储结构（对线性链表无法进行折半查找）．

19.4 模型假设

假设一：所讨论的 DNA 序列中的碱基标识只有 A、C、G、T 四种．
假设二：系统内存中运行的其他程序对本程序没有影响．

19.5 符号说明

符号	说　　明
k	k-mer 的长度
h	键值即一个具体的 k-mer
c	每一个键值 k-mer 的所有位置构成的集合，称作内容 c
f	键值 h 与内容 c 形成的一一对应关系
H	所有出现的 k-mer 构成的集合
C	所有键值 h 对应的内容 c 构成的集合
M	DNA 序列的个数，即 1000000
N	每个 DNA 序列的长度，即 100
i	DNA 序列的编号，$1 \leqslant i \leqslant M$
j	每一条 DNA 序列中的位置，$1 \leqslant j \leqslant N$
p	键值集 H 中元素的总个数，即所有出现 k-mer 的总个数
t	键值 h 按照递增顺序排列后的序号，$1 \leqslant t \leqslant p$
x	在某一条 DNA 上出现某 k-mer 的次数
T	时间复杂度
S	空间复杂度
n	算法问题的规模大小
Y	模型评价参数

19.6 索引的数学模型的建立

本题目的要求是建立一个 DNA 序列中 k-mer 的索引，并能实现利用该索引的快速查找．所谓索引，在数学上可以理解为"键值 – 内容"构成的函数，即：

$$F:\{A,C,G,T\}^k \to 2^{\{1,\cdots,M\} \times \{1,\cdots,N-k+1\}}$$
$$h \mapsto c = F(h)$$

其中集合 $\{A,C,G,T\}^k$ 表示所有可能的 k-mer 构成的集合，并且称其中的元素 h 为键值．集合 $\{1,\cdots,M\} \times \{1,\cdots,N-k+1\}$ 表示 k-mer 在 DNA 序列中可能出现的位置所构成的集合，具体的：

$$(i,j) \in \{1,\cdots,M\} \times \{1,\cdots,N-k+1\}$$

表示第 i 个 DNA 序列的第 j 个位置，并称 (i,j) 为一个"位置"．而幂集 $2^{\{1,\cdots,M\} \times \{1,\cdots,N-k+1\}}$

则为 $\{1,\cdots,M\} \times \{1,\cdots,N-k+1\}$ 的所有子集构成的集合，也就是说，某一个键值 h 的像 c 是一个由若干个位置构成的集合.

可以证明，$F:\{A,C,G,T\}^k \to 2^{\{1,\cdots,M\}\times\{1,\cdots,N-k+1\}}$ 可能并不是一个满射，集合 $\{A,C,G,T\}^k$ 的一个子集与幂集 $2^{\{1,\cdots,M\}\times\{1,\cdots,N-k+1\}}$ 的一个子集构成一一映射，因此对函数 F 进行初步优化，得到：

$$f:H \to C(H \subset \{A,C,G,T\}^k, C \subset 2^{\{1,\cdots,M\}\times\{1,\cdots,N-k+1\}})$$
$$h \mapsto c = f(h)$$

其中集合 H 是集合 $\{A,C,G,T\}^k$ 的子集，集合 C 是幂集 $2^{\{1,\cdots,M\}\times\{1,\cdots,N-k+1\}}$ 的子集.

19.6.1 键值集 H 的表达

1. 键值 h 的表达

对于每一个数据元素 h 即键值采用四进制编码[2]，每个碱基符号使用 2bit 数据表示（见图 19.1）：

$$A - 00, \quad C - 10$$
$$T - 01, \quad G - 11$$

同时，对键值 h 进行逆序编码.

例如：$ATCGA$ 逆序编码为 00 11 10 01 00

而这种将 k-mer 序列映射为整数关键字[3]的算法也已经有人使用过.

2. 键值集 H 的存储方式

键值集 H 是集合 $\{A,C,G,T\}^k$ 的子集，同时键值集 H 中的元素是本题给定的 $M = 1000000$ 个长度为 $N=100$ 的 DNA 序列中所有出现的 k-mer，易得键值集 H 中的元素个数 p：

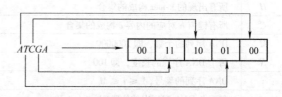

图 19.1　键值的二进制数据逆序编码

$$p \leq M(N-k+1).$$

又根据碱基的种类只有 4 种 A，T，C，G，所以：

$$p \leq 4^k.$$

于是可以得到：

$$p \leq \min\{4^k, M(N-k+1)\}$$

通过计算解得，当 k 略大于 13 的时候两者持平，即

$$\begin{cases} 4^k < M(N-k+1), & k \leq 13, \\ 4^k > M(N-k+1), & k > 13. \end{cases}$$

因此，我们可以令：

$$p = \begin{cases} 4^k, & k \leq 13, \\ M(N-k+1), & k > 13. \end{cases}$$

于是我们分别对键值集 H 中元素个数的不同进行探讨，从而采用不同的存储方式.

19.6.2 位置集 C 的表达

1. 内容 c 的表达

位置集 $C = \{c \mid c \subset \{1,\cdots,M\} \times \{1,\cdots,N-k+1\}\}$，$(i,j) \in c_h = f(h)$，则 h 出现在第 i

个 DNA 序列中的第 j 位. 显然 c 可用 $0-1$ 矩阵 $(c_{ij})_{M \times (N-k+1)}$ 表达，且 c_{ij} 满足：

$$c_{ij} = \begin{cases} 1, & (i,j) \in c, \\ 0, & (i,j) \notin c. \end{cases}$$

下面所示是某一 c_h 应用 $0-1$ 矩阵的具体表达，其中矩阵中未显示的元素均为 0，则可以得到键值 h 的位置集为 $c_h = \{(i_1,j_1),(i_x,j_x)\}$.

$$c_h = \begin{matrix} & j_1 & \cdots & j_y & \cdots & j_{N-k+1} \\ \begin{pmatrix} 1 & & & & \\ & & & & \\ & & & & \\ & & 1 & & \\ & & & & \\ & & & & \\ & & & & \end{pmatrix} & \begin{matrix} i_1 \\ \vdots \\ i_x \\ \vdots \\ i_M \end{matrix} \end{matrix}$$

这里的 $0-1$ 矩阵分为三类，其中有两类比较特殊分别是[4]：

（1）非 0 元素占所有元素比例较大的矩阵称为稠密矩阵；

（2）非 0 元素占所有元素比例较小的矩阵称为稀疏矩阵.

根据简单的分析可得：

当 $k \leqslant 3$ 时，c 是稠密矩阵；

当 $3 < k < 13$ 时，c 既不是稠密矩阵也不是稀疏矩阵；

当 $k \geqslant 13$ 时，c 是稀疏矩阵.

2. 位置集 C 的存储方式

在模型一中 C 使用连续的 Byte 空间来存储内容 c，在模型二中使用个指针指向键值相应的内容 c，指向的内容 c 采用若干个长度为 $M \times (N-M+1)$ 的线性表来存储. 在模型三中使用连续的长整型空间来存储内容 c. 前两者存储方式所需的空间是随着个数增加呈指数级方式增长的，而模型三就其内容 c 来说是单调递减的.

19.6.3 函数 f 的表达

键值集 H 和位置集 C 的对应关系在模型一和模型二中我们借助线性表中的位置与键值的一一对应关系来实现；在模型三中直接用存储键值和相应的内容实现.

19.7 存储模型的建立及优化

19.7.1 初始模型

若不考虑任何限制因素，则根据已有数据结构的相关知识，极易得到初始模型.

1. 键值集 H 的构建

将 H 用线性表的形式存储，线性表的构建方法：

（1）采用顺序存储的方法；

（2）对于每一个数据元素即键值采用四进制编码，并且线性表中的每个数据元素都有一个确定的位置；

（3）若某一个键值编码不存在于线性表中，我们采用折半插入的方法将键值的编码值插入到相应位置．折半插入是在一个有序表中通过折半查找的方法来查找再插入．

2. 位置集 C 的构建

最简单也是最容易的方法，即对于出现的每一个键值 k-mer，我们都分别对 M 条 DNA 序列的 $N-k+1$ 个位置进行检索，当检索到该 k-mer 时，返回其在 DNA 序列中的位置 (i, j)．

初始模型的结构如图 19.2 所示．

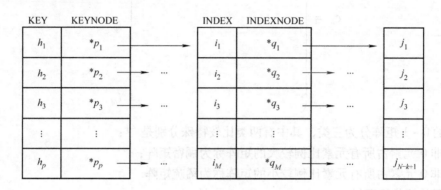

图 19.2　初始模型结构图

19.7.2　模型一

1. 键值集 H 的构建

键值集 H 中的元素采用四进制编码，可以得到每一个 k-mer 所对应的整数，然后将这些整数按递增的顺序进行排列并标记序号 $t(1 \leqslant t \leqslant p)$，以便实现序号 t 和键值 h 的配对，因此无需对键值集 H 进行存储，该方式适用于 $4^k \leqslant M(N-k+1)$，即 $|H| \leqslant |C|$．

2. 位置集 C 的构建

为了避免位置集 C 存储空间的大量浪费和检索的繁琐，因此我们对初始模型进行优化得到模型一，模型一适用于同一 i 有多个 j 满足的情况．

位置集 C 中的每个数据元素即内容 c 中均包含 M 个元素，又

$$N = 100 < 104,$$

于是每个元素可以用 13 个无符号字符型（unsigned char）进行存储，即

$$13 \times 8\text{bit} = 104\text{bit}$$

因为对于每一个内容 c 中都顺序存储了 M 条 DNA 序列的信息，于是通过标号便可以知道所在的 DNA 序列数，即 i．

每一个 DNA 序列的长度为 N，所以我们可以用 100bit 进行存储该条 DNA 序列的信息，并通过具体计算得到 k-mer 在该条 DNA 上的位置信息（见图 19.3），即 j．

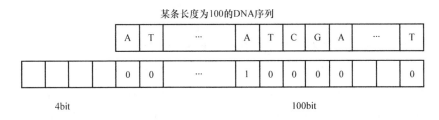

图 19.3 模型一位置集 C 的构建

例如：k-mer *ATCGA*

模型一的结构如图 19.4 所示：

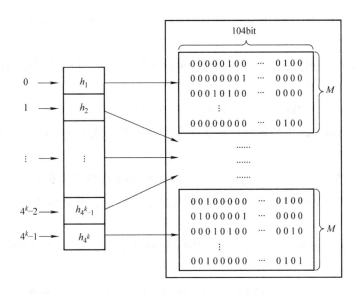

图 19.4 模型一索引结构图

19.7.3 模型二

1. 键值集 H 的构建

对于键值集 H 我们采用与模型一相同的方法.

2. 位置集 C 的构建

我们考虑到极有可能会出现一个 k-mer 在一条 DNA 序列上出现多次的状况，于是我们又一次对模型优化.

位置集 C 中的每个数据元素，即内容 c 中均包含 M 条 DNA 序列中的位置信息，其中每条 DNA 序列的位置信息通过 4Byte 空间进行存储，即

$$4 \times 8\text{bit} = 32\text{bit}.$$

因为文件中共有 $M = 1000000$ 条 DNA 序列，由于

$$\lceil \log_2 M \rceil = 20, \quad 2^{20} = 1048576 > 1000000,$$

所以可以用 20bit 空间存储 DNA 的序列数；又因为

$$[\log_2 N] = 7, \quad 2^7 = 128 > 100,$$

可知 7bit 空间便足够存储该 DNA 序列上的一个位置信息，$(32-20)/7 = 1\cdots\cdots5\text{bit}$，此时该 4Byte 空间上最多可以存储一个位置信息，规定此种形式为结构一.

但当 k 小的时候，一定会出现某键值 h 在同一条 DNA 序列上的位置超过一处的情况，于是根据不同 DNA 序列上位置信息的个数相应地增加以 4Byte 为一个单位的存储空间. 此时增加的 4Byte 空间全部用来存储位置信息，$32 \div 7 = 4\cdots\cdots4\text{bit}$，即一单位的 4Byte 空间最多可以存储 4 个位置信息，规定此种形式为结构二.

结构一和结构二还包括 1bit 的控制位和 3bit 计数位（记录结构二 4Byte 空间中已存储位置信息的个数）.

进一步说明：

（1）1bit 控制位：每个 4Byte 空间的首位作为控制位，结构一的控制位存储 0；结构二的控制位存储 1.

（2）3bit 计数位：利用二进制编码记录一单位 4Byte 空间中位置信息的个数（可知位置信息个数的可能性只有 1，2，3，4），于是设定：

$$1-000, \qquad 2-001, \qquad 3-010, \qquad 4-011.$$

注：结构一有且仅有一个位置信息，无须记录已存储位置信息的个数，所以 3bit 计数位为 000.

（3）结构一、结构二的关系：内容 c 中关于每条 DNA 序列位置信息的记录一定包含结构一，而包含结构二的个数则根据其包含的位置信息个数确定，并且结构二一定紧跟在结构一之下.

模型二中对 (i,j) 的压缩存储，节省了相同 i 的存储空间，又比"初始模型"节省了指针空间的开销.

上述 4Byte 空间的结构一与结构二如图 19.5、图 19.6 所示，模型二的结构如图 19.7 所示.

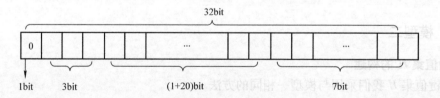

图 19.5　4Byte 空间结构一

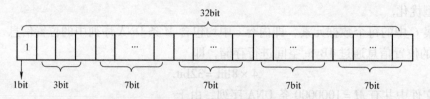

图 19.6　4Byte 空间结构二

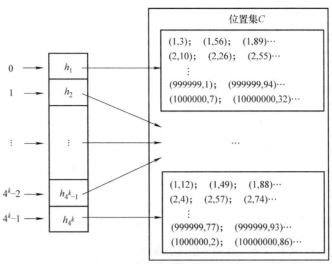

图 19.7　模型二索引结构图

19.7.4　模型三

首先想到利用初始模型中的方式对键值集 H 进行构建，采用模型二中 32bit 方式对位置集 C 进行存储. 但是我们发现键值在插入过程中因为使用了插入排序法导致在建立索引的时候会花费大量的时间，因此再一次优化得到了模型三.

1. 键值集 H 的构建

利用数组存储键值集 H.

2. 位置集 C 的构建

采用模型二中 32bit 方式进行存储（目前仅使用结构一）.

模型三的结构如图 19.8 所示：

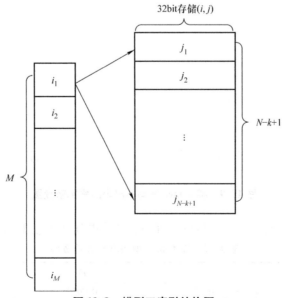

图 19.8　模型三索引结构图

19.8 时间及空间复杂度分析

19.8.1 基于概率的存储模型选择

假设 DNA 中 A, T, G, C 出现的概率是大致相同的.

（1）某个 k-mer 编码不出现的概率为：

$$p = \frac{1}{4^k}, q = 1 - p, n = M(N - k + 1),$$

$$P_1 = q^n.$$

计算得到对不同的 k 值，某个 k-mer 编码不出现的概率如表 19.1：

表 19.1 k-mer 编码不出现的概率（$k = 1$, 2, $\cdots$, 13）

k	P_2	k	P_2
1	$2.1836 \times 10^{-12493874}$	8	5.0318×10^{-617}
2	$2.30986 \times 10^{-2774844}$	9	3.8284×10^{-153}
3	$2.48906 \times 10^{-670264}$	10	2.0370×10^{-38}
4	$7.35946 \times 10^{-164880}$	11	4.8059×10^{-10}
5	$9.97576 \times 10^{-40736}$	12	0.0050
6	$1.05506 \times 10^{-10074}$	13	0.2695
7	$1.74746 \times 10^{-2492}$		

相应的图像如图 19.9 所示：

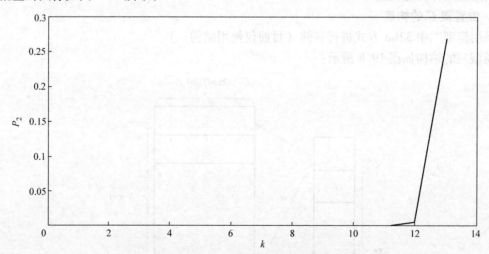

图 19.9 某 k-mer 编码不出现的概率密度图

显而易见，$k = 12$ 左右是一个分界点，进一步计算得到（见表 19.2）：

表 19.2 某 k-mer 编码不出现的概率

k	11	12	13
P_1	4.8060×10^{-10}	0.0050	0.2695
4^k	4.1943×10^6	1.6777×10^7	6.7109×10^{-7}
$P_1 \times 4^k$	2.0157×10^{-3}	8.3377×10^4	1.8086×10^7

得出:

当 $k = 11$ 时, 缺少不到一个 k-mer;

当 $k = 12$ 时, 可能缺少 83377 个 k-mer;

当 $k = 13$ 时, 可能缺少的 k-mer 个数非常大.

于是考虑排序等开销建议 $k \leqslant 11$ 时采用模型二, 而对于 $k = 12$, $k = 13$ 则需要分别讨论.

(2) 对于某个 k-mer, 某条 DNA 中不出现该 k-mer 的概率为:

$$P_2 = \left(1 - \frac{1}{4^k}\right)^{N-k+1} = q^{N-k+1}.$$

计算得到对不同的 k 值, 某条 DNA 中不出现该 k-mer 的概率如表 19.3 所示.

表 19.3　某条 DNA 中不出现某一具体 k-mer 的概率 ($k = 1, 2, \cdots, 13$)

k	P_2	k	P_2
1	3.2072×10^{-13}	8	9.9858×10^{-1}
2	1.6794×10^{-3}	9	9.9965×10^{-1}
3	2.1367×10^{-1}	10	9.9991×10^{-1}
4	6.8410×10^{-1}	11	9.9998×10^{-1}
5	9.1047×10^{-1}	12	9.9999×10^{-1}
6	9.7707×10^{-1}	13	1.0000
7	9.9428×10^{-1}		

相应的图像如图 19.10 所示.

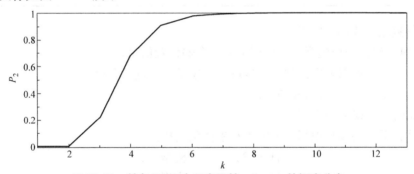

图 19.10　某条 DNA 中不出现某一 k-mer 的概率分布

(3) 对于某个 k-mer, 在某条 DNA 上出现 x 次的概率可以用下面多项式的系数来体现 (表示提取多项式关于变量的次的系数):

$$f = (px + q)^n,$$

$$P_3(t) = \operatorname{coef}(f, x, t) = \binom{t}{n} p^t q^{n-t}.$$

得到对不同的 k 值, 在某条 DNA 上出现 x 次的概率 ($x > 0$) 见下表 19.4:

表 19.4　某一 k-mer 在某条 DNA 上出现不超过 x 次的概率

k	t	$\Sigma P_3(t)$
1	< 14	2.4578×10^{-3}
2	< 14	9.9657×10^{-1}
	< 10	9.0942×10^{-1}
	< 6	4.1008×10^{-1}
	< 2	1.2764×10^{-2}

（续）

k	t	$\Sigma P_3(t)$
3	< 14	1.0000
	< 10	1.0000
	< 6	9.9549×10^{-1}
	< 2	5.4604×10^{-1}
4	< 14	1.0000
	< 10	1.0000
	< 6	1.0000
	< 2	9.4433×10^{-1}
5	< 14	1.0000
	< 10	1.0000
	< 6	1.0000
	< 2	9.9591×10^{-1}
12	< 14	1.0000
	< 10	1.0000
	< 6	1.0000
	< 2	1.0000

根据所得数据，我们可以得到：

当 $k=1$ 时，建议采用模型一，使用 104bit 存储位置信息；

当 $k=2$，3 时，可以采用模型一，也可以考虑模型二进行存储；

当 $k=4$，$\cdots$，12 时，采用模型二；

当 $k \geqslant 13$ 时，建议采用模型三.

综上所述，采用的模型根据 k 值的大小来优化选择：

$$\begin{cases} k \leqslant 3, & \text{模型一,} \\ 2 \leqslant k \leqslant 12, & \text{模型二,} \\ k \geqslant 13, & \text{模型三.} \end{cases}$$

19.8.2　程序设计思路

模型三是在 k 值增大时进行的改进，我们主要针对模型三的程序设计进行解释.

建立模型三我们充分考虑了时间复杂度和空间复杂度，分别在编码、解码 k-mer，键值 H 的归并排序和查找 k-mer 所处区间段进行优化.

1. 编码、解码 k-mer

在对一串 DNA 序列编码的过程中，核心操作是利用位运算将字符类型的 A，C，G，T 分别换作四进制 00，01，10，11 进行记录，这样既节省了内存空间，又方便程序的编写. 在申请空间时，我们申请了 m 个无符号字符型，其中，我们采用滑动的解码方式，即利用已解得的上一个 a.kmer，然后向右滑动一个位置得到新的编码，也就是说可以将 a.kmer 位运算左移两个位置再与新字符的编码进行按位与运算. 设编码函数 $f(X)$，则解码过程与编码过程互为逆运算，即：

$$g(r) = f^{-1}(X).$$

编码函数 $f(X)$ 如下：

$$f(X) = \begin{cases} 00, X = A, \\ 01, X = C, \\ 10, X = G, \\ 11, X = T. \end{cases}$$

设字符 X 的全局坐标为 i，局部坐标为 (s, t)，其中，$0 \leq s < m$，$0 \leq t < 4$，$0 \leq i < k$. 下面为其互换公式：

$i \to (s, t)$：

$$s = \left[\frac{i+1}{4}\right],$$

$$t = i - \left[\frac{i+1}{4}\right].$$

$(s, t) \to i$：

$$i = 4s + t.$$

编码结构如图 19.11 所示，详细程序见天工讲堂二维码小程序.

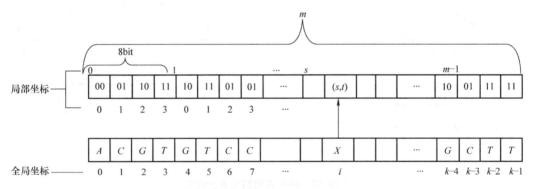

图 19.11　编码结构

编码及窗口滑动流程图如图 19.12，解码流程图如图 19.13.

2. 键值 H 的归并排序

归并排序[10]是建立在归并操作上的一种有效的排序算法，将已有序的子序列合并，得到完全有序的序列；即先使每个子序列有序，再使子序列段间有序. 若将两个有序表合并成一个有序表，称为二路归并. 假设初始序列含有 n 个记录，则可看成是 n 个有序的子序列，每个子序列的长度为 1，然后两两归并，得到 $\left[\frac{n}{2}\right]$ 个长度为 2 或 1 的有序子序列；再两两归并，…，如此重复，直至得到一个长度为 n 的有序序列为止. 假设两个有序表的长度分别为 m 和 n，无论是顺序存储结构还是链表存储结构，都可以在 $O(m + n)$ 的时间量级上实现，而在这次的操作中，我们同时对两个数组进行归并排序，其中数组 sourceInd[ ] 的归并同步数组 sourceArr[ ] 的归并. 例如图 19.14 为 2 - 路归并排序的一个例子.

归并排序详细程序可见天工讲堂附件 3 二维码小程序.

3. 折半查找 k-mer 所处区间段

当数据量很大时适宜采用折半查找，查找时数据需是排好序的. 主要思想是：先确定待

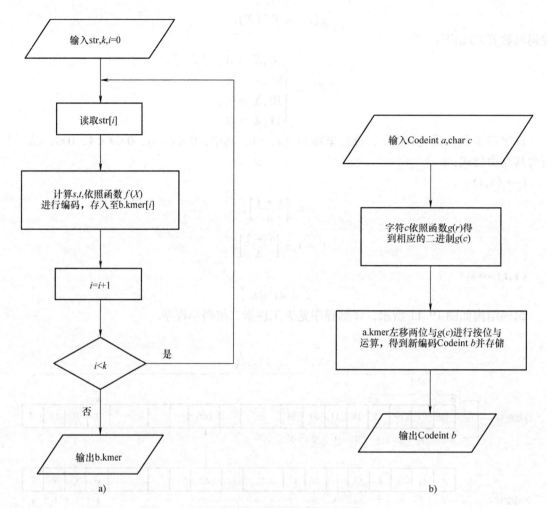

图 19.12　编码及窗口滑动流程图

查记录所在的范围（区间），然后逐步缩小范围直到找到或找不到该记录为止．假设指针 low 和 high 分别指示待查元素所在范围内的上界和下界，指针 mid 指示区间的中间位置 k，即 $k = \mathrm{mid}\left[\dfrac{\mathrm{low}+\mathrm{high}}{2}\right]$．设查找的数组区间为 $\mathrm{array[low,high]}$，首先确定该期间的中间位置，其次将查找的值 T 与 $\mathrm{array[mid]}$ 比较．若相等，查找成功返回此位置；否则确定新的查找区域，继续折半查找．区域确定如下：如若 $\mathrm{array[k]} > T$，则由数组的有序性可知 $\mathrm{array[k,k+1,\cdots,high]} > T$；故新的区间为 $\mathrm{array[low,\cdots,k-1]}$．如若 $\mathrm{array[k]} < T$，类似上面查找区间为 $\mathrm{array[k+1,\cdots,high]}$．每一次查找与中间值比较，可以确定是否查找成功，不成功则当前查找区间缩小一半．递归查找即可，时间复杂度为：$O(n)$

其查找结构如图 19.15 所示：

其中，bottom 为目标 k-mer 的集合的首位置，top 为目标 k-mer 的集合的末位置．详细程序见二维码小程序中附件 3．折半法流程如图 19.16 所示．

依次考虑上述程序的循环次数，可得模型三的时间复杂度为：

$$T_3(n) = O\left(n \times \left[\frac{k}{4}\right]\right) + O(n)$$

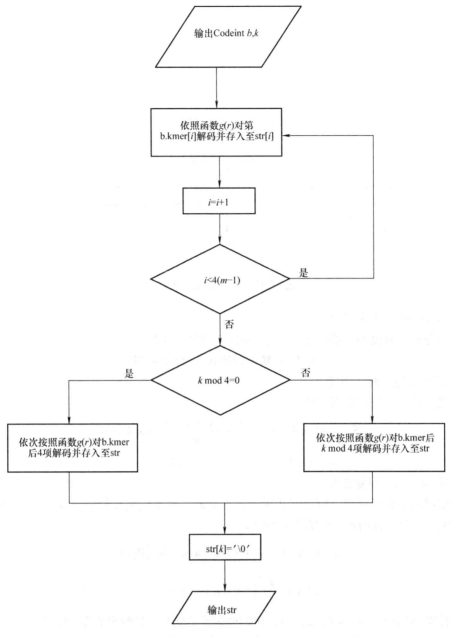

图 19.13　解码流程图

其中，$n = M(N - k + 1)$.

19.8.3　事前分析

1. 空间复杂度

算法的**空间复杂度**[1]即为算法所需存储空间的量度，记作：

$$S(n) = O(f(n)).$$

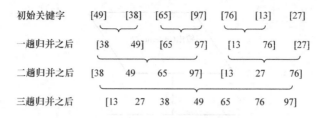

图 19.14　归并排序

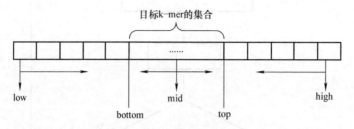

图 19.15　折半法查找结构

（1）模型一的空间复杂度

由以上分析得到模型一适用于 k 很小的时候，所以此时

$$S_1 = 4^k \times M \times 13\text{Byte} = 13 \times 4^k\text{MB}$$

（2）模型二的空间复杂度

根据之前分析可知，模型二中

$$S_2 = 4^k \times 4 + 4^k \times \left\lceil \frac{M(N-k+1)}{4^k} \right\rceil \times 4\text{Byte}$$

$$\approx 4 \times (4^{k-10} + N - k + 1)\text{MB}$$

（3）模型三的空间复杂度

同理根据之前分析可知，模型三适用于任意 k 值，而我们主要针对 $k > 13$ 时对模型优化得到的模型三，所以此时取 $p = M(N-k+1)$

$$S_3 = M(N-k+1) \times \left(4 + \left\lceil \frac{k}{4} \right\rceil\right)\text{Byte}$$

$$= \left(4 + \left\lceil \frac{k}{4} \right\rceil\right)(N-k+1)\text{MB}$$

分别计算出模型三中 $k = 1, 2, \cdots, 100$ 的空间复杂度，其图像如图 19.17：

由此可以看到，模型三适用于任意 k 值，尤其当 k 很大的时首选模型三.

2. 时间复杂度

一个算法是由控制结果（顺序、分支和循环三种）和原操作（指固有的数据类型的操作）构成的，算法时间取决于两者的综合效果. 为了便于比较同一问题的不同算法，通常的做法是，从算法中选取一种对于所研究问题（或算法类型）来说是基本操作的原操作，以该基本操作重复执行的次数作为算法的时间度量.

一般情况下，算法的基本操作重复执行的次数是模块 n 的一个函数 $f(n)$，因此，算法的时间复杂度记作：

$$T(n) = O(f(n)).$$

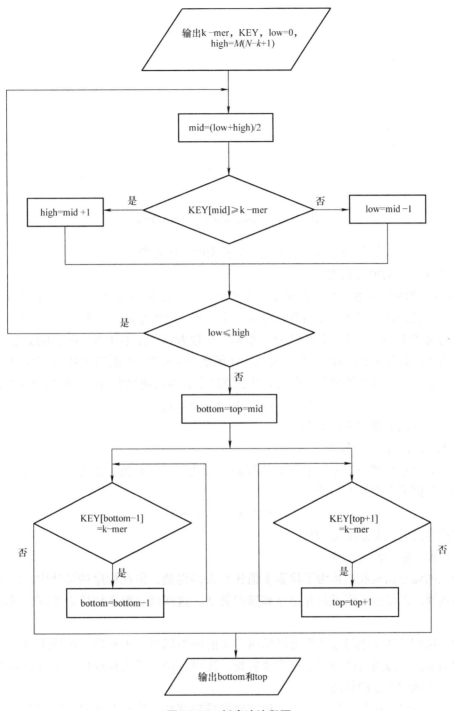

图19.16　折半法流程图

它表示随着问题规模 n 的增大，算法执行时间的增长率和 $f(n)$ 的增长率相同，称作算法的渐近时间复杂度（Asymptotic Time Complexity），简称时间复杂度[1].

时间复杂度是总运算次数表达式中受 n 的变化影响最大的那一项（不含系数）. 本次的时间复杂度计算我们将考虑在最坏情况下的时间复杂度，即分析最坏情况以估计算法执行时间

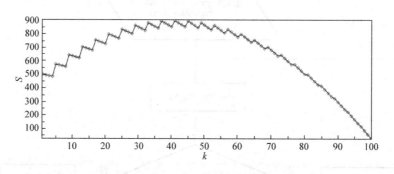

图 19.17　模型三的理论空间复杂度

的一个上界. 下面我们分别分析一下上述各个模型的空间复杂度.

（1）模型一的时间复杂度

在 main 函数中，模型一的时间复杂度主要体现在函数 InsertKEY 中，详细程序见二维码.

模型一的建立比较直观，键值集 H 包含 4^k 个元素，也就是说共有 4^k 个不同的 k-mer，而我们只需要将每种 k-mer 从第一串 DNA 序列的第一个位置移动至第 M 串 DNA 的最后一个位置，出现记录为 1，不出现记录为 0. 显然模型一在函数 InsertKEY 外循环次数为 $4^k M(N-k+1)$，由于模型一只针对 k 较小的情况，根据具体的算法中，得到建立索引的时间复杂度为：

$$T_1(k) = O(M(N-k+1)).$$

而检索的时间复杂度为：$O(1)$

（2）模型二的时间复杂度

模型二只是在模型一的基础上对 C 的存储进行优化，而其他方面并没有显著改进，因此建立索引的时间复杂度同上，即：

$$T_2(k) = O(M(N-k+1)).$$

同样检索的时间复杂度为：$O(1)$.

（3）模型三的时间复杂度

模型三的建立初衷我们是为了检索 k 值比较大的键值，但在程序的设计中，还是考虑了所有 k 的选择. 但是运用到了归并排序和递归算法，这样能有效增加检索速度，减小时间复杂度.

其中，递归算法是把问题转化为规模缩小了的同类问题的子问题. 然后递归调用函数来表示问题的解，一般通过函数或子过程来实现. 递归方法一般为在函数或子过程的内部，直接或者间接地调用自己的算法.

归并排序是建立在归并操作上的一种有效的排序算法，将已有序的子序列合并，得到完全有序的序列；即先使每个子序列有序，再使子序列段间有序. 若将两个有序表合并成一个有序表，称为二路归并.

在 19.6.2 小节已给出模型三的时间复杂度：

$$T_3 = O\left(n \times \left\lceil \frac{k}{4} \right\rceil \right) + O(n).$$

19.8.4　事后统计

1. 空间复杂度

根据以上分析，我们对不同的 k 值采用相应的模型，运行程序，并记录相关空间复杂度，统计得到表 19.5.

表 19.5　三种模型不同 k 值的空间复杂度

k	1	2	3	4	5	6	7	8
模型一	50M	198M	793M	3.1G	12G			
模型二（32 位）	112M	163M	304M	363M	368M	370M	423M	612M
模型二（64 位）	404M	469M	642M	727M	733M	733M	782M	966M

根据所得数据作图如图 19.8 和图 19.9 所示.

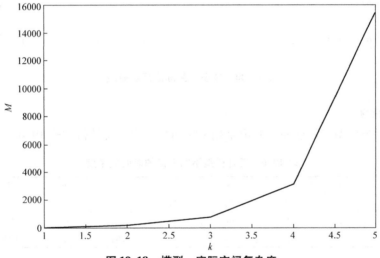

图 19.18　模型一实际空间复杂度

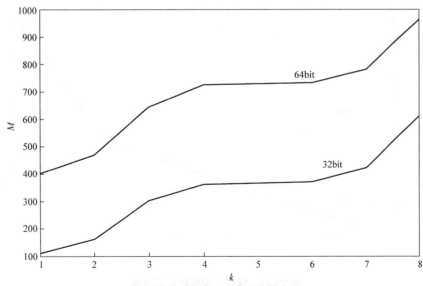

图 19.19　模型二实际空间复杂度

运行模型三程序 $k = 1$, 2, $\cdots$, 100, 分别记录相关空间复杂度，统计数据见二维码中附件 1. 根据所得数据作图如图 19.20 所示.

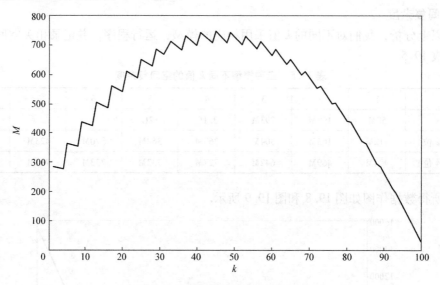

图 19.20　模型三实际空间复杂度

2. 时间复杂度

运行模型一与模型二的程序，并记录相关时间复杂度，统计得到表 19.6.

表 19.6　三种模型不同 k 值的时间复杂度

k	1	2	3	4	5	6	7	8
模型一	5s	6s	7s	8s	12s			
模型二（32 位）	9s	9s	9s	10s	15s	34s	107s	378s
模型二（64 位）	11s	10s	9s	9s	16s	32s	100s	366s

根据所得数据作图如图 19.21、图 19.22 所示.

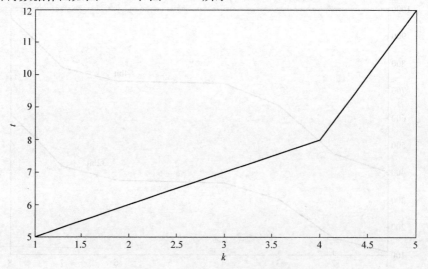

图 19.21　模型一实际时间复杂度

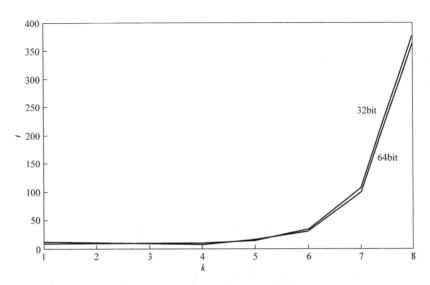

图 19.22　模型二实际时间复杂度

运行模型三程序 $k = 1$，2，$\cdots$，100，分别记录相关时间复杂度并绘制得到下散点图 19.23：

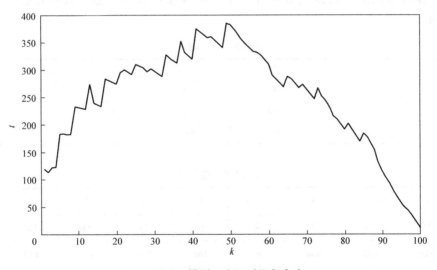

图 19.23　模型三实际时间复杂度

19.9　模型评价

针对本问题我们建立了三种模型来求解，为此我们建立一个评价函数对三个模型进行评价与分析.

19.9.1　模型的评价函数

因为数据库的检索与索引涉及时间与空间复杂度，于是建立的评价函数为：

$$Y = S \times T.$$

其中 S 的单位为 Mbyte，T 的单位为 s.

正如我们所知，当减少内存消耗时所需要消耗时间便增加了，当减少时间消耗时需要消耗的内存便增加了，我们所建立的评价函数需要综合考虑两者，使两者达到最优化. 我们考虑用 $Y = S \times T$ 度量好坏，便是考虑到无论是 S 的增加，还是 T 的增加都会带来 Y 的增加. 我们之所以不选择加的原因是，为防止其中一个指标过大减弱了另一个指标的影响.

根据之前空间复杂度与时间复杂度的计算分别得到模型一、模型二和模型三具体的评价函数如下：

（1）模型一
$$Y_1 = S_1 \times T_1 = (13 \times 4^k) \times O(M(N - k + 1)),$$

（2）模型二
$$Y_2 = S_2 \times T_2 = O(4 \times 4^{k-10} + N - k + 1) \times O(M(N - k + 1)),$$

（3）模型三
$$Y_3 = S_3 \times T_3 = \left(4 + \left\lceil \frac{k}{4} \right\rceil\right)(N - k + 1) \times O\left(n \times \left\lceil \frac{k}{4} \right\rceil + n\right).$$

19.9.2 评价函数理论计算

我们根据所得到的评价函数分别计算了三种模型的评价参数，具体数据如表 19.7 ~ 表 19.9所示.

表 19.7 模型一

k	1	2	3	4	5
T	6	5	7	8	12
S	50	198	795	3.1×10^3	1.23×10^4
Y	300	990	5565	2.48×10^4	1.5×10^5

表 19.8 模型二

k	1	2	3	4	5	6	7	8	9
T	11	10	9	9	16	22	100	326	1420
S	112	163	304	363	368	370	423	612	705
Y	1232	1630	2736	3267	5688	8140	42300	1.99×10^5	1.0×10^6

表 19.9 模型三

k	1	2	3	4	5	6	7	8	9
T_1	6	6	6	7	7	6	6	6	11
T_2	118.46	112.84	122.41	123.56	183.42	184.09	182.84	182.72	233.41
S	286	283	280	278	366	362	359	355	439
Y	33879.56	31933.72	34274.8	34349.68	67131.72	66640.58	65639.56	64865.6	102467

19.9.3 模型分析

1. 理论值与实际值比较分析

针对模型三，分别绘制空间复杂度和时间复杂度理论值与实际值的比较曲线（见图 19.24 和图 19.25）.

（1）空间复杂度

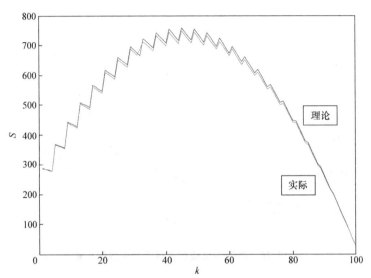

图 19.24 模型三空间复杂度理论与实际值的比较

拟合函数：$S = 0.97 \times \left\lceil \dfrac{k}{4} \right\rceil \times (101 - k) + 1.9 \times (101 - k)$.

（2）时间复杂度

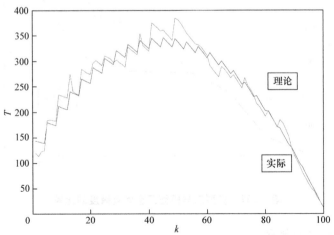

图 19.25 模型三时间复杂度理论与实际值的比较

拟合函数：$T = 0.432 \times (101 - k) \times \left\lceil \dfrac{k}{4} \right\rceil + (101 - k)$.

2. 基于空间复杂度的分析

由图 19.26 和图 19.27 可知：

（1）当 $k=1$ 时，模型一要比模型二耗内存少，模型二比模型三耗内存少；

（2）当 $2 \leqslant k \leqslant 5$ 时，模型二比模型三所耗内存少，模型三比模型一所耗内存少；

（3）当 $k>5$ 时，模型三所耗内存最少.

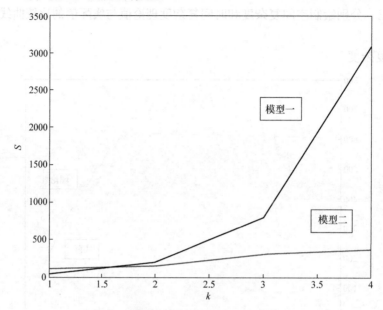

图 19.26　模型一与模型二空间复杂度的比较

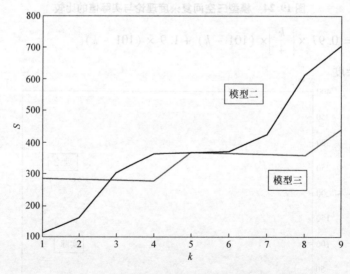

图 19.27　模型二与模型三空间复杂度的比较

3. 基于时间复杂度的分析

由图 19.28 和图 19.29 可知：

（1）当 $k \leqslant 4$ 时，模型一比模型二耗时时间少，模型三建立索引时间与二者几乎相等，若加上排序则远大于二者. 因此认为模型一最优，模型二优于模型三；

（2）当 $k>5$ 时，模型一所用内存已经超过了题目中的要求，我们对模型一不做考虑. 比较模型二与模型三：当 $5 \leqslant k \leqslant 7$ 时，模型二所用时间比模型三要少；对于 $k>8$ 时模型三比模型二要省时很多.

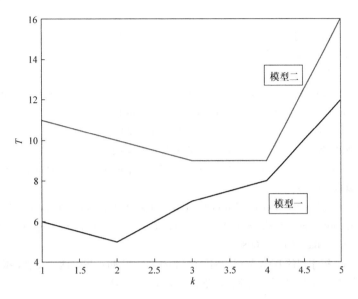

图 19.28　模型一与模型二时间复杂度的比较

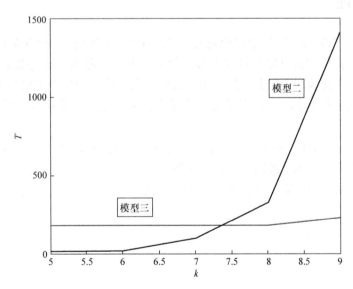

图 19.29　模型二与模型三时间复杂度的比较

19.9.4　关于 8G 内存限制的分析

（1）模型一：当 $k = 5$ 时所耗用的内存已达到 12G，超过了 8G. 模型一所支持 k 值为 $1 \sim 4$.

（2）模型二：模型二所耗内存数成指数型增长，我们对模型二根据理论分析计算当 $k = 21$ 时其所用内存达到 16G，超过了我们的限制.

（3）模型三：我们根据实际数据得到模型三所耗内存在 $k = 46$ 时取得最大值，其最大值为 748M，远远小于 8G，所以模型三支持所有的 k.

参考文献

［1］严蔚敏，吴伟民. 数据结构［M］. 北京：清华大学出版社，1996.

［2］纪震，周家锐，朱泽轩. 基于生物信息学特征的 DNA 序列数据压缩算法［J］. 电子学报，2011.

［3］王树林，王戟，陈火旺，张鼎兴. k 长 DNA 子序列计数算法研究［J］. 计算机工程，2007.5.

［4］LI W M，MA B，ZHANG K Z. Optimizing Spaced k-mer Neighbors for Efficient Filtration in Protein Similarity Search［J］. Transactions on Computational Biology and Bioinformatics，2014.

［5］陈明. 数据结构（C 语言版）［M］. 北京：清华大学出版社，2005.

［6］张鑫鑫. 生物序列数据 k-mer 频次统计［D］. 合肥：中国科学技术大学，2014.

［7］HAO B，LEE H C，ZHANG S. Fractals related to long DNA sequences and complete genomes［J］. Chaos，Solitons & Fractals，2000，11（6）.

［8］DAMASEVICIUS R. Splice Site Recognition in DNA Sequences Using k-mer Frequency Based Mapping for Support Vector Machine with Power Series Kemel［A］. International Conference on Complex，Intelligent and software Intensive Systems［C］. Barcelona，2008.

［9］熊文萍. 基于 k-mer 短序列的 DNA 数据压缩算法研究［D］. 广州：华南理工大学学报，2014.4.

［10］谭浩强. C 程序设计［M］. 2 版. 北京：清华大学出版社，2002.

竞赛效果评述

该赛题是 2015 "深圳杯" 数学建模竞赛 B 题 – DNA 序列的 k-mer index 问题. 参赛队伍需要熟悉 C 语言位操作和数据结构排序和搜索算法. 由于赛题本身给的数据量较小，又考虑到排序的稳定性，本文采用了归并算法. 限于篇幅，文中没有给出舍去稳定性要求后的算法，比如快速排序法和哈希算法. 在数据量大的情况下，可采用碰撞概率少的哈希函数，效果会更佳.

在 2015 年的 "深圳杯" 数学建模竞赛中，宁波大学有一参赛队伍（方叶、赵芳、孙琛）在浙江省选拔中胜出，参加了此次夏令营，在答辩中与北大、复旦、中科大等高校学生竞争，获得此赛题的优秀论文三等奖，并获得了 3000 元奖金.

下篇
学生获奖论文精选与点评

第 20 章

碎纸片的拼接复原（2013B）

20.1 题目

在司法物证复原、历史文献修复以及军事情报获取等领域通常需对破碎文件进行拼接。传统方法用人工完成拼接复原工作，虽然准确率较高，但效率很低。当碎片数量巨大时，人工拼接费时费力。随着计算机技术的发展，使人们尝试开发碎纸片的自动拼接技术，以提高拼接复原效率。现有以下拼接复原问题需考虑。

问题一：对于给定的来自同一页印刷文字文件的碎纸机破碎纸片（仅纵切），建立碎纸片拼接复原模型和设计算法，并针对附件1、附件2给出的中、英文各一页文件的碎片数据进行拼接复原。

问题二：对于碎纸机既纵切又横切的情形，请建立碎纸片拼接复原模型和设计算法，并针对附件3、附件4给出的中、英文各一页文件的碎片数据进行拼接复原。

问题三：考虑现实中双面打印文件的碎纸片拼接复原问题，请建立相应的碎纸片拼接复原模型并设计算法，并就附件5的碎片数据给出拼接复原结果。

20.2 问题分析与建模思路概述

20.2.1 试题类型分析

2013年全国赛的B题从实际问题切入，要求参赛者把碎纸进行拼接复原。给定一系列的碎纸片，有很多种拼接方式，但是"最好"的拼接方式只有一个，因此该题主要涉及优化模型中的数学规划模型。这类题目要在理解吃透题目的基础上，根据理解给出具体的优化模型，计算得到最终的优化结果，并且检验最终结果的合理性。

我们在研究该类实际问题时，初期会没有方向，无从下手。我们应该积极地把该题转化为优化问题，建立问题的优化模型，明确优化目标和约束条件。我们可以通过如下几个步骤来解决此题：

（1）将图像信息数字化，转化为其像素的灰度值矩阵；

（2）分析纸片的边缘灰度信息，确定文件中的边缘纸片；

（3）以边缘纸片为基础，通过计算边缘的灰度化矩阵的相似度，求出两两碎片的相关系数；

（4）以所有碎片的左右和上下相关系数最大为目标，类比 TSP 问题，建立 0 – 1 规划问题，并计算得到优化结果后，检验结果.

20.2.2 题目要求及思路概述

本题在碎纸拼接这一简单易懂的背景下，要求参赛者建立合适的数学模型分别回答 3 个问题（见题目要求）. 下面，我们根据题目的具体信息对这 3 个问题进行具体的分析讨论.

对问题一，首先需要确定在最左和最右的碎纸片. 这两张特殊位置的纸片可以通过计算每一张碎纸片左右边缘像素灰度均值进行判断. 之后可以通过边缘的关系对纸片两两间计算相关度，以所有碎片的总体相关性最高为目标，建立 0 - 1 规划模型，求解即可得碎片拼接复原结果.

问题二的求解思路与问题一类似，也可以通过纸片之间的相关度，以所有碎片的总体相关性最高为目标，建立 0 - 1 规划模型进行求解. 但是相比问题一，因为纸片存在同时既有纵切又有横切的情形，优化难度要大得多. 为了简化问题，可以通过分步优化的方式进行求解. 例如，对 209 张碎片考虑将其按行分组，分成 11 组. 再将位于同一组的最左列的每个碎片与同组其他碎片进行匹配，求得两两之间的相关性，再沿用问题一的模型，使每组拼接后的总体相关性最高，得到拼接最优的若干张条形大碎片. 在此基础上，确定位于原文件最上端和最下端的大碎片，再用问题一的模型以整体相关性最高为目标，拼接最终复原结果. 对于英文文件碎纸拼接，则需要引入图片预处理过程，提高碎片按行分组过程的准确性.

对问题三，要求对双面英文文字碎片进行拼接与复原. 首先可用同上述问题一样的方法确定左右边缘碎纸片. 一个有趣的观察是：对于双面打印文件，因其页面设置相同，其正反两面文字所在行位置一致. 合理的利用这一隐含的信息可以大大降低求解的难度. 可以把每一张纸片的正反面图片映射为一张新的图片（例如，可以把碎纸片正反两面的灰度值叠加）. 基于这种方式就可以把问题三转化为新图片的拼接问题，套用问题二中的模型就可以很容易地进行求解. 按照问题二中的步骤，首先确定边缘碎纸片；然后在把碎纸片进行分组，确定在同一行的 38 张碎纸片；在确定分组后，不再对映射后新图片进行处理，直接对同组内的 38 张图片按照最优匹配原则分成两类，每类一共 19 张图片. 把这 19 张图片的拼接在一起就可以得到同面同行的碎纸片拼接结果. 按照这个方法，可以得到 38 张横条图片，最后对这些横条图片进行匹配，套用问题一中的模型最终得到图像的总体拼接.

碎纸拼接这个竞赛题目，从其本身来看是一个很好的数学题目. 它从实际问题出发，让参赛者运用所学知识来解决问题. 题目难度循序渐进，问题逐步深化. 这个竞赛题目充分考察了参赛者化繁为简，分而治之的能力.

20.3 获奖论文——关于碎纸片的拼接复原问题的建模及算法

作者：周一凡 赵亚婷 黄永斌

指导老师：王松静

获奖情况：2013 年全国数学建模竞赛一等奖

摘要

碎纸拼接复原问题在众多领域都有重要应用. 本文主要基于该问题，从文字内容不同、纵横切方式差异、单双面区别三个角度考虑建立不同情况下的碎纸拼接模型，使得碎纸片拼接复原效果最好.

为解决该问题，我们先根据各个附件中所给的碎纸信息，对每张图片进行数字化处理，即利用 MATLAB 软件读取所有图片，得到其像素的灰度值矩阵.

对问题一，首先，我们计算附件 1、附件 2 中每一张碎纸片左、右边缘 8 列像素的灰度均值，通过寻找边缘灰度均值等于 255（白色）确定最左端、最右端的碎纸片. 其次，将最左端碎纸片的最右边缘列向量与其他碎纸片的最左边缘列向量进行匹配，求出两两碎纸片的相关系数. 以 19 张碎纸片拼接的总体相关系数最大为目标，建立 0 – 1 规划模型，使用软件 LINGO 进行模型求解，即可得到 19 张碎纸拼接复原的最优结果.

对问题二，与问题一相同，通过计算附件 3 纵横切中文碎片的左、右边缘 12 列像素的灰度均值确定位于原文件最左端、最右端的碎纸片各 11 张. 运用 MATLAB 获取碎纸片的像素灰度矩阵并进行二值化处理得到二值矩阵. 根据每个中文字的高度与宽度基本一致的特点，每张碎纸片的有字行与无字行即可区分. 针对每张最左端碎纸片的空白像素行，其他碎纸片对应位置与之进行匹配，获得相关系数后建立指派模型将碎纸片分为 11 组，其中每组各包括一张原文件最左端和最右端的碎纸片. 结合 LINGO 软件，对于同一行的碎纸片，以同行拼接的总体相关系数最大为目标，建立 0 – 1 规划，得到每行碎纸片拼接的最优结果. 再用问题一中的方法，对 11 张行碎片建立匹配模型，获取 11 张行碎片的最佳匹配结果.

对附件 4 纵横切英文碎片，基于相同方法寻找边缘碎片，并基于 0 – 1 规划模型匹配. 因英文字母与中文字结构不同，字母在四线格（上、中、下行）中整体分布情况为，中间行分布较多，上、下行较少，应用图像处理技术，删除每个英文字母上、下部分（如 y，h），并保留中间部分. 采用问题二中的方法将预处理后的碎纸片分为 11 组. 由于预处理过程会使碎纸片失去较多信息，影响最终效果，则在分组的基础上基于未处理的碎纸图片进行拼接，得出英文字母碎纸片纵横切后拼接复原的最优方案.

对于问题三，先对图像进行预处理，并寻找两端碎片. 为了消除正反面的干扰，将处理好的 418 张碎纸片正反两面叠加获取 209 新图片，将问题三转化为问题二，再基于 0 – 1 规划模型对边界图片匹配并将 209 张碎纸片分成 11 组，每组 19 张. 确定分组后，基于原图片编号与新图片编号对应关系，还原得到每一组 38 个原编号，再对每组 38 张图片进行优化排序，从中获取效果最好的 19 张图片进行拼接. 依照该方法可以得到 38 张横条图片，再利用这个算法，即可得到最后的总体拼接.

关键词：0 – 1 规划　相关系数　图像预处理　碎纸拼接

20.3.1　问题重述

在司法物证复原、历史文献修复以及军事情报获取等领域通常需对破碎文件进行拼接. 传统方法用人工完成拼接复原工作，虽然准确率较高，但效率很低. 当碎片数量巨大时，人工拼接费时费力，而随着计算机技术的发展，使人们尝试开发碎纸片的自动拼接技术，以提高拼接复原效率. 现有以下拼接复原问题需考虑：

问题一：对于给定的来自同一页印刷文字文件的碎纸机破碎纸片（仅纵切），建立碎纸片拼接复原模型和设计算法，并针对附件 1、附件 2 给出的中、英文各一页文件的碎片数据进行拼接复原.

问题二：对于碎纸机既纵切又横切的情形，请建立碎纸片拼接复原模型和设计算法，并针对附件 3、附件 4 给出的中、英文各一页文件的碎片数据进行拼接复原.

问题三：考虑现实中双面打印文件的碎纸片拼接复原问题，请建立相应的碎纸片拼接复原模型并设计算法，并就附件 5 的碎片数据给出拼接复原结果.

20.3.2　问题分析

对于碎纸机切割碎纸拼接复原问题，我们发现所给破碎纸片，形状大小相等，无法通过纸片轮廓的提取进行拼接，所以应从碎片内容特征着手. 首先将图片进行数字化处理，因所有碎纸片都是灰度图，即除黑、白、灰外无其他颜色，通过 MATLAB 软件中的图像处理命令，读取图片，并将图片转化为像素的灰度值矩阵，即矩阵中的每个元素的数值大小代表该像素的灰度值.

对问题一，首先通过计算每一张碎纸片左右边缘像素灰度均值，确定在最左和最右的碎纸片. 再将位于最左端的每个碎片与其他碎片进行匹配，以此求得碎片两两之间的相关性系数. 以所有碎片的总体相关性最高为目标，建立 0 - 1 规划模型，求解即可得碎片拼接复原结果.

对问题二，附件 3、附件 4 中的碎纸片既有纵切又有横切的情形，同样先提取每张碎纸片左右边缘像素灰度均值，确定位于原文件最左端和最右端的碎纸片. 然后对 209 张碎片考虑将其按行分组，分成 11 组，以此简化问题. 再将位于同一组的最左列的每个碎片与同组其他碎片进行匹配，求得两两之间的相关性，再沿用问题一的模型，使每组拼接后的总体相关性最高，可得到拼接最优的若干张条形大碎片. 在此基础上，确定位于原文件最上端和最下端的大碎片，再用问题一的模型以整体相关性最高为目标，拼接最终复原结果. 当然，由于中文字体与英文字体方面的差异，在建立碎片分组模型时，我们分别采用了不同的分组方法.

对问题三，要求对双面英文文字碎片进行拼接与复原. 首先可用同上述问题一样的方法确定左右边缘碎纸片. 由观察，我们发现对于双面打印文件，因其页面设置相同，其正反两面文字所在行位置一致. 则可将每张碎纸片正反两面叠加得到一张图片，再用问题二中的方法对叠加后的 209 张碎纸片进行分组，确定在同一行的碎纸片. 在确定分组后，将正反两面叠加后的图片复原，则每一组有 38 张图片，再利用问题二中的方法，对 38 张图片进行最优匹配得到的 19 张图片的拼接，即为同面同一行的最优拼接. 依照这个方法可以得到 38 张横条图片，再利用这个算法，即可得到最后的总体拼接.

20.3.3　基本假设

(1) 假设附件所给碎纸片完整清晰，其像素不受光线等因素影响，量化结果合理；

(2) 假设来自同一文件的碎纸片的文字的行距相等；

(3) 双面打印文件的正反面文字所在行位置一致.

20.3.4　符号说明

符号	说　　明
a_{mij}	第 m 个碎片矩阵中第 i 行第 j 列的像素灰度值
$\overline{B}_{mfg}$	第 m 张碎片第 f 到 g 列向量各元素的平均值
r_{ij}^{1}	第 i 张碎纸片最右列向量与第 j 张碎纸片最左列向量的相关系数

（续）

符号	说　　明
q_{ij}	$0-1$ 变量，若第 i 张碎纸片右侧与第 j 张碎纸片相连，则 $q_{ij}=1$；若不相连，则 $q_{ij}=0$
p_{ij}	$0-1$ 变量，若第 i 张碎纸片下方与第 j 张碎纸片相连，则 $q_{ij}=1$；若不相连，则 $q_{ij}=0$
c_{mij}	$0-1$ 变量，第 m 个碎片矩阵中第 i 行第 j 列的像素 $0-1$ 值
d_{mi}	$0-1$ 变量，若第 m 个碎纸矩阵的第 i 行像素为有字行像素，则 $d_{mi}=1$；若为无字行像素，则 $d_{mi}=0$
e_{ij}^1	第 j 张碎纸片与第 i 张碎纸片行匹配白色位置差异度
e_{ij}^2	第 j 张碎纸片与第 i 张碎纸片行匹配文字位置差异度
r_{ij}^2	第 i 张碎纸片最下行向量与第 j 张碎纸片最上行向量的相关系数
k_{ij}	最右侧第 j 张碎纸片与最左侧第 i 行碎纸片行匹配相似度
y_{ij}	若第 j 张碎纸片与第 i 张碎纸片在同一行，则 $y_{ij}=1$；若不在同一行，则 $y_{ij}=0$
f_{mi}	表示第 m 张碎纸片第 i 行白色像素点个数

20.3.5　模型准备

在建立模型前，首先需对附件中所有碎纸片进行数字化处理[1]．图像的数字化处理，是将图像信息转变为数字信息的过程．数字化处理的第一个步骤是采样，使连续图像的空间离散化，得到离散图像．第二步是量化，将连续图像的幅度离散化，得到数字图像．采样后的空间单元是像素，量化后的灰度等级是灰度级，量化后的颜色等级是色阶．因题中所给图像非彩色图，所以不考虑颜色．

对于图像的数字化表达，可由数字图像的颜色深度分为二值图像、灰色图像、256 色索引图像、16 位增强色图像、24 位真彩色图像、32 位真彩色图像．

灰度级这一词汇用来描述单色光强度，因为它的范围从黑到灰，最后到白．用 $f(x,y)$ 二维函数形式表示图像，在特定的坐标 (x,y) 处，f 的值或幅度是一个正的标量．对于题中所给的碎片图像，图像值可称为灰度级．对于一幅连续图像 $f(x,y)$，可尝试将其转换为数字形式．一幅图像的 x 和 y 可能都是连续的．为了把它转换成数字形式，必须在坐标和幅度上做取样操作，数字化坐标值称为取样，数字化幅度值称为量化．

对于数字图像的表示，取样和量化的结果是一个实际矩阵．将每一张碎片 $f(x,y)$ 取样，则产生的数字图像有 m 行 n 列．现在，坐标 (x,y) 的值变成离散量．为表达清楚和方便起见，对这些离散坐标用整数表示．这样，原点的坐标值是 $(x,y)=(0,0)$．沿图像第一行的下一个坐标值用 $(x,y)=(0,1)$ 来表示，则可用下面的紧凑矩阵形式写出完整的 $m \times n$ 数字图像：

$$f(x,y) = \begin{pmatrix} f(0,0) & f(0,1) & \cdots & f(0,n-1) \\ f(1,0) & f(1,1) & \cdots & f(1,n-1) \\ \vdots & \vdots & & \vdots \\ f(m-1,0) & f(m-1,0) & \cdots & f(m-1,n-1) \end{pmatrix} \qquad (20.1)$$

这个表达式的右侧就定义了一幅数字图像，即题目所给出的碎纸片．矩阵中的每个元素称为图像单元，图像元素或像素．

用传统矩阵表示法来表示数字图像和像素如下：

$$A = \begin{pmatrix} a_{0,0} & a_{0,1} & \cdots & a_{0,n-1} \\ a_{1,0} & a_{1,1} & \cdots & a_{1,n-1} \\ \vdots & \vdots & & \vdots \\ a_{m-1,0} & a_{m-1,1} & \cdots & a_{m-1,n-1} \end{pmatrix} \tag{20.2}$$

显然，$a_{ij} = f(x = i, y = j) = f(i,j)$，因此，式（20.1）和式（20.2）是恒等矩阵. 利用 MATLAB 软件中"imread"函数读取图片，即可得到碎片所对应的灰度值矩阵，这些灰度矩阵是我们进行建模工作的基础数据.

对于所有附件中的碎纸片，对其进行排序，按其编号由小到大，即将编号为 000，001，002，…的碎纸片依次设定为第 1 张碎纸片，第 2 张碎纸片，第 3 张碎纸片，……

20.3.6　模型的建立与求解

1. 问题一模型的建立

先对天工讲堂二维码中附件 1，附件 2 中的所有碎纸片进行灰度处理. 然后对于 19 张碎纸片读取 19 个灰度图矩阵，依次排成 1 行 19 列. 用符号 A_m 表示第 m 张碎纸片的矩阵. 用符号 a_{mij} 表示第 m 个矩阵中第 i 行第 j 列的像素灰度值.

（1）最左、最右碎纸片的确定

设 $\overline{B}_{mfg}$ 表示第 m 张碎片第 f 到 g 列向量各元素的平均值，共有 h 行：

$$\overline{B}_{mfg} = \frac{\sum_{i=1}^{h} \sum_{j=f}^{g} a_{mij}}{h \cdot (g - f + 1)}.$$

我们知道，对一页文件，其边缘部分都会留白，即页边距. 首先确定位于最左边的碎纸片，计算所有碎纸片第 1 到 8 列向量所有元素的平均值，在附件 1 和附件 2 中，每张碎片有 1980 行像素，即

$$\overline{B}_{m,1,8} = \frac{\sum_{i=1}^{1980} \sum_{j=1}^{8} a_{mij}}{1980 \times 8}.$$

若 $\overline{B}_{m,1,8} = 255$，则前 10 列全为白色像素点，则可确定为最左碎纸片.

确定最右碎纸片的原理相同，计算所有碎纸片最后 8 列，即第 65 到 72 列向量所有元素的平均值，其值为 255 的，则可确定为最右碎纸片.

（2）碎片两两之间相关系数计算

若有向量 X，Y，则 X，Y 的协方差 $\mathrm{cov}(X, Y)$[2] 为：

$$\mathrm{Cov}(X, Y) = E\{[X - E(X)][Y - E(Y)]\}$$

当 $\mathrm{Cov}(X, Y) = 0$ 时，称 X 与 Y 不线性相关. X 与 Y 的相关系数为：

$$r_{XY} = \frac{\mathrm{Cov}(X, Y)}{\sqrt{D(X)}\ \sqrt{D(Y)}}.$$

已知 $-1 \leqslant r_{XY} \leqslant 1$，若 r_{XY} 为正，则 X 与 Y 正相关；r_{XY} 为负，则 X 与 Y 负相关. $|r_{XY}|$ 越接近 1，则相关性越大.

在确定最左、最右侧碎片后，进行碎片两两之间相关系数的计算，提取每张碎片的边缘列向量，设第 p 个矩阵的最右列向量为 X：

$$X = \begin{pmatrix} a_{p,1,72} \\ a_{p,2,72} \\ \vdots \\ a_{p,1980,72} \end{pmatrix}.$$

第 q 个矩阵的最左列向量为 Y：

$$Y = \begin{pmatrix} a_{q,1,1} \\ a_{q,2,1} \\ \vdots \\ a_{q,1980,1} \end{pmatrix}.$$

则可求得第 p 个矩阵的最右列向量与第 q 个矩阵的最左列向量的相关性系数.

（3）确定最优拼接

经第（2）步，我们可以求得两两边缘列向量的相关系数，引进变量 r_{ij}^1 表示第 i 张碎纸片最右列向量与第 j 张碎纸片最左列向量的相关系数，则可得相关系数矩阵 $(r_{ij}^1)_{19 \times 19}$.

设 q_{ij} 为 $0-1$ 变量，$q_{ij} = 1$ 表示第 i 张碎纸片右侧与第 j 张碎纸片相连，$q_{ij} = 0$ 表示第 i 张碎纸片右侧与第 j 张碎纸片不相连. 决策目标是相关程度最大，即：

$$\max z = \sum_{i=1}^{19} \sum_{j=1}^{19} r_{ij}^1 \cdot q_{ij}$$

约束条件包含以下方面：

1）q_{ij} 为 $0-1$ 变量：

$$q_{ij} = 0 \text{ 或 } 1, \quad i = 1,2,\cdots,19, \quad j = 1,2,\cdots,19.$$

2）因为总共有 19 张碎纸片，所以有 18 个拼接口：

$$\sum_{i=1}^{19} \sum_{j=1}^{19} q_{ij} = 18$$

3）设第 c 张碎纸片为已确定的最左侧碎纸片，则其左侧无拼接，其他碎片左侧有且仅与一张碎纸片拼接：

$$\sum_{i=1}^{19} q_{ij} = \begin{cases} 0, & j = c, \\ 1, & j \in [1,19] \text{ 且 } j \neq c, j \in \mathbf{N}. \end{cases}$$

4）设第 d 张碎纸片为已确定的最右侧碎纸片，则其右侧无拼接，其他碎片右侧有且仅与一张碎纸片拼接：

$$\sum_{j=1}^{19} q_{ij} = \begin{cases} 0, & i = d, \\ 1, & i \in [1,19] \text{ 且 } i \neq d, j \in \mathbf{N}. \end{cases}$$

5）保证最优拼接中不含子巡回[3]：

$$u_i - u_j + 19x_{ij} \leq 18, \ u_i, u_j \geq 0, \ i = 1,2,\cdots,19, \ j = 1,2,\cdots,19, \ \text{且} \ i \neq j.$$

综上所述，模型的数学表达式如下：

$$\max z = \sum_{i=1}^{19} \sum_{j=1}^{19} r_{ij}^1 \cdot q_{ij}$$

$$
\text{s. t.}
\begin{cases}
q_{ij} = 0 \text{ 或 } 1, \ i = 1,2,\cdots,19, \ j = 1,2,\cdots,19, \\
\displaystyle\sum_{i=1}^{19}\sum_{j=1}^{19} q_{ij} = 18, \\
\displaystyle\sum_{i=1}^{19} q_{ij} = 0, \ j = c, \\
\displaystyle\sum_{i=1}^{19} q_{ij} = 1, \ j \in [1,19] \text{ 且 } j \neq c, \ j \in \mathbf{N}, \\
\displaystyle\sum_{j=1}^{19} q_{ij} = 0, \ i = d, \\
\displaystyle\sum_{i=1}^{19} q_{ij} = 1, \ i \in [1,19] \text{ 且 } i \neq d, \ j \in \mathbf{N},
\end{cases}
\tag{20.3}
$$

$$u_i - u_j + 19x_{ij} \leqslant 18, u_i, \ u_j \geqslant 0, \ i = 1,2,\cdots,19, \ j = 1,2,\cdots,19, \ \text{且 } i \neq j.$$

实际上，对于上述模型，如果把每块碎片看成点，碎片间的相关系数看成权，那么可得一个赋权有向完全图，这样上述模型就可看成是寻找一条从给定起点（代表最左边侧碎片）到给定终点（代表最右侧碎片）且经过所有其他点的边权之和最大的一条路.

2. 问题一模型的求解

对于附件 1 和附件 2 中的文字文件，首先利用 MATLAB 软件分别计算 19 张碎纸片的第 1 到 8 列元素平均值和第 65 到 72 列向量元素平均值，结果如表 20.1 和表 20.2.

表 20.1　附件 1 碎纸片前后 8 列元素平均值表

序号	000	001	002	003	004	005	006
前 8 列元素均值	213.2085	204.5474	223.2273	202.4033	215.3313	224.7390	221.4340
后 8 列元素均值	218.6576	216.1173	205.0017	210.5479	221.5074	212.2807	255.0000
序号	007	008	009	010	011	012	013
前 8 列元素均值	213.7227	255.0000	217.7924	207.2556	228.3457	214.7566	214.4912
后 8 列元素均值	220.3402	211.1729	217.8926	217.7483	212.2862	222.6765	216.1240
序号	014	015	016	017	018		
前 8 列元素均值	213.8959	219.9907	223.4086	214.4423	214.8720		
后 8 列元素均值	230.8194	197.2645	207.7747	225.1710	206.4662		

由表 20.1，因第 006 号碎纸片后 10 列元素平均值和第 008 号碎纸片前 8 列平均值为 255.0000，说明其相应位置全为白色像素，可知附件 1 中第 006 号碎纸片为最右侧碎纸片，第 008 号碎纸片为最左侧碎纸片.

表 20.2　附件 2 碎纸片前后 10 列元素平均值表

序号	000	001	002	003	004	005	006
前 10 列元素均值	227.8117	225.8496	224.2862	255.0000	227.8617	221.1859	226.8876
后 10 列元素均值	225.3888	220.8783	222.3742	234.1832	255.0000	227.0580	227.2065

（续）

序号	007	008	009	010	011	012	013
前 10 列元素均值	226.9034	228.2128	233.9542	224.5850	225.1201	228.9424	227.8860
后 10 列元素均值	219.6374	232.5971	221.6032	230.8340	223.6398	224.1757	224.2405
序号	014	015	016	017	018		
前 10 列元素均值	227.0461	230.4335	234.2225	229.6359	223.8239		
后 10 列元素均值	233.6011	223.5489	229.7939	231.6838	227.9123		

由表 20.2，因第 004 号碎纸片后 10 列元素平均值和第 003 号碎纸片前 10 列平均值为 255.0000，说明其相应位置全为白色像素，可知附件 2 中第 004 号碎纸片为最右侧碎纸片，第 003 号碎纸片为最左侧碎纸片.

对附件 1 和附件 2 的 19 张碎纸片，运用 MATLAB 软件求两两碎纸片最右列向量与最左列向量相关系数矩阵 $(r_{ij}^1)_{19 \times 19}$.

运用 LINGO 软件进行求解，得最终拼接结果，最优拼接见表 20.3 和表 20.4.

表 20.3　附件 1 文字文件最优拼接结果表

008	014	012	015	003	010	002	016	001	004	005	009	003	018	011	007	017	000	006

表 20.4　附件 2 文字文件最优拼接结果表

003	006	002	007	008	000	005	001	009	014	012	015	016	013	018	011	017	010	004

3. 问题二模型的建立与求解

横纵切中文汉字碎片拼接复原模型

在问题二中，我们先考虑对附件 3 中**中文汉字碎片**进行拼接与复原.

已知在附件 3 中的所有碎纸片经过灰度处理. 对于附件 3 中 209 张碎纸片，首先读取 209 个灰度图矩阵，用符号 A_m 表示附件 3 中第 m 张碎纸片的灰度矩阵. 用符号 a_{mij} 表示第 m 个矩阵中第 i 行第 j 列的像素灰度值.

（1）最左边、最右边碎纸片的确定

在问题一中已经提到，对一页文件，其边缘部分都会留白，即页边距. 首先确定位于最左边的碎纸片，对附件 3 中的碎纸片，计算所有碎纸片第 1 到第 12 列向量所有元素的平均值，每张碎纸片有 180 行像素：

$$\overline{B}_{m,1,12} = \frac{\sum\limits_{i=1}^{180} \sum\limits_{j=1}^{12} a_{mij}}{180 \times 12}.$$

取 $\overline{B}_{m,1,12}$ 最大的 11 张碎纸片，若其前 12 列基本全为白色像素点，则可确定为最左碎纸片.

确定最右碎纸片的原理相同，计算所有碎纸片最后 12 列，即第 61 到第 72 列向量所有元素的平均值，其值最大的 11 张碎片，则可确定为最右碎纸片.

依据上述原理利用 MATLAB 软件编程计算附件 3 中所有碎纸片的第 1 到 12 列向量元素平均值和第 61 到 72 列向量元素平均值，得到位于最左侧的碎片和最右侧的碎片结果如表 20.5 所示.

表 20.5　附件 3 最左最右侧碎片编号表

最左侧碎片	007，014，029，038，049，061，071，089，094，125，168
最右侧碎片	018，036，043，059，060，074，123，141，145，176，196

（2）图像的二值化处理

为方便确定在同一行的碎纸片，我们先对图片进行二值化处理，将灰度矩阵转变为 0 - 1 二值矩阵．用符号 C_m 表示第 m 张碎纸片的 0 - 1 二值矩阵．用符号 c_{mij} 表示第 m 个矩阵中第 i 行第 j 列的像素 0 - 1 值：

$$c_{mij} = \begin{cases} 1, & a_{mij} \geqslant H, \\ 0, & a_{mij} < H. \end{cases}$$

其中，H 为阈值．运用 MATLAB 软件中"gray2bw"命令，可自动生成阈值，并直接将灰度矩阵转变为 0 - 1 二值矩阵．

为了使处理后的图片效果更加直观，我们将其进行黑白转置，即对所有 c_{mij} 为 1 的元素，对其赋值 0；对所有 c_{mij} 为 0 的元素，对其赋值 1．

（3）确定在同一行的碎纸片

由步骤（2）已经得到附件 3 中 209 张碎纸片的 0 - 1 二值矩阵 C_m．我们知道，在一页文件中，位于同一行的中文汉字，其所占的像素行数基本一致．引进 0 - 1 变量 d_{mi}，若第 m 张碎纸片的第 i 行像素为有字行像素，则 $d_{mi} = 1$；若为无字行像素，即处于字符间距位置，则 $d_{mi} = 0$．

$$d_{mi} = \max_{j=1,\cdots,72} (c_{mij}), \quad m = 1,2,\cdots,209, \quad i = 1,2,\cdots,180.$$

其实际意义为，在第 m 张碎纸片的 0 - 1 二值矩阵中，若第 i 行像素存在为 1 的元素，则认为该行为有字行，即 $d_{mi} = 1$；若第 i 行的元素全为 0，则认为该行为无字行，即处于字符间距位置，$d_{mi} = 0$．

若两张碎纸片位于同一行，则其字符间距位置应相同．设变量 e_{ij} 表示第 j 张碎纸片与第 i 张碎纸片行匹配差异度，现假设以第 p 张碎纸片字符间距位置为基点，计算第 q 张碎纸片与其的行匹配差异度．

$$\boldsymbol{M} = \begin{pmatrix} d_{q1} \\ d_{q2} \\ \vdots \\ d_{q180} \end{pmatrix} - \begin{pmatrix} d_{p1} \\ d_{p2} \\ \vdots \\ d_{p180} \end{pmatrix}.$$

记 e_{pq} 为 $\boldsymbol{M}$ 向量中为 1 的元素的总个数．其实际意义在于统计第 p 张碎纸片为空白而第 q 张碎纸片对应位置不为空白的像素所占行的个数．

由（1）中的计算可知位于最左侧的碎纸片．设集合 U 表示所有最左侧碎纸片序号，集合 W 表示所有最左侧碎纸片序号，集合 V 表示除最左侧碎纸片和最右侧碎纸片外的其他碎纸片序号：

$$U = \{8,15,30,39,50,62,72,90,95,126,169\},$$
$$W = \{19,37,44,60,61,75,124,142,146,177,197\},$$
$$V = \{x \mid x \in [1,209], x \in \mathbf{N}^+ \text{ 且 } x \notin U, x \notin W\}.$$

下面我们建立最优分组模型，即将所有碎片分为 11 组，使得处在同一行的碎片分在同一组，每一组包含一张位于最左侧的碎纸片．引入 $0-1$ 变量 y_{ij}，若第 j 张碎纸片与第 i 张碎纸片在同一行，则 $y_{ij}=1$；若不在同一行，则 $y_{ij}=0$．决策目标为所有像素行匹配差异度之和最小：

$$\min z = \sum_{i \in U} \sum_{j \in V} e_{ij} \cdot y_{ij}.$$

包含的约束条件有以下几个方面：

1）y_{ij} 为 $0-1$ 变量：

$$y_{ij} = 0 \text{ 或 } 1, \, i \in U, j \in V.$$

2）对所有非边缘碎纸片，保证其在某一行中：

$$\sum_{i \in U} y_{ij} = 1, \, j \in V.$$

3）保证每一行除最左侧碎纸片外有 18 张碎纸片，即有 18 个拼接口：

$$\sum_{j \in V} y_{ij} = 18, \, i \in U.$$

综上所述，模型的数学表达式如下：

$$\min z = \sum_{i \in U} \sum_{j \in V} e_{ij} \cdot y_{ij}$$

$$\text{s. t.} \begin{cases} y_{ij} = 0 \text{ 或 } 1, \, i \in U, j \in V, \\ \sum_{i \in U} y_{ij} = 1, \, j \in V, \\ \sum_{j \in V} y_{ij} = 18, \, i \in U. \end{cases} \tag{20.4}$$

（4）确定同一行碎纸片的最优拼接

在确定每一行的碎纸片后，对所有碎纸片进行重新排序，按原序号从小到大依次编为 1，2，$\cdots$，19．可以求得这 19 张碎纸片左右两两边缘列向量的相关系数，方法如问题一模型中"（2）碎片两两之间相关系数计算"所述．变量 r_{ij}^1 表示第 i 张碎纸片最右列向量与第 j 张碎纸片最左列向量的相关系数，可得矩阵 $(r_{ij}^1)_{19 \times 19}$．

再将同一行碎纸片进行最优拼接，其方法与"（3）确定最优拼接"类似．建立优化模型如下：

决策目标是相关程度最大，即：

$$\max z = \sum_{i=1}^{19} \sum_{j=1}^{19} r_{ij}^1 \cdot q_{ij}$$

约束条件包含以下方面：

1）q_{ij} 为 $0-1$ 变量：

$$q_{ij} = 0 \text{ 或 } 1, \, i = 1, 2, \cdots, 19, \, j = 1, 2, \cdots, 19$$

2）因为总共有 19 张碎纸片，所以有 18 个拼接口：

$$\sum_{i=1}^{19} \sum_{j=1}^{19} q_{ij} = 18.$$

3）设第 c 张碎纸片为已确定的最左侧碎纸片，则其左侧无拼接，其他碎片左侧有且仅与一张碎纸片拼接：

$$\sum_{i=1}^{19} q_{ij} = \begin{cases} 0, & j = c, \\ 1, & j \in [1,19] \text{ 且 } j \neq c, j \in \mathbf{N} \end{cases}$$

4）设第 d 张碎纸片为已确定的最左侧碎纸片，则其右侧无拼接，其他碎片右侧有且仅与一张碎纸片拼接：

$$\sum_{j=1}^{19} q_{ij} = \begin{cases} 0, & i = d, \\ 1, & i \in [1,19] \text{ 且 } i \neq d, j \in \mathbf{N} \end{cases}$$

5）保证最优拼接中不含子巡回[3]：

$$u_i - u_j + 19x_{ij} \leqslant 18, \ u_i, u_j \geqslant 0, \ i = 1,2,\cdots,19, \ j = 1,2,\cdots,19, \ \text{且 } i \neq j.$$

综上所述，模型的数学表达式如下：

$$\max z = \sum_{i=1}^{19} \sum_{j=1}^{19} r_{ij}^1 \cdot q_{ij}$$

$$\text{s. t.} \begin{cases} q_{ij} = 0 \text{ 或 } 1, \ i = 1,2,\cdots,19, \ j = 1,2,\cdots,19, \\ \sum_{i=1}^{19} \sum_{j=1}^{19} q_{ij} = 18, \\ \sum_{i=1}^{19} q_{ij} = 0, \ j = c, \\ \sum_{i=1}^{19} q_{ij} = 1, \ j \in [1,19] \text{ 且 } j \neq c, j \in \mathbf{N}, \\ \sum_{j=1}^{19} q_{ij} = 0, \ i = d, \\ \sum_{j=1}^{19} q_{ij} = 1, \ i \in [1,19] \text{ 且 } i \neq d, j \in \mathbf{N}, \\ u_i - u_j + 19x_{ij} \leqslant 18, \ u_i, u_j \geqslant 0, \ i = 1,2,\cdots,19, \ j = 1,2,\cdots,19, \ \text{且 } i \neq j. \end{cases} \tag{20.5}$$

运用 LINGO 软件实现上述算法，得到 11 行的拼接结果，除 2 行碎片外，其余 9 行碎片的拼接完成正确．经过观察，发现两行碎片拼接错行，即这两行分组不完全正确，则对这两行重新进行步骤 3 分组，将再次分组后的两行进行同一行碎纸片的最优拼接，得到结果完全正确．

（5）确定各行碎纸片间的最优拼接

经第（4）步，已经得到每一行 19 张碎纸片的最优拼接．我们将每一行拼接后的 19 张碎纸片看成一张横条碎纸片，现对 11 张横条碎纸片进行拼接．对 11 张横条碎纸片按最左侧碎纸片序号从小到大编号为 1，2，…，11．对 11 张横条碎纸片，可得灰度矩阵 a_{mij}，其中 $m = 1,2,\cdots,11, \ i = 1,2,\cdots,1368, \ j = 1,2,\cdots,180$．

求得这 11 张横条碎纸片最上和最下两两边缘行向量的相关系数，方法如问题一模型中"（2）碎片两两之间相关系数计算"中所述．变量 r_{ij}^2 表示第 i 张碎纸片最下行向量与第 j 张碎纸片最上行向量的相关系数，可得矩阵 $(r_{ij}^2)_{11 \times 11}$．

计算每一横条碎纸片最上 12 列向量元素灰度平均值和最下 12 列向量元素灰度平均值，取最上 12 列向量元素灰度平均值最大的横条碎纸片，确定其位于第一行；同理，取最下 12 列向量元素灰度平均值最大的横条碎纸片，确定其位于最后一行．

将 11 张横条碎纸片进行最优拼接，其方法与“（3）确定最优拼接”类似，建立优化模型如下：

设 p_{ij} 为 0 – 1 变量. $p_{ij} = 1$ 表示第 i 张横条碎纸片下方与第 j 张碎纸片相连，$p_{ij} = 0$ 表示第 i 张碎纸片下方与第 j 张碎纸片不相连. 决策目标是相关程度最大，即：

$$\max z = \sum_{i=1}^{11} \sum_{j=1}^{11} r_{ij}^2 \cdot p_{ij}.$$

约束条件包含以下方面：

1）p_{ij} 为 0 – 1 变量：

$$p_{ij} = 0 \ \text{或} \ 1, \ i = 1, 2, \cdots, 11, \ j = 1, 2, \cdots, 11.$$

2）因为总共有 11 张横条碎纸片，所以有 10 个拼接口：

$$\sum_{i=1}^{11} \sum_{j=1}^{11} p_{ij} = 10.$$

3）设第 c 张碎纸片为已确定的位于最上方横条碎纸片，则其上方无拼接，其他碎片上方有且仅与一张碎纸片拼接：

$$\sum_{i=1}^{11} p_{ij} = \begin{cases} 0, & j = c, \\ 1, & j \in [1, 11] \ \text{且} \ j \neq c, \ j \in \mathbf{N}. \end{cases}$$

4）设第 d 张碎纸片为已确定的位于最下方横条碎纸片，则其下方无拼接，其他碎片下方有且仅与一张碎纸片拼接：

$$\sum_{j=1}^{11} p_{ij} = \begin{cases} 0, & i = d. \\ 1, & i \in [1, 11] \ \text{且} \ i \neq d, \ j \in \mathbf{N}. \end{cases}$$

5）保证最优拼接中不含子巡回[3]：

$$u_i - u_j + 11 x_{ij} \leqslant 10, \ u_i, u_j \geqslant 0, \ i = 1, 2, \cdots, 11, \ j = 1, 2, \cdots, 11, \ \text{且} \ i \neq j.$$

综上所述，模型的数学表达式如下：

$$\max z = \sum_{i=1}^{11} \sum_{j=1}^{11} r_{ij}^2 \cdot p_{ij}$$

$$\text{s. t.} \begin{cases} p_{ij} = 0 \ \text{或} \ 1, \ i = 1, 2, \cdots, 11, \ j = 1, 2, \cdots, 11, \\ \displaystyle\sum_{i=1}^{11} \sum_{j=1}^{11} p_{ij} = 10, \\ \displaystyle\sum_{i=1}^{11} p_{ij} = 0, \ j = c, \\ \displaystyle\sum_{i=1}^{11} p_{ij} = 1, \ j \in [1, 11] \ \text{且} \ j \neq c, \ j \in \mathbf{N}, \\ \displaystyle\sum_{j=1}^{11} p_{ij} = 0, \ i = d, \\ \displaystyle\sum_{j=1}^{11} p_{ij} = 1, \ i \in [1, 11] \ \text{且} \ i \neq d, \ j \in \mathbf{N}, \\ u_i - u_j + 11 x_{ij} \leqslant 10, \ u_i, u_j \geqslant 0, \ i = 1, 2, \cdots, 11, \ j = 1, 2, \cdots, 11, \ \text{且} \ i \neq j. \end{cases} \tag{20.6}$$

运用 LINGO 求解模型，可得，若碎片上下边界有字，则可以拼接良好，若上下边界为空白处，则拼接混乱，因此加入人工干预．经过统计发现，在本样本中，中文行间距大概 26 像素左右，因此统计获取每个碎片最上、下的空白间距，基本思路就是：对每一行所有像素求和，得到一个列向量，再统计该向量最上端和最下端处的白色像素个数，即空白距离，最后对碎片的上端（下端）距离和其他碎片的下端（上端）距离求和，如果接近 26 像素，那么考虑匹配．在本文中还发现，其中一个碎片上端白色像素行数为 37，则直接判断为整个图片的最顶端．

可以得到中文文件拼接最终结果：

049	054	065	143	186	002	057	192	178	118	190	095	011	022	129	028	091	188	141
061	019	078	067	069	099	162	096	131	079	063	116	163	072	006	177	020	052	036
168	100	076	062	142	030	041	023	147	191	050	179	120	086	195	026	001	087	018
038	148	046	161	024	035	081	189	122	103	130	193	088	167	025	008	09	105	074
071	156	132	200	010	080	033	202	198	015	133	170	205	085	152	165	027	060	
014	128	003	159	082	199	135	012	073	160	203	169	134	039	031	051	107	115	176
094	034	084	183	090	047	121	042	124	144	077	112	149	097	136	164	127	058	043
125	013	182	109	197	016	184	110	187	066	106	150	021	173	157	181	204	139	145
029	064	111	201	005	092	180	048	037	075	055	044	206	010	104	098	172	171	059
007	208	138	158	126	068	175	045	174	000	137	053	056	093	153	070	166	032	196
089	146	102	154	114	040	151	207	155	140	185	108	117	004	101	113	194	119	123

横纵切英文汉字碎片拼接复原模型

对于附件 4 中 209 张**英文**文字碎片碎纸片，首先读取 209 个灰度图矩阵，用符号 A_m 表示附件 4 中第 m 张碎纸片的灰度矩阵，用符号 a_{mij} 表示第 m 个矩阵中第 i 行第 j 列的像素灰度值．

（1）最左、最右碎纸片的确定

本模型中最左、最右碎纸片的确定方法与问题二中类似，计算所有碎纸片第 1 到第 12 列向量所有元素的平均值．

取 $\overline{B}_{m,1,12}$ 为 255 碎纸片，其前 12 列全为白色像素点，可确定其为最左侧的碎纸片．

再确定最右碎纸片，计算所有碎纸片最后 12 列向量所有元素的平均值，其值为 255 的碎片，同样可确定其为最右碎纸片．

利用 MATLAB 软件计算附件 4 中所有碎纸片的第 1 到第 12 列向量元素平均值和第 61 到第 72 列向量元素平均值，得到 $\overline{B}_{m,1,12}$ 为 255 的 12 碎纸片和 $\overline{B}_{m,61,72}$ 为 255 的 11 张碎纸片．发现第 147 张碎纸片同时处于两个边缘，经过对左右碎纸片的两两比较，最终我们将第 147 张碎纸片记为最左侧碎纸片．

最终得到位于最左侧的碎片和最右侧的碎片结果如表 20.6：

表 20.6　附件 4 最左最右侧碎片编号表

最左侧碎片	086, 020, 081, 132, 159, 171, 191, 201, 020, 070, 208
最右侧碎片	127, 082, 115, 178, 031, 044, 147, 028, 143, 109, 112

（2）图像的二值化处理

本模型中图像的二值化处理与问题二中的"（2）图像的二值化处理"类似，将灰度矩阵

转变为 $0-1$ 二值矩阵，得到第 m 张碎纸片的 $0-1$ 二值矩阵 $\boldsymbol{C}_m$ 及第 m 个矩阵中第 i 行第 j 列的像素 $0-1$ 值 c_{mij}.

同样，为了使处理后的图片效果更加直观，我们将其进行黑白转置，即对所有 c_{mij} 为 1 的元素，对其赋值 0；对所有 c_{mij} 为 0 的元素，对其赋值 1.

（3）图像预处理

由观察可知，英文字母与中文汉字具有不同的特征. 在中文汉字中，每个字的高度与宽度基本一致，为一正方形. 而英文字母则高度则不太统一，将印刷体英文字母放置于四线格中，则可将其分成上、中、下三部分. 对于所有印刷体字母，无论大小写，在中间部分均有分布，而在上部分、下部分有分布的字母较少. 以字母"F""f""A""a""Y""y""Q""q"为例，如图 20.1，"F""f""A""Y""Q"在上部，中部有分布，"y""q"在中部，下部有分布，"a"只在中部有分布.

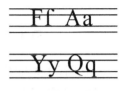

图 20.1　字母 FfAaYyQq
在四线格中分布图

根据以上特征，我们先对附件 4 中所有图片进行预处理，得到每一张碎纸片的 $0-1$ 二值矩阵 $(c_{mij})_{180 \times 72}$，然后考虑对图片中所有字母只保留分布在中部的部分，将分布在上部和下部的部分去除，下面描述我们的方法：

对于已经得到的矩阵 $(c_{mij})_{180 \times 72}$，引入变量 f_{mi}，表示第 m 张碎纸片第 i 行白色像素点个数：

$$\boldsymbol{F}_m = \begin{pmatrix} f_{m1} \\ f_{m2} \\ \vdots \\ f_{mi} \end{pmatrix} = \begin{pmatrix} \sum\limits_{j=1}^{72} c_{m1j} \\ \sum\limits_{j=1}^{72} c_{m2j} \\ \vdots \\ \sum\limits_{j=1}^{72} c_{mij} \end{pmatrix}.$$

a）去除 $f_{mi} \leqslant 6$ 的行的所有白色像素点

首先，我们可以发现像对于"b""d"等字母，其分布在上部的部分非常少，即对于其上部所在行，f_{mi} 值较小. 取阈值 $H=6$，进行如下变换：

$$C_{mij}^1 = \begin{cases} C_{mij}, & f_{mi} \geqslant H, \\ 0, & f_{mi} < H. \end{cases}$$

其实际意义在于，对于白色像素点非常少的行，将其白色像素去除. 以附件 4 中 082 图像为例，图 20.2 为其原图，图 20.3 为去除 $f_{mi} \leqslant 6$ 的行的所有白色像素点后的效果图：

图 20.2　原图 082

图 20.3　经步骤 a 处理效果图

图 20.4　经步骤 b 处理效果图

图 20.5　经步骤 c 处理效果图　　　**图 20.6　经步骤 d 处理效果图**

对比图 20.2 和图 20.3，可观测到经步骤 a 处理后，字母"d"分布在上部的部分被去除，字母"r"的竖线部分被去除.

b）复原误删部分

由步骤 a，非常容易将只分布于中部，但非常细的部分删去，如图 20.3 中的字母"r"，则需对其进行复原. 考虑像字母"a""c"等全部分布在中部，其高度在 24 行像素左右，在原图中，从第 x 行起，有连续的 y 行，其 $f_{mi} > 0$，若 $20 < y < 28$，则将其所对应的行复原，在 $(c^1_{mij})_{180 \times 72}$ 基础上修复误删部分后，可以得到 $(c^2_{mij})_{180 \times 72}$. 同样以附件 4 中 082 图像为例，图 20.4 为复原误删部分后的效果图.

对比图 20.3 和图 20.4，可观测到字母"r"被复原.

c）删除面积小于 40 的连通区域

在图像中，每一个字母的连续笔画都可以看成是一连通区域，如图 20.7，为字母"r"的 0－1 二值矩阵，其连通区域就为值 1 部分. 对字母"i""j"等的点笔画，其分布于上部，我们希望对其进行删除. 而点笔画的连通面积小. 设定阈值为 40，若连通面积小于 40，则对其连通区域进行删除. 在 $(c^2_{mij})_{180 \times 72}$ 基础上删除面积小于 40 的连通区域后，可以得到 $(c^3_{mij})_{180 \times 72}$. 图 20.5 为在图 20.4 基础上，删除面积小于 40 的连通区域后的效果图.

图 20.7　字母"r"的 0－1 二值图

d）删除位于上部和下部的横笔画

对于像字母"T""F"，我们希望将其位于上部的横笔画部分去除，但经前 3 个步骤，都无法去除. 因经步骤 1）后，"T""F"位于上部的竖线笔画已被去除，则只剩独立的横笔画. 从第 x 行起，有连续的 y 行，其 $f_{mi} > 0$，若 $1 \leqslant y \leqslant 6$，则将其所对应的行所有白色像素点删除. 图 20.6 为在图 20.5 基础上，经上述步骤 d）处理后的效果图.

（4）确定在同一行的碎纸片

由步骤（2）已经得到附件 4 中 209 张碎纸片的 0－1 二值矩阵 C_m. 在经步骤（3）图片预处理后，已经基本可以将每个字母视为同高度.

应用问题二中的"（3）确定在同一行的碎纸片"中方法，同样可得到 d_{mi}.

首先将得到的最右侧碎纸片与最左侧碎纸片进行配对. 以最左侧碎纸片为基点，设变量 k_{ij} 表示最右侧第 j 张碎纸片与最左侧第 i 张碎纸片行匹配相似度，现假设以第 p 张碎纸片字符间距位置为基点，计算第 q 张碎纸片与其的行匹配相似度：

$$\begin{pmatrix} m_1 \\ m_2 \\ \vdots \\ m_{180} \end{pmatrix} = \begin{pmatrix} d_{q1} \times d_{p1} \\ d_{q1} \times d_{p2} \\ \vdots \\ d_{q1} \times d_{p180} \end{pmatrix},$$

$$k_{pq} = \sum_{i=1}^{180} m_i.$$

其意义在于，计算第 p 张碎纸片与第 q 张碎纸片全为黑色文字的行的个数. 问题转化为一个指派问题，对最右侧 11 张碎纸片一一指派给最右侧 11 张碎纸片，使得总匹配相似度最大. 利用 LINGO 软件，可求解得到结果如表 20.7 所示.

表 20.7　附件 4 最左侧最右侧碎纸片配对结果表

序号	1	2	3	4	5	6	7	8	9	10	11
最左侧碎纸片编号	086	019	081	132	159	171	191	201	020	070	208
最右侧碎纸片编号	127	082	115	178	031	044	147	146	143	109	112

现已确定最左侧和最右侧碎纸片的两两配对，将剩下的碎纸片进行分行. 将所有碎纸片都与每一组的最左最右侧碎纸片进行匹配，某张碎纸片与某组最左侧最右侧碎纸片若在同一行，则该碎纸上在最左侧碎纸片的间距处（即白）对应的位置为白色，在最右侧碎纸片的间距处（即黑）对应的位置为黑色.

现假设以第 p 张碎纸片字符间距位置为基点，计算第 q 张碎纸片与其的行匹配差异度：

$$\boldsymbol{M} = \begin{pmatrix} d_{q1} \\ d_{q2} \\ \vdots \\ d_{q180} \end{pmatrix} - \begin{pmatrix} d_{p1} \\ d_{p2} \\ \vdots \\ d_{p180} \end{pmatrix}.$$

记 e_{pq}^1 为 $\boldsymbol{M}$ 向量中为 1 的元素的总个数，即第 p 张碎纸片与第 q 张碎纸片的行匹配白色位置差异度. 其实际意义在于统计第 p 张碎纸片为空白而第 q 张碎纸片对应位置不为空白的像素所占行的个数. e_{pq}^2 为 $\boldsymbol{M}$ 向量中为 -1 的元素的总个数，即第 p 张碎纸片与第 q 张碎纸片的行匹配文字位置差异度. 其实际意义在于统计第 p 张碎纸片为文字而第 q 张碎纸片对应位置为空白的行的个数.

由于已知位于最左侧的碎纸片. 设集合 G^1 表示所有最左侧碎纸片序号，集合 G^2 表示与 G^1 对应位置匹配的所有最右侧碎纸片序号，W 表示除最左侧碎纸片和最右侧碎纸片外的其他碎纸片序号集合：

$$G^1 = \{87, 20, 82, 133, 160, 172, 192, 202, 21, 71, 209\},$$
$$G^2 = \{128, 83, 116, 179, 32, 45, 148, 147, 144, 110, 113\},$$
$$W = \{x \mid x \in [1, 209], x \in \mathbf{N}^+ \text{ 且 } x \notin P, x \notin \mathbf{Q}\}.$$

下面建立最优分组模型，即将所有碎片分为 11 组. 我们引入 0 – 1 变量 y_{ij}，若第 j 张碎纸片与 G^1，G^2 中序号为 i 的碎纸片在同一行，则 $y_{ij} = 1$；若不在同一行，则 $y_{ij} = 0$. 决策目标为所有像素行匹配白色位置差异度与行匹配文字位置差异度总和最小，g_i^1 表示 G^1 集合中第 i 个元素，g_i^2 表示 G^2 集合中第 i 个元素：

$$\min z = \sum_{i=1}^{11} \sum_{j \in W} e^1_{g^2_{ij}} \cdot y_{ij} + \sum_{i=1}^{11} \sum_{j \in W} e^2_{g^2_{ij}} \cdot y_{ij},$$

包含的约束条件如下:

1) y_{ij} 为 $0-1$ 变量:

$$y_{ij} = 0 \text{ 或 } 1, \ i \in 1,2,\cdots,11, \ j \in W.$$

2) 对所有非边缘碎纸片,保证其在某一行中:

$$\sum_{i=1}^{11} y_{ij} = 1, \ j \in W.$$

3) 保证每一行除最左、右侧碎纸片外有 17 张碎纸片,即有 17 个拼接口:

$$\sum_{j \in W} y_{ij} = 17, \ i = 1,2,\cdots,11.$$

综上所述,模型的数学表达式如下:

$$\min z = \sum_{i=1}^{11} \sum_{j \in W} e^1_{g^2_{ij}} \cdot y_{ij} + \sum_{i=1}^{11} \sum_{j \in W} e^2_{g^2_{ij}} \cdot y_{ij}$$

$$\text{s. t.} \begin{cases} y_{ij} = 0 \text{ 或 } 1, \ j \in 1,2,\cdots,11, \ j \in W, \\ \sum_{i=1}^{11} y_{ij} = 1, \ j \in W, \\ \sum_{j \in W} y_{ij} = 17, \ i = 1,2,\cdots,11. \end{cases} \tag{20.7}$$

(5) 确定同一行碎纸片的最优拼接

在 " (4) 确定同一行的碎纸片 " 后,我们需对同一行碎纸片进行最优拼接.

我们可得同一行碎纸片的最优拼接模型如下(具体变量含义解释参见问题二 " (4) 确定同一行碎纸片的最优拼接 " 中模型,在此不再详述).值得注意的是,在这里,为保持图片信息完整,我们用原图(而不是变换后的图)来计算相关系数矩阵 (r^1_{ij}).

$$\max z = \sum_{i=1}^{19} \sum_{j=1}^{19} r^1_{ij} \cdot q_{ij}$$

$$\text{s. t.} \begin{cases} q_{ij} = 0 \text{ 或 } 1, \ i = 1,2,\cdots,19, \ j = 1,2,\cdots,19, \\ \sum_{i=1}^{19} \sum_{j=1}^{19} q_{ij} = 18, \\ \sum_{i=1}^{19} q_{ij} = 0, \ j = c, \\ \sum_{i=1}^{19} q_{ij} = 1, \ j \in [1,19] \text{ 且 } j \neq c, \ j \in \mathbf{N}, \\ \sum_{j=1}^{19} q_{ij} = 0, \ i = d, \\ \sum_{j=1}^{19} q_{ij} = 1, \ i \in [1,19] \text{ 且 } i \neq d, \ j \in \mathbf{N}, \\ u_i - u_j + 19 x_{ij} \leqslant 18, \ u_i, u_j \geqslant 0, \ i = 1,2,\cdots,19, \ j = 1,2,\cdots,19, \text{ 且 } i \neq j. \end{cases}$$

$$\tag{20.8}$$

运用 LINGO 软件实现上述算法，得到 11 行的拼接结果，除 4 行碎片外，其余 7 行碎片的拼接完全正确．经过观察，发现不正确的四行每一行有 1 到 2 张碎纸片位置不对，则进行人工微调，得到正确的 11 行碎纸拼接．

（6）确定各行碎纸片间的最优拼接

在"（5）中确定同一行碎纸片的最优拼接"后，就可对各行横条碎纸片间进行拼接．计算每一横条碎纸片最上 12 列向量元素灰度平均值和最下 12 列向量元素灰度平均值，取最上 12 列向量元素灰度平均值最大的横条碎纸片，确定其位于第一行．同理，取最下 12 列向量元素灰度平均值最大的横条碎纸片，确定其位于最后一行．

类似问题二中"（5）确定各行碎纸片间的最优拼接"中模型，可得各行大碎纸片的拼接模型如下（具体变量含义解释参见问题二中"（5）确定各行碎纸片间的最优拼接"中模型），当然为保持图片信息完整，我们还用原图（而不是变换后的图）来计算相关系数矩阵（r_{ij}^2）．

$$\max z = \sum_{i=1}^{11} \sum_{j=1}^{11} r_{ij}^2 \cdot p_{ij}$$

$$\text{s. t.} \begin{cases} p_{ij} = 0 \text{ 或 } 1, i = 1,2,\cdots,11, j = 1,2,\cdots,11, \\ \sum_{i=1}^{11} \sum_{j=1}^{11} p_{ij} = 10, \\ \sum_{i=1}^{11} p_{ij} = 0, j = c, \\ \sum_{i=1}^{11} p_{ij} = 1, j \in [1,11] \text{ 且 } j \neq c, j \in \mathbf{N}, \\ \sum_{j=1}^{11} p_{ij} = 0, i = d, \\ \sum_{j=1}^{11} p_{ij} = 1, i \in [1,11] \text{ 且 } i \neq d, j \in \mathbf{N}, \\ u_i - u_j + 11x_{ij} \leqslant 10, u_i, u_j \geqslant 0, i = 1,2,\cdots,11, j = 1,2,\cdots,11, \text{ 且 } i \neq j. \end{cases} \quad (20.9)$$

运用 LINGO 求解模型，得到结果后同样需要加入人工干预．经过统计发现，在本样本中，英文行间距大概 12 像素左右，因此统计获取每个碎片最上、下的空白间距，人工判断是否上下拼接的方法与 3（5）一致．最后得到英文文件拼接结果：

191	075	011	154	190	184	002	104	180	064	106	04	149	032	204	065	191	075	011
201	148	170	196	198	094	113	164	078	103	091	80	101	026	100	006	201	148	170
086	051	107	029	040	158	186	098	024	117	150	005	059	058	092	030	086	051	107
019	194	093	141	088	121	126	105	155	114	176	182	151	022	057	202	019	194	093
159	139	001	129	063	138	153	053	038	123	120	175	085	050	160	187	159	139	001
020	041	108	116	136	073	036	207	135	015	076	043	199	045	173	079	020	041	108
208	021	007	049	061	119	033	142	168	062	169	054	192	133	118	189	208	021	007
070	084	060	014	068	174	137	195	008	047	172	156	096	023	099	122	070	084	060
132	181	095	069	167	163	166	188	111	144	206	003	130	034	013	110	132	181	095
171	042	066	205	010	157	074	145	083	134	055	018	056	035	016	009	171	042	066
081	077	128	200	131	052	125	140	193	087	089	048	072	012	177	124	081	077	128

4. 问题三模型建立与求解

在本模型中，我们考虑对附件 5 中双面英文文字碎片进行拼接与复原.

对于附件 5 中 418 张碎纸片，首先读取 418 个灰度图矩阵，用符号 A_m^a 表示附件 5 中第 m 张碎纸片 a 面的灰度矩阵，A_m^b 表示附件 5 中第 m 张碎纸片 b 面的灰度矩阵. 用符号 a_{mij}^a，a_{mij}^b 分别表示第 m 张纸片 a 面和 b 面灰度矩阵中第 i 行第 j 列的像素灰度值.

对图像进行二值化处理，确定 c_{mij}^a 与 c_{mij}^b，分别表示第 m 张纸片 a 面和 b 面的 $0-1$ 二值矩阵. 为图片更直观，我们将其再进行黑白倒置. 然后我们再对所有图片按前述方法再进行预处理，即考虑对附件 5 所有图片中所有字母只保留分布在四线格中部的部分，将分布在上部和下部的部分去除，消除英文字母高度不统一带来的影响.

有了以上的处理后，我们把图片标记为"a"的图片看作同一面，把图片标记为"b"的图片看作另一面，若假设成立，则所有"a"图片中位于最左侧碎纸片应为 11 张，然而我们计算得到其实际有 13 张，说明标记为"a"的图片并不是处于同一面，当然意味着标记为"b"的图片也不处于同一面.

有了这样一个判断后，加上问题二的基础工作，问题三的关键就在于如何对所给图片进行分类了，即把所有的图片分为正反两类，即正面类 209 张及反面类 209 张，一旦分好类，用问题二的模型就可解决问题三了，这样问题的关键就转化为如何对所有的图片建立正确的分类模型了，下面我们建立分类模型.

（1）最左、最右侧碎纸片的确定

由观察，我们发现对于双面打印文件，因其页面设置相同，其正反两面文字所在行位置一致，若某张碎纸片的一面为最左侧边缘，则其另一面为最右侧边缘. 所以在边缘总共应有 22 张碎纸片.

模型四中最左、最右碎纸片的确定方法与模型二类似. 计算所有碎纸片第 1 到第 12 列向量所有元素的平均值 $\overline{B_{m,1,12}^a}$，$\overline{B_{m,1,12}^b}$，若对于某一张碎纸片，其有一面第 1 到第 12 列向量所有元素的平均值为 255，则计算其反面第 61 到第 72 列向量所有元素的平均值，如果也为 255，则确定这张碎纸片位于边界位置.

在同一行的碎纸片中，一定有两张边缘碎纸片，每一张的其中一面为左边缘，另一面为右边缘. 对于确定的左边缘，可确定另一张边缘碎纸片的右边缘与其在同一面.

如图 20.8 中 6 张图的 4 张小图依次为两张碎纸片的正面与反面，且这两张碎纸片在同一行. 确定左边缘为第一张图，则其所对应的右边缘为第三张图.

图 20.8　同一行两张边缘碎纸片正反面图

利用 MATLAB 软件实现上述算法，最终可确定 22 张位于边缘位置的碎纸片如表 20.8 所示：

表 20.8　边缘位置碎纸片编号表

编号	003, 005, 009, 013, 023, 035, 054, 078, 083, 088, 089, 090, 099, 105, 114, 136, 143, 146, 199, 172, 186, 160

（2）确定在同一行的碎纸片

由观察，我们可以发现，对于双面打印文件，因其页面设置相同，其正反两面文字所在行位置一致，我们首先将每张碎纸片的正反两面叠加，得 c_{mij}：

$$c_{mij} = \max\{c_{mij}^a, c_{mij}^b\}$$

其意义在于，若正反两面相应位置像素都为 0 或 1，则叠加图上此位置值不变；若正反两面相应位置像素一个为 0，一个为 1，则叠加图上此位置值为 1. 如图 20.9 就为正反面叠加效果图.

由步骤（1）已经得到 22 张边缘位置碎纸片. 对 22 张碎片按原编号从小到大重新编号为 1，2，$\cdots$，22 首先将正反两面叠加后的边缘碎纸片进行两两配对. 变量 k_{ij} 表示 22 张边缘位置碎纸片中第 j 张碎纸片与第 i 张碎纸片行匹配相似度：

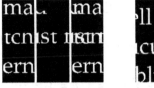 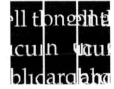

图 20.9　正反面叠加效果图

$$\begin{pmatrix} m_1 \\ m_2 \\ \vdots \\ m_{180} \end{pmatrix} = \begin{pmatrix} d_{q1} \times d_{p1} \\ d_{q1} \times d_{p2} \\ \vdots \\ d_{q1} \times d_{p180} \end{pmatrix},$$

$$k_{pq} = \sum_{i=1}^{180} m_i.$$

其意义在于，计算第 p 张碎纸片与第 q 张碎纸片相应行全为黑色文字的行个数. 问题转化为将 22 张碎纸片分成 11 组，每组 2 张碎纸片，使得总匹配相似度最大. 建立优化模型：

引入 $0-1$ 变量 m_{ij}，$m_{ij}=1$ 表示第 i 张碎纸片与第 j 张碎纸片在同一组，$m_{ij}=0$ 表示第 i 张碎纸片与第 j 张碎纸片不在同一组. 设 $0-1$ 变量 n_{ip}，$n_{ip}=1$ 表示第 i 张碎纸片在第 p 组，$n_{ip}=0$ 表示第 i 张碎纸片不在第 p 组.

目标函数为对所有组，每一组中两碎纸片行匹配相似度之和最大：

$$\max z = k_{ij} \cdot m_{ij}, \quad i=1,2,\cdots,22, \quad i=1,2,\cdots,22.$$

约束条件包含以下几个方面：

1）m_{ij}，n_{ip} 为 $0-1$ 变量：

$$m_{ij} = 0 \text{ 或 } 1, \quad i=1,2,\cdots,22, j=1,2,\cdots,22,$$

$$n_{ip} = 0 \text{ 或 } 1, \quad i=1,2,\cdots,22, p=1,2,\cdots,11,$$

2）保证每组有两张碎纸片：

$$\sum_{i=1}^{22} n_{ip} = 2, \quad p=1,2,\cdots,11,$$

3）保证每张碎纸片被分入一组：

$$\sum_{p=1}^{11} n_{ip} = 1, i = 1,2,\cdots,22,$$

4）保证在同一行的两张碎片在同一组：

$$2m_{ij} \leq n_{ip} + n_{jp}, i = 1,2,\cdots,22, j = 1,2,\cdots,22, p = 1,2,\cdots,11.$$

5）每张碎纸片与自身不拼接：

$$m_{ij} = 0, i = j,$$

综上所述，可得优化模型：

$$\max z = k_{ij} \cdot m_{ij}, i = 1,2,\cdots,22, i = 1,2,\cdots,22.$$

$$\text{s. t.} \begin{cases} m_{ij} = 0 \text{ 或 } 1, i = 1,2,\cdots,22, j = 1,2,\cdots,22, \\ n_{ip} = 0 \text{ 或 } 1, i = 1,2,\cdots,22, p = 1,2,\cdots,11, \\ \sum_{i=1}^{22} n_{ip} = 2, p = 1,2,\cdots,11, \\ \sum_{p=1}^{11} n_{ip} = 1, i = 1,2,\cdots,22, \\ 2m_{ij} \leq n_{ip} + n_{jp}, i = 1,2,\cdots,22, j = 1,2,\cdots,22, p = 1,2,\cdots,11, \\ m_{ij} = 0, i = j. \end{cases} \quad (20.10)$$

运用 LINGO 软件求解模型（附录）得到边缘碎纸片两两匹配结果如表 20.9 所示：

表 20.9　边缘碎纸片两两匹配结果表

序号	1	2	3	4	5	6	7	8	9	10	11
两两匹配结果	4	6	10	14	24	36	55	79	89	106	166
	144	90	84	115	200	137	100	147	81	187	173

对上述结果进行人工干预，得到最终的两两匹配结果如表 20.10 所示.

表 20.10　人工调整后边缘碎纸片两两匹配结果表

序号	1	2	3	4	5	6	7	8	9	10	11
两两匹配结果	003	005	009	013	035	054	078	083	088	143	172
	105	089	023	114	146	099	136	199	090	186	165

其最终结果示意图如图 20.8 所示.

在得到边缘碎纸片两两匹配结果后，将剩下的碎纸片进行分行. 我们引进绝对差 H_{ij} 来刻画两两碎纸片的行匹配差异，以第 l 张碎纸片与第 k 张碎纸片为例：

$$\begin{pmatrix} h_{lk1} \\ h_{lk2} \\ \vdots \\ h_{lk180} \end{pmatrix} = \begin{pmatrix} |d_{l1} - d_{k1}| \\ |d_{l2} - d_{k2}| \\ \vdots \\ |d_{l180} - d_{k180}| \end{pmatrix},$$

$$H_{lk} = \sum_{i=1}^{180} h_{lki}.$$

由（1）已知位于最左侧的碎纸片. 设在此问中，集合 G^1 表示边缘碎纸片序号，集合 G^2 表示与 G^1 对应位置匹配的边缘碎纸片序号，W 表示非边缘的其它碎纸片序号：

$$G^1 = \{4,6,10,14,36,55,79,84,89,144,173\},$$

$$G^2 = \{106,90,24,115,147,100,137,200,91,187,166\},$$

$$W = \{x \mid x \in [1,209], x \in \mathbf{N}^+ \text{ 且 } x \notin P, x \notin Q\}.$$

建立优化模型，使得所有碎纸片与其所在行两张边缘碎纸片绝对差之和最小，在这一模型中，我们引进绝对差 H_{ij} 来刻画两两碎纸片的行匹配差异，g_i^1 表示 G^1 集合中第 i 个元素，g_i^2 表示 G^2 集合中第 i 个元素则可得优化模型：

$$\min z = \sum_{i=1}^{11} \sum_{j \in W} H_{g_i^1 j} \cdot y_{ij} + \sum_{i=1}^{11} \sum_{j \in W} H_{g_i^2 j} \cdot y_{ij}$$

$$\text{s. t.} \begin{cases} y_{ij} = 0 \text{ 或 } 1, i \in 1,2,\cdots,11, j \in W, \\ \sum_{i=1}^{11} y_{ij} = 1, j \in W, \\ \sum_{j \in W} y_{ij} = 18, i = 1,2,\cdots,11. \end{cases} \tag{20.11}$$

（3）确定同一行碎纸片的最优拼接

在确定每一行的碎纸片后，对所有碎纸片进行重新排序，按原序号从小到大，先 a 后 b 的顺序依次编为 1，2，$\cdots$，38. 可以求得这 38 张碎纸片图像左右两两边缘列向量的相关系数，方法如问题一模型中 "（2）碎片两两之间相关系数计算" 所述. 变量 r_{ij}^1 表示第 i 张碎纸片最右列向量与第 j 张碎纸片最左列向量的相关系数，可得矩阵 $(r_{ij}^1)_{38 \times 38}$.

将同一行碎纸片进行最优拼接，其方法与问题一中模型 "（3）确定最优拼接"，建立优化模型如下：

$$\max z = \sum_{i=1}^{38} \sum_{j=1}^{38} r_{ij}^1 \cdot q_{ij}$$

$$\text{s. t.} \begin{cases} q_{ij} = 0 \text{ 或 } 1, i = 1,2,\cdots,38, j = 1,2,\cdots,38, \\ \sum_{i=1}^{38} \sum_{j=1}^{38} q_{ij} = 18, \\ \sum_{i=1}^{38} q_{ij} = 0, j = c, \\ \sum_{j=1}^{38} q_{ij} = 0, i = d, \\ \sum_{j=1}^{38} q_{ij} - \sum_{j=1}^{38} q_{ji} = 0, i \in [1,38], i \neq d, i \neq c, \text{且 } i \in \mathbf{N}, \\ u_i - u_j + 19 x_{ij} \leq 18, u_i, u_j \geq 0, i = 1,2,\cdots,19, j = 1,2,\cdots,19, \text{且 } i \neq j. \end{cases} \tag{20.12}$$

（4）确定各行碎纸片间的最优拼接

在确定各行碎纸片的最优拼接后，得到 38 张横条碎纸片. 对各行之间进行拼接. 计算每一横条碎纸片最上 12 列向量元素灰度平均值和最下 12 列向量元素灰度平均值，取最上 12 列向量元素灰度平均值最大的横条碎纸片，确定其位于第一行. 同理，取最下 12 列向量元素灰度平均值最大的横条碎纸片，确定其位于最后一行.

r_{ij}^2 为第 i 张碎纸片最下行向量与第 j 张碎纸片最上行向量的相关系数，p_{ij} 为 $0-1$ 变量，$p_{ij}=1$ 表示第 i 张横条碎纸片下方与第 j 张横条碎纸片相连，$p_{ij}=0$ 则表示不相连. 代入模型，即可得行碎纸片间的最优拼接：

$$\max z = \sum_{i=1}^{38} \sum_{j=1}^{38} r_{ij}^2 \cdot p_{ij}$$

$$\text{s. t.} \begin{cases} p_{ij} = 0 \text{ 或 } 1, i = 1,2,\cdots,38, j = 1,2,\cdots,38, \\ \sum_{i=1}^{38} \sum_{j=1}^{38} p_{ij} = 18, \\ \sum_{i=1}^{38} p_{ij} = 0, j = c, \\ \sum_{j=1}^{38} p_{ij} = 0, i = d, \\ \sum_{j=1}^{38} p_{ij} - \sum_{j=1}^{38} p_{ji} = 0, i \in [1,38], i \neq d, i \neq c, \text{且 } i \in \mathbf{N}, \\ u_i - u_j + 19x_{ij} \leqslant 18, u_i, u_j \geqslant 0, i = 1,2,\cdots,19, j = 1,2,\cdots,19, \text{且 } i \neq j. \end{cases}$$

$$(20.13)$$

由上可得到模型初步结果. 通过人工干预可以得到最后结果.

20.3.7 模型评价

对于问题一，用碎纸片两两间边缘列向量的相关系数作为指标，能精确地刻画碎片间的匹配度. 由于本模型中碎纸片数量较少且较为清晰，故拼接结果正确度较高. 若在碎纸片数量很多或者图片质量较差的情形下，会大大影响碎纸片的拼接效果.

对于问题二，首先确定位于原文件边缘的碎纸片极大程度上简化了该问题的难度，利用 LINGO 软件建立模型求解能保证结果的精确性. 然而，正是由于求解精确限制了求解规模，此模型不适宜运算较大规模的碎纸片拼接复原问题. 为了使英文文件碎纸的拼接复原效果最好，先根据英文字母的印刷特点对碎纸进行图像预处理. 此方法虽然为英文文件碎纸拼接提供了较好方案，但是在图片处理过程中会使碎片损失较多信息，需要人为因素进行调整，故该模型具有一定的限制性.

对于问题三，将双面印刷文件的正反面碎纸片进行拼接，要确定原文件最左端与最右端的碎片以降低问题的难度，此过程中有较多人为因素干扰.

20.3.8 模型的推广

本模型对由碎纸机碎纸后的碎纸片进行拼接匹配. 这样的模型具有普适性，题中给出了经切割后 209 张碎纸片，但对于更多的，其他类型的碎纸，只要碎纸的大小统一，边缘平整，都可以运用本模型. 同时，本模型还可以推广，不仅在碎纸上适用，对于像文物拼接等领域也可能可以应用.

20.3.9 参考文献

[1] 冈萨雷斯，伍兹. 数字图像处理[M]. 3 版，北京：电子工业出版社，2010.

[2] 肖筱楠. 新编概率论与数理统计[M]. 北京：北京大学出版社，2002.

[3] 袁新生，邵大宏，郁时炼. LINGO 和 Excel 在数学建模中的应用[M]. 北京：科学出版社，2007.

[4] 谢金星. 优化建模与 LINDO/LINGO 软件[M]. 北京：清华大学出版社，2005.

20.4 论文点评

　　碎纸拼接问题是司法物证复原、历史文献修复以及军事情报获取等领域的重要问题. 通过建立数学模型，让计算机代替人工完成拼接复原工作可以提高拼接复原效率，这类题目可以激励选手充分运用所学来解决实际问题获得成就感. 本题目所要解决的问题都有标准的解答，但是解答的途径是多样的，不同的模型有不同的准确度，这种多样化的求解方式可以很好地区分参赛队员的水平. 从竞赛试题的类型上看，优化模型中的数学规划模型，对计算机编程求近似解也要求较高.

　　从论文整体结构来看，本文在整体结构安排上符合一篇获奖论文的要求. 从论文的框架上看，论文结构整洁，排版图文并茂；从问题求解过程中来看，该论文给出了完整的模型，详细解释了模型的内在关系，分析到位，求解过程清晰明了，其在求解的过程中时刻带着思考，明确了问题的核心，并以此展开，告知阅卷人应该如何解决问题，最终会带来什么结果；从求解结果来看，文章准确地给出了三个问题的计算结果，计算结果内容丰富、描述直接准确，一目了然. 论文的结构清晰、分析到位、结果准确是一个优秀的论文不可或缺的要素.

　　针对问题一，在进行纵向切割碎纸片的排列时，参赛者首先将碎片的图像信息数值化为相应的灰度值数字矩阵. 然后充分利用纸面存在页边距的特征，计算每张碎片像素矩阵列向量灰度均值，率先识别出边缘碎纸片. 接着提取每张碎片的最左、最右列向量，并计算碎片边缘的两两匹配度. 最后以碎片的总相似度最大为目标，将题目转化为经典的规划问题，类比经典的 TSP 问题建立优化模型. 这一做法充分分析问题的特征，并结合现有经典方法进行求解. 把一个新问题转化到一个经典问题上，该论文求解过程清晰且具有很高的置信度，这体现了一种"规约"的思想.

　　针对问题二，在计算纵横切的碎纸片时，因为纸片同时有既有纵切又有横切的情形，使得碎片匹配的维度从一维升高到二维，使得优化模型的建立更为复杂. 这种情况下，需要对问题进行分步求解，分别建立每一步的优化模型. 参赛者在将碎纸片预分组后，首先还原纸片的各行，再进行行间排序. 参赛者把一个复杂问题转化为一系列的已有解决方案的简单问题，通过分步求解每一个简单问题，最终求解复杂问题. 这种化繁为简的思想在求解复杂问题时经常用到. 另外，参赛者根据题目要求和客观条件，将中文与英文分开讨论，利用各自文字的特点，采用不同的预处理方式来优化算法，从而提升算法的准确性. 针对中文碎纸片，参赛者利用其高度与宽度基本一致的特点，将有字行与无字行进行区分，将碎片按行分组. 针对英文碎纸片，将字母的上、下部分删除处理，以便更好地进行行间分组. 这体现了具体问题应具体分析，针对不同问题可以给出不同解决方案，这种分类讨论、分而治之的思想是非常重要的，通常可以给出较好的结果.

　　针对问题三，在正反面的碎纸拼接过程中，参赛者将 418 张碎纸片正反两面叠加，获得了新的 209 张新图片，并给予新图片进行拼接，聪明地将新问题转化为了问题二.

值得一提的是，在整个解题过程中参赛者牢牢把握住具体问题具体分析的要求，用意想不到的创新方法去解决该问题.

除此之外，本文存在的问题还包括：

（1）图表的描述、解释还可以更加详尽；

（2）模型中很多部分仍然依赖于人工进行调整；尤其是第二问与第三问，在有限的竞赛时间内，无法更有效快速的算法做到 100% 智能识别，因此参赛学生必须清晰准确地描述人工干预与智能识别如何有机结合，本文这部分还欠缺；

（3）未分析优化方法的复杂度随碎纸数量增加的关系，没有考虑到复杂状态下应当如何进行优化求解；

（4）本文提出的算法只能应用于规则切割的碎纸片，未来可以对非规则切割的碎纸片展开进一步的研究讨论.

第 **21** 章
嫦娥三号软着陆轨道设计与控制策略（2014A）

21.1 题目

嫦娥三号于 2013 年 12 月 2 日 1 时 30 分成功发射，12 月 6 日抵达月球轨道．嫦娥三号在着陆准备轨道上的运行质量为 2.4t，其安装在下部的主减速发动机能够产生 1500N 到 7500N 的可调节推力，其比冲（即单位质量的推进剂产生的推力）为 2940m/s，可以满足调整速度的控制要求．在四周安装有姿态调整发动机，在给定主减速发动机的推力方向后，能够自动通过多个发动机的脉冲组合实现各种姿态的调整控制．嫦娥三号的预定着陆点为 19.51W，44.12N，海拔为 −2641m（见附件 1）．

嫦娥三号在高速飞行的情况下，要保证准确地在月球预定区域内实现软着陆，关键问题是着陆轨道与控制策略的设计．其着陆轨道设计的基本要求：着陆准备轨道为近月点 15km，远月点 100km 的椭圆形轨道；着陆轨道为从近月点至着陆点，其软着陆过程共分为 6 个阶段（见附件 2），要求满足每个阶段在关键点所处的状态；尽量减少软着陆过程的燃料消耗．

根据上述的基本要求，请你们建立数学模型解决下面的问题：

（1）确定着陆准备轨道近月点和远月点的位置，以及嫦娥三号相应速度的大小与方向；

（2）确定嫦娥三号的着陆轨道和在 6 个阶段的最优控制策略；

（3）对于你们设计的着陆轨道和控制策略做相应的误差分析和敏感性分析．

二维码天工讲堂小程序包括：

附件 1：问题的背景与参考资料；

附件 2：嫦娥三号着陆过程的六个阶段及其状态要求；

附件 3：距月面 2400m 处的数字高程图；

附件 4：距月面 100m 处的数字高程图．

注：题目及数据附件可以到全国大学生数学建模竞赛官方网站 http：//www.mcm.edu.cn 下载．

21.2 问题分析与建模思路概述

21.2.1 问题类型分析

2014 年全国大学生数学建模竞赛 A 题是根据我国成功发射的嫦娥三号软着陆过程中的实

际问题改编而来的. 虽然嫦娥三号已成功发射, 且在月球上实现安全着陆, 从理论上已经解决了问题, 并在工程上也成功实现了, 但人们不一定清楚问题解决的方法和关键技术所在, 同时, 人们也会自然想到一个问题: 为什么嫦娥三号的软着陆过程分 6 个阶段进行分步调整和控制, 而不是按预先设计的一条最优着陆轨道一次性实现软着陆? 事实上, 在了解问题的背景之后, 核心问题就是软着陆轨道的设计与控制策略, 相关最优控制数学模型的建立与求解是解决问题的关键. 这个题目很明显的特点就是要具有相关的天体运动力学背景知识, 特别是万有引力定律和开普勒第二定律, 需要参赛者根据这两个定律对实际问题建立一系列的动力学微分方程模型, 进而求解出优化后的着陆轨道设计参数和控制策略[1].

21.2.2 问题解决思路

问题一要求确定着陆准备轨道近月点与远月点的位置和嫦娥三号相应速度的大小与方向. 在已知要求环月轨道近月点为 15km, 远月点为 100km 的条件下, 要确定环月准备轨道, 就需要确定其相对位置和嫦娥三号的运行速度等参数. 为了便于解决问题一, 首先要建立合理的坐标系. 根据月球与其他星体的相对位置建立合理适用的坐标系, 是解决问题一重要的一步. 如果能以月心为中心建立固定坐标系 (协议月球坐标系), 并可视其为近似惯性坐标系, 则会使问题一得到简化 (但需要说明简化理由和过程), 否则问题一会变得较为复杂. 其次, 在所建立的坐标系下, 对嫦娥三号进行受力分析. 为了简化问题一, 可以只考虑月球的引力作用 (需要分析说明理由), 于是可以建立准备轨道的数学模型. 一般情况下, 问题一的数学模型是一个常微分方程的初值问题, 即常微分方程的反问题. 通过搜索求解可以得到问题的初值, 从而确定嫦娥三号环月准备轨道的位置和运行速度随时间变化的关系模型 (比如参数方程形式)[1].

问题二要求确定着陆轨道与 6 个阶段的控制策略. 由问题二对软着陆过程中 6 个阶段的要求, 每个阶段都给出了起止状态 (速度和高度), 需要给出最佳的控制策略 (主发动机的推力大小和方向), 以满足各个阶段起止状态的要求. 对问题二首先要分析各个阶段嫦娥三号的受力情况, 建立其在各个阶段的运动方程. 然后对各阶段建立最优控制模型, 明确给出控制变量、状态变量、状态方程、约束条件和目标函数. 控制变量是主发动机的推力大小和方向. 状态变量是速度、高度 (或位置) 等, 约束条件是起止状态要求, 优化目标是燃料消耗最少. 在初避障和精细避障阶段选择落点时, 应该综合考虑月面的平整度、光照条件和着陆控制误差等因素, 确定最理想的着陆地点作为阶段末的状态参数. 由于各阶段的控制策略是随时间变化的, 要确定最优的控制策略, 需要建立相应的优化控制模型, 一般是一个无穷维的优化问题. 可以采用某些简化方法实现近似求解, 譬如离散化为有限维的优化问题, 或取优化函数的近似表达式等, 求解得出合理的数值结果, 从而得到各阶段的最优控制策略[1].

问题三是对着陆轨道设计与控制策略的误差分析和敏感度分析. 问题三包括误差分析和敏感性分析两部分内容. 首先分析可能存在的误差, 主要包括 3 个方面: 着陆准备轨道参数 (近月点位置和速度) 的误差对实际着陆点的影响; 分阶段分析发动机推力 (大小和方向) 的控制误差的影响和模型的简化假设、近似与求解过程中产生的误差的影响. 其次, 敏感性分析主要是因为问题的解法都是在一定的简化和假设前提下进行的, 如坐标系的选取、变量的选择、参数的选取、约束条件和函数的简化、月面的观测等, 都存在一定的偏差. 因此, 要想探索这些偏差对轨道设计和控制策略的影响程度如何, 就需要对某些情况做相应的敏感性分析[1].

21.3 获奖论文——嫦娥三号软着陆轨道设计与控制策略建模与计算

作者：高迪　骆嘉晨　樊亚男
指导教师：罗文昌
获奖情况：2014 年全国大学生数学建模竞赛一等奖

摘要

探测器在月球附近的软着陆控制是月球探测的关键技术之一，本文针对嫦娥三号软着陆登月过程，建立了适当的数学模型. 我们还找到了一条合适的探测器软着陆轨道，并对模型的可靠性及灵敏性进行了分析.

对问题一，我们首先建立月球赤道坐标系，运用万有引力定律、牛顿第二定律以及角动量守恒定律得出卫星椭圆轨道的活力方程，并运用机械能守恒定律进一步推导出嫦娥三号在椭圆轨道上任意一点运动时的速度求解公式，运用 MATLAB 编程求解出近月点的速度 $v_1 = 1.6922 \times 10^3 \mathrm{km/s}$，远月点的速度 $v_2 = 1.6139 \times 10^3 \mathrm{km/s}$. 而对于近月点远月点的坐标位置，可通过确定椭圆轨道六个重要参数来求得. 经查阅资料及计算分析，可确定出椭圆轨道要素分别为 $i = 90°$，$\beta = -19.464°$，$\omega = 28.9989°$. 最终确定出近月点 B 的坐标为（1.4485×10^6，0.8029×10^6，-0.5717×10^6），远月点 A 的坐标为（-1.5187×10^6，-0.8418×10^6，0.5995×10^6）. 转换成经纬度表示法，得 B 点的经纬度约为 19°W，29°N.

对问题二，所谓最优控制策略就是以燃料最省为目标，寻找一条燃料最省的着陆路线. 为求解出每个阶段燃料消耗，我们需要在相应条件的基础上构建出不同的微分方程. 经观察分析，可将六个阶段划分成相应四部分：1 与 2，3、4 与 5，6；并分别构建四个微分方程. 第 1~2 阶段通过建立变质量的微分方程，经欧拉迭代求得一系列结果. 而对于 3~5 阶段，我们进一步简化了模型，在充分运用牛顿第二定律的基础上，以燃料最省为模型目标进行了求解，同时，模型也充分考虑了挑选高程图上最为平坦的地方作为飞行器软着陆目标区域的约束条件. 最后一个阶段也就是嫦娥三号自由下落的过程，但此过程并不消耗燃料. 运用 MATLAB 软件，编程求解微分方程，得到每个阶段的燃料消耗量，进而计算出总燃耗为 $1.2102 \times 10^3 \mathrm{kg}$，整个着陆阶段耗时 491.8441s，同时画出嫦娥三号整个软着陆轨道图.

对问题三，运用误差分析和敏感性分析两种方法来评估问题二所确定的着陆轨道模型. 我们依据参数确定性程度大小，选择了近月点高度，发动机推力，推动力与 x 轴正向夹角三个参数，并以燃料总消耗、着陆总时间、各阶段速度和位置坐标为检验指标，得出在一定的干扰下，不管是误差分析还是敏感性分析，探测器到达 2400m 时 y 轴上的速度以及这一点 y 坐标的偏差均较大，据此我们得出这两个参数的敏感性较强，属于方案设计中的关键参数这一结论. 此外，我们也对模型进行了可靠性分析，找到该模型近月点高度、发动机推力、方向夹角 的 可 靠 的 参 数 区 间 分 别 为 $s_1 \in$（15000，15020），$p \in$（7499，7501），$\varphi \in$（22.5675，22.5685）.

关键词：开普勒三大定律　万有引力定律　能量最省轨道　活力公式　轨道六要素

21.3.1 问题重述

举世瞩目的嫦娥三号于 2013 年 12 月 2 日 1 时 30 分成功发射, 12 月 6 日抵达月球轨道. 嫦娥三号在着陆准备轨道上的运行质量为 2.4t, 其安装在下部的主减速发动机能够产生 1500N 到 7500N 的可调节推力, 其比冲(即单位质量的推进剂产生的推力)为 2940m/s, 可以满足调整速度的控制要求. 在四周安装有姿态调整发动机, 在给定主减速发动机的推力方向后, 能够自动通过多个发动机的脉冲组合实现各种姿态的调整控制. 嫦娥三号的预定着陆点为 19.51W, 44.12N, 海拔为 −2641m.

在高速飞行的情况下, 要保证嫦娥三号准确地在月球预定区域内实现软着陆, 关键问题是着陆轨道与控制策略的设计. 其着陆轨道设计的基本要求:

(1) 着陆准备轨道为近月点 15km, 远月点 100km 的椭圆形轨道;

(2) 着陆轨道为从近月点至着陆点, 其软着陆过程共分为 6 个阶段, 要求满足每个阶段在关键点所处的状态;

(3) 尽量减少软着陆过程的燃料消耗.

题目要求根据附件中所提供的嫦娥三号软着陆过程的相关信息, 建立合理的数学模型分析解决下述问题:

问题一: 确定着陆准备轨道近月点和远月点的位置, 以及嫦娥三号相应速度的大小与方向.

问题二: 确定嫦娥三号的着陆轨道和在 6 个阶段的最优控制策略.

问题三: 对于所设计的着陆轨道和控制策略做相应的误差分析和敏感性分析.

21.3.2 问题分析

问题一分析:

问题一要求我们确定着陆准备轨道近月点和远月点的位置, 并分别求出嫦娥三号在此两点位置时的速度大小和方向. 根据题意易知, 嫦娥三号的着陆准备轨道为椭圆形, 而近月点与远月点即椭圆短、长轴与椭圆的交点. 在此, 我们运用机械能守恒等定律推导出嫦娥三号在椭圆轨道上任意一点运动时的速度求解公式, 而其在近月点与远月点的速度也将随即求得. 对于此两点位置的确定, 我们首先需要建立月球赤道坐标系, 并以此确定六个重要的轨道参数, 显然在参数确定后即可求得嫦娥三号在轨道平面内的坐标, 之后再经过若干转化过程将此坐标转化到我们所需要的月球赤道坐标系内, 椭圆轨道上任意一点的位置公式便可求得, 近月点和远月点的位置也就确定下来.

问题二分析:

问题二要求我们确定嫦娥三号的着陆轨道及其在 6 个阶段的最优控制策略. 分析题意可知, 此问题为月球探测器月面软着陆问题, 而最优控制策略是以满足着陆要求的条件下燃料使用量最少为目标, 探讨嫦娥三号在着陆的 6 个阶段中的最优轨道设计问题. 对此问题, 我们将根据着陆过程中不同阶段的不同要求, 分别构建微分方程(组)模型, 求解出每个阶段的燃料消耗量, 进而计算出总的燃料消耗量, 同时嫦娥三号的着陆轨道也就相应求得. 我们的目标是使整个着陆过程的燃料消耗最少, 所以在模型建立的过程中重点是考虑如何设计着陆轨道才能使嫦娥三号的着陆过程燃料消耗最少.

问题三分析：

问题三要求我们对自己设计的着陆轨道和控制策略做相应的误差分析和敏感性分析. 对此，我们主要的思路为：在问题二的基础上，对一些输入参数进行轻微的扰动，然后求解，观察参数轻微扰动后对结果的影响，据此来判断所设计轨道及控制策略的好坏. 若与原结果相比较，差距较大，则表示误差过大，反之，则说明误差不大，此为误差分析. 如果该参数进行多次改变后，可得到多个结果，那就需要评估该参数的改变对整个结果的影响，确定出该参数对全局的影响程度，此为敏感性分析.

21.3.3 模型假设

A1. 假设嫦娥三号整个软着陆过程都是在一个相对固定的铅垂平面内；

A2. 假设月球的自转影响轻微；

A3. 因嫦娥三号完全处于月球影响球内，故不考虑其他星球对它的摄动影响；

A4. 近似认为月球周围空间处于完全真空环境.

21.3.4 符号说明

符号	说　　明
r	嫦娥三号到月心的向径
v	嫦娥三号在着陆准备轨道上任意一点的速度（m/s）
$B(x,y,z)$	近月点坐标
e	离心率
R	月球半径
Q	单位时间燃料的消耗量（单位：kg）
g	月球上重力加速度（m/s^2）
P	探测器发动机推力（N）
G	万有引力常量（Nm/kg^2）
M	月球质量（kg）

21.3.5 模型的建立与求解

1. 问题一模型的建立与求解

（1）问题一模型的建立

问题一的主要任务是确定嫦娥三号着陆准备轨道的一些参数，即轨道近月点和远月点的位置以及嫦娥三号在此位置相应的速度大小和方向.

1）近月点和远月点速度的确定

根据万有引力定律、牛顿第二定律可得

$$m\boldsymbol{a} = -m\frac{\mu}{r^3}\boldsymbol{r},$$

$$\boldsymbol{a} + \frac{\mu}{r^3}\boldsymbol{r} = 0.$$

其中 $\mu = G \cdot M$，将 $a = \dfrac{\mathrm{d}v}{\mathrm{d}t} = \dfrac{\mathrm{d}^2 r}{\mathrm{d}t^2}$ 代入上式可得航天器运动方程

$$\frac{\mathrm{d}^2 r}{\mathrm{d}t^2} + \frac{\mu}{r^3} r = 0,$$

应用角动量守恒定律，用 r 对上述运动方程做向量积运算，得到航天器单位质量的角动量矢量 h：

$$r \times v = h,$$

通过角动量矢量 h 与运动方程做矢量积运算可以得到上述运动方程的矢量解 $\dfrac{\mathrm{d}^2 r}{\mathrm{d}t^2} \times h = \dfrac{\mu}{r^3}(h \times r)$，将上式积分可得

$$\frac{\mathrm{d}r}{\mathrm{d}t} \times h = \mu\left(\frac{r}{r} + e\right).$$

用 h 与上述公式做点积运算可以得到运动方程的一般解析解，用极坐标表示为 $r = \dfrac{h^2/\mu}{1 + e\cos f} = \dfrac{p}{1 + e\cos f}$，其中 f 为真近点角，又因为

$$p = a(1 - e^2),$$

故可得卫星运行椭圆轨道[2]方程为

$$r = \frac{a(1 - e^2)}{1 + e\cos f}.$$

嫦娥三号运行的椭圆轨道如图 21.1 所示：F_1，F_2 是椭圆的两个焦点，其中 F_1 为月球的质心，S 为嫦娥三号的质心，通过两个焦点的弦长为椭圆的长轴，长轴与椭圆的交点 B 称为近月点，长轴与椭圆的另一交点 A 为远月点，f 为真近点角，即近地点向径到嫦娥三号向径的夹角，r 为嫦娥三号到月心的向径，r_p 为近地点的向径，$f = 0$，r_a 为远地点的向径，$f = \pi$，a 为长半轴，b 为短半轴，p 为半通径，e 为偏心率.

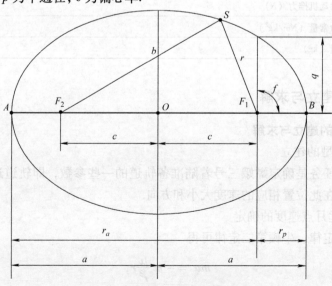

图 21.1 嫦娥三号运行椭圆轨道图

由机械能守恒定律得：

$$\frac{v^2}{2} - \frac{\mu}{r} = \varepsilon,$$

在此，v 指嫦娥三号在轨道上任意一点的速度，μ 为引力常数，ε 为积分常数. 由守恒公式可以看出：只要求得航天器在轨道上任意一点的总机械能，即可获得这条轨道上的积分常数 ε. 在此，我们利用嫦娥三号在远地点的瞬间动能与能量的关系求得常数 ε. 当椭圆轨道的偏心率趋近于 1 时，轨道接近于抛物线，在远地点的速度接近于 0（$v_a \to 0$），此时飞行器的向径趋于长径（$r_a \to 2a$），于是可以得出如下关系式[1]

$$\frac{v^2}{2} - \frac{\mu}{r} = -\frac{\mu}{2a},$$

由此式我们可以得出：在给定半长轴 a 后，即可求得飞行器在轨道上位置与速度的关系. 同时也可将此式改写为运动速度与向径的关系表达式：

$$v = \sqrt{\frac{2\mu}{r} - \frac{\mu}{a}}.$$

2）着陆准备轨道近月点和远月点的位置的确定

为了更好地说明近月点和远月点的位置，我们拟建立月球赤道坐标系，并求出该坐标系中的 6 个重要参数，理论上根据这六个参数便可确定任意时刻嫦娥三号的位置.

嫦娥三号在月球赤道坐标系中的轨道示意图如图 21.2 所示，其中 6 个重要参数分别为 a，e，i，β，ω，τ. 首先明确图中的一线一点：一线指交点线，是轨道平面与 xOy 平面的交线；点指升交点，是轨道平面上嫦娥三号通过 xOy 平面升起的点. 参数 a 是椭圆轨道的半长轴；e 为离心率；i 为轨道交角，是 z 轴正向与平面法线向量 m 的夹角；β 为升交点的经度，是 x 轴正向与指向升交点的向量 n 的夹角；ω 指近地点角距，是交点线与椭圆轨道长轴的夹角；τ 指探测器过近地点的时刻. 这六个参数又被称为轨道要素，在给定嫦娥三号在时刻 t_0 的位置 r 和速度 v 的情况下，即可确定出这 6 个轨道参数，其计算步骤如下[3]：

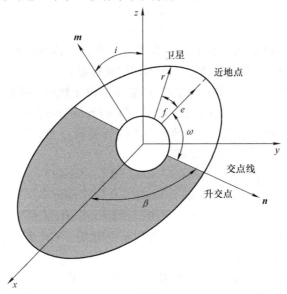

图 21.2 嫦娥三号在月球赤道坐标系中的轨道

a. 由 $\boldsymbol{m} = \boldsymbol{r} \times \boldsymbol{v}$ 计算 h 和 $i = \arccos(m_2/m)$，其中 m_2 是 $\boldsymbol{m}$ 的 z 坐标.

b. 计算 $\boldsymbol{n} = \boldsymbol{k} \times \boldsymbol{m}/m$，其中 $\boldsymbol{k}$ 是 z 轴的单位向量；计算 $\beta = \arccos(n_2/n)$，其中 n_x 是 $\boldsymbol{n}$ 的 x 坐标；做象限调整：$\beta = \begin{cases} \beta_0, & n_y > 0, \\ 360° - \beta_0, & n_y < 0. \end{cases}$ 由 i 和 β 可确定轨道平面.

c. 由 $\boldsymbol{r} \times \boldsymbol{h} = \mu\left(\dfrac{\boldsymbol{r}}{r} + \boldsymbol{e}\right)$ 计算 $\boldsymbol{e}$，它的模即为所要求的 e.

d. 由 $\dfrac{h^2}{\mu} = a(1 - e^2)$ 计算 a，a 和 e 确定椭圆轨道的形状及尺寸.

e. 计算 $\omega_0 = \arccos(\boldsymbol{e} \cdot \boldsymbol{n}/en)$；做象限调整：$\beta = \begin{cases} \beta_0, & e_z > 0, \\ 360° - \beta_0 & e_z < 0. \end{cases}$

f. 计算 $f_0 = \arccos(\boldsymbol{r} \cdot \boldsymbol{e}/re)$；做象限调整：$f = \begin{cases} f_0, & \boldsymbol{r} \cdot \boldsymbol{v} > 0, \\ 360° - f_0, & \boldsymbol{r} \cdot \boldsymbol{v} < 0 \end{cases}$（$\boldsymbol{r} \cdot \boldsymbol{v} > 0$ 是卫星离开近地点的前半个椭圆轨道）；由 f，e 和计算 $\tan\dfrac{E}{2} = \left(\dfrac{1-e}{1+e}\right)^{1/2}\tan\dfrac{f}{2}$ 计算 E；由 a 和 $\dfrac{T^2}{a^3} = \dfrac{4\pi}{\mu}$ 计算 T；最后由 E，T，e，观测时刻 $t = t_0$ 及 $E - e\sin E = \dfrac{2\pi(t - \tau)}{T}$ 计算 τ. 待轨道要素确定之后，即可确定嫦娥三号在任意时刻 t 的位置 $\boldsymbol{r}(t)$. 根据开普勒第三定律[3]可得：

$$\frac{T^2}{a^3} = \frac{4\pi}{\mu},$$

由此即可计算出 T；再根据如下公式

$$E - e\sin E = \frac{2\pi(t - \tau)}{T},$$

$$\tan\frac{E}{2} = \left(\frac{1-e}{1+e}\right)^{1/2}\tan\frac{f}{2},$$

计算出任意时刻 t 的 E，f. 在此基础之上，运用公式

$$r = \frac{a(1 - e^2)}{1 + e\cos f},$$

计算出 r，即轨道平面内嫦娥三号的坐标，为了进一步将 r 转换到月球赤道坐标系下，求出 $\boldsymbol{r}(t) = (x(t), y(t), z(t))$，我们考虑了 3 个不同的坐标系：

a. $x''y''z''$ 坐标系：x'' 轴的正向为 $\boldsymbol{e}$ 的方向，y'' 轴正向位于轨道平面内 $f = 90°$ 处，z'' 轴正向为 $\boldsymbol{m}$ 方向，在此坐标系内嫦娥三号的坐标是 $(x'', y'', z'') = (r\cos f, r\sin f, 0)$.

b. $x'y'z'$ 坐标系：以 $\boldsymbol{m}$ 为轴将 $x''y''z''$ 坐标系顺时针旋转 ω 角，于是 x' 轴正向在 $\boldsymbol{n}$ 方向，z' 轴正向仍在 $\boldsymbol{m}$ 方向，这种旋转由下式完成：

$$\begin{pmatrix} x' \\ y' \\ z' \end{pmatrix} = \begin{pmatrix} \cos\omega & -\sin\omega & 0 \\ \sin\omega & \cos\omega & 0 \\ 0 & 0 & 1 \end{pmatrix} = \begin{pmatrix} r\cos f \\ r\sin f \\ 0 \end{pmatrix}.$$

c. xyz 坐标系（月球赤道轨道坐标系）：先以 x' 为轴将 $x'y'z'$ 坐标系旋转 i 角，再以 z 为轴旋转 β 角，这两次旋转由下式完成：

$$\begin{pmatrix} x \\ y \\ z \end{pmatrix} = \begin{pmatrix} \cos\beta & -\sin\beta & 0 \\ \sin\beta & \cos\beta & 0 \\ 0 & 0 & 1 \end{pmatrix}\begin{pmatrix} 1 & 0 & 0 \\ 0 & \cos i & -\sin i \\ 0 & \sin i & \cos i \end{pmatrix}\begin{pmatrix} x' \\ y' \\ z' \end{pmatrix}.$$

综上所述，即可得到任意时刻嫦娥三号在月球赤道坐标系中坐标$(x(t),y(t),z(t))$的计算公式：

$$\begin{cases} x = r[\cos(f+\omega)\cos\beta - cosisin(f+\omega)\sin\beta], \\ y = r[\cos(f+\omega)\sin\beta + cosisin(f+\omega)]\cos\beta, \\ z = rsinisin(f+\omega). \end{cases}$$

（2）问题一模型的求解

已知近月点和远月点距月球表面的距离分别为 15km 和 100km，万有引力常数 $G = 6.67 \times 10^{-11} \mathrm{Nm/kg^2}$，月球的质量和半径分别为 $7.3477 \times 10^{22} \mathrm{kg}$，1737.013km。根据模型一中得到的活力公式，编程求解出近月点的速度值 v_1 和远月点的速度值 v_2 如下：

$$v_1 = 1.6922 \times 10^3 \mathrm{km/s}, v_2 = 1.6139 \times 10^3 \mathrm{km/s}$$

计算结果与题中资料给出的 1.7km/s 相近，故可认为本模型建立较为准确。

对于如何在月球赤道坐标系上确定嫦娥三号在近月点与远月点位置的问题，我们首先需要确定 a，e，i，β，ω，τ 这 6 个轨道要素的值。其中，长半轴 a、离心率 e 随着近月点和远月点分别与月球表面之间距离的确定而确定；其余三个参数 i, β, ω，通过查阅图书资料[2]确定 $i = 90°$，$\omega = 28.9989°$，$\beta = -19.464°$。又由于嫦娥三号任意时刻在月球坐标系中的坐标计算公式已知，使用 MATLAB 编程求解出近月点 B 和远月点 A 的坐标（以月球的中心为原点，以 m 为单位），具体如下：

$$B \text{ 点坐标为}(1.4485 \times 10^6, 0.8029 \times 10^6, -0.5717 \times 10^6),$$
$$A \text{ 点坐标为}(-1.5187 \times 10^6, -0.8418 \times 10^6, 0.5995 \times 10^6).$$

至此，我们可知嫦娥三号将从 B 点开始着陆，将 B 点坐标转换为经纬度坐标，B 点的经纬度约为 19°W，29°N，即西经 19°，北纬 29°。

2. 问题二模型的建立与求解

若要在月球上着陆，则必须把嫦娥三号飞抵月球时的巨大速度完全消除或几乎完全消除，但这个过程只能由制动发动机来完成，因而需要消耗大量的燃料。而这也就意味着嫦娥三号必须从地球上携带大量的燃料升空，这样不仅会使助推火箭压力增大，也将是一种极其不经济的做法，所以需要做的是找到一个更好的控制方案使得嫦娥三号在完成着陆任务过程中消耗更少的燃料，但就目前而言软着陆过程中的制动减速只能依靠反推火箭去完成，因此研究最省燃料轨道即为着陆过程中的最优控制策略。

鉴于嫦娥三号从着陆准备轨道降落到月球表面这个过程中有六个阶段，在理解这六个阶段的具体特征及要求之后，我们分别建立微分方程组，求解画出嫦娥三号着陆轨道图。

考虑到如果每一个阶段都建立一个数学模型，其难度未免有些过大，也过于繁琐。故决定将运动状态类似的阶段合并进行考虑，下面以第一、二阶段为例进行说明。认真分析比较第一、二阶段运动状态可知：第二阶段的运动距离仅为 600m，而第一阶段的终端水平速度几乎为 0，这就说明需要在第二阶段进行调整的量很少，所以我们可以大胆的假设嫦娥三号运动到第二阶段终端时能很快调整角度，这样即可将第一阶段与第二阶段合并考虑，共同建立一个模型，即第二阶段作为"抛物线"的一部分，且忽略其调整过程。

（1）第 1 阶段与第 2 阶段

第 1 阶段为主减速阶段。这个阶段为嫦娥三号的制动阶段，在这个过程中嫦娥三号需要通过改变发动机的推力来进行减速，并在到达距月球表面 3000m 时嫦娥三号的速度减为

57m/s. 对题目进行深入分析后发现，这个过程的轨迹可以近似看作抛物线，嫦娥三号做初速度不为 0 的"平抛运动"，当水平速度基本减到 0，水平与竖直方向的合速度达到 57m/s 时此阶段结束.

第 2 阶段为快速调整阶段，即在第一阶段的基础上调整嫦娥三号的姿态，让"脚"正对月球表面，此过程结束后嫦娥三号距离月球表面为 2400m，并要求嫦娥三号此时的水平速度为 0m/s. 由题意可知此过程主要使用侧推发动机来调整位置.

1）第 1、2 阶段模型的建立

假设月球自转影响轻微，嫦娥三号沿平面轨道运行. 建立如图 21.3 所示软着陆坐标系，其中，O 为嫦娥三号某时刻的星下点，O_L 为月心；O_x 在当地水平面内并指向嫦娥三号运动方向，O_y 沿着月心 O_L 指向 O 点的方向，O_z、O_x 与 O_y 构成右手坐标系. 在本假设条件下，软着陆坐标系为惯性坐标系. 设 $\boldsymbol{p}$ 为推力矢量，p 为推力大小，φ 为由 O_x 方向到推力方向的夹角，$\boldsymbol{v} = (v_x, v_y, v_z)$ 为嫦娥三号在软着陆坐标系中的速度矢量，(x, y, z) 为嫦娥三号在软着陆坐标系中的位置矢量.

a）确定 $\overset{.}{x}, \overset{.}{y}, \overset{.}{v_x}, \overset{.}{v_y}$ 四个未知量

在不考虑月球外界因素对嫦娥三号影响的情况下，对嫦娥三号进行受力分析（见图 21.4）. 易知，此过程中嫦娥三号只受发动机的推力、月球的引力两个力的作用，在此基础上受力分析并运用万有引力定律，构建变质量微分方程模型.

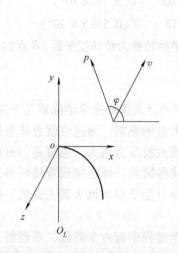

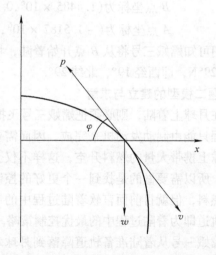

图 21.3　第 1、2 阶段软着陆坐标系　　　图 21.4　嫦娥三号受力分析

在软着陆坐标系中，假设不考虑侧向运动，即整个过程嫦娥三号 z 坐标一直不变，只考虑 x 和 y 坐标，故其整个降落过程均在一个垂直于月球表面的坐标系中，且推动力以及推动力与 x 轴的夹角一直保持不变，在此基础上建立动力学方程. 根据受力分析图，可得如下方程：

$$\begin{cases} -p\cos\theta = ma_x, \\ p\sin\theta = ma_y. \end{cases}$$

将上式代入微分方程可得动力学公式：

$$\begin{cases} \dot{x} = v_x, \\ \dot{y} = v_y, \\ \dot{v}_x = a_x, \\ \dot{m} = -Q. \end{cases} \Rightarrow \begin{cases} \dot{x} = v_x, \\ \dot{y} = v_y, \\ \dot{v}_x = -\dfrac{p\cos\varphi}{m}, \\ \dot{m} = -Q. \end{cases}$$

其中 m 为嫦娥三号质量.

该模型有 $\dot{x}$，$\dot{y}$，$\dot{v}_x$，$\dot{v}_y$ 四个未知量和四个方程，故可解. 根据软着陆坐标系确定动力学方程的初值条件如下:

$$\begin{cases} v_{x0} = 1.6922 \times 10^3, \\ v_{y0} = 0, \\ x_0 = 0, \\ y_0 = R + 15 \times 10^3, \\ m_0 = 2400. \end{cases}$$

b）确定发动机推力与 x 轴之间的夹角 φ

由题目可知，当嫦娥三号与月球表面距离为 2400m 时，水平方向的速度为 0，故利用如下两个终端条件，即可反推夹角 φ. 当夹角 φ 确定之后，第一阶段的降落轨道图便可相继绘出.

$$\begin{cases} v_e = 0, \\ y_e = 2400 - 2641. \end{cases}$$

其中，v_e 表示该阶段结束时嫦娥三号在 x 轴方向的速度；y_e 表示嫦娥三号距离海拔为 0 的表面的距离.

c）确定燃料消耗

因动力学方程中的未知量都是关于时间的变量，而嫦娥三号在这两个阶段所需要的总时间 t_1 可以确定，故根据公式

$$S_0 = Q \times t_1$$

即可得出第 1、2 阶段燃料的总消耗.

2）第 1、2 阶段模型的求解

假设在整个过程中发动机的推力一直能达到最大值 7500N. 根据两个终端条件，运用 MATLAB 编程[4]可反推得到满足要求的夹角. 在进行了多次轨道模拟之后，发现当夹角为 22.57°时，$x - v_x$ 坐标图部分放大图如图 21.5 所示，$y - v_y$ 坐标图部分放大图如图 21.6 所示.

为了方便制图，我们适当调整软着陆坐标系. 由前面可知，原坐标系原点设在 B 点，对此，将原点沿 y 轴平移到着陆点正上方 0 海拔处的位置，简称"0 海拔位置坐标系". 此时着陆点的 y 坐标为 -2641m.

图 21.5 中数据显示：嫦娥三号在到达终端时纵坐标几乎为 0；图 21.6 中数据显示：嫦三号已经基本到达规定高度. 综上所述，夹角确定为 22.57°是可行的.

当夹角 φ 确定之后，编程求解模型中变质量微分方程模型，并画出这一阶段月球探测器轨迹图，如图 21.7 所示.

（2）第 3 阶段

第 3 阶段为粗避障阶段，即在运动过程中初步分析降落区域地形情况，在其与月球表面

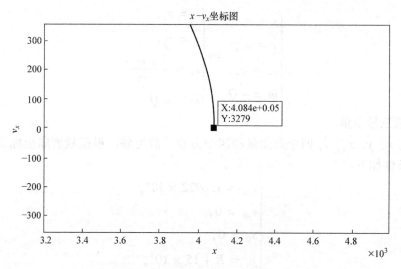

图 21.5　第 1、2 阶段 $x - v_x$ 坐标图

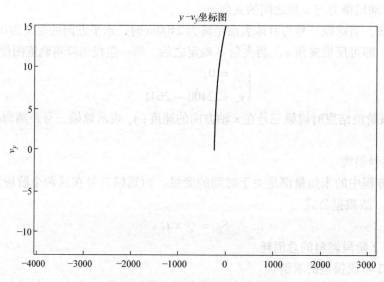

图 21.6　第 1、2 阶段 $y - v_y$ 坐标图

距离缩短至 100m 之前要避开大陨石坑. 这个阶段的主要目的是根据嫦娥三号所拍到的高程图，调整运行轨道，初步通过排除不利地形选择合适的着陆地点. 由题意可知，嫦娥三号在距离月球表面 2400m 处已获得正下方月面 $2300 \times 2300 \mathrm{m}^2$ 范围内的高程图，所以嫦娥三号在这个高度即可确定目标区域的坐标，并朝着目标直线前进.

1）第 3 阶段模型的建立

a）初步确定最优着陆地点

对于什么样的地形最适合着陆这个问题，因越为平坦的地形越有利于嫦娥三号"站稳"，故我们考虑将计算月面的**平坦程度**作为目标函数求解最优着陆地点. 在此，我们首先将目标区域划分为 $100 \mathrm{m} \times 100 \mathrm{m}$ 的小方块，共计 529 个；然后分别计算每个小方块内所有点海拔的标准差，根据题意可知第三阶段拍到的高程图每个小方块内有 10000 个点. 其中，标准差最小

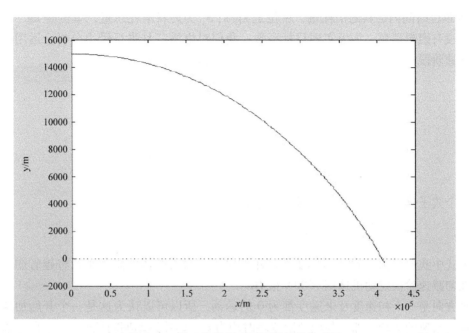

图 21.7   第 1 阶段月球探测器着陆轨迹图

的方块即为所求区域.

其模型建立过程如下：

此模型的目标是寻找最小标准差. 假设 S_j 为任意一个小方块的标准差，$x_i (0 < i < 10000)$ 为一个方块内任意一个点的海拔，n 代表每个小方块内点的个数，m 代表方块个数，$\overline{x_j} (0 < j < 529)$ 为每个方块内点海拔的平均值，**建立如下优化模型：**

$$\min_j S_j = \sqrt{\frac{1}{n} \sum_{j=1}^{m} \sum_{i=1}^{n} (x_i - \overline{x_j})^2} \quad (0 < j < 529)$$

求解此模型确定出目标区域，并计算出该方块中心点在软着陆坐标系中的坐标，根据坐标点运用 MATLAB 绘出轨道三维图像.

b）确定燃料消耗

嫦娥三号的运动过程显然是一个质量不断改变的运动问题，考虑到消耗燃料最多的第 1 和第 2 个阶段已经完成，第 3 阶段消耗的燃料占少数. 为了简化模型，我们假设在这个阶段中嫦娥三号的质量基本保持不变. 故目标是使得整个过程消耗的燃料最少，而不使用或少使用发动机都是最省燃料的根本方法. 因此，我们可以先让嫦娥三号做初速度不为 0 的自由落体运动，设这一过程耗时为 t_2；当嫦娥三号到达一定高度之后再开动发动机，使得距离月球表面 100 米的时候，嫦娥三号的速度减为 0，耗时 t_3.

整个运动过程可以分解为水平方向运动和垂直方向运动两个部分，假设初始速度为 v_0，垂直方向包括自由落体阶段和匀减速阶段，自由落体结束后速度为 v_1，运用牛顿运动学公式，目标函数表达式如下：

$$\min S_1 = Q \times t_3$$

$$Q = \frac{p}{v_3}$$

其中 Q 为单位时间内燃料的消耗量，单位是 kg/s；S_1 为燃料消耗总量，单位是 kg. 已知自由落体阶段没有燃料消耗，为了实现目标函数，我们对嫦娥三号进行受力分析，运用运动学方程确定减速阶段的加速度 a、时间 t_3 以及位移方程的表达式

$$a = \frac{Qv_e - mg}{m},$$

$$t_3 = \frac{v_0 + gt_2}{a},$$

$$2300 = v_0 t_2 + \frac{1}{2}gt^2 + \frac{(v_0 + gt_2)^2}{2a},$$

将以上三个式子代入目标函数，得到如下优化模型：

$$\min S_1 = \frac{mv_0^2 + 4600mg}{v_e(v_0 + gt_2)}.$$

从上式中我们得出 t_2 越大目标函数越小的结论，自由落体的阶段越长将越省燃料，所以将确定在匀减速阶段发动机选用 7500N 推力.

水平方向是一个初速度及末速度都为 0 的运动，所以可以认为这是一个开始加速，然后匀速，最后减速的运动，加速与减速阶段耗时均为 t_a，匀速运动期间耗时 t_b，t_a 和 t_b 需要满足 $t_2 + t_3 = 2t_a + t_b$，据此建立优化模型如下：

$$\min S_2 = \frac{2lm}{v_e(t - t_a)}.$$

其中约束条件为：

$$l = 2 \times \frac{1}{2} \times \frac{Qv_e}{m}t_a^2 + \frac{Qv_e}{m}t_a t_b,$$

$$t_2 + t_3 = t_a + t_b,$$

所以在这个阶段燃料总的消耗量为 $S = S_1 + S_2$.

2）第 3 阶段模型的求解

对于第 3 阶段，根据模型编程找出距月面 2400m 处数字高程图中标准差最小的方块，其大致位置见图 21.8，其中白色矩形区域为目标位置，并进一步找出该方块中心点在"0 海拔位置坐标系"中的位置坐标. 经推算后目标位置的坐标（单位：m）确定为 $(4.0855 \times 10^5,$ $-2541, -150.20)$. 在此，假设嫦娥三号朝着目标以直线运动方式前进，而且在这个过程中推力方向始终与嫦娥三号运动方向在同一条直线上，由此可得其运行轨迹，见图 21.9.

（3）第 4 阶段与第 5 阶段

第 4 阶段为精确避障阶段. 随着嫦娥三号与月球表面的距离越来越近，预设降落区域的地形也将越来越清晰，这就要求嫦娥三号在此阶段更加精准的避开障碍物. 此过程之后探测器距离月球表面为 30m，水平速度为 0m/s.

第 5 阶段为缓速下降阶段. 此时嫦娥三号沿发动机推力方向垂直向月球表面降落，这个过程完成后嫦娥三号距离月球表面仅 4m，为确保嫦娥三号安全着陆，在此位置其水平、垂直方向的速度都为 0. 此过程要求嫦娥三号距离月球表面 4m 时发动机不提供推力，即不再浪费燃料.

由上述分析可知，第 5 阶段运动距离较短，燃料消耗几乎可以忽略不计，为了简化模型可以与第 4 阶段合并，运用同一个模型求解. 已知第 4、5 阶段与第 3 阶段目的相同，第 3 阶

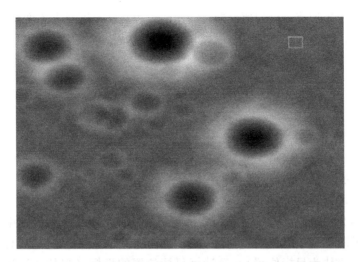

图 21.8　第 3 阶段探测器目标位置（其中白色矩形区域为目标位置）

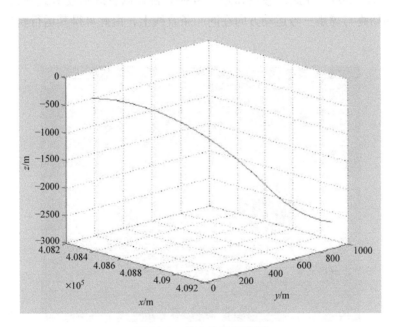

图 21.9　第 3 阶段轨迹图

段模型已经建立，所以第 4、5 阶段模型可以在第 3 阶段模型的基础上稍做修改来确定.

1）第 4、5 阶段模型的建立

第 4、5 阶段模型与第 3 阶段类似，同样需要考虑水平和垂直两个方向两个部分的运动. 垂直方向第 4 阶段与第 3 阶段的区别在于首先做一个无初速的自由落体运动，然后再做匀减速运动，到达距月球表面 4m 的时候速度达到 0，自由落体阶段耗时 t_4，匀减速阶段耗时 t_5，我们有 $t_4 + t_5 = 2t_c + t_d = t'$，同样参考第 3 阶段模型可得到优化模型如下：

$$\min S_3 = \frac{192m}{v_e t_5}$$

此时即可求解出燃料的消耗量 S_3.

水平方向是一个先加速，再匀速，最后减速的过程且初速度及末速度都为 0. 设加速与减速阶段耗时均为 t_c，匀速阶段耗时 t_d，设燃料消耗量为 S_4. 参考第 3 阶段模型，可得到优化模型如下：

$$\min S_4 = \frac{2l'm}{v_e(t' - t_c)}$$

其中：

$$l' = 2 \times \frac{1}{2} \times \frac{Qv_e}{m}t_c^2 + \frac{Qv_e}{m}t_c t_d$$

所以在这两个阶段燃料总的消耗量为 $S = S_3 + S_4$.

2) 第 4、5 阶段模型的求解

对于第 4 及第 5 阶段，根据模型编程找出距月面 100m 处数字高程图中标准差最小的方块，其大致位置见图 21.10，并进一步找出该方块中心点在"0 海拔位置坐标系"中的位置坐标（其中小的黑色方块为目标位置）. 经计算目标位置的坐标（单位 m）确定为 $(4.0852 \times 10^5, -2611, -184.30)$. 在此，假设嫦娥三号朝着目标以直线运动方式前进，而且在这个过程中推力方向始终与嫦娥三号运动方向在同一条直线上，由此可得其运行轨迹，如图 21.11 所示.

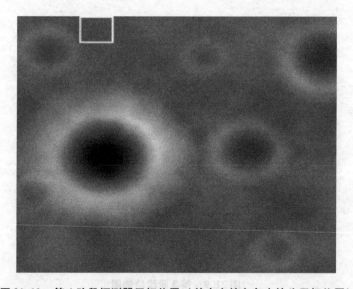

图 21.10 第 4 阶段探测器目标位置（其中小的白色方块为目标位置）

（4）第 6 阶段

第 6 阶段为自由落体阶段，此时发动机不再提供推力，即嫦娥三号只受自身重力影响，设该阶段耗时为 t_6，

$$t_6 = \sqrt{\frac{2h}{t}}$$

其中 h 表示飞行器距离地面的高度，再运用牛顿运动定律即可计算出，燃料的消耗量为 S_5，且 $S_5 = 0$.

着陆准备过程全程

总结上述模型，将每个阶段的燃料消耗相加，即可得到嫦娥三号该轨道线的燃料总消耗

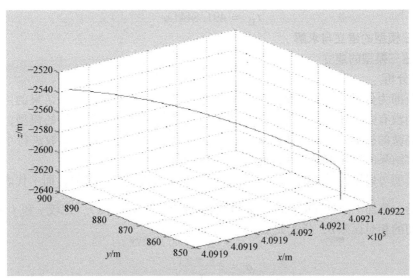

图 21. 11　第 4 及第 5 阶段轨迹图

以及选择该路线花费的所有时间：
$$S_{总} = S_0 + S_1 + S_2 + S_3 + S_4 + S_5,$$
$$t_{总} = t_1 + t_2 + t_3 + t_4 + t_5 + t_6,$$
根据如上模型运用 MATLAB 编程即可求解出每个阶段的燃料消耗及运动时间（见表 21. 1 和图 21. 12）.

表 21. 1　着陆准备轨道全程燃耗及用时

阶段	第 1、2 阶段	第 3 阶段	第 4、5 阶段	第 6 阶段
时间/s	437.00	39.93	12.65	2.22
燃料消耗量/kg	1.11×10^3	84.51	13.48	0

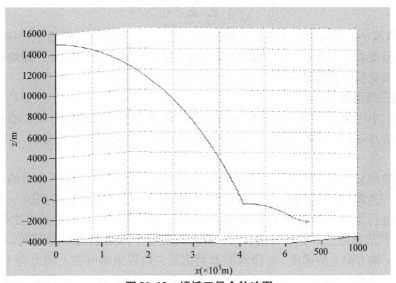

图 21. 12　嫦娥三号全轨迹图

整个轨道上的燃料消耗 $S_{总}$, 以及时间 $t_{总}$,
$$S_{总} = 1.2102 \times 10^3 \text{kg},$$

$$t_{总} = 491.8441\,\text{s}.$$

3. 问题三模型的建立与求解

（1）问题三模型的建立

1）误差分析

误差分析即为分析计算值与真实值之间的差，进而由此来判断计算结果的可靠性. 但就本题而言，因没有办法确定真实值，故需要换角度考虑问题. 一个可靠的模型，是不会因为某一个参数轻微的扰动而影响整体效果的，所以可采取对模型中某一参数进行小范围扰动的方式，来观察结果的变化情况，并以此来评判模型的好坏.

假设原模型可以用一个函数 $y = f(x)$ 来表示，其中 x 代表某一参数，而 y 代表该模型求解出的结果. 给 x 施加一个外在的扰动 ε，得到新的结果 $\bar{y} = f(x + \varepsilon)$，比较 y 和 $\bar{y}$ 之间的差距，即计算两者间的相对误差 δ，公式如下：

$$\delta = \frac{|\bar{y} - y|}{y}.$$

已知：δ 值越大，该模型抗干扰能力越弱，参数略微的改变便会对全局造成很大的影响，模型可靠性也就不强，所以 δ 值越小，相应的模型越好.

2）敏感性分析

敏感性分析是一种定量描述模型输入变量对输出变量重要性程度的方法，包括局部敏感性分析和全局敏感性分析[5]. 本题选用局部敏感性分析模型的结果，即单独分析每一个参数（不考虑参数间相互作用）对全局的影响，找出对全局影响较大的参数.

在对此问题进行分析时，选择对同一个参数进行多次改变，并计算所得到的不同结果的标准差，通过比较标准差的大小来进行评定. 在此，我们假设需要考虑的参数为 m 个，每个参数进行 n 次改变，建立如下模型：

$$\text{std} = \sqrt{\frac{1}{n} \sum_{i=1}^{m} \sum_{j=1}^{n} (y_j - \bar{y})^2}.$$

已知 std 值越小，说明结果受该参数值的影响便越小，所建立的模型也相应越好. 如果一个模型中所有易变参数在受到外界的影响后对该模型的结果影响均不大，即均在一个可接受的范围内，那么此模型就很可靠.

（2）问题三模型的求解

针对问题二中所建立模型，选择部分参数进行误差分析和敏感性分析. 在此，我们选取近月点 P，推动力与 x 轴的夹角 φ，发动机的推力 p 这三个参数来进行分析. 以近月点为例，分析过程如下：

在其他参数均未改变的情况下，考虑嫦娥三号的近月轨道改变时所导致的近月点位置发生改变的情况. 表 21.2 是将近月点的距离做上下 3000m 的改变之后得到的一系列求解结果值. 对结果值进行处理，即每个结果分别求其对近月点 15000m 情况下的比值. 其中 P 为 15000m，mass 代表嫦娥三号着陆时的自重，time 代表整个降落轨道所需时间，v_x 指探测器到达第二阶段时 x 轴方向上的速度，v_y 指探测器到达第二阶段末端时在 y 轴方向上的速度，x，y 则分别代表这时的横纵坐标，h_1 代表以降落点为参考的 y 坐标，$m_1 + m_2$ 指第三阶段消耗的燃料量，t_1 指这个阶段所用时间，$m_3 + m_4$ 代表第 4、5 阶段消耗的燃料量，t_2 指这两个阶段所用时间. 以 P 为横坐标，各结果值为纵坐标绘图进行初步分析，从图 21.13 中可以看出 v_y，y 值已经严重偏离，说明这两个结果受参数变化的影响很大，若不考虑这两个目标值，可绘出

图 21.14. 从图中可以看出除 v_y，y 以外的其他结果值与本题求解的结果之间差距都不是很大，为了进一步说明这个问题，我们再对数据进行误差分析，误差分析结果见表 21.3.

表 21.2 近月点位置改变所导致的结果变化

P	12000	13000	14000	15000	16000	17000	18000
mass	1.05	1.05	1.00	1.00	0.99	0.989388	0.984347
time	0.88	0.88	0.96	1.00	1.03	1.053515	1.075212
v_x	0.01	1.44	1.22	1.00	0.78	0.559318	0.339274
v_y	100.07	87.30	44.11	1.00	-42.03	-84.9705	-127.832
x	1.00	1.00	1.00	1.00	0.999233	0.998467	0.997701
y	15.99	10.99	5.99	1.00	-3.99247	-8.98356	-13.9733
h_1	-0.47	0.02	0.51	1.00	1.490475	1.980814	2.471018
$m_1 + m_2$	-0.09	-0.06	0.95	1.00	1.104385	1.20883	1.308027
t_1	-0.02	-0.02	0.69	1.00	1.237987	1.439391	1.617564
$m_3 + m_4$	1.05	1.06	1.00	1.00	0.993814	0.987637	0.981781
t_2	1.01	1.01	1.00	1.00	0.999043	0.998089	0.997185

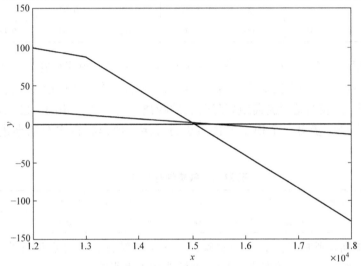

图 21.13 不同近月点下结果对比图

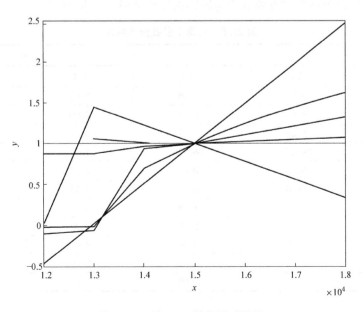

图 21.14 除 v_y，y 的结果对比图

表 21.3　误差分析表

P	12000	13000	14000	15000	16000	17000	18000	平均值
mass	0.05	0.05	0.00	0.00	0.01	0.01	0.02	0.02
time	0.12	0.12	0.04	0.00	0.03	0.05	0.08	0.06
v_x	0.99	0.44	0.22	0.00	0.22	0.44	0.66	0.42
v_y	99.07	86.30	43.11	0.00	43.03	85.97	128.83	69.47
x	0.00	0.00	0.00	0.00	0.00	0.00	0.00	0.00
y	15.00	9.99	4.99	0.00	4.99	9.98	14.97	8.56
h_1	1.47	0.98	0.49	0.00	0.49	0.98	1.47	0.84
$m_1 + m_2$	1.09	1.06	0.05	0.00	0.10	0.21	0.31	0.40
t_1	1.02	1.02	0.31	0.00	0.24	0.44	0.62	0.52
$m_3 + m_4$	0.05	0.06	0.00	0.00	0.01	0.01	0.02	0.02
t_4	0.01	0.01	0.00	0.00	0.00	0.00	0.00	0.00

　　从表中的数据不难看出，v_y，y 的值分别为 69.47，8.56，很明显在近月点改变的情况下，第 2 阶段终点探测器在 y 轴方向的速度值与 y 轴的坐标将会有很大的改变，除此之外，变化较为明显的是 h_1，h_1 代表的是探测器距离降落点的距离，与 y 意义相同. 已知敏感性分析是在误差分析的基础上进一步对一个模型的优劣进行评定，所以将再次对数据进行敏感性分析，分析结果见表 21.4.

表 21.4　敏感性分析结果

目标值	mass	time	v_x	v_y	x	y	h_1	$m_1 + m_2$	t_1	$m_3 + m_4$	t_4
std	0.03	0.07	0.46	80.03	0.00	9.99	0.98	0.55	0.61	0.03	0.00

　　根据表中数据所反映的信息，再一次验证了之前的结论，近月点位置改变将会对第 2 阶段终点探测器在 y 轴方向的速度值与 y 轴的坐标造成很大影响.

　　同理可得另外两个参数的方差分析与敏感性分析结果，见表 21.5。

表 21.5　另两个参数分析结果

参数	p		夹角	
目标	方差	std	方差	std
M	0.14	0.05	0.00	0.00
T	0.17	0.02	0.00	0.00
v_x	0.26	0.31	0.02	0.02
v_y	1889.73	962.76	7.83	8.57
x	0.05	0.03	0.00	0.00
y	38.41	20.14	0.13	0.14
h_1	3.77	1.98	0.01	0.01
$m_1 + m_2$	2.72	0.92	0.00	0.00
t_1	1.37	0.19	0.01	0.01
$m_3 + m_4$	0.12	0.02	0.00	0.00
t_4	0.02	0.00	0.00	0.00

综上所述，不难发现 v_y 和 y 值在这两种参数改变的情况下也会受到很大的影响，所以可推测此模型的不足之处就在于目标值 v_y 及 y 的求解方法是否合理. 同时，为了保证该模型的可靠性，不断缩小三个参数的变化区间直到寻找到结果较为可靠的参数区间为止，最终确定出该模型可靠的参数区间为：

$$P \in (15000,15020),$$
$$p \in (7499,7501),$$
$$\varphi \in (22.5675,22.5685).$$

从这三个参数的有效区间可以得出该模型的针对性比较强这一结论.

21.3.6　模型评价

优点分析：

（1）在解决问题的过程中，尽量选用最为接近实际且简单的模型，查阅了大量可靠资料以确定最为可靠的参数计算方法，所以结果有一定的可靠性.

（2）通过多个可靠渠道查阅了相关信息，对题意有了一定了解后才开始解题，目标明确，没有盲目做题.

（3）所建立的模型中需要计算的参数量大，在计算的过程中为了避免计算失误，进行了多次验证.

缺点分析：

（1）理论上可以使用 6 个轨道参数来确定任意时刻卫星的位置，但是由于引力以及月球非球形因素的影响，这些参数不可能长时间保持不变.

（2）月球探测器在着陆的过程中受很多因素的影响，而我们考虑的只是理想情况，这与实际有一定的出入.

21.3.7　模型推广

在模型的建立过程中，假设月球探测器在一个固定的铅垂平面内运动，没有考虑侧向运动，但由于发动机安装偏差、控制系统误差、月球自转等因素的存在，探测器难以保证始终在铅垂面上运动，因此，在某种层面上，二维模型无法很准确地描述探测器软着陆运动情况. 如果能在二维模型的基础上建立月球探测器在三维空间飞行的动力学模型，甚至把月球自转等因素影响也加以考虑，那么所建立的模型将更有实际意义.

因为月球表面没有空气，所以月球探测器主要依靠发动机推力改变来控制探测器的降落过程，但是如果在这个过程中发动机出现故障会导致什么样的后果，或者有没有什么新的方法可以帮助探测器在着陆的过程中减速，可以作为一个新的研究方向.

21.3.8　参考文献

[1] 韩中庚，杜剑平. 嫦娥三号软着陆轨道设计与控制策略问题评析[J]. 数学建模及其应用，2014，3(4)：31 – 38.

[2] 胡其正，杨芳. 宇航概论[M]. 北京：中国科学技术出版社，2010.

[3] 姜启源，谢金星. 数学建模案例选集[M]. 北京：高等教育出版社，2006.

[4] 张德丰等. MATLAB 数值分析[M]. 北京：机械工业出版社，2012.

[5] 蔡毅，刑岩，胡丹. 敏感性分析综述[J]. 北京师范大学学报，2008，44(1)：9 – 16.

21.4 论文点评

嫦娥三号软着陆轨道设计与控制策略是从我国成功发射的嫦娥三号软着陆过程中的实际问题通过一定的简化改编而来的，源于我国实际的探月工程，为广大国人关注．这种类型的题目可以更好地激励参赛选手探索登月的奥秘，了解探月工程中的相关问题和技术方法，让参赛队员更有自豪感和成就感．本题目所要解决的 3 个问题中第 1 个问题的答案是可以明确求出来的，但另外 2 个问题是有一定灵活性和开放的问题，可以激发参赛队员的创新精神，这也是全国大学生数学建模竞赛的宗旨之一．从竞赛试题的类型上看，本题目是最优控制类问题，对天体力学知识等背景知识要求较高，对计算机编程求近似解也要求较高．

对问题一，确定着陆准备轨道近月点和远月点的位置，以及嫦娥三号相应速度的大小与方向．该论文利用力学中的万有引力定律、牛顿第二定律以及机械能守恒等定律推导出嫦娥三号在椭圆轨道上任意一点运动时的速度求解公式，据此求出近月点与远月点的速度．对于近月点和远月点两点位置的确定，则首先建立月球赤道坐标系，并以此来确定 6 个重要的轨道参数，在参数确定后即可推导出嫦娥三号在轨道平面内的坐标，之后再通过一系列转化过程将此坐标变换到需要的月球赤道坐标系内，这样椭圆轨道上任意一点的位置公式便可求得，从而近月点和远月点的位置也可确定．综合来看，对问题一建立的模型并不复杂，简单易懂，所需的力学知识均在大学生所学大学物理课程要求的范围内，但需要有灵活综合运用的能力，特别是如何建立适当的坐标系简化模型表达尤为重要．

对问题二，确定嫦娥三号的着陆轨道和在 6 个阶段的最优控制策略．该论文在理解这 6 个阶段的具体特征及要求之后，将运动状态类似的阶段合并进行考虑．具体来说，将第 1 阶段和第 2 阶段合并建立变质量微分方程模型，在给定要求的初值条件下求解出该阶段总燃料消耗；对第 3 阶段，首先确定着陆地点，将月面的平坦程度作为目标函数来寻找最优着陆点．对此，将目标区域划分为许多小方块，分别计算每个小方块内所有点海拔的标准差，取标准差最小的方块为最优着陆地点．这一选取方法充分利用了高程方差这一指标来衡量月面平坦程度，简单且易于理解，而且容易编程计算．随后，在这一阶段中假设嫦娥三号的质量基本保持不变的条件下．以整个该阶段过程消耗的燃料最少为目标，将整个运动过程可以分解为水平方向运动和垂直方向运动两个部分，垂直方向包括自由落体阶段和匀减速阶段，建立最优化模型，求解出需要的燃料消耗．对第 4 阶段和第 5 阶段合并，在考虑到第 5 阶段运动距离较短的条件下，忽略第 5 阶段的燃料消耗，对第 4 阶段考虑水平和垂直两个方向两个部分的运动．垂直方向第 4 阶段与第 3 阶段的区别在于首先做一个无初速的自由落体运动，然后再做匀减速运动，据此建立以燃料消耗最小为目标的优化模型，求解出此阶段最小的燃料消耗量．对第 6 阶段，此时主要为自由落体阶段，燃料消耗为 0，模型主要计算该阶段所需要的时间．该论文很好地回答了各阶段轨道设计和控制策略，基本达到了题目的要求．建立的模型易于理解，也已于编程计算，但由于忽略了很多应该考虑的因素，特别是各阶段如何衔接，在解的可靠性上还有待验证．

对问题三，对于所设计的着陆轨道和控制策略做相应的误差分析和敏感性分析．对误差分析，该论文采取对模型中某一参数进行小范围扰动的方式，来观察结果的变化情况，计算两者之间的相对误差并以此来评判模型的好坏．对敏感性分析，该论文单独分析每一个参数

（不考虑参数间相互作用）对全局的影响，找出对全局影响较大的参数．具体来说就是选择对同一个参数进行多次改变，并计算所得到的不同结果的标准差，通过比较标准差的大小来进行判定．该论文在利用所建立模型的基础上，采用数值方法，通过改变参数值来计算相对误差，简单易行，容易编程实现，也很好地回答了问题．

总体来说，该论文表达流畅、思路清晰、结构合理、图文并茂，充分表明作者在论文写作上所花的功夫．本文建立的模型所需背景知识均在大学生所学基础知识范围内，在一定的简化条件下，建立的模型简单，编程求解也易于实现．求解得到的结果可能并不一定符合实际的探月工程需要，但还是具有一定的建模训练借鉴价值，是一篇优秀的建模论文．

当然本文还存在一些缺点．主要在于对 6 个阶段的简化处理，对一些阶段的合并处理，降低了建模上的难度，也影响了结果的准确度．如果对 6 个阶段分别考虑，分别建立模型并求解，可能结果会更好．此外，在误差分析和灵敏性分析方面，应该对解析方法的难度方面要简要阐述，以突出数值方法的实用性，强化所用方法的必要性．

第 22 章
太阳影子定位 （2015A）

22.1 题目

如何确定视频的拍摄地点和拍摄日期是视频数据分析的重要方面，太阳影子定位技术就是通过分析视频中物体的太阳影子变化，确定视频拍摄的地点和日期的一种方法.

1. 建立影子长度变化的数学模型，分析影子长度关于各个参数的变化规律，并应用你们建立的模型画出 2015 年 10 月 22 日北京时间 9∶00 ~ 15∶00 之间天安门广场（北纬 39 度 54 分 26 秒，东经 116 度 23 分 29 秒）3m 高的直杆的太阳影子长度的变化曲线.

2. 根据某固定直杆在水平地面上的太阳影子顶点坐标数据，建立数学模型确定直杆所处的地点. 将你们的模型应用于附件 1 的影子顶点坐标数据，给出若干个可能的地点.

3. 根据某固定直杆在水平地面上的太阳影子顶点坐标数据，建立数学模型确定直杆所处的地点和日期. 将你们的模型分别应用于附件 2 和附件 3 的影子顶点坐标数据，给出若干个可能的地点与日期.

4. 附件 4 为一根直杆在太阳下的影子变化的视频，并且已通过某种方式估计出直杆的高度为 2m. 请建立确定视频拍摄地点的数学模型，并应用你们的模型给出若干个可能的拍摄地点.

如果拍摄日期未知，你能否根据视频确定出拍摄地点与日期？

22.2 问题分析与建模思路概述

22.2.1 问题类型分析

本题要求根据视频中物体的太阳影子，建立数学模型确定视频拍摄地点和日期，主要考查学生关于空间几何问题的建模能力以及非线性优化问题的求解能力，对求解精度有一定要求.

22.2.2 题目要求及思路概述

具体来说，太阳影子定位技术是确定拍摄地点和时间的一种方法，本题通过视频给出太阳影子的运动轨迹，要求通过视频分析，反演出视频的拍摄地点和日期. 题目设置了 4 个梯度问题构成的问题链，层层推进，由易到难.

问题一：在已知拍摄时间及地点的条件下求影子长度的数学模型，并分析长度关于日期、时间、经纬度等参数的变化规律，此题有较多的参考文献给出这一问题的模型，如直接采用文献中的模型，应指明其出处．需要指出的是①"北京时间"与"北京当地时间"的不同；②经度与时间的关系；③关于春分、秋分、冬至、夏至的近似对称性；④地平坐标系、赤道坐标系等空间坐标系之间的相互转换；⑤赤纬的计算必须采用准确高的近似计算公式；⑥大气折射会导致太阳高度角产生一定偏转，所以考虑大气折射情况的模型更佳．

问题二：在已知物体影子顶点真实坐标及拍摄日期与北京时间的条件下，根据问题一得到的影子长度变化模型，反解出纬度及当地时间，根据当地时间和北京时间之间的关系确定经度，附件1的真实地理位置是（109.50E，18.30N）．需要指出的是，在反解过程中，①可以发现附件1所给的坐标系与地平坐标系在水平面内存在一个15°的旋转；②需要对计算结果进行检验．

问题三：与问题二相比，问题三的拍摄日期未知，反演难度有所增加，同时使用长度和角度信息反演效果更好．附件2的真实地理位置是（79.750E，39.520N），日期是7月20日，附件3的真实地理位置是（110.250E，29.390N），日期是1月20日．由于日期相近的影子长度和角度变化较小，导致参数反演问题的近似解较多，而且由于春分和秋分的对称性等，可以将日期，经纬度一定范围内的结果都认为是近似正确的．

问题四：建立影子顶点大地坐标与视频坐标之间的关系（相机投影矩阵），然后反演模型中的参数．由于反演参数的增加，以及视频数据提取时产生的误差，导致模型求解精度下降，确定拍摄地点的难度增加．

22.3　获奖论文——关于太阳影子轨迹的定位模型

作者：孟安妮　王奕挺　陈莎莎
指导教师：王立洪
获奖情况：2015年全国大学生数学建模竞赛一等奖

摘要

确定视频的拍摄地点和拍摄日期在视频数据分析中有着重要应用，而太阳影子定位技术可通过太阳影子变化来进行有效的定位．本文主要就该问题，建立太阳影子轨迹的定位模型，从而有效地估计视频拍摄的地点和日期．

对问题一，首先，本文通过平面转动将赤道坐标系转换为地平坐标系．其次，为了描述影子长度关于各个参数的变化规律，我们根据天体物理学知识建立模型．由太阳时角和赤纬的推导公式，得出了影子长度与时角（与经度有关），赤纬（与日期有关），当地的纬度和直杆长度的表达式．最终得出影子长度自早到晚先由长变短又变长的变化过程，且其大约在正午时达到最小值将近3.7m．

对问题二，由于坐标的方向未知，但是影长是固定的，因此我们以附件给出的影长与我们所设经纬度下的影长误差为目标．又因为附件坐标与我们所建立的坐标系之间应只相差一个旋转变化，故我们将起始时刻到末端时刻的距离与附件中的距离的误差作为约束条件，从而使旋转矩阵固定．结合LINGO软件，通过改变直杆长度l的范围，求出不同的经纬度后，回代模型一检验并筛选．最后，通过作图发现影长的位置关系十分吻合且旋转矩阵固定．最终确定最有可能的地点为海南，其经纬度为东经109.5877°，北纬18.3141°．

对问题三，本文沿用问题二的模型，以起始时刻到末端时刻的距离与附件中的距离为目标函数，增加约束条件影长误差和约束变量日期，建立优化模型. 结合 MATLAB 软件，得到使目标函数达到最小的经纬度与日期，最终回代模型一进行结果检验，选出符合条件的地点，并计算其旋转角度. 最后得出附件 2 中直杆所处的位置大约是新疆，日期为 5 月 21 日，附件 3 直杆所处的位置大约是湖南，日期为 1 月 23 日.

对问题四，首先推导出世界、相机、图像、像素四个坐标系的关系，在考虑杆顶影子的像素坐标与畸变的影响下建立相机标定模型. 其次，我们将视频转为每分钟一张的灰度图片，用 5 个易定位的点，进行最小二乘法以求得相机投影矩阵. 然后通过转化矩阵，将视频中的影长转化为世界坐标. 最终在问题二的基础上，我们去掉了杆长的约束条件，并求得其经纬度. 在问题三的基础上，将日期视为变量，求得其最优的经纬度与日期.

关键词：优化模型；相机标定模型；相机投影矩阵；最小二乘法；边缘检测

22.3.1　问题重述

在对视频进行数据分析时，通常需对视频的拍摄地点和拍摄日期进行确定，而根据太阳影子的长短和方向，以及其变化规律可以确定视频的拍摄地点和拍摄日期. 现有以下问题需考虑.

问题一：建立影子长度变化的数学模型，给出影子长度关于地点和时间的变化规律. 并应用模型于 2015 年 10 月 22 日北京时间 9：00～15：00 之间天安门广场（北纬 39°54′26″，东经 116°23′29″）3m 高的直杆，绘制出其太阳影子长度的变化曲线.

问题二：对于给定的固定直杆在水平地面上的太阳影子顶点坐标数据，建立确定直杆所处地点的模型和设计算法，并针对附件 1 给出的影子顶点坐标数据确定可能的地点.

问题三：对于给定的固定直杆在水平地面上的太阳影子顶点坐标数据，建立确定直杆所处地点和日期的模型和设计算法，并针对附件 2、附件 3 给出的影子顶点坐标数据确定可能的地点和日期.

问题四：针对附件 4 给出的一根 2m 直杆在太阳下的影子变化的视频，建立确定视频拍摄地点的模型和设计算法，确定该直杆可能的拍摄地点，并讨论能否在拍摄日期未知的情况下确定视频的拍摄地点与日期.

22.3.2　问题分析

对于太阳影子变化问题，我们发现影子长度变化与视频拍摄的地点和日期有着密切的关系.

对问题一，首先，我们先通过一次平面转动将赤道坐标系转换为所需的地平坐标系. 其次，为了描述影子长度关于各个参数的变化规律，我们选取天体物理模型，从而得到太阳时角和赤纬的推导公式. 于是我们可得出影子长度与各个参数（时角、赤纬、当地的经度、纬度以及直杆的长度）的表达式. 由此可利用软件绘制出太阳影子长度的变化曲线.

对问题二，要求根据附件 1 给出的影子顶点坐标数据给出确定的地点. 首先结合 LINGO 软件，沿用问题一的模型，以估计的直杆所处的位置和给定的数据两者误差最小为目标，建立优化模型，但考虑到 LINGO 一次只能得到一个最优解，因此可以不断改变杆长 l 的变化范围得到初步解，再选取两位置旋转角为最终指标逐步优化出最终确定可能的地点.

对问题三，要求根据附件 2、附件 3 提供的影子顶点坐标数据给出确定的地点和日期. 首先沿用问题一的天体物理模型和问题二的优化模型，并以起始点距离与附件中起始点距离为目标，将影长误差和日期作为新的约束变量．结合 MATLAB 软件，找出确定的地点与日期，并对结果进行检验，判断得到数据的影子长度及旋转角是否符合附件提供的数据．

对问题四，我们建立了四个坐标系：世界坐标系、相机坐标系、图像坐标系、像素坐标系．通过坐标系间的建立关于图像坐标系与世界坐标系间的模型，并考虑到了边缘检测与畸变影响．其次，我们将视频转为以每分钟一张的灰度图片，用 5 个易定位的点，通过最小二乘法求得其相机投影矩阵．然后，通过转化矩阵，将视频中的影长转化为世界坐标的影长．基于问题二，我们去掉了杆长的约束条件，求得其经纬度．基于问题三，将日期视为变量，搜索得其最优的经纬度与日期．

22.3.3 基本假设

（1）假设直杆垂直于水平地面；
（2）假设视频中的杆子是直的．

22.3.4 符号说明

符号	说　　明
l	直杆的高度
φ	观测者所处的纬度
S	观测者所处的经度
δ	赤纬
V	太阳的位置
ω	太阳时角
N	日数，自每年 1 月 1 日开始计算
x	直杆顶点的太阳影子横坐标
y	直杆顶点的太阳影子纵坐标
e	地球椭圆轨道离心率，其值为 0.01672
θ	旋转角度
R	旋转矩阵
T	平移矩阵
P	相机投影矩阵

22.3.5 模型准备

在建立模型前，首先我们先介绍本文用到的坐标系及其系统[1]，在之后的模型建立我们会利用到这些坐标系．

（1）地平坐标系

地平坐标系，是天球坐标系统中的一种，以观测者所在地为中心点，所在地的地平线作为基础平面，将天球适当的分成能看见的上半球和看不见（被地球本身遮蔽）的下半球．上半球的顶点（最高点）称为天顶，下半球的顶点（最低点）称为地底．具体情况如图 22.1 所示：

地平坐标系中的基本圈是地平圈，基本点是天顶和地底．

地平坐标系统主要包括以下部分：

① 仰角为天体和观测者所在地的地平线的夹角，负值表示位于地平面以下，设其为 h；

② 方位角是指沿着地平线测量的角度（由正北方为起点向东方测量），记其为 ε.

（2）赤道坐标系

赤道坐标系是一种天球坐标系. 过天球中心与地球赤道面平行的平面称为天球赤道面，它与天球相交而成的大圆称为天赤道. 赤道面是赤道坐标系的基本平面.

它是根据北极和当地赤道，如图 22.2 所示：

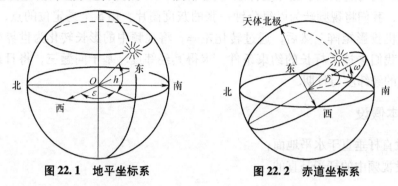

图 22.1　地平坐标系　　　　　图 22.2　赤道坐标系

赤道坐标系统主要包括以下部分：

① 时角为顺着每日运动的方向沿赤道测量子午线与恒星的夹角，设作 ω；

② 赤纬是指从天赤道沿着天体的时圈至天体的角度，记其为 δ.

22.3.6　模型的建立与求解

1. 问题一模型的建立

为了描述影子长度关于各个参数的变化规律，我们利用天体物理学知识建立模型，其具体步骤如下.

（1）关于天体的物理模型

1）直杆顶点的投影坐标

我们考虑直杆的顶端投影在水平面上，如图 22.3 所示. 在图中建立的直角坐标系中，我们设向量 $\boldsymbol{d}$ 为直杆顶端影子的投影方向. 取直杆的顶端 L 向平面作垂线，垂足 O 为坐标系的原点. 其中 x 轴向北，y 轴向东，z 轴在垂线方向. 其中 L' 为直杆指针顶端的影子，根据图 22.3 所设的变量，向量 $\boldsymbol{d}$ 可表示如下：

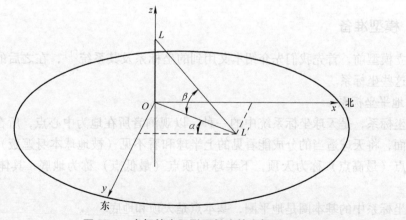

图 22.3　直杆的太阳影子长度的坐标系

$$
\begin{cases}
d_x = \cos(\alpha)\cos(\beta), \\
d_y = \cos(\alpha)\sin(\beta), \\
d_z = \sin(\alpha).
\end{cases}
$$

其中 α 是方位角，β 是仰角. 那么，直杆顶端的影子 L' 在平面上的坐标可被表示为：

$$
l'_x = \frac{d_x}{d_z}l, \quad l'_y = \frac{d_y}{d_z}l, \quad l'_z = 0
$$

其中，l 是直杆的高度，即距离 OL.

2）转换赤道坐标系为地平坐标系

本文我们采用的是地平坐标系，若已知太阳在赤道坐标系中的位置，直杆顶端在水平面上的位置关系该如何确定，下面我们介绍两种坐标系之间的转换关系. 已知太阳的位置 V 与赤纬 δ 和时角 ω 有关，可表示成：

$$
V_q = \begin{pmatrix} \cos(\delta)\cos(\omega) \\ \cos(\delta)\sin(\omega) \\ \sin(\delta) \end{pmatrix}.
$$

进行过一次平面转动之后，我们可将赤道坐标变换成地平坐标，即为：

$$
V_h = \begin{pmatrix} \cos(\mu) & 0 & -\sin(\mu) \\ 0 & 1 & 0 \\ \sin(\mu) & 0 & \cos(\mu) \end{pmatrix} V_q.
$$

其中 φ 为观测者所处的纬度，那么 μ 可表示为 $\mu = 90° - \varphi$.

通过这一步骤，可将赤道坐标系转换为所需的地平坐标系.

3）太阳时角推导公式

在介绍之前，首先我们给出一些相应的常数：

① 地球椭圆轨道离心率：$e = 0.01672$；

② 黄道与赤道平面的夹角：$\varepsilon = 23.44°$；

③ 近日点的黄经：$L_0 = -77.11°$.

由已知的经度 $L_0 = -77.11°$，其示意图如图 22.4 所示，可计算实际的近点角 v 为：

$$
v = L - L_0.
$$

设角 E 为偏近点角，根据冗长的计算可得到 v 和 E 的关系：

$$
\tan\left(\frac{E}{2}\right) = \tan\left(\frac{v}{2}\right)\tan\left(\frac{\arccos(e)}{2}\right)
$$

我们令：

$$
m = E - e\sin(E)
$$

其中 m 为平均近点角，它是一个假想的行星在从太阳看到的近日点的焦距. 这个假想的行星绕太阳运转的速度是常数，运转的时间与真实的行星相同.

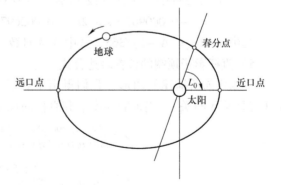

图 22.4　黄经 L 示意图

因为地球在绕日轨道上的速度不断变化，以及地球自转轴相对于黄道面的倾斜，太阳在天空中的运动在一年之中是不一致的，因此我们对地方真太阳时进行修正，以表示平太阳时.

即地球速度变化对时间方程的影响 z_k 在真近点角和平均近点角之间是不同的，即：

$$z_k = m - v.$$

设赤经 η 为从 L 利用真实太阳在两个天体坐标系中的关系式：

$$\begin{pmatrix} 1 & 0 & 0 \\ 0 & \cos(\varepsilon) & -\sin(\varepsilon) \\ 0 & \sin(\varepsilon) & \cos(\varepsilon) \end{pmatrix} \begin{pmatrix} \cos(L) \\ \sin(L) \\ 0 \end{pmatrix} = \begin{pmatrix} \cos(\delta) & \cos(\eta) \\ \cos(\delta) & \sin(\eta) \\ & \sin(\eta) \end{pmatrix},$$

对时间方程的第二个影响是由于地球自转轴对黄道面的倾斜，由上可知倾斜角 $\varepsilon = 23.44°$，并且总是指向同一个方向. 如果地球自转轴垂直于黄道面，那么不必修正. 当假想的平太阳时定义了平太阳时，它沿天体赤道运行. 因为对时间方程的影响 z_t 在黄经 L 和真实太阳的赤经之间是不同的，即：

$$z_t = L - \alpha$$

时角修正项为 $z_g = \arctan(\tan(z_g))$，以保持 z_g 的连续性. 因此时间方程的观测值是：

$$z_g = \arctan(\tan(z_k + z_t)).$$

设 t_1 为此时的真太阳时，设 t_2 为北京时间，以 24h 计. 经度为 S，其公式如下所示：

$$t_1 = (S - 120°)/15 + t_2.$$

真太阳时即真太阳视圆面中心的时角加 12h. 以地球为例，同一时刻，对同一经度，不同纬度的人来说，太阳对应的时角是相同的. 单位时间地球自转的角度定义为时角 ω，规定正午时角为 $0°$，上午时角为负值，下午时角为正值. 地球自转一周 $360°$，对应的时间为 24 小时，即每小时相应的时角为 $15°$. 因此其计算公式为：

综上所述，我们的太阳时角表达公式为：

$$\omega = 15(t_1 - 12)\frac{\pi}{180} + z_g.$$

4）赤纬计算公式

因赤纬值日变化很小，根据《地面气象观测规范》，一年内任何一天的赤纬角 δ 可用下式计算：

$$\delta = 0.006918 - 0.399912 \cdot \cos(b) + 0.070257 \cdot \sin(b) - 0.006758 \cdot \cos(2b)$$
$$+ 0.000907 \cdot \sin(2b) - 0.002697 \cdot \cos(3b) + 0.00148 \cdot \sin(3b)$$

其中 $b = 2\pi \cdot (N-1)/365$，式中 N 为日数，自每年 1 月 1 日开始计算.

5）直杆影子顶端的位置表达公式

根据之前所描述的图形，我们得出了影子长度与参数时角 ω（与经度 S 有关）和赤纬 δ（与日期 N 有关），当地的纬度 φ 和直杆的长度 l，其位置与各个参数的表达公式如下所示：

$$x = \frac{\cos(\mu)\cos(\delta)\cos(\omega) - \sin(\mu)\sin(\delta)}{\sin(\mu)\cos(\delta)\cos(\omega) + \cos(\mu)\sin(\delta)} l,$$

$$y = \frac{\cos(\delta)\sin(\omega)}{\sin(\mu)\cos(\delta)\cos(\omega) + \cos(\mu)\sin(\delta)} l,$$

其中 $\mu = 90° - \varphi$.

需要注意的是，由于影子不能背离地面，所以直杆顶端影子 z 方向的坐标必须为正数，而本规律的 ω 与经度有关.

（2）问题一模型的求解

根据问题一我们所建立的天体物理模型及其关于各个参数的变化规律，当确定太阳的时

角 ω（与经度 S 有关）和赤纬 δ 与日期 N 有关），当地的纬度 φ 和直杆的长度 l，我们可利用 MATLAB 软件进行计算．

影子长度关于各个参数的变化规律

总结问题一建立的模型有以下影子长度关于各个参数的**变化规律**：

① 直杆影子顶端的位置：

$$x = \frac{\cos(\mu)\cos(\delta)\cos(\omega) - \sin(\mu)\sin(\delta)}{\sin(\mu)\cos(\delta)\cos(\omega) + \cos(\mu)\sin(\delta)}l,$$

$$y = \frac{\cos(\delta)\sin(\omega)}{\sin(\mu)\cos(\delta)\cos(\omega) + \cos(\mu)\sin(\delta)}l,$$

② 太阳时角 ω 表达公式：$\omega = 15(t_1 - 12)\dfrac{\pi}{180} + z_g$，

其中 $t_1 = (S - 120°)/15 + t_2$，$S$ 为经度．

③ 式中 $\mu = 90° - \varphi$，φ 为纬度．

④ 赤纬 δ 表达公式为：

$\delta = 0.006918 - 0.399912 \cdot \cos(b) + 0.070257 \cdot \sin(b) - 0.006758 \cdot \cos(2b) + 0.000907 \cdot \sin(2b)$

$\qquad - 0.002697 \cdot \cos(3b) + 0.00148 \cdot \sin(3b),$

其中 $b = 2\pi \cdot (N - 1)/365$，$N$ 为日数．

由此，根据以上总结出的变化规律，当我们知道太阳的时角 ω 和赤纬 δ，当地的纬度 φ 和直杆的长度 l 时，可以利用 MATLAB 软件分别计算其影子，如图 22.5 所示，我们画出 2015 年 10 月 22 日北京时间 9：00 ~ 15：00 之间天安门广场（北纬 39°54′26″，东经 116°23′29″）3m 高的直杆的太阳影子长度的变化曲线．

如图 22.5 所示，我们可以总结出如下规律：

① 早晚影子最长，中午最短，早上到中午影子慢慢变短，中午到晚上影子慢慢又变长；

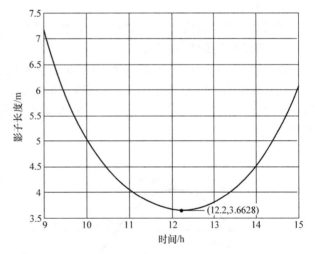

图 22.5　直杆的太阳影子长度的变化曲线

② 大约在 12：15 时刻影子长度达到最小值，约为 3.7m；

③ 由于开普勒效应和倾斜效应，该图形是不对称的．

同时，为了更好地描述在不同时刻直杆顶端的位置变化，我们描绘了直杆的太阳影子在水平面上的位置变化，如下图 22.6 所示，其中 0 点表示的是直杆所在的位置：

综上所述，我们总结出了不同时刻直杆的太阳影子长度及其位置的变化情况，结果见表 22.1.

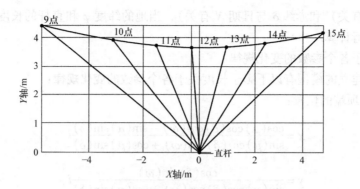

图 22.6 直杆的太阳影子在水平面上的位置变化图

表 22.1 不同时刻直杆的太阳影子长度及其位置的变化情况表

时间/h	9	10	11	12	13	14	15
X 轴	−3.98008	−2.37183	−1.20176	−0.20429	0.766584	1.841259	3.215205
Y 轴	1.962527	2.065576	2.114978	2.132904	2.125833	2.091302	2.015499
长度/m	4.437626	3.145182	2.432562	2.142665	2.259827	2.786356	3.794704

2. 问题二模型的建立与求解

（1）模型的建立

在问题二中，我们先考虑对附件 1 中影子顶点坐标数据进行地点的确定[8].

1）黄经和太阳仰角的确定

我们知道，黄经已在图 22.4 标出，北京在不同日期，同一时刻，影子的长度也是变化的，北京秋季的正午太阳高度角呈逐渐减小的趋势，究其原因是由于黄赤交角的存在，太阳的直射点在南北回归线间移动，而正午太阳高度与太阳直射点的位置有关，如图 22.7、图 22.8 所示：

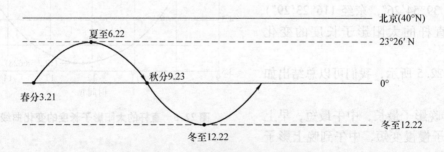

图 22.7 太阳直射点南北移动轨迹

结论部分：

① 一天内太阳高度角的变化：当该地在晨昏线上时为零，正午时最小；

② 正午太阳高度角大小，取决于太阳直射点离该地的距离，距离越近高度角越大；

③ 从上图可知，仰角跟日期有关；

④ 北京最大仰角为 73°26′，最小为 26°34′.

2）优化模型

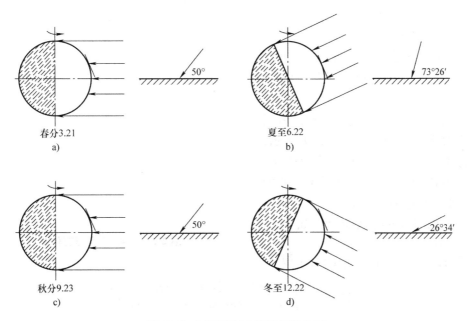

春分3.21
a)

夏至6.22
b)

秋分9.23
c)

冬至12.22
d)

图22.8 不同时刻太阳仰角变化图

下面我们建立最优模型，设第 i 个时刻直杆所处的位置为 (x_i, y_i)，在数据中第 i 个时刻直杆在水平地面上的太阳影子顶点坐标为 (x_i', y_i').

决策目标是使估计的直杆所处的位置与给定的数据两者误差最小，即：

$$\min z = \sum_{i=1}^{i=21} \left(\sqrt{x_i^2 + y_i^2} - \sqrt{x_i'^2 + y_i'^2} \right)^2.$$

约束条件包含以下方面：

① 其中 x_i，y_i 满足模型一推导出的基本规律，即为

$$x_i = \frac{\cos(\mu)\cos(\delta)\cos(\omega) - \sin(\mu)\sin(\delta)}{\sin(\mu)\cos(\delta)\cos(\omega) + \cos(\mu)\sin(\delta)} l,$$

$$y_i = \frac{\cos(\delta)\sin(\omega)}{\sin(\mu)\cos(\delta)\cos(\omega) + \cos(\mu)\sin(\delta)} l.$$

均与太阳的时角 ω 和赤纬 δ，当地的纬度 φ 和直杆的长度 l 有关.

其中 $\mu = 90° - \varphi$.

② 其中纬度 φ 需满足：$0 \leqslant \varphi \leqslant 90$，

③ 由于：$\omega = 15(t_1 - 12)\dfrac{\pi}{180} + z_g$，

$$t_1 = (S - 120°)/15 + t_2,$$

即：$\omega = 15((S - 120°)/15 + t_2 - 12)\dfrac{\pi}{180} + z_g.$

即 ω 与经度 S 有关，其中经度 S 需满足：

$$0 \leqslant S \leqslant 180.$$

④ 其中 z 的坐标不能为负数，因此：

$$\sin(\mu)\cos(\delta)\cos(\omega) + \cos(\mu)\sin(\delta) \geqslant 0.$$

⑤ 直杆的长度 l 需满足：

$$l \geqslant 0.$$

⑥ 全等 $\triangle OA'B'$：$AB = A'B'$

由于我们将起始时间点和末端时间点到原点的距离作为约束条件，若我们控制起始点到末端的距离也相等，我们就会得到两个全等的三角形，因此，它们两者间的旋转角度就固定了，如图 22.9 所示，$\triangle OAB$ 为我们得到的三角形，而 $\triangle OA'B'$，因为 $OA = OA'$，$OB = OB'$，且需保持 θ 的角度需不变，可知 $AB = A'B'$.

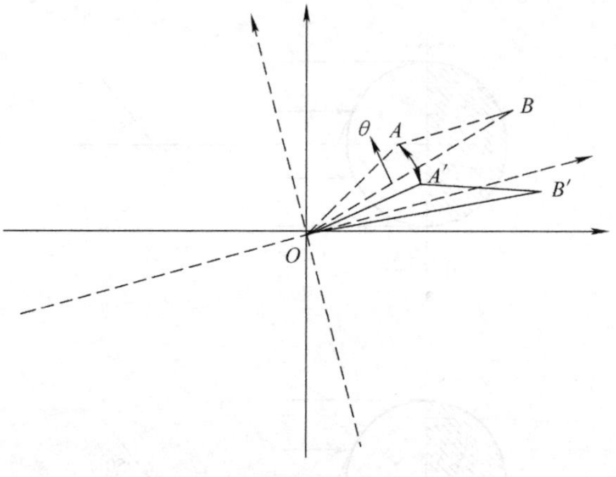

图 22.9 相似三角形变化图

综上所述，模型的数学表达式如下：

$$\min z = \sum_{i=1}^{i=21} \left(\sqrt{x_i^2 + y_i^2} - \sqrt{x_i'^2 + y_i'^2} \right)^2$$

$$\text{s. t.} \begin{cases} x_i = \dfrac{\cos(\mu)\cos(\delta)\cos(\omega) - \sin(\mu)\sin(\delta)}{\sin(\mu)\cos(\delta)\cos(\omega) + \cos(\mu)\sin(\delta)} l, \\ y_i = \dfrac{\cos(\delta)\sin(\omega)}{\sin(\mu)\cos(\delta)\cos(\omega) + \cos(\mu)\sin(\delta)} l, \\ 0 \leqslant S \leqslant 180, \\ 0 \leqslant \varphi \leqslant 90 \\ l \geqslant 0. \end{cases}$$

3）判断依据：旋转角度 θ

旋转矩阵是在乘以一个向量的时候改变向量的方向，但不改变长度效果的矩阵.

在二维空间中，旋转可以用一个单一的角 θ 定义. 我们约定，正角表示逆时针旋转. 把笛卡儿坐标的列向量关于原点逆时针旋转 θ 的矩阵是

$$\begin{pmatrix} \cos(\theta) & -\sin(\theta) \\ \sin(\theta) & \cos(\theta) \end{pmatrix}.$$

我们知道，由于规定的坐标只与附录中的坐标相差一个旋转，因此计算出的第 i 个时刻直杆所处的位置 (x_i, y_i)，必定与数据中第 i 个时刻直杆在水平地面上的太阳影子顶点坐标 (x_i', y_i') 形成固定夹角，为了判断两者误差的大小. (x_i, y_i) 和 (x_i', y_i') 肯定存在一个旋转矩阵 $\boldsymbol{R}$，即一个唯一 θ 使得：

$$\begin{pmatrix} x_i' \\ y_i' \end{pmatrix} = \begin{pmatrix} \cos(\theta) & -\sin(\theta) \\ \sin(\theta) & \cos(\theta) \end{pmatrix} \begin{pmatrix} x_i \\ y_i \end{pmatrix}.$$

对于所有的 i，当 θ 是一个固定值时，说明计算出的位置是理想的.

（2）问题二模型的求解

1）计算结果

在问题二的基础上，我们通过以下步骤进行求解：

① 运用 LINGO 软件实现上述模型（算法见附件），但是因为 LINGO 软件只能得到一个最优解，因此我们通过改变直杆长度 l 的变化范围，即约束条件⑤，分别依次为：

$$l \geqslant 0，\ l \geqslant 0.5，\ l \geqslant 1，\ \cdots，\ l \geqslant 10，$$

即以直杆长度 l 变化步长为 0.5，分别计算 21 次，得到多个最优解.

② 我们以直杆所处的位置与给定的数据两者误差 $z < 3$ 为标准进行筛选.

③ 因为我们用 LINGO 软件所计算出的第 i 个时刻直杆所处的位置 (x_i, y_i)，必定与数据中第 i 个时刻直杆在水平地面上的太阳影子顶点坐标 (x_i', y_i') 有着一定的误差，为了判断两者误差的大小. (x_i, y_i) 和 (x_i', y_i') 肯定存在一个旋转矩阵 $\boldsymbol{R}$，即一个唯一 θ 使得：

$$\begin{pmatrix} x_i' \\ y_i' \end{pmatrix} = \begin{pmatrix} \cos(\theta) & -\sin(\theta) \\ \sin(\theta) & \cos(\theta) \end{pmatrix} \begin{pmatrix} x_i \\ y_i \end{pmatrix}$$

对于所有的 i，当 θ 是一个固定值时，说明计算出的位置是相当不错的.

我们总结出了不同时刻下直杆的太阳影子长度及其位置的变化情况，结果如表 22.2 所示：

表 22.2　附件 1 直杆可能的所处地点经纬度表

序号	01	02	03
地点	海南下方海洋	海南（位于三亚上方）	老挝内部
经度	110.0015	109.5877	102.3104
纬度	18.36478	18.3141	19.41986
影子长度	1.971575	2	2.5

从上表 22.2 所示，我们可以总结出如下**结论**：

① 经过地图的查找，我们发现 01 号地点位于海南省下方较近海平面，所以考虑到地理位置的不合理，我们剔除掉 01 号地点.

② 因此直杆所处的位置可能是海南（经纬度分别为东经 109°，北纬 18°），老挝（经纬度分别为东经 102°，北纬 19°）.

2）检验结果

为了检验我们的结果的可靠性，我们利用 MATLAB 软件将我们的结果与附件 1 中的数据进行比较，图中直杆处于原点. 空心圈（○）代表的是附件 1 中的实际数据，星号（＊）以及星号所处的曲线代表模型在地平坐标系下所得的数据. 线段是本文原数据在该时段对比如图 22.10 所示：

通过上图 22.10 所示，我们就旋转角度方面的检验可以总结出如下结论：

① 本文的结果与附件的影子位置仅差一个旋转角度 θ，旋转角度 θ 大约固定在 15°；

② 误差较小，可见本文结果较为可靠.

其中 1 号地点为实线曲线（—），2 号地点为疏虚线（--------），3 号地点为密虚线（…………），黑色实心圆点（●）为各曲线最低点，空心圈（○）为附件中实际数据. 最终发现数据还是拟合地比较符合. 如图 22.11 所示，我们可以总结出如下结论：

① 本文得到的结果最终的拟合效果比较好；

② 我们所得到的数据较符合附件 1 中的数据.

3. 问题三模型建立与求解

在问题三中，我们先考虑对附件 2 和附件 3 中影子顶点坐标数据进行地点和日期的确定.

（1）模型的建立

优化模型

类似地，依据问题二，建立优化模型如下：

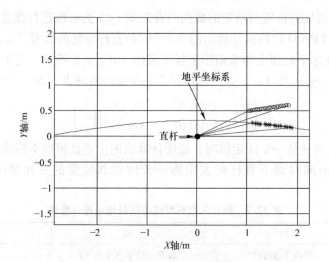

图 22.10 1 号地点影子位置和模型结果对比图

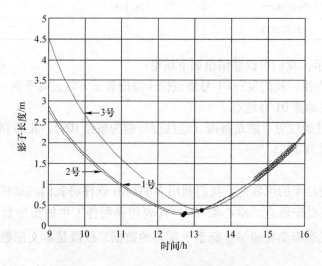

图 22.11 1，2，3 号地点影子长度对比图

设第 i 个时刻直杆所处的位置为 (x_i, y_i)，在数据中第 i 个时刻直杆在水平地面上的太阳影子顶点坐标为 (x_i', y_i'). 为了使结果与附件数据的旋转角度相差不大，根据三角形全等的原理，定义决策目标是使估计的两边与第三边的差与给定的数据两者差最小，即：

$$\min z = | (x_1 - x_{21})^2 + (y_1 - y_{21})^2 - (x_1' - x_{21}')^2 - (y_1' - y_{21}')^2) |$$

约束条件包含以下方面：

① 其中 x_i，y_i 满足模型一推导出的基本规律，即为：

$$x_i = \frac{\cos(\mu)\cos(\delta)\cos(\omega) - \sin(\mu)\sin(\delta)}{\sin(\mu)\cos(\delta)\cos(\omega) + \cos(\mu)\sin(\delta)} l,$$

$$y_i = \frac{\cos(\delta)\sin(\omega)}{\sin(\mu)\cos(\delta)\cos(\omega) + \cos(\mu)\sin(\delta)} l,$$

均与太阳的时角 ω 和赤纬 δ，当地的纬度 φ 和直杆的长度 l 有关，其中 $\mu = 90° - \varphi$；

② 其中纬度 φ 需满足：$0 \leqslant \varphi \leqslant 90$；

③ 由于：$\omega = 15(t_1 - 12)\dfrac{\pi}{180} + z_g$，

$$t_1 = (S - 120°)/15 + t_2.$$

即：$\omega = 15\big[(S - 120°)/15 + t_2 - 12\big]\dfrac{\pi}{180} + z_g$

即 ω 与经度 S 有关，其中经度 S 需满足：

$$0 \leqslant S \leqslant 180;$$

④ 其中 z 的坐标不能为负数，因此：

$$\sin(\mu)\cos(\delta)\cos(\omega) + \cos(\mu)\sin(\delta) \geqslant 0;$$

⑤ 直杆的长度 l 需满足：

$$l \geqslant 0;$$

⑥ 其中赤纬 δ 需满足表达公式：

$$\delta = 0.006918 - 0.399912 \cdot \cos(b) + 0.070257 \cdot \sin(b) - 0.006758 \cdot \cos(2b)$$
$$+ 0.000907 \cdot \sin(2b) - 0.002697 \cdot \cos(3b) + 0.00148 \cdot \sin(3b)$$

其中 $b = 2\pi \cdot (N-1)/365$，N 为日数；

⑦ 日数 N 需满足：

$$1 \leqslant N \leqslant 365;$$

⑧ 为保证结果准确，估计的直杆所处的位置与给定的数据两者误差需满足：

$$\sum_{i=1}^{21}\big(\sqrt{x_i^2 + y_i^2} - \sqrt{x_i'^2 + y_i'^2}\big)^2 < \text{eps}$$

综上所述，模型的数学表达式如下：

$$\min z = \big|(x_1 - x_{21})^2 + (y_1 - y_{21})^2 - (x_1' - x_{21}')^2 - (y_1' - y_{21}')^2\big|$$

$$\text{s. t.}\begin{cases} x_i = \dfrac{\cos(\mu)\cos(\delta)\cos(\omega) - \sin(\mu)\sin(\delta)}{\sin(\mu)\cos(\delta)\cos(\omega) + \cos(\mu)\sin(\delta)}l, \\[2mm] y_i = \dfrac{\cos(\delta)\sin(\omega)}{\sin(\mu)\cos(\delta)\cos(\omega) + \cos(\mu)\sin(\delta)}l, \\[2mm] \delta = 0.006918 - 0.399912 \cdot \cos(b) + 0.070257 \cdot \sin(b) - 0.006758 \cdot \cos(2b) \\[1mm] \qquad + 0.000907 \cdot \sin(2b) - 0.002697 \cdot \cos(3b) + 0.00148 \cdot \sin(3b), \\[2mm] \displaystyle\sum_{i=1}^{21}\big(\sqrt{x_i^2 + y_i^2} - \sqrt{x_i'^2 + y_i'^2}\big)^2 < \text{eps}, \\[3mm] b = 2\pi \cdot \dfrac{N-1}{365}, \\[2mm] 1 \leqslant N \leqslant 365, \\[1mm] 0 \leqslant \varphi \leqslant 90, \\[1mm] 0 \leqslant S \leqslant 180, \\[1mm] \sin(\mu)\cos(\delta)\cos(\omega) + \cos(\mu)\sin(\delta) \geqslant 0, \\[1mm] l \geqslant 0. \end{cases}$$

其中 $\text{eps} = 0.03$.

（2）问题三模型的求解

1）计算结果

综上所述，基于问题三的优化模型，结合 MATLAB 软件，我们总结出了附件 2 和附件 3 直杆可能的所处地点日期情况，结果如表 22.3 和表 22.4 所示：

表 22.3　附件 2 中直杆可能的所处地点日期表

序号	01	02	03	04
地点	彼雨姆	新疆罗布泊	新疆	新疆
经度	54.758	79.879	79.5	79.878
纬度	57.402	39.5	41.658	41.042
日期	8 月 7 日	5 月 21 日	6 月 21 日	7 月 6 日
旋转角度	15.09928515	20.04972318	49.43480238	61.0072
杆长	1	2	3	4

表 22.4　附件 3 中直杆可能的所处地点日期表

序号	01	02	03	04	05
地点	靠奥列尼奥克湾	隆哈共和国	湖南省	隆哈共和国	隆哈共和国
经度	124.296	120.704	109.908	130.5	111.966
纬度	72.734	60.306	29.586	66.886	61.02
日期	9 月 25 日	9 月 20 日	1 月 23 日	6 月 21 日	6 月 20 日
旋转角度	3.926585118	1.616	11.61834943	38.6047	35.17224399
杆长	1	2	3	4	5

由此我们可以得到如下结论：

① 表 22.3 中 2～3 号地点位置较为接近，可视为同一地点.

② 最后得出附件 2 中直杆所处的位置大约是新疆，日期为 5 月 21 日，附件 3 直杆所处的位置大约是湖南，日期为 1 月 23 日.

2）检验结果

同理，为了检验我们结果的可靠性，我们利用 MATLAB 软件将结果与附件 2 和附件 3 中的数据进行比较，图中直杆处于原点，星号以及星号所处的曲线代表的是附件中的数据. 空心圈代表的是本文结果所得到的数据，是通过 MATLAB 软件回归代入模型算出的位置，黑线是本文原数据在该时段对比得到的图像，如图 22.12 和图 22.13 所示：由于结果中附件 2 和附件 3 的地点比较多，在这里我们就不一一检验了，我们仅以附件 2 中的 2 号地点和附件 3 中的 3 号地点来检验结果的合理性.

通过图 22.12 和图 22.13 所示，我们就旋转角度方面的检验可以总结出如下结论：

① 本文的结果与附件的影子位置仅差一个固定旋转角度 θ；

② 附件 2 中 2 号地点的旋转角度 θ 大约固定在 20°，附件 3 中 3 号地点的旋转角度 θ 大约固定在 1.6°，可见本文结果较为可靠.

图中黑色实心原点（●）为最低点，空心圈（°）为附件中的实际数据，实线（—）为模型计算得出.（下同）

通过图 22.14 和图 22.15 所示，我们就影子长度方面的对比可以总结出如下结论：

① 附件 2 和附件 3 的影子长度与原数据都较为拟合；

② 我们所得到的数据较符合附件 1 中的数据.

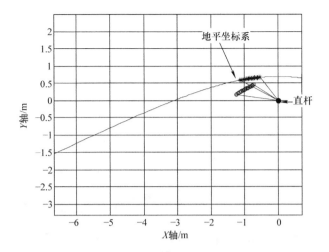

图 22.12　附件 2 中 2 号地点影子位置和模型结果对比图

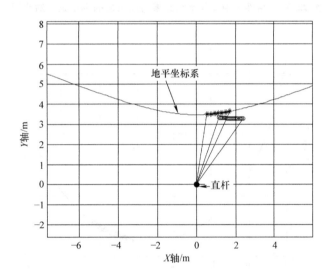

图 22.13　附件 3 中 3 号地点影子位置和模型结果对比图

综上所述，我们所确定的结果还是较满足附件给出的数据.

4. 问题四模型建立与求解

（1）相机标定模型

在本模型中，我们考虑对附件 4 中影子变化视频进行拍摄地点的确认.

1）四个坐标系

为了描述相机的成像过程，定义四个参考坐标系[9]如图 22.16 所示：

① 世界坐标系（$O_w - X_w Y_w Z_w$）：画面上所有点的坐标都是以该坐标系的原点来确定各自的位置的. 对三维空间中的相机，相机在三维空间中目标物体的位置. 对坐标系中的一点 Q，其世界坐标我们用（X_w，Y_w，Z_w）来表示；

② 相机坐标系（$O_c - X_c Y_c Z_c$）：坐标系的原点为相机的光心，X_c 轴与 Y_c 轴与图像的 X 轴和 Y 轴平行，Z_c 轴为相机光轴，它与图形平面垂直. 光轴与图像平面的交点，即为图像坐标系的原点，构成的直角坐标系为相机坐标系. 世界坐标系之前画面上所有点的坐标都是以该

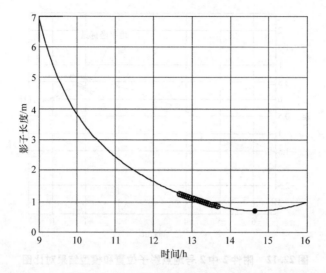

图 22.14   附件 2 中 2 号地点结果与原数据的影子长度对比图

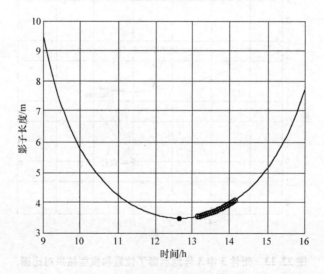

图 22.15   附件 3 中 3 号地点结果与原数据的影子长度对比图

坐标系的原点来确定各自的位置的. 对三维空间中的相机, 在三维空间中目标物体的位置. 空间点在相机坐标系下我们用 (X_c, Y_c, Z_c) 来表示;

③ 图像坐标系 $(O-xy)$: 是以相机成像平面的中心为坐标原点 O, x 轴与 y 轴分别平行于图像平面的两条垂直边缘而建立的坐标系, 用 (x, y) 表示坐标系下的坐标. 设三维空间点 Q 在图像坐标系下的坐标为 $Q(X_d, Y_d)$;

④ 像素坐标系 $(O-uv)$: 是以相机成像平面的中心为坐标原点 O, x 轴与 y 轴分别平行于图像平面的两条垂直边缘而建立的坐标系, 用 (x, y) 表示坐标系下的坐标. 设三维空间点 Q 在图像坐标系下的坐标为 $Q(X_d, Y_d)$. u 轴和 v 轴分别平行于图像坐标系的两坐标轴平行, 用 (u, v) 来表示像素点的坐标. 其中 (u, v) 只表示像素位于数组中列数与行数.

2) 图像坐标系与世界坐标系的转换关系

依据相机模型, 我们可以得到图像坐标系与像素坐标系的关系, 其表达式可以写为:

$$\begin{pmatrix} u \\ v \\ 1 \end{pmatrix} = \begin{pmatrix} 1/\mathrm{d}x & 0 & 0 \\ 0 & 1/\mathrm{d}y & v_0 \\ 0 & 0 & 1 \end{pmatrix} \begin{pmatrix} x \\ y \\ 1 \end{pmatrix}.$$

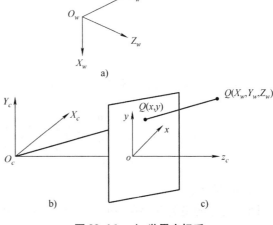

考虑到有畸变的影响，我们在转换矩阵中加入扭曲参数 $s = \dfrac{\tan\alpha}{\mathrm{d}y}$，其中 $\mathrm{d}x$，$\mathrm{d}y$ 是像素的物理宽度和高度，α 表示坐标轴不垂直性误差，(u_0, v_0) 是以像素为单位的主点坐标. 因此其转换关系变为：

$$\begin{pmatrix} u \\ v \\ 1 \end{pmatrix} = \begin{pmatrix} 1/\mathrm{d}x & \tan\alpha/\mathrm{d}y & u_0 \\ 0 & 1/\mathrm{d}y & v_0 \\ 0 & 0 & 1 \end{pmatrix} \begin{pmatrix} x \\ y \\ 1 \end{pmatrix}.$$

图 22.16　a）世界坐标系
b）相机坐标系 c）图像坐标系

如图 22.16b 所示，经相机成像后的投影点为 Q，Q 点在图像坐标系下的坐标为 (x, y)，两者之间的关系为：

$$x = f\frac{X_c}{Z_c}, \quad y = f\frac{Y_c}{Z_c},$$

可得相机坐标系与齐次坐标系的关系为：

$$\begin{pmatrix} f & 0 & 0 & 0 \\ 0 & f & 0 & 0 \\ 0 & 0 & 1 & 0 \end{pmatrix} \begin{pmatrix} X_c \\ Y_c \\ Z_c \\ 1 \end{pmatrix} = Z_c \begin{pmatrix} x \\ y \\ 1 \end{pmatrix}.$$

根据上两条公式，可得：

$$Z_c \begin{pmatrix} u \\ v \\ 1 \end{pmatrix} = \begin{pmatrix} 1/\mathrm{d}x & \tan\alpha/\mathrm{d}y & u_0 \\ 0 & 1/\mathrm{d}y & v_0 \\ 0 & 0 & 1 \end{pmatrix} \begin{pmatrix} f & 0 & 0 & 0 \\ 0 & f & 0 & 0 \\ 0 & 0 & 1 & 0 \end{pmatrix} \begin{pmatrix} X_c \\ Y_c \\ Z_c \\ 1 \end{pmatrix},$$

$$= \begin{pmatrix} \alpha_x & s & u_0 & 0 \\ 0 & \alpha_y & v_0 & 0 \\ 0 & 0 & 1 & 0 \end{pmatrix} \begin{pmatrix} X_c \\ Y_c \\ Z_c \\ 1 \end{pmatrix}.$$

其中，$\alpha_x = \dfrac{f}{\mathrm{d}x}$，$\alpha_y = \dfrac{f}{\mathrm{d}y}$ 是指等效焦距.

然后，我们引入旋转矩阵 $\boldsymbol{R}$ 与平移向量 $\boldsymbol{T}$ 来表述相机坐标系和世界坐标系的关系. 设两坐标系下的齐次坐标为 $(X_w, Y_w, Z_w)^{\mathrm{T}}$ 与 $(X_c, Y_c, Z_c)^{\mathrm{T}}$，则两者有如下关系：

$$\begin{pmatrix} X_c \\ Y_c \\ Z_c \\ 1 \end{pmatrix} = \begin{pmatrix} \boldsymbol{R} & \boldsymbol{T} \\ \boldsymbol{0}^{\mathrm{T}} & 1 \end{pmatrix} \begin{pmatrix} X_w \\ Y_w \\ Z_w \\ 1 \end{pmatrix}.$$

该式子中，R 为 3×3 正交单位正交矩阵，T 为三维平移向量，其中 $\mathbf{0} = (0,0,0)^{\mathrm{T}}$.

$$R = \begin{pmatrix} r_{11} & r_{12} & r_{13} \\ r_{21} & r_{22} & r_{23} \\ r_{31} & r_{32} & r_{33} \end{pmatrix},$$

最终，我们可以得到图像坐标系与世界坐标系的转换关系为：

$$Z_c \begin{pmatrix} u \\ v \\ 1 \end{pmatrix} = \begin{pmatrix} \alpha_x & s & u_0 & 0 \\ 0 & \alpha_y & v_0 & 0 \\ 0 & 0 & 1 & 0 \end{pmatrix} \begin{pmatrix} R & T \\ \mathbf{0}^{\mathrm{T}} & 1 \end{pmatrix} \begin{pmatrix} X \\ Y \\ Z \\ 1 \end{pmatrix} = \begin{pmatrix} \alpha_x & s & u_0 \\ 0 & \alpha_y & v_0 \\ 0 & 0 & 1 \end{pmatrix} (R \mid t) \begin{pmatrix} X \\ Y \\ Z \\ 1 \end{pmatrix} = PX.$$

3）畸变补偿

因为实际的镜头都存在不同大小的畸变. 由于当今社会镜头制作工艺已经逐步提高，我们仅考虑一阶径向畸变来描述失真的情况，若过多引入参数反而会引起解的不稳定性，镜头畸变的主要情况如图 22.17 所示：

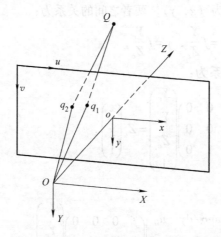

图 22.17 非线性相机模型图

而主要的畸变分为两类：径向畸变和切向畸变，其中径向畸变是关于相机镜头主轴对称的，是畸变的主要来源，它的数学公式表示如下：

$$\bar{x} = x + x[k_1(x^2 + y^2) + k_2(x^2 + y^2)^2],$$
$$\bar{y} = y + y[k_1(x^2 + y^2) + k_2(x^2 + y^2)^2],$$

其中 (x, y) 是根据相机模型得到的理想成像点的坐标，而 $(\bar{x}, \bar{y})$ 是具有畸变的实际成像点的坐标，k_1，k_2 为畸变系数，为了不因为过多畸变系数而导致系统不稳定，我们忽略切向畸变.

4）边缘检测

边缘检测是图像处理和计算机视觉中的基本问题，为了标识数字图像中亮度变化明显的点，包括灰度值的突变，颜色的突变，纹理结构的突变.

图像边缘检测大幅度地减少了数据量，并且剔除了可以认为不相关的信息，保留了图像重要的结构属性.

而当一个像素满足以下条件时，可被视为图像的边缘点：

① 该点的边缘强度大于沿该点梯度方向的两个相邻像素点的边缘强度；

② 在该点梯度方向上相邻两点的方向差小于 20°；

③ 边缘强度极大值小于某个值.

而 Canny 把边缘检测问题转换为检测单位函数极大值问题，根据边缘检测的有效性和定位的可靠性，研究最优边缘检测器所需的特性，并且给出评价边缘检测性能优劣的三个指标：

① 好的信噪比；

② 好的定位性能；

③ 对单一边缘仅有唯一相应.

具体 Canny 边缘示例如图 22.18 所示：

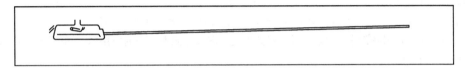

图 22.18 Canny 边缘检测图

（2）问题四模型的求解

计算结果

为了确定世界坐标系与图像坐标系转化矩阵中的各项系数，我们以杆子底座为原点，视频中的水平方向为 y 轴，竖直方向为 x 轴，杆子直立方向为 z 轴. 假设底座三个参数长、宽，高分别为 $(2a, 2b, c)$. 通过底座上三个点、杆子底座原点、杆子顶点，这 5 个点的图像坐标与世界坐标构建方程组，并用 MATLAB 求解得到其转换矩阵的各项系数. 其次，我们通过该变换矩阵，以每分钟为单位，读取影子位置在该段时间内的世界坐标变化，为经纬度以及日期的求解建立坐标数据.

计算得相机投影矩阵为：

$$\begin{pmatrix} 1551.2 & -149.12 & 214.60708887 & \\ 1307.9 & -104.92 & -332.927 & 887.858 \\ 1.477584 & -0.16633 & 1.65E-021 & \end{pmatrix}$$

在已知日期的情况下，我们基于问题二的模型，将杆长变量去掉，作为已知参数 2m，用同样的目标函数与约束条件求解得到该地点的位置为东经 166.4°，北纬 60°.

在日期未知的情况下，我们基于问题三，同样将杆长作为固定量，日期作为变量，搜寻最为匹配的日期与经纬度坐标，得到结果：东经 162.672°，北纬 59.254°，日期为 5 月 26 日.

22.3.7 模型评价

对问题一，本文较为精确地给出了太阳时角和赤纬的推导公式. 准确得出了影子长度与各个参数（时角、赤纬、当地的纬度和直杆的长度）的表达式. 由此可利用 MATLAB 软件绘制出太阳影子长度的变化曲线. 但模型一我们只考虑了平面的情况，而未考虑斜坡的情况，可能具有一定的局限性.

对问题二与问题三，我们有多个约束条件，既控制了影长的范围，又控制了旋转角度，使得最终求解出来的解非常符合题目要求，但是由于约束条件过多，非线性方程不太稳定，导致求解速度比较慢.

对问题四,我们采用的相机模型清晰地刻画了图像坐标与实际坐标的关系,也考虑了边缘检测与畸变对转化矩阵的影响,但是由于在求解矩阵参数中,方程组求解过于依赖于初始值的设定,因此使得求解变得复杂而又困难.

22.3.8 参考文献

[1] 龚纯,王正林.用 Maple 和 MATLAB 解决科学计算问题[M].3 版.北京:电子工业出版社,2014.

[2] 姜启源,谢金星,叶俊.数学模型[M].4 版.北京:高等教育出版社,2011.

[3] 袁新生,邵大宏,郁时炼.LINGO 和 Excel 在数学建模中的应用[M].北京:科学出版社,2007.

[4] 肖筱南.新编概率论与数理统计[M].北京:北京大学出版社,2002.

[5] 张润楚.多元统计分析[M].北京:科学出版社,2006.

[6] 谢金星.优化建模与 LINDO/LINGO 软件[M].北京:清华大学出版社,2005.

[7] 张闯,吕东辉,项超静,等.太阳实时位置计算及在图像光照方向中的应用[J].电子测量技术,2010,33(11):87 – 89,93.

[8] 刘群.日晷投影原理及其应用[J].贵州师范大学学报 (自然科学版),2003,21(3):109 – 112.

[9] 冯焕飞.三维重建中的相机标定方法研究[D].重庆交通大学,2013.

22.4 论文点评

从论文的整体结构来看,本文作者在整体结构安排上完全符合一篇获奖论文的要求,让评卷人能从总体上把握参赛者的思路,用了什么方法,得到了什么结构.这也是一篇优秀论文应该具有的一个重要特征,即让评卷专家读懂参赛者的真实意图,而这主要是通过参赛论文的写作水平来实现的.

在太阳影子定位问题一的求解过程中,参赛者明确给出了地平坐标系与赤道坐标系之间的转换公式,在讨论真太阳时的修正中,正确地给出了太阳时角的计算公式,最终给出了直杆太阳影子的长度变换规律及其相应的变换曲线.

问题二的求解过程中,参赛队伍综合了数据的误差的存在性(这种误差既可包括数据采集过程中的测量误差,也可包括大气折射带来的误差等),求解过程体现了优化的思想,给出了相应的目标函数和约束条件,整个求解过程不仅给出了附件 1 中的坐标系与问题 1 的坐标系之间的夹角,而且也对求解过程作了一定的检验.最终在其摘要中给出的地点(109.5877°E, 18.3141°N)与真实的地理位置 (109.50E, 18.30N) 高度吻合!

问题三的求解难度加大了,日期也作为待求解的参数导致了计算精度和复杂度的膨胀.从参赛论文来看,参赛队伍稳扎稳打,充分利用前两问的给出的模型和求解的经验,继续利用优化模型求解,最终给出了参赛队伍的计算结果:直杆所处的位置大约是新疆 (79.879E, 39.5N),日期为 5 月 21 日,附件 3 直杆所处的位置大约是湖南(109.908E, 29.586N),日期为 1 月 23 日.事实上,附件 2 的真实地理位置是 (79.750E, 39.520N),日期是 7 月 20 日,附件 3 的真实地理位置是 (110.250E, 29.390N),日期是 1 月 20 日.计算结果再次显示了数学建模的威力!这里需要指出的是影子的变换规律具有关于春分、秋分、冬至、夏至的近似对称性,在附件 2 的日期求解中,参赛队伍给出了与真实日期关于夏至日近似对称的结果.

问题四求解过程中参赛队伍参考了文献,给出了描述相机的成像过程,综合了四个参考坐标系，得出了相机标定模型，并且利用图像处理的算法（论文中没有详细描述边缘检测算法），提取直杆的轮廓，确定直杆影子顶点的变换轨迹，最终给出了相机投影矩阵，并由此给出了视频的拍摄日期和地点．总体来说，问题四的模型表述和求解过程都是整篇论文的瑕点．直杆的拼接，图像提取的误差，地面是否水平等问题在一定程度上困扰了参赛队伍，使得参赛队伍对其用代数方程组计算结果抱有很大的怀疑态度，并试图综合灭点等多种方法来检验和求解，由于时间关系，最终在问题四的表述上略显单薄，这也是这篇论文的短板之处．

第 23 章
系泊系统的设计（2016A）

23.1 题目

某型传输节点的浮标系统可简化为底面直径 2m、高 2m 的圆柱体，浮标的质量为 1000kg。系泊系统由钢管、钢桶、重物球、电焊锚链和特制的抗拖移锚组成。锚的质量为 600kg，锚链选用无挡普通链环，近浅海观测网的常用型号及其参数在附表中列出。钢管共 4 节，每节长度 1m，直径为 50mm，每节钢管的质量为 10kg。要求锚链末端与锚的链接处的切线方向与海床的夹角不超过 16°，否则锚会被拖行，致使节点移位丢失。水声通信系统安装在一个长 1m、外径 30cm 的密封圆柱形钢桶内，设备和钢桶总质量为

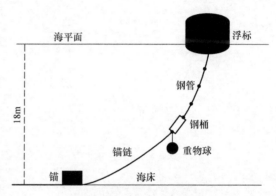

图 23.1 传输节点示意图
（仅为结构模块示意图，未考虑尺寸比例）

100kg。钢桶上接第 4 节钢管，下接电焊锚链。钢桶竖直时，水声通信设备的工作效果最佳。若钢桶倾斜，则影响设备的工作效果。钢桶的倾斜角度（钢桶与竖直线的夹角）超过 5°时，设备的工作效果较差。为了控制钢桶的倾斜角度，钢桶与电焊锚链链接处可悬挂重物球如图 23.1 所示。

系泊系统的设计问题就是确定锚链的型号、长度和重物球的质量，使得浮标的吃水深度和游动区域及钢桶的倾斜角度尽可能小。

问题一：某型传输节点选用 Ⅱ 型电焊锚链 22.05m，选用的重物球的质量为 1200kg。现将该型传输节点布放在水深 18m、海床平坦、海水密度为 $1.025 \times 10^3 kg/m^3$ 的海域。若海水静止，分别计算海面风速为 12m/s 和 24m/s 时钢桶和各节钢管的倾斜角度、锚链形状、浮标的吃水深度和游动区域。

问题二：在问题一的假设下，计算海面风速为 36m/s 时钢桶和各节钢管的倾斜角度、锚链形状和浮标的游动区域。请调节重物球的质量，使得钢桶的倾斜角度不超过 5°，锚链在锚点与海床的夹角不超过 16°。

问题三：由于潮汐等因素的影响，布放海域的实测水深介于 16 ~ 20m。布放点的海水速度最大可达到 1.5m/s、风速最大可达到 36m/s。请给出考虑风力、水流力和水深情况下的系泊系统设计，分析不同情况下钢桶、钢管的倾斜角度、锚链形状、浮标的吃水深度和游动

区域.

说明：近海风荷载可通过近似公式 $F = 0.625Sv^2$ 计算，其中 S 为物体在风向法平面的投影面积（m^2），v 为风速（m/s）. 近海水流力可通过近似公式 $F = 374Sv^2$ 计算，其中 S 为物体在水流速度法平面的投影面积（m^2），v 为水流速度（m/s）.

23.2　问题分析与建模思路概述

23.2.1　试题类型分析

从竞赛类型上来说，2016 年全国赛的 A 题主要涉及优化模型中的微分方程组模型和数学规划模型. 对于这类问题，需要结合题目要求和客观规律，给出具体的微分方程组，并推导不同部分之间的关系；然后再根据方程解的条件，结合题目要求和实际情况，给出具体的优化目标和约束条件，计算得到最优的组合方案.

事实上，一切实际解决方案的设计不外乎优化目标和约束条件，而这两者又与载体的物理状态（钢管的倾斜角度、游动半径和浮标的吃水深度等）和环境参数（海水深度、速度和风速）密切相关. 因此，就此题来说，我们具体需要研究如下三方面问题：

（1）抽象化分析系泊系统的各个组成部分的连接方式和受力情况，并通过具体的数学方程来刻画系统的物理状态与环境参数的关系；

（2）根据上述系统的物理状态，根据具体的优化目标（吃水深度最小或钢桶的倾斜角最小），结合题目和现实的客观约束条件（钢桶倾斜角度、锚链末端与海床的夹角等条件），给出最优的解决方案；

（3）在解决前两问的基础上，考虑在不同的环境参数下，系泊系统的最优配置，并对系统的物理状态关于环境参数进行相关的敏感性分析.

23.2.2　题目要求及思路概述

本题在系泊系统的物理配置和影响因素的背景资料的基础上，要求参赛者建立合适的数学模型分别回答 3 个问题（见题目要求）. 下面，我们根据题目的具体信息对这 3 个问题进行具体的分析讨论.

问题一是在选定 22.05m 的 Ⅱ 型电焊锚链、1200kg 的重物球的条件下，在海面风速、海水深度、海床平坦、海水密度确定的海域里，通过分析系泊系统各组成部分的受力情况，来反推图 23.1 中的各节钢管、钢桶的倾斜程度、锚链形状、浮标的吃水深度和游动区域.

首先，我们将系泊系统的钢桶、链环、浮标都可视为不可伸缩的直杆，杆与杆之间为铰连接. 由于直杆的质量不可忽略，故需要通过上、下杆之间相对位置确定其受力方向和受力大小；根据受力平衡和牛顿第三定律，可将拉力从第 1 节直杆（浮标）传递到第 n 节直杆（锚）；再结合力矩平衡，便可确定每节直杆的倾斜角度，由此可确定锚链的形状和 1m 长钢管的倾斜角度. 其次，通过倾斜角度可以计算每节直杆在水平方向的投影，由此确定整个系统的水平位移，即得浮标的游动区域；同时，由倾斜角度可计算与浮标相连的钢管竖直方向的受力大小，再结合浮标的重力便可确定排开水的体积，由此可得浮标的吃水深度.

问题二是在问题一的假设上，考虑当海面风速变为 $36\mathrm{m/s}$ 时，通过调节重物球的质量，使得浮标的吃水深度、游动区域以及铁桶倾斜角度尽可能小. 根据问题一的分析，将直杆受到的拉力分解为水平分力和竖直分力，再根据牛顿的作用力与反作用力定律由上往下将浮标所受到的力传递到锚，最后通过力矩平衡得到各节直杆的倾斜角度. 因此，本文在上述模型的基础上，以浮标吃水深度、水平位移、钢桶倾斜角度为目标函数，在钢桶倾斜角度、锚链在锚点与海床的夹角大小以及海水深度的约束下建立多目标规划模型，寻找最佳的重物球质量.

问题三涉及海水深度、海水速度、海平面风速以及重物球质量、锚链型号和长度共六组变量，难以通过方程直接求解. 因此，可以先固定海水速度、深度和风速，求解相应的游动半径和临界条件下（最后一节锚链接触海床）的重物球质量、锚链型号. 由于三维空间中涉及六力矩的平衡以及其他变力，计算复杂困难，可以考虑通过控制变量的方式进行贪心求解.

23.3 获奖论文——系泊系统设计

作者：赵璐铭　安巡　杨鹏

指导老师：王松静

获奖情况：2016 年全国数学建模竞赛一等奖

摘要

对系泊系统进行最优的控制设计时，首先使放置水声通信系统的钢桶倾斜角度、锚链末端与海床夹角满足必要条件；其次考虑游动半径、钢桶倾角以及浮标吃水深度尽可能小的要求. 因此，这里结合海水深度、海平面风速、海水速度等外部因素的影响，对系统各个组成部分进行受力分析，并通过建立多目标优化模型，寻找各个条件下最佳的系泊系统参数.

针对问题一，由于系泊系统的各个组成部分都是铰连接的，所以本文将其抽象地视为不可伸缩的刚性直杆. 由于直杆的连接处受力情况复杂，因此考虑将力分解为水平分力和竖直分力；通过受力平衡和牛顿第三定律，分析拉力在相邻直杆间的传递原理，建立从第 1 节直杆（浮标）到第 n 节直杆（锚）受力方程；进一步结合力矩平衡，确定每节直杆的倾斜角度，由此可确定锚链的形状、钢管的倾斜角度、浮标的吃水深度和游动半径. 当风速为 $12\mathrm{m/s}$ 时，$1\sim4$ 节钢管的倾斜角度分别为 $1.5502°$、$1.5503°$、$1.5504°$、$1.5506°$，游动半径为 $14.545\mathrm{m}$，浮标的吃水深度为 $0.683\mathrm{m}$；当风速为 $24\mathrm{m/s}$ 时，钢管的倾斜角度分别为 $4.407°$、$4.436°$、$4.464°$、$4.494°$，游动半径为 $17.642\mathrm{m}$，浮标的吃水深度为 $0.697\mathrm{m}$. 最后，这里推导了锚链关于底端倾角、水平分力和线密度的悬链线函数关系，用于检验本文模型的准确性，检验结果良好.

针对问题二，这里首先计算重物球的质量 $1200\mathrm{kg}$，风速 $36\mathrm{m/s}$ 时系泊系统的整体状态. 结果显示钢桶的倾斜角度达到 $7.441°$，锚链底端与海床夹角为 $18.007°$，均不满足系泊系统稳定的必要条件. 因此，在问题一受力方程的基础上，分别以浮标吃水深度、水平位移、钢桶倾斜角度为目标函数，在钢桶倾斜角度、锚链末端与海床的夹角的约束条件下建立多目标规划模型，优化重物球质量，使系统达到最佳的稳定状态. 这里求出当风速为 $36\mathrm{m/s}$ 时，如果优先考虑吃水深度最小，那么重物球质量为 $2369\mathrm{kg}$；如果优先考虑钢桶倾角最小，那么重物球的质量为 $2768\mathrm{kg}$；如果优先考虑游动半径最小，那么重物球的质量为 $3198\mathrm{kg}$.

针对问题三，这里在问题二的基础上结合海水作用力，对系泊系统的各个组成部分进行受力分析. 分别控制海水深度为 16m、20m，海水速度为 1.5m/s，风速为 36m/s 时，通过网格搜索算法寻找符合系泊系统静止状态要求下系统参数的可行解；进一步，以浮标吃水深度、水平位移、钢桶倾斜角度为目标函数，在钢桶倾斜角度、锚链与海床夹角和海水深度的约束下建立多目标优化模型. 当风速与海水流速同向时，共建立 5 种型号的锚链，2 种水深（16m、20m）条件下的 10 组优化模型，并寻找系统最优状态下的重物球质量. 当风速与海水速度逆向时，同理构建 10 组模型，并寻找相应的重物球质量. 最后，在 20 组最优解的情况下，轮流固定水深、风速、海水速度和锚链型号 4 种参数中的其中三个，通过调节剩余参数，检测钢桶的倾斜角度、浮标的游动半径和吃水深度、锚链形状对剩余变量的敏感程度. 结果显示铁桶的倾斜角度对水流速度和风速的敏感程度较小，浮标的游动半径对两者的敏感程度较大，且更易受水流速度的影响.

关键词：牛顿第三定律　力矩平衡　悬链线　多目标规划

23.3.1　问题重述

某型传输节点的浮标系统可简化为底面直径 2m、高 2m 的圆柱体，浮标的质量为 1000kg. 系泊系统由钢管、钢桶、重物球、电焊锚链和特制的抗拖移锚组成. 锚的质量为 600kg，钢管共 4 节，每节长度 1m，直径为 50mm，每节钢管的质量为 10kg. 要求锚链末端与锚的链接处的切线方向与海床的夹角不超过 16°. 水声通信系统安装在一个长 1m、外径 30cm 的密封圆柱形钢桶内，设备和钢桶总质量为 100kg. 为了控制钢桶的倾斜角度，钢桶与电焊锚链链接处可悬挂重物球如图 23.1 所示.

系泊系统的设计问题就是确定锚链的型号、长度和重物球的质量，使得浮标的吃水深度和游动区域及钢桶的倾斜角度尽可能小.

问题一：某型传输节点选用 Ⅱ 型电焊锚链 22.05m，选用的重物球的质量为 1200kg. 现将该型传输节点布放在水深 18m、海床平坦、海水密度为 $1.025 \times 10^3 \text{kg/m}^3$ 的海域. 若海水静止，分别计算海面风速为 12m/s 和 24m/s 时钢桶和各节钢管的倾斜角度、锚链形状、浮标的吃水深度和游动区域.

问题二：在问题一的假设下，计算海面风速为 36m/s 时钢桶和各节钢管的倾斜角度、锚链形状和浮标的游动区域. 请调节重物球的质量，使得钢桶的倾斜角度不超过 5°，锚链在锚点与海床的夹角不超过 16°.

问题三：由于潮汐等因素的影响，布放海域的实测水深介于 16 ~ 20m. 布放点的海水速度最大可达到 1.5m/s、风速最大可达到 36m/s. 请给出考虑风力、水流力和水深情况下的系泊系统设计，分析不同情况下钢桶、钢管的倾斜角度、锚链形状、浮标的吃水深度和游动区域.

说明：近海风荷载可通过近似公式 $F = 0.625Sv^2$ 计算，其中 S 为物体在风向法平面的投影面积（m^2），v 为风速（m/s）. 近海水流力可通过近似公式 $F = 374Sv^2$ 计算，其中 S 为物体在水流速度法平面的投影面积（m^2），v 为水流速度（m/s）.

23.3.2 问题假设

（1）假设海水密度均匀；

（2）假设无异常天气；

（3）假设忽略水的压力、系统内部摩擦力.

23.3.3 符号说明

符号	说　明
$F_x^{(i)}$	第 i 段钢管的水平方向上的拉力
$F_y^{(i)}$	第 i 段钢管的竖直方向上的拉力
F_w	风力
F_b	浮力
v_w	海平面速度
v_o	水流速度
F_o	水流作用力
α_i	第 i 段直杆与竖直方向的夹角
m_i	第 i 段直杆的质量
g	重力加速度
m^b	重物球质量
$D^{(i)}$	第 i 段直杆的直径
ρ_b	重物球密度
l_i	第 i 段钢管的长度
ρ	海水密度
ρ_l	锚链线密度

23.3.4 问题分析

1. 问题一

当选用 22.05m 的 II 型电焊锚链、1200kg 的重物球，在海面风速、海水深度、海床平坦、海水密度确定的海域里，通过分析系泊系统各组成部分的受力情况，来反推图 23.1 中的各节钢管、钢桶的倾斜程度、锚链形状、浮标的吃水深度和游动区域.

系泊系统由浮标、钢管、钢桶、锚链和锚组成. 其中，锚链是由多个链环组成，在受力分析上钢桶、链环、浮标都可视为不可伸缩的直杆. 杆与杆的连接处不能相对移动，只能相对转动，为铰连接，且每个直杆自身质量不可忽略，因此不能将其简单地视为质点通过上、下杆之间相对位置确定其受力方向和受力大小. 由于在直杆的连接处受力情况复杂，考虑将拉力分解为水平分力和竖直分力，通过受力平衡和牛顿第三定律，可以将拉力从第 1 节直杆（浮标）传递到第 n 节直杆（锚）；进一步结合力矩平衡，确定每节直杆的倾斜角度，由此可确定锚链的形状和 1m 长钢管的倾斜角度.

进一步，通过倾斜角度可以计算每节直杆在水平方向的投影，由此可以确定整个系统的水平位移，从而得到浮标的游动区域；通过倾斜角度可以计算与浮标相连的钢管竖直方向的受力大小，结合浮标的重力可以确定排开水的体积，从而确定浮标的吃水深度.

2. 问题二

问题二是在问题一的假设上，当海面风速变为 36m/s 时，通过调节重物球的质量，使得浮标的吃水深度、游动区域以及铁桶倾斜角度尽可能小. 通过问题一的模型分析，将系泊系统的各个部分视为刚性直杆后，将直杆受到的拉力分解为水平分力和竖直分力，再根据牛顿的作用力与反作用力定律由上往下将浮标所受到的力传递到锚，最后通过力矩平衡得到各节直杆的倾斜角度. 因此，本文在上述模型的基础上，以浮标吃水深度、水平位移、钢桶倾斜角度为目标函数，在钢桶倾斜角度、锚链在锚点与海床的夹角大小以及海水深度的约束下建立多目标规划模型，寻找最佳的重物球质量.

3. 问题三

问题三涉及海水深度、海水速度、海平面风速以及重物球质量、锚链型号和长度共六组变量，难以通过方程直接求解. 因此，考虑先固定海水速度、风速、水深，求解相应的游动半径和临界条件时（最后一节锚链接触海床）的重物球质量、锚链型号. 但是，新增的海水速度方向不确定，它作用于系泊系统后的力与风力的合力需要建立空间直角坐标系对系统各组成部分进行详细受力分析. 由于三维空间中涉及六力矩的平衡以及其他变力，计算复杂困难. 因此，将问题简化，考虑海水速度最大、风速最大、水深最大，且海水速度与风速方向相同的极端情况，求解对应的游动半径、重物球质量和锚链的型号、长度. 然后减小海水深度，检验选配的锚链和重物球质量是否符合铁球倾斜角度和锚链最后一节链环与海床夹角的要求.

同理，通过控制六个未知量中的三个变量：海水深度、海水速度、海平面风速，来确定一组可行的重物球质量和锚链型号；进一步，同问题二，建立多目标规划模型，得到不同水深、不同型号的锚链长度下最优的重物球质量；最后，在最优的控制下，检验钢桶倾斜角度和浮标游动半径对风速和水流速度的敏感程度.

23.3.5 模型的建立与求解

1. 问题一模型的建立

根据问题分析，系泊系统（浮标、钢管、钢桶、铰链、锚）可以被视为多个直杆的铰连接. 记浮标为第 1 节直杆，与浮标相连的钢管记为第 2 节直杆，以此类推，直到与锚相连的钢管为最后第 n 节直杆. 根据各个组成部分的特点，可以将系泊系统划分为 4 部分：浮标、钢管和铰链、钢桶、锚. 对这 4 部分的直杆进行受力分析，从而确定每个直杆的倾斜角度，系泊系统各部分的受力情况如图 23.2 所示.

从图 23.2 中可以看出，各个组成部分相互制约、相互影响. 从浮标开始到锚为止，依次编号，例如浮标为第 1 节直杆，铁桶为第 6 节直杆，锚为第 n 节直杆. 所以，由浮标的受力情况出发，由上往下，推测系泊各组成部分的受力情况.

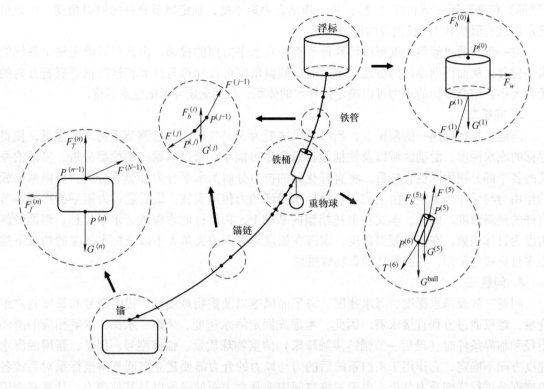

图 23.2　系泊系统各部分的受力示意图

（1）浮标的受力分析　浮标的受力情况如图 23.3 所示.

由于浮标有一定的倾斜角度，因此，需要进一步求解它排开水的体积. 图中 O 表示浮标质心；G 表示浮标浮力的作用点；H 表示浮标分力作用点记浮标质心的坐标为：$O(x_o, y_o)$，与竖直方向的夹角为 $\alpha^{(1)}$，则

$$h_1 = \overline{BE} = 1 - \frac{y_o}{\cos\alpha^{(1)}} - \tan\alpha^{(1)}, \tag{23.1}$$

$$h_2 = \overline{CF} = 1 + \frac{y_o}{\cos\alpha^{(1)}} + \tan\alpha^{(1)}, \tag{23.2}$$

所以，浮标排开水的体积 $V^{(1)}$ 为

$$V^{(1)} = \frac{1}{2}\pi\left(\frac{D^{(1)}}{2}\right)^2 (h_1 + h_2), \tag{23.3}$$

则平均吃水深度为

$$\Delta h = \frac{4V^{(1)}}{\pi (D^{(1)})^2}, \tag{23.4}$$

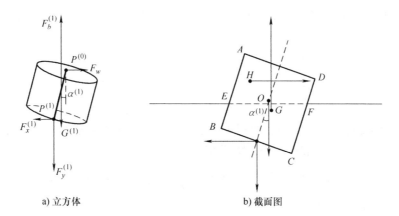

a) 立方体　　　　　　　　b) 截面图

图 23.3　浮标的受力示意图

进一步求浮标在风向法平面的投影面积. 法向平面的高度 h_3 有

$$h_3 = \overline{WQ} = 1 + \frac{y_o}{\cos\alpha^{(1)}}, \tag{23.5}$$

所以法向平面的面积为

$$S_1^{(1)} = 2h_3 + \frac{1}{2}\pi\sin\alpha^{(1)} = 2\left(1 + \frac{y_o}{\cos\alpha^{(1)}}\right) + \frac{1}{2}\pi\sin\alpha^{(1)}, \tag{23.6}$$

所以浮标所受到的浮力 $F_b^{(1)}$ 为它排开的水的重力

$$F_b^{(1)} = \rho g V^{(1)}, \tag{23.7}$$

风力的大小可以通过近海风荷载计算

$$F_w = 0.625\, S_1^{(1)} v_w^2, \tag{23.8}$$

当浮标处于静止状态时，它在水平方向和竖直方向上均受力平衡：

$$\begin{cases} F_x^{(1)} = F_w, \\ F_y^{(1)} = F_b^{(1)} - m^{(1)}g, \end{cases} \tag{23.9}$$

其中，F_w 为浮标受到的水平方向的风力；$F_b^{(1)}$ 为浮标受到的浮力.

通过受力平衡可以确定浮标具体的受力情况，但由于浮标为质量不可忽略的刚性物体，倾斜角度不能通过受力状况直接得出. 所以，进一步结合力矩，在浮标上下两节点力矩平衡状态下得到的倾斜角度 $\alpha^{(1)}$. 对于节点 $P^{(0)}$，当力矩平衡时，有：

$$F_x^{(1)} l^{(1)} \cos\alpha^{(1)} + \left(\frac{1}{2}F_b^{(1)} - F_y^{(1)} - \frac{1}{2}m^{(1)}g\right)l^{(1)}\sin\alpha^{(1)} = 0, \tag{23.10}$$

其中，$l^{(1)}$ 为浮标的长度.

（2）钢管的受力分析

进一步，由牛顿第三定律：作用力与反作用力大小相等，方向相反. 从节点 1（浮标与第 1 节钢管的连接点）至节点 5（钢桶与第 4 节钢管的连接点），力都是通过点与点之间的刚性直杆进行传递，受力分析相同. 对于第 i 节直杆（即第 $i-1$ 节钢管，下同），它的受力情况如图 23.4 所示.

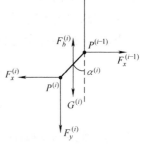

**图 23.4　第 i 节直杆的
受力示意图**

联立式（23.1）与式（23.2），可以得到节点 $i-1$ 处的水平方向和竖直方向的受力情况. 因此，对于第 i 节直杆其水平分力和竖直分力有

$$\begin{cases} F_x^{(i)} = F_x^{(i-1)} = F_w, 2 \leq i \leq 5, \\ F_y^{(i)} = F_b^{(i)} + F_y^{(i-1)} - m^{(i)}g, 2 \leq i \leq 5. \end{cases} \tag{23.11}$$

其中，$F_b^{(i)}$ 为第 i 节直杆受到的浮力；$G^{(i)}$ 为第 $i-1$ 节钢管受到的重力.

同浮标的推导过程，结合力矩，根据钢管上下两节点力矩平衡状态下得到第 i 节直杆的倾斜角度 $\alpha^{(i)}$. 对于第 $i-1$ 个节点，当力矩平衡时，有

$$F_x^{(i)} l^{(i)} \cos\alpha^{(i)} + \left(\frac{1}{2}F_b^{(i)} - F_y^{(i)} - \frac{1}{2}m^{(i)}g\right) l^{(i)} \sin\alpha^{(i)}, 2 \leq i \leq 5, \tag{23.12}$$

其中，$l^{(i)}$ 为第 i 节直杆的长度.

浮力 $F_b^{(i)}$ 可以通过第 i 节直杆的排开水的体积计算：

$$F_b^{(i)} = \rho g V^{(i)} = \pi \rho g \left(\frac{D^{(i)}}{2}\right)^2 h^{(i)}, 2 \leq i \leq 5. \tag{23.13}$$

由此，第 1 节直杆的受力状况可以以此传递到第 5 节直杆，即与铁桶相连的铁管. 从而可以进一步分析铁桶的受力情况.

（3）钢桶的受力分析 对于第 6 节直杆（即铁桶与实心铁球组成的系统，下同），需要重新考虑受力情况以及相应的力矩. 钢桶的受力情况如图 23.5 所示.

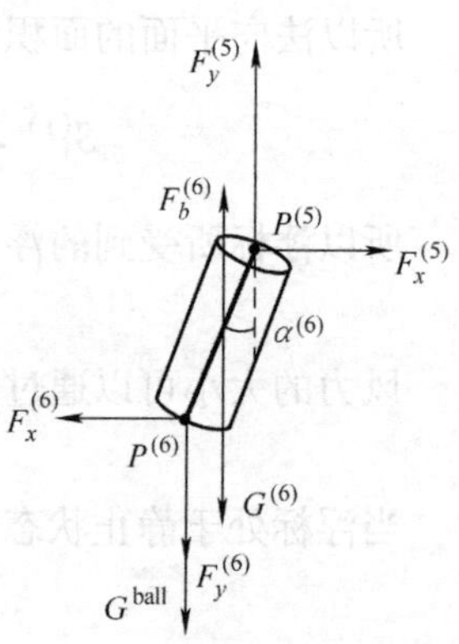

当第 6 节直杆处于静止状态时，它水平方向和竖直方向上受力平衡，即

$$\begin{cases} F_x^{(6)} = F_x^{(5)} = F_w, \\ F_y^{(6)} = F_b^{(6)} + F_y^{(5)} - \left(m^b g - \rho \dfrac{m^b}{\rho_i}g + m^{(6)}g\right). \end{cases} \tag{23.14}$$

其中，m^b 为铁球的质量.

进一步结合力矩，在第 6 节直杆上下两节点力矩平衡状态下得到其倾斜角度 $\alpha^{(6)}$. 对于节点 6，当力矩平衡时，有

图 23.5　第 6 节直杆（铁桶）的受力情况

$$F_x^{(6)} l^{(6)} \cos\alpha^{(6)} + \left(\frac{1}{2}F_b^{(6)} + \frac{m^b}{\rho_b}\rho g - F_y^{(6)} - m^b g - \frac{1}{2}m^{(6)}g\right) l^{(6)} \sin\alpha^{(6)} = 0, \tag{23.15}$$

其中，$l^{(6)}$ 为钢桶的长度.

（4）锚链的受力分析 将锚链视为多个刚性直杆相互连接，其受力情况同钢管的受力情况. 由此，得到第 j 节直杆的水平方向和竖直方向的受力情况：

$$\begin{cases} F_x^{(j)} = F_x^{(j-1)} = F_w, & 7 \leq j \leq n-1, \\ F_y^{(j)} = F_b^{(j)} + F_y^{(j-1)} - m^{(j)}g, & 7 \leq j \leq n-1, \end{cases} \tag{23.16}$$

其中，单个链环受到的浮力可以通过它的体积计算. 已知钢铁的密度为 $7850\mathrm{kg/m^3}$，Ⅱ型锚链的线密度为 $7\mathrm{kg/m}$，单个链环长 $0.105\mathrm{m}$. 因此，可以计算每个链环的体积为

$$V^{(j)} = \frac{0.105 \times 7}{7850}\mathrm{m^3} = 9.363 \times 10^{-5}\mathrm{m^3}, \tag{23.17}$$

从而计算每个链环受到的浮力：

$$F_b^{(j)} = \rho g V^{(j)} = 9.363 \times 10^{-5} \rho g, \tag{23.18}$$

以及通过力矩平衡得到第 j 节直杆的倾斜角度 $\alpha^{(j)}$：

$$F_x^{(j)} l^{(k)} \cos\alpha^{(j)} + \frac{1}{2} F_b^{(j)} l^{(j)} \sin\alpha^{(j)} = F_y^{(j)} l^{(j)} \sin\alpha^{(j)} + \frac{1}{2} m^{(j)} g l^{(j)} \sin\alpha^{(j)}, \tag{23.19}$$

其中，根据锚链的线密度 ρ_l、每节链环的长度链环的横截面积可以确定.

（5）锚的受力分析　通过上述第 1 节链环到第 n 节链环水平分力和竖直分力的传递，最终考虑锚的受力情况，锚的受力情况如图 23.6 所示.

从图 23.6 中可以分别得到锚的水平分力和竖直分力：

$$\begin{cases} F_f^{(n)} = F_x^{(n-1)} = F_w, \\ F_N^{(n)} = m^{(n)} g - F_y^{(n-1)}. \end{cases} \tag{23.20}$$

其中，$F_N^{(n+1)}$ 为地面给锚的支持力大小；$F_f^{(n)}$ 为海床给锚的静摩擦力大小.

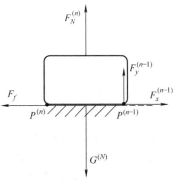

图 23.6　锚的受力

得到各节直杆的倾斜角度后，结合它们的长度，通过计算其系泊系统总的水平位移，进一步确定游动区域，游动半径计算公式为

$$R = \sum_{i=1}^{n} l^{(i)} \sin\alpha^{(i)}, \tag{23.21}$$

因为海水深 18m，所以，竖直高度应满足：

$$H = \Delta h + \sum_{i=1}^{n} l^{(i)} \cos\alpha^{(i)} = 18. \tag{23.22}$$

综述，得到数学模型如下所示：

$$\begin{cases} F_x^{(1)} = F_w = 0.625 S_1^{(1)} v^2, \\ F_y^{(1)} = \rho g V^{(1)} - m^{(1)} g, \\ F_x^{(1)} l^{(1)} \cos\alpha^{(1)} - F_y^{(1)} l^{(1)} \sin\alpha^{(1)} - \frac{1}{2} m^{(1)} g l^{(1)} \sin\alpha^{(1)} = 0, \end{cases}$$

$$\begin{cases} F_x^{(i)} = F_x^{(i-1)} = F_w, \\ F_y^{(i)} = F_b^{(i)} + F_y^{(i-1)} - m^{(i)} g, \\ F_x^{(i)} l^{(i)} \cos\alpha^{(i)} + \left(\frac{1}{2} F_b^{(i)} - F_y^{(i)} - \frac{1}{2} m^{(i)} g \right) l^{(i)} \sin\alpha^{(i)} = 0, \end{cases} \quad 2 \leqslant i \leqslant 5,$$

$$\begin{cases} F_x^{(6)} = F_x^{(5)} = F_w, \\ F_y^{(6)} = F_b^{(6)} + F_y^{(5)} - (m^b g + m^{(6)} g), \\ F_x^{(6)} l^{(6)} \cos\alpha^{(6)} + \left(\frac{1}{2} F_b^{(6)} + \frac{m^b}{\rho_b} \rho g - F_y^{(6)} - m^b g - \frac{1}{2} m^{(6)} g \right) l^{(6)} \sin\alpha^{(6)} = 0, \end{cases}$$

$$\begin{cases} F_x^{(j)} = F_x^{(j-1)} = F_w, \\ F_y^{(j)} = F_b^{(j)} + F_y^{(j-1)} - m^{(j)}g, \qquad\qquad 7 \leqslant j \leqslant n-1 \\ F_x^{(j)}l^{(j)}\cos\alpha^{(j)} + \left(\frac{1}{2}F_b^{(j)} - F_y^{(j)} - \frac{1}{2}m^{(j)}g\right)l^{(j)}\sin\alpha^{(j)} = 1, \end{cases}$$

$$\begin{cases} F_f^{(n)} = F_x^{(n-1)} = F_w, \\ F_N^{(n)} = m^{(n)}g - F_y^{(n-1)}, \\ H = \Delta h + \sum_{i=1}^{n} l^{(i)}\cos\alpha^{(i)} = 18. \end{cases}$$

在上述方程组中有 $n-1$ 个直杆与水平方向的夹角 α 和 1 个吃水深度 Δh,共有 n 个未知量.

2. 问题一模型的求解

由于选用的 II 型锚链长 22.05m,线密度为 7kg/m,每节链环长 0.105m,则可以得到锚链上共有 210 节锚环. 结合浮标、钢管、钢桶和锚的数量,则整个系泊系统可视为 217 节直杆,所以上述模型中共有 217 个未知量,需要至少联立 217 个方程进行求解. 但因为竖直高度并不确定,锚受到的水平拉力也存在一个范围,因此难以得到精确解. 所以,我们通过搜索算法,根据锚受到水平拉力的范围反推浮标的浮力并且得到其吃水深度的范围. 根据固定步长改变吃水深度,由此寻找符合题目要求的解. 具体算法步骤如下:

步骤 1. 确定吃水深度 Δh 的范围;

步骤 2. 计算浮标的浮力 $F_b^{(1)}$、风力 F_w;

步骤 3. 根据模型中的受力方程计算每节直杆受到的水平拉力 $F_x^{(i)}$、竖直拉力 $F_y^{(i)}$ 以及倾斜角度 $\alpha^{(i)}$;

步骤 4. 计算对应的倾斜角度 $\alpha^{(6)}$ 小于 5° 和 $\alpha^{(216)}$ 小于 16°,则保存所有的 $\alpha^{(i)}$ 和此时的吃水深度 Δh. 反之,以固定步长增加 Δh,返回步骤 1.

通过上述搜索算法,求解得到风速分别为 12m/s 和 24m/s 时,每节直杆的倾斜角度. 进一步,在倾斜角度的基础上,可以得到每个节点的水平分力和竖直分力,从而可以计算每个直杆受到的合力大小. 当风速分别为 12m/s 和 24m/s 时,由上往下,每节直杆的合力大小如图 23.7 所示.

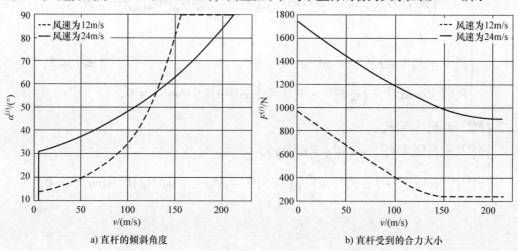

a) 直杆的倾斜角度   b) 直杆受到的合力大小

图 23.7 直杆倾斜角度、受合力大小的关系图

对比两条曲线，可以发现，当风速为 12m/s 时，直杆从上往下的倾斜角度变化较大；当风速为 24m/s 时，直杆从上往下的倾斜角度变化较为平缓；最终，在两种风速下都有部分直杆的倾斜角度为 90°，即有部分链环平躺在海床上，且风速越小，平躺在海床上的链环越多.

4 节钢管对应第 2 节到第 5 节直杆，铁桶对应第 6 节直杆，最后一节锚链对应第 216 节直杆. 分别记录它们在 12m/s 和 24m/s 风速下对应的倾斜角度，得到系泊系统重要组成部分的倾斜角度如表 23.1 所示.

表 23.1   系泊系统重要组成部分的倾斜角度

项目	组成部分				
	钢管 1	钢管 2	钢管 3	钢管 4	铁桶
12m/s 倾斜角度/(°)	1.5502	1.5503	1.5504	1.5506	1.5518
24m/s 倾斜角度/(°)	4.407	4.436	4.464	4.494	4.142

从表 23.1 中可以看出，风速为 12m/s 时的 4 节钢管的倾斜角度只有风速为 24m/s 时的一半，且最大的倾斜角度只有 4.436°，几乎处于竖直状态. 进一步考虑浮标和钢管连接处的摩擦力、水的阻力等在外部消耗，则浮标最终的倾斜角度将小于第 1 节钢管的倾斜角度. 因此，在后续计算浮标所受的风力时，不考虑浮标的倾斜角度，对其法向的受力面积做近似计算.

进一步，计算系泊系统的吃水深度、竖直高度、游动半径（平躺在海床上的链环数量）如表 23.2 所示.

表 23.2   系泊系统的吃水深度、竖直高度、游动半径

风速	吃水深度/m	竖直高度/m	游动半径/m
12m/s	0.683	17.975	14.545
24m/s	0.697	18.032	17.642

从表 23.2 中可以看出，风速为 12m/s 和 24m/s 浮标的吃水深度、竖直高度都相差不大，但游动半径后者比前者大了 2.903m，说明风速越大，游动半径也越大；风速为 12m/s 时，多余的链环数有 61 节，而风速为 24m/s 时，多余的链环数仅有 3 节. 结合游动半径和表 23.1 中钢管和铁桶的倾斜角度，说明了以下几点：①风速是影响锚链伸展长度的重要因素，风速越小，系统受到的风力也越小，则锚链的伸展长度也越小；②在不同的风速下，钢管和铁桶几乎处于竖直状态，对浮标游动半径影响较小；③风速主要通过影响的是锚链的伸展长度，进而影响浮标的游动半径，且风速越大，浮标的游动半径越大.

进一步，结合每节直杆长度、倾斜角度和形状大小，计算其水平投影和垂直投影，并且连接各个节点，得到系泊系统在不同风速下的静止状态如图 23.8 所示.

由于在不同风速下，锚链都有部分链环平躺在海床上，但在模型分析中并没有体现这一点. 因此，需要对模型进行修正，即考虑链环受到竖直方向的合力恰好为 0 时临界处的情况，则此后的链环都平躺在海床上，锚链与锚的水平夹角为 0°.

改进后问题一改进模型的流程图如图 23.9 所示.

3. 模型检验

因为锚链是由多个细小的链环组成，每一个链环可视为一个微元. 从而用悬链线方程检验本文模型的合理性如图 23.10 所示.

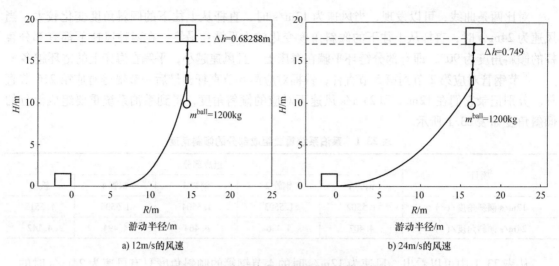

a) 12m/s的风速   b) 24m/s的风速

图 23.8   系泊系统在不同风速下的静止状态

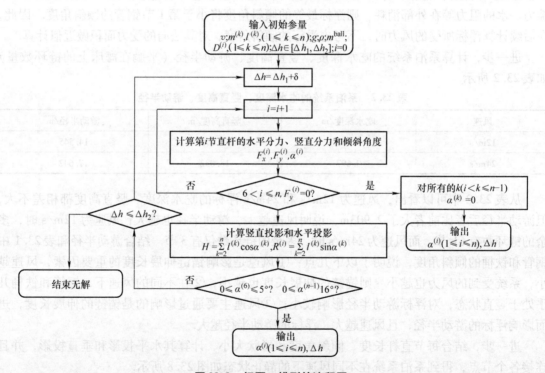

图 23.9   问题一模型的流程图

首先，我们推导悬链线方程. 对于 A 处切开的截面，有

$$\begin{cases} F_{ALx} = F_{ARx}, \\ F_{ALy} = F_{ARy}, \end{cases} \qquad (23.23)$$

对于线段 $P^{(i)}P^{(n-1)}$ 在平衡状态下，水平分力和竖直分力满足如下关系式：

$$\begin{cases} F_{ALx} - F\cos\alpha = 0, \\ F_{ALy} - F\sin\alpha - mg = 0. \end{cases} \qquad (23.24)$$

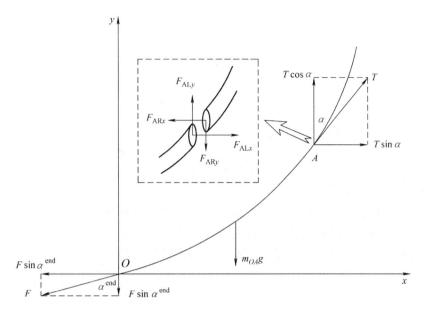

图 23.10 受力示意图

对于节点 $P^{(i)}$ 右端截面，水平分力和竖直分力满足如下关系式：

$$\begin{cases} F_{ALx} = T\sin\alpha, \\ F_{ALy} = T\cos\alpha. \end{cases} \qquad (23.25)$$

综上可以得

$$\begin{cases} T\sin\alpha = F\cos\alpha^{\text{end}}, \\ T\cos\alpha = F\sin\alpha^{\text{end}} + m_{OA}g, \end{cases} \qquad (23.26)$$

即

$$\tan\alpha = \frac{F\cos\alpha^{\text{end}}}{F\sin\alpha^{\text{end}} + mg}. \qquad (23.27)$$

$$\frac{\mathrm{d}y}{\mathrm{d}x} = \frac{1}{\tan\alpha} = \frac{F\sin\alpha^{\text{end}} + mg}{F\cos\alpha^{\text{end}}} = \tan\alpha^{\text{end}} + \frac{mg}{F\cos\alpha^{\text{end}}}$$

$$= \tan\alpha^{\text{end}} + \frac{\rho_l g \int_0^{x_A} \sqrt{(\mathrm{d}x)^2 + (\mathrm{d}y)^2}}{F\cos\alpha^{\text{end}}} = \tan\alpha^{\text{end}} + \frac{\rho_l g \int_0^{x_A} \sqrt{1 + \left(\frac{\mathrm{d}y}{\mathrm{d}x}\right)^2}\,\mathrm{d}x}{F\cos\alpha^{\text{end}}}. \qquad (23.28)$$

令 $z = \dfrac{\mathrm{d}y}{\mathrm{d}x}$，上式变换为

$$z = \frac{\sin\alpha^{\text{end}} + \rho_l g \int_0^{x_{P^{(i)}}} \sqrt{1 + z^2}\,\mathrm{d}x}{F\cos\alpha^{\text{end}}}. \qquad (23.29)$$

所以得

$$\frac{\mathrm{d}u}{\mathrm{d}x} = \frac{\rho_l g \sqrt{1 + z^2}}{F\cos\alpha^{\text{end}}}, \qquad (23.30)$$

即

$$\int \frac{\mathrm{d}u}{\sqrt{1+z^2}} = \int \frac{\rho_l g}{F\cos\alpha^{\mathrm{end}}}\mathrm{d}x, \tag{23.31}$$

$$\arcsin z = \frac{\rho_l g}{F\cos\alpha^{\mathrm{end}}}x + C_1. \tag{23.32}$$

分别代入原点处的坐标和斜率，最终解得悬链线方程为

$$y = \frac{F\sin\alpha^{\mathrm{end}}\sqrt{1+\cot^2\alpha^{\mathrm{end}}}}{\rho_l g}\left[\cosh\left(\frac{\rho_l g}{F\sin\alpha^{\mathrm{end}}}x\right) - 1\right] + \frac{F\sin\alpha^{\mathrm{end}}\cot\alpha^{\mathrm{end}}}{\rho_l g}\sinh\left(\frac{\rho_l g}{F\sin\alpha^{\mathrm{end}}}x\right)$$

$$= \frac{F}{\rho_l g}\left[\cosh\left(\frac{\rho_l g}{F\sin\alpha^{\mathrm{end}}}x\right) - 1\right] + \frac{F\sin\alpha^{\mathrm{end}}}{\rho_l g}\sinh\left(\frac{\rho_l g}{F\sin\alpha^{\mathrm{end}}}x\right) \tag{23.33}$$

得到悬链线方程关于锚链线密度 ρ_l 和锚链受到的锚链与海床水平夹角 $\alpha^{(n-1)}$ 的函数表达式后，检验本文模型推导得到的锚链分布曲线的合理性. 其中，由悬链线方程推导出的锚链分布情况和本文模型求解得到的锚链分布情况对比图如图 23.11 所示.

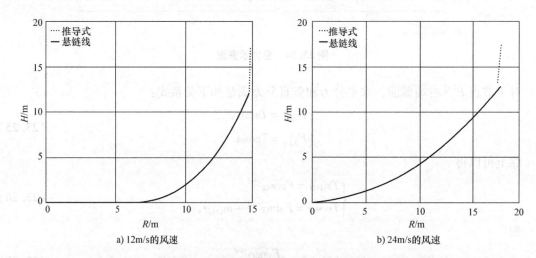

a) 12m/s的风速　　　　　　　　　　b) 24m/s的风速

图 23.11　悬链线方程和模型求解得到的锚链分布情况与绝对误差

从图 23.11 中可以看出，通过模型求解得到的锚链分布情况同悬链线理论推导得到的锚链分布情况极其吻合，这说明模型的求解结果具有一定的准确性.

4. 问题二模型的建立

问题二是在问题一的假设上，当海面风速变为 36m/s 时，通过调节重物球的质量，使得浮标的吃水深度、游动区域以及钢桶倾斜角度尽可能小. 通过问题一的模型分析，将系泊系统的各个部分视为刚性直杆后，将直杆受到的拉力分解为水平分力和竖直分力，再根据牛顿的作用力与反作用力定律由上往下将浮标所受到的力传递到锚，最后通过力矩平衡得到各节直杆的倾斜角度. 因此，本文在上述模型的基础上，以浮标吃水深度、水平位移、钢桶倾斜角度为目标函数，在钢桶倾斜角度、锚链在锚点与海床的夹角大小以及海水深度的约束下建立多目标规划模型，寻找最佳的重物球质量.

根据题意，可得到如下三个目标函数

（1）浮标的最小吃水深度：

$$\min \Delta h. \tag{23.34}$$

（2）浮标游动半径最小：

$$\min R = \sum_{i=2}^{n-1} l^{(i)} \sin\alpha^{(i)}. \tag{23.35}$$

（3）铁桶倾斜角度最小：

$$\min\alpha^{(6)}. \tag{23.36}$$

相应的约束条件分别为：

（1）铁桶倾斜角度要不超过5°，即

$$0 \le \alpha^{(6)} \le 5°. \tag{23.37}$$

（2）锚链在锚点与海床的夹角不超过 16°，则其与竖直方向的夹角 $\alpha^{(n-1)}$ 不超过 106°，即

$$0 \le \alpha^{(n-1)} \le 106°. \tag{23.38}$$

（3）海水深度为 18m，即

$$H = \Delta h + \sum_{i=2}^{n-1} l^{(i)} \cos\alpha^{(k)}. \tag{23.39}$$

因为最终的目标是使吃水深度、游动区域及钢桶倾斜角度尽可能小. 为消除目标函数的量纲影响，首先对每个目标函数进行标准化，即除以它们可能达到的最大值. 由于游动半径的大小主要去取决于锚链的长度，因此用锚链的长度对游动半径进行标准化处理，其次，标准化后每个目标函数的值都小于1，根据不同的优先级赋予目标函数不同的次数，最终得到的目标函数在约束条件下得到的非线性规划模型如下所示：

$$\min \left(\frac{\Delta h}{l^{(1)}}\right)^{p_1} + \left(\frac{R}{\sum_{i=6}^{n-1} l^{(i)}}\right)^{p_2} + \left(\frac{\alpha^{(6)}}{5°}\right)^{p_3} \tag{23.40}$$

$$\begin{cases} F_x^{(i)} = F_w = 0.625 \, S_1^{(1)} v^2, & 1 \le i \le n, \\ F_y^{(1)} = F_b^{(1)} - m^{(1)} g = \rho g V^{(1)}, \\ F_y^{(6)} = F_b^{(6)} + F_y^{(5)} - (m^{\text{ball}} g + m^{(6)} g), \\ F_y^{(i)} = F_b^{(i)} + F_y^{(i-1)} - m^{(i)} g, & 2 \le i \le n-1; i \ne 6, \\ F_x^{(1)} l^{(1)} \cos\alpha^{(1)} - \left(F_y^{(1)} + \frac{1}{2} m^{(1)} g\right) l^{(1)} \sin\alpha^{(1)} = 0, \\ F_x^{(6)} l^{(6)} \cos\alpha^{(6)} + \left(\frac{1}{2} F_b^{(6)} + \frac{m^{\text{ball}}}{\rho_{\text{ball}}} \rho g - F_y^{(6)} - m^{\text{ball}} g - \frac{1}{2} m^{(6)} g\right) l^{(6)} \sin\alpha^{(6)} = 0, \\ F_x^{(j)} l^{(j)} \cos\alpha^{(j)} + \left(\frac{1}{2} F_b^{(j)} - F_y^{(j)} - \frac{1}{2} m^{(j)} g\right) l^{(j)} \sin\alpha^{(j)} = 1, & 2 \le i \le n-1, i \ne 6, \\ F_f^{(n)} = F_w, \\ F_N^{(n)} = m^{(n)} g - F_y^{(n-1)}, \\ \alpha^{(6)} \in [0, 6°], \\ 0 \le \alpha^{(n-1)} \le 74°, \\ H = \Delta h + \sum_{i=2}^{n-1} l^{(i)} \cos\alpha^{(k)} = 18. \end{cases}$$

5. 问题二模型的求解

当选用 1200kg 的重物球时，36m/s 的风速下，系泊系统静止时浮标吃水深度、铁桶倾斜角度、锚链与海床夹角、竖直高度和游动半径如下表所示：

表 23.3　1200kg 的重物球在 36m/s 的风速下系泊系统的分布状况

风速	吃水深度	铁桶倾角	锚链夹角	竖直高度	游动半径
36m/s	0.770m	7.441°	18.007°	17.234m	18.602m

从表 23.3 中可以看出，在风速为 36m/s 时，1200kg 的重物球不符合系泊系统调控的要求. 所以，本文通过网格搜索法，以浮标吃水深度和重物球质量为变量，搜索所有的可能性，在约束条件下得到 100 组可行解，即符合约束条件的重物球质量. 在 100 组可行解下浮标的吃水深度、钢桶倾角大小和锚链与海床的夹角如图 23.12 所示.

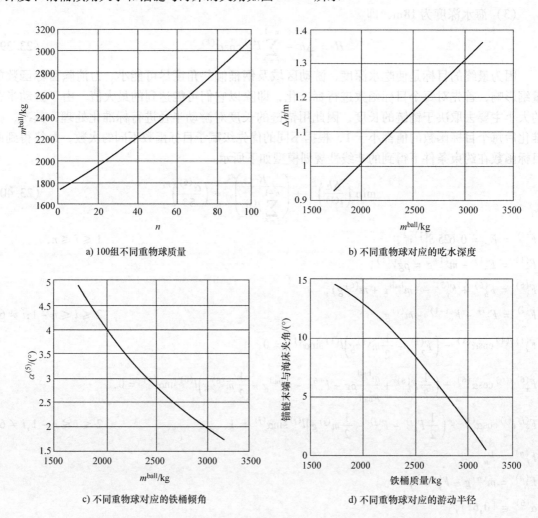

a) 100组不同重物球质量

b) 不同重物球对应的吃水深度

c) 不同重物球对应的铁桶倾角

d) 不同重物球对应的游动半径

图 23.12　在 100 组可行解下浮标的吃水深度、铁桶倾角大小和游动半径

从图 23.12 中可以看出，同一个重物球的质量也可能会对应多种不同的吃水深度. 结合图 23.12 的分析，可以得知系泊系统的调控存在一定的接受范围.

对于多目标规划问题，改变目标函数的权重系数，则对应会有不同的求解情况．因此，通过调节目标函数中的权重系数，得到不同的目标函数值，对比可行解中所有的函数值，则函数值最低对应最优解．当优先考虑吃水深度最小，将其权重取为 3，铁桶倾角和游动半径的权重都取为 1 时，得到所有可行解对应的目标函数值如图 23.13 所示.

从图 23.13 中可以看出，此时方案 52 对应的重物球质量是最优解.

当优先考虑铁桶倾角最小，将其权重取为 3，其余权重为 1 时，得到所有可行解对应的目标函数值如图 23.14 所示.

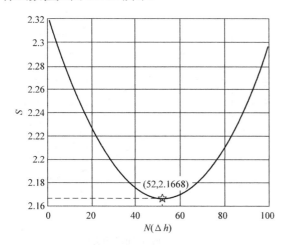

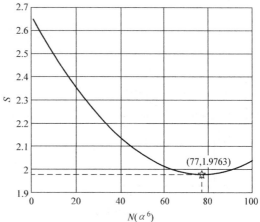

图 23.13　优先考虑吃水深度最小时对应的目标函数值　**图 23.14　优先考虑铁桶倾角最小时对应的目标函数值**

从图 23.14 中可以看出，此时方案 77 对应的重物球质量是最优解.

当优先考虑游动半径最小，将其权重取为 3，其余权重为 1 时，得到所有可行解对应的目标函数值如图 23.15 所示.

从图 23.15 中可以看出，此时方案 100 对应的重物球质量是最优解.

在不同的权重系数下得到最优解和相应的吃水深度、钢桶倾斜角度、锚链与海床夹角的计算结果如表 23.4 所示.

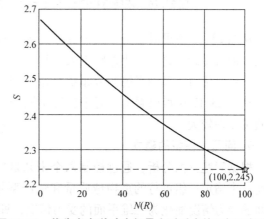

图 23.15　优先考虑游动半径最小时对应的目标函数值

表 23.4　最优解和相应的吃水深度、钢桶倾斜角度、锚链与海床夹角

项目	方案一优先考虑吃水深度	方案二优先考虑钢桶倾角	方案三优先考虑锚链夹角
重物球质量/kg	2369	2768	3198
吃水深度/m	1.120	1.241	1.371
游动半径/m	18.228	18.055	17.685
钢桶倾角/(°)	3.101	2.342	1.709
锚链夹角/(°)	9.404	5.229	0.056

从表 23.4 中可以得知，当优先考虑浮标吃水深度最小时，应选用 2369kg 的重物球进行调

控, 此时吃水深度最小为 1.120m, 浮标的游动为 18.228m, 铁桶倾角和锚链夹角均符合要求; 当优先考虑铁桶倾斜角度最小, 使得水声通信设备工作效果最佳时, 应选用 2768kg 的重物球进行调控, 此时铁桶倾角最小为 2.342°, 浮标的游动半径为 18.055m, 锚链夹角也符合要求; 当优先考虑游动半径最小时, 应选用 3198kg 的重物球进行调控, 此时游动半径最小为 17.685m, 铁桶倾角和锚链夹角均符合要求.

最优解情况下系泊系统的各组成部分的倾角和合力大小如图 23.16 所示.

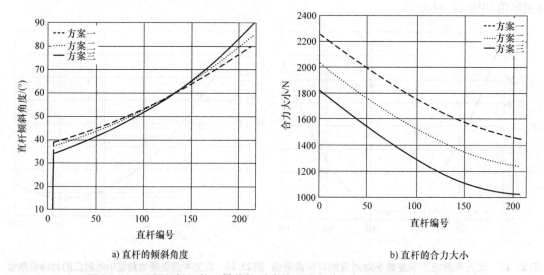

a) 直杆的倾斜角度   b) 直杆的合力大小

图 23.16   不同目标函数下最优解对应的系泊系统各部分倾角和合力大小

从图 23.16 中可以看出, 三种目标函数下的最优解对应的系泊系统各部分倾斜角度较为接近, 但其受到的合力大小差距很大, 其中方案一中系统各部分受到的合力最大.

三种最优解下系泊系统的分布状况如图 23.17 所示.

从图 23.17 中可以看出, 对于三种不同最优解下系泊系统的分布状况很接近, 但重物球的质量差别较大.

6. 问题三模型的建立

根据问题三的分析, 通过控制六个未知量中的三个变量: 海水深度、海水速度、海平面风速, 来确定一组可行的重物球质量和锚链型号、长度. 进一步, 简化求解过程, 将三维的空间的受力情况简化为二维平面的受力情况, 即海水速度与风速在同一直线.

从浮标开始到锚为止, 依次编号, 例如浮标为第 1 节直杆, 铁桶为第 6 节直杆, 锚为第 n 节直杆. 当海水速度最大、风速最大、水深最大, 且海水速度与风速方向相同时, 第 1 节直杆的受力情况如图 23.18 所示:

（1）浮标的受力分析   当浮标处于静止状态时, 它水平方向和竖直方向上受力平衡. 进一步对于节点 $P^{(0)}$ 力矩平衡, 则

$$
\begin{cases}
F_x^{(1)} = F_w + F_o^{(1)} = 0.625 \, S_1^{(1)} v_w^2 + 0.625 \, S_2^{(1)} v_o^2, \\
F_y^{(1)} = F_b^{(1)} - m^{(1)} g = \pi \rho g \left(\dfrac{D^{(1)}}{2} \right)^2 \cdot \Delta h - m^{(1)} g, \\
\left(F_x^{(1)} - \dfrac{1}{2} F_O^{(1)} \right) l^{(1)} \cos \alpha^{(1)} + \left(\dfrac{1}{2} F_b^{(1)} - F_y^{(1)} - \dfrac{1}{2} m^{(1)} g \right) l^{(1)} \sin \alpha^{(1)} = 0.
\end{cases}
\tag{23.41}
$$

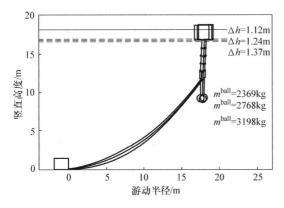

图 23.17　三种最优解下系泊系统的分布状况

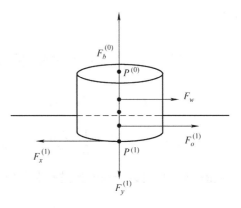

图 23.18　第 1 节直杆的受力分析图

其中，$S_1^{(1)}$ 为第 1 节直杆（浮标）在风向法平面的投影面积；v_w 为风速；$S_2^{(1)}$ 为物体在水流速度法平面的投影面积；v_o 为水流速度；Δh 为平均吃水深度；$D^{(1)}$ 为浮标的直径.

（2）钢管的受力分析　将钢管视为刚性直杆后，钢管之间的力都是点与点相互传递，其受力方式相同. 因此，对于第 i 节直杆在静止状态时，其水平方向和竖直方向受力平衡，对于节点 $P^{(i-1)}$ 力矩平衡，则有

$$
\begin{cases}
F_x^{(i)} = F_x^{(i-1)} + F_O^{(i)} = F_w + 374v^2 \sum_{k=2}^{i} D^{(k)} l^{(k)}, & 2 \leqslant i \leqslant 5, \\
F_y^{(i)} = F_b^{(i)} + F_y^{(i-1)} - m^{(i)}g, & 2 \leqslant i \leqslant 5, \\
\left(F_x^{(i)} - \frac{1}{2}F_o^{(i)}\right)l^{(i)}\cos\alpha^{(i)} + \left(\frac{1}{2}F_b^{(i)} - F_y^{(i)} - \frac{1}{2}m^{(i)}g\right)l^{(i)}\sin\alpha^{(i)} = 0, & 2 \leqslant i \leqslant 5.
\end{cases}
$$

$$(23.42)$$

（3）铁桶的受力分析　当第 6 节直杆（钢桶与重物球组成的系统）处于静止状态时，它水平方向和竖直方向上受力平衡以及对于节点 $P^{(5)}$ 力矩平衡，有

$$
\begin{cases}
F_x^{(6)} = F_x^{(5)} + F_o^{(6)} = F_w + 374v^2 \sum_{k=2}^{6} D^{(k)} l^{(k)}, \\
F_y^{(6)} = F_b^{(6)} + F_y^{(5)} - \left(m^b g - \rho \dfrac{m^b}{\rho_b}g + m^{(6)}g\right), \\
\left(F_x^{(6)} - \frac{1}{2}F_o^{(6)}\right)l^{(6)}\cos\alpha^{(6)} = \left(F_y^{(6)} + m^b g + \frac{1}{2}m^{(6)}g - \dfrac{m^b}{\rho_b}\rho g - \frac{1}{2}F_b^{(6)}\right)l^{(6)}\sin\alpha^{(6)}.
\end{cases}
$$

$$(23.43)$$

其中，ρ_b 为重物球的密度；m^b 为重物球的质量.

（4）锚链的受力分析　将锚链视为多个刚性直杆相互连接，同钢管的受力分析和力矩平衡，在静止状态下，第 j 节直杆的水平方向和竖直方向的受力平衡和对于节点 $P^{(j-1)}$ 力矩平

衡，有

$$
\begin{cases}
F_x^{(j)} = F_x^{(j-1)} = F_w + 374v^2 \sum_{k=2}^{6} D^{(i)} l^{(i)}, & 7 \leqslant j \leqslant n-1, \\
F_y^{(j)} = F_b^{(j)} + F_y^{(j-1)} - m^{(j)} g, & 7 \leqslant j \leqslant n-1, \\
F_x^{(j)} l^{(k)} \cos\alpha^{(j)} + \frac{1}{2}(F_b^{(j)} - m^{(j)} g - F_y^{(j)}) l^{(j)} \sin\alpha^{(j)} = 0, & 7 \leqslant j \leqslant n-1.
\end{cases}
\tag{23.44}
$$

从图 23.5 中可以分别得到锚的水平分力和竖直分力：

$$
\begin{cases}
F_f^{(n)} = F_x^{(n-1)} + F_o^{(n)} = F_w + \sum_{k=1}^{n} F_o^{(k)}, & 7 \leqslant k \leqslant n, \\
F_N^{(n)} = m^{(n)} g - F_y^{(n-1)}.
\end{cases}
\tag{23.45}
$$

同样以浮标吃水深度最小、游动半径和铁桶倾角尽可能小为目标，在铁桶倾角、锚链与海床夹角的约束下建立多目标规划模型，寻找不同锚链的型号下在不同水深、风速和海水流速下对应的最优解. 根据题意，可得到如下三个目标函数：

1）浮标的吃水深度最小：

$$
\min \Delta h.
\tag{23.46}
$$

2）浮标游动半径最小：

$$
\min R = \sum_{i=2}^{n-1} l^{(i)} \sin\alpha^{(i)}.
\tag{23.47}
$$

3）钢桶倾斜角度最小：

$$
\min \alpha^{(6)}.
\tag{23.48}
$$

相应的约束条件分别为：

1）钢桶倾斜角度要不超过 5°，即

$$
0 \leqslant \alpha^{(6)} \leqslant 5°,
\tag{23.49}
$$

2）锚链在锚点与海床的夹角不超过 16°，则其与竖直方向的夹角 $\alpha^{(n-1)}$ 不超过 106° 即

$$
0 \leqslant \alpha^{(n-1)} \leqslant 106°.
\tag{23.50}
$$

3）海水深度为 18m，即

$$
18 = \Delta h + \sum_{i=2}^{n-1} l^{(i)} \cos\alpha^{(k)}.
\tag{23.51}
$$

根据不同的优先级赋予目标函数不同的次数，最终得到的目标函数在约束条件下得到的非线性规划模型如下所示.

$$
\min \left(\frac{\Delta h}{l^{(1)}} \right)^{p_1} + \left(\frac{R}{\sum_{i=6}^{n-1} l^{(i)}} \right)^{p_2} + \left(\frac{\alpha^{(6)}}{5°} \right)^{p_3}
$$

$$\begin{cases} F_x^{(1)} = F_w + F_o^{(1)} = 0.625S_1^{(1)}v_w^2 + 0.625S_2^{(1)}v_o^2, \\[2mm] F_x^{(i)} = F_x^{(i-1)} + F_o^{(i)} = F_w + 374v^2\sum_{k=2}^{i} D^{(i)}l^{(i)}, \qquad\qquad 2 \leqslant i \leqslant 6, \\[2mm] F_x^{(j)} = F_x^{(j-1)} = F_w + 374v^2\sum_{k=2}^{6} D^{(i)}l^{(i)}, \qquad\qquad 7 \leqslant j \leqslant n-1, \\[2mm] F_y^{(1)} = F_b^{(1)} - m^{(1)}g = \pi\rho g\left(\dfrac{D^{(1)}}{2}\right)^2\Delta h - m^{(1)}g, \\[2mm] F_y^{(6)} = F_b^{(6)} + F_y^{(5)} - \left(m^b g - \rho\dfrac{m^b}{\rho_b}g + m^{(6)}g\right), \\[2mm] F_y^{(j)} = F_b^{(j)} + F_y^{(j-1)} - m^{(j)}g, \qquad\qquad 2 \leqslant j \leqslant n-1, j \neq 6, \\[2mm] \left(F_x^{(1)} - \dfrac{1}{2}F_O^{(1)}\right)l^{(1)}\cos\alpha^{(1)} + \left(\dfrac{1}{2}F_b^{(1)} - F_y^{(1)} - \dfrac{1}{2}m^{(1)}g\right)l^{(1)}\sin\alpha^{(1)} = 0, \\[2mm] \left(F_x^{(i)} - \dfrac{1}{2}F_O^{(j)}\right)l^{(i)}\cos\alpha^{(i)} + \left(\dfrac{1}{2}F_b^{(i)} - F_y^{(i)} - \dfrac{1}{2}m^{(i)}g\right)l^{(i)}\sin\alpha^{(i)} = 0, 2 \leqslant i \leqslant 5, \\[2mm] \left(F_x^{(6)} - \dfrac{1}{2}F_O^{(6)}\right)l^{(6)}\cos\alpha^{(6)} = \left(F_y^{(6)} + m^b g + \dfrac{1}{2}m^{(6)}g - \dfrac{m^b}{\rho_b}\rho g - \dfrac{1}{2}F_b^{(6)}\right)l^{(6)}\sin\alpha^{(6)} \\[2mm] F_x^{(j)}l^{(k)}\cos\alpha^{(j)} + \dfrac{1}{2}(F_b^{(j)} - m^{(j)}g - F_y^{(j)})l^{(j)}\sin\alpha^{(j)} = 0, \qquad 7 \leqslant j \leqslant n-1. \end{cases}$$

当风速与海水速度反向时，浮标的受力情况发生变化，而系统的其余组成部分的受力情况不变.

7. 问题三模型的求解

由于水深在 $16 \sim 20$m 变化，因此，我们分别选取风速和水流速度同向、异向下两者可行解的交集作为备选；进一步，为了使得游动半径、吃水深度和铁桶倾角尽可能小，则同问题二的多目标规划模型，赋予目标函数不同的权重，选取最优 5 种型号的锚链对应的最优的重物球质量. 算法流程图如图 23.19 所示.

当海平面风速和海水速度都在变化时，最恶劣的情况是海水、海平面风速都取最大值在同一直线上并且同向. 当重物球和锚链满足这种情况时，显然能够满足其余情况. 因此，在满足的铁桶倾斜角和锚链末端与海床夹角的大小要求所需要最优的重物球和锚链型号、长度的组合. 选定36m/s 风速和1.5m/s 海水速度，同问题二的求解过程，在不同的锚链型号下，我们搜索得到大量的可行解. 当风速和海水速度同向的情况下部分可行解如表23.5所示.

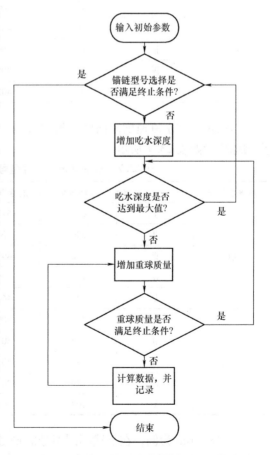

图 23.19　算法流程图

表 23.5　16m 水深、36m/s 风速和 1.5m/s 海水速度下的部分可行解

锚链型号	链环数量	重球质量/kg	钢桶倾角/(°)	锚链夹角/(°)	游动半径/m
Ⅰ	492	4000	2.969	1.997	37.014
Ⅱ	199	4010	3.048	14.947	18.546
Ⅲ	162	4000	3.097	10.137	16.676
Ⅳ	111	4000	3.169	12.727	13.292
Ⅴ	85	4025	3.259	12.634	11.489

当风速为和水流速度同向时，通过计算，在水深 16m 下，5 种型号的锚链对应的最优的重物球质量如表 23.6 所示

表 23.6　水深 16m 时 5 种型号的锚链对应的最优的重物球质量

水速和风速	型号	链环数量	重球质量/kg	钢桶倾角/(°)	锚链夹角/(°)	游动半径/m
同向	Ⅰ	478	5205	4.505	7.374	36.323
	Ⅱ	273	5110	4.505	7.571	27.205
	Ⅲ	198	5005	4.505	7.018	21.813
	Ⅳ	145	4895	4.505	3.237	19.346
	Ⅴ	100	4765	4.505	7.213	15.054
异向	Ⅰ	492	4000	2.969	1.997	37.014
	Ⅱ	199	4010	3.048	14.947	18.546
	Ⅲ	162	4000	3.097	10.137	16.676
	Ⅳ	111	4000	3.169	12.727	13.292
	Ⅴ	85	4025	3.259	12.634	11.489

当风速为和水流速度同向时，通过计算，在水深 20m 下，5 种型号的锚链对应的最优的重物球质量如表 23.7 所示.

表 23.7　水深 20m 时 5 种型号的锚链对应的最优的重物球质量

水速和风速	型号	链环数量	重球质量/kg	钢桶倾角/(°)	锚链夹角/(°)	游动半径/m
同向	Ⅰ	635	5170	4.505	6.312	47.806
	Ⅱ	330	5045	4.505	9.356	31.973
	Ⅲ	246	4915	4.505	7.796	26.077
	Ⅳ	161	4760	4.505	11.887	19.792
	Ⅴ	123	4600	4.505	10.546	17.079
异向	Ⅰ	425	3000	2.018	8.988	29.764
	Ⅱ	232	3015	2.153	14.555	19.588
	Ⅲ	180	3015	2.278	13.060	15.862
	Ⅳ	129	3025	2.433	15.860	12.733
	Ⅴ	102	3015	2.576	14.808	11.064

以水深 16m 为例，在上述不同型号的锚链对应的最优解的情况下固定风速，当水流速度发生变化时得到钢桶倾角的变化如图 23.20 所示.

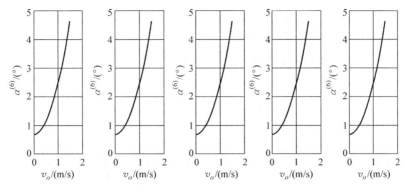

图 23.20   铁桶倾角随水流速度的变化

从图 23.20 中可以看出当水流速度发生变化时，5 种型号锚链的铁桶的倾斜角变化幅度较小，约为 1°；流速越小，铁桶的倾角越大.

同样条件下，当水流速度发生变化时得到浮标游动半径的变化如图 23.21 所示.

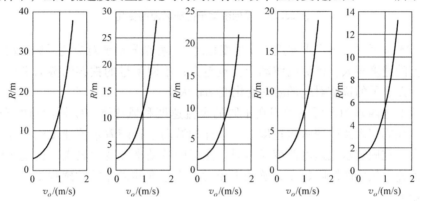

图 23.21   浮标游动半径随水流速度的变化

从图 23.21 中可以看出当水流速度发生变化时，5 种型号锚链对应的浮标游动半径变化幅度较大；水流的速度越大，浮标的游动半径也越大；不同型号铁链的游动半径变化差异较大. 其中，型号 V 的锚链对应游动半径变化最小，型号 I 的锚链对应的游动半径最大.

在上述不同型号锚链对应最优解的情况下固定水流速度，当风速发生变化时得到铁桶倾角的变化如图 23.22 所示.

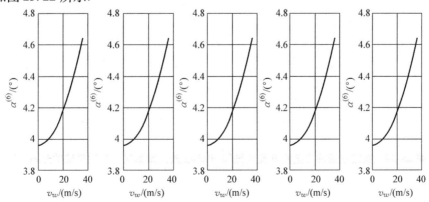

图 23.22   铁桶倾角随风速的变化

从图 23.22 中可以看出当水流速度发生变化时，5 种型号锚链的铁桶的倾斜角变化幅度较小，约为 1°；流速越小，铁桶的倾角越大.

同样条件下，当风速发生变化时得到浮标游动半径的变化如图 23.23 所示.

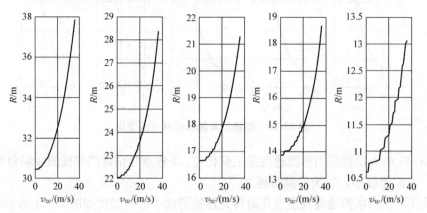

图 23.23　浮标游动半径随风速的变化

从图 23.23 中可以看出当水流速度发生变化时，5 种型号锚链对应的浮标游动半径变化幅度较大；水流的速度越大，浮标的游动半径也越大；不同型号的铁链的游动半径变化差异较大；型号Ⅲ、Ⅳ、Ⅴ的锚链对应的游动变化波动较大.

对比水流上述四幅图，可以发现在不同的水流速度和风速下，铁桶倾角的变化都很小. 但同样情况，在固定风速改变水流速度时，浮标的游动半径随着水流速度的增加而增加，且变化幅度较大；在固定水流速度改变风速时，浮标的游动半径变化较大. 这说明铁桶倾角对受风速和水流速度敏感的影响较小，游动半径对水流速度和风速的敏感程度较大，且更易受水流速度的影响.

固定水流速度选用Ⅱ类锚链和 3015kg 放入重物球时，系泊系统在不同的风速作用下，静止时的分布状况如图 23.24 所示.

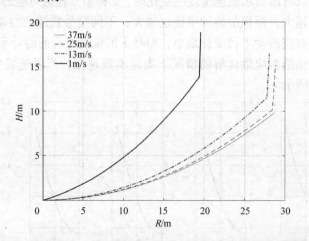

图 23.24　固定水流速度选用Ⅱ类锚链和 3015kg 放入重物球时系泊系统的分布状况

23.3.6 模型评价

1）在第一个模型中，结合物理学中的力学知识，考虑了力矩的影响，建立了相应的模型，得到了系泊系统的最终状态. 此外，本模型还通过推导得来的悬链线的方程进行了模型检验，最终得到两种情况下系泊系统的最终静止状态极为吻合.

2）在第二个模型中，通过遍历搜索法得到了大量的可行解，并通过多目标规划模型，求得不同权重下的最优解.

3）在第三个模型中，考虑和分析了三维情况下的边界情况，并进行了灵敏度分析.

23.3.7 参考文献

[1] 史峰. MATLAB 智能算法 30 个案例分析［M］. 北京：北京航空航天大学出版社，2011.

[2] 司守奎. 数学建模算法与应用［M］. 北京：国防工业出版社，2011.

[3] 韩中庚. 数学建模方法及其应用［M］. 北京：高等教育出版社，2005.

[4] 方荣生. 太阳能应用技术［M］. 北京：中国农业机械出版社，1985.

[5] 刘会灯. MATLAB 编程基础与典型应用［M］. 北京：人民邮电出版社，2008.

[6] 姜启源. 数学建模案例选集［M］. 北京：高等教育出版社，2006.

[7] 王凌. 智能优化算法及其应用［M］. 北京：清华大学出版社，2001.

23.4 论文点评

从论文整体结构来看，该文完全符合一篇获奖论文的要求：模型结构完整，求解过程严谨，结果清晰合理. 一篇优秀的论文需要让评卷专家清晰地读懂参赛者的真实意图，尤其是参赛者对问题的分析，解决思路，最终得到的结果，和对结果的分析.

在计算系泊系统的物理状态时，参赛者将所有组成部分抽象地视为不可伸缩的刚性直杆，然后通过将力进行水平、垂直方向上的分解及力矩平衡条件建立微分方程组，推导锚链的形状、钢管的倾斜角度等指标的关系. 这种刚性假设是合理有效的，参赛者进一步利用悬链线方程进行模型的可行性检验，由此保证模型的精确性和可靠性. 这种验证性过程可以认为是该文的一大亮点之一，体现了参赛者严谨的建模过程和扎实的基础.

接下来，在设计系泊系统的最优解决方案时，参赛者根据题目要求和客观条件，提炼出不同的优化目标和相应的约束条件，最终根据优先顺序给出多目标的非线性规划模型. 这种多目标的建模方式是竞赛中最常见且最经典的建模过程. 在求解上，参赛者使用简单的网格搜索方式，虽然简单但在解决本问题上却十分有效. 参赛者在综合考虑不同的海水深度、速度和海平面风速下的重物球和锚链的方案设计时，利用空间直角坐标系对浮标进行受力分析，然后在前两问的模型基础上，结合力矩平衡建立约束方程和多目标规划方程. 值得一提的是，参赛者在最优解的情况下，轮流固定水深、风速、海水速度和锚链型号 4 种参数中的其中三个，通过调节剩余参数，检测钢桶的倾斜角度等因素对剩余变量的敏感程度，这种对系统的敏感性分析也是建模过程中一个亮点.

此外，参赛者在所有的求解方案下均附有系泊系统静止的分布状态图示，结果生动直观，令人一目了然. 尽管如此，该文仍存在一些改进的空间：

（1）在某些地方上符号的解释不够清晰明白；

（2）结果与问题之间的联系还不够清楚，图表的描述、解释还可以更加详尽；

（3）网格搜索的多目标规划求解方式相对简单，仍存在进一步的改进空间.

第24章
"拍照赚钱"的任务定价（2017B）

24.1 题目

"拍照赚钱"是移动互联网下的一种自助式服务模式。用户下载 APP，注册成为 APP 的会员，然后从 APP 上领取需要拍照的任务（比如上超市去检查某种商品的上架情况），赚取 APP 对任务所标定的酬金。这种基于移动互联网的自助式劳务平台，为企业提供各种商业检查和信息搜集，相比传统的市场调查方式可以大大节省调研成本，而且有效地保证了调查数据真实性，缩短了调查的周期。因此 APP 成为该平台运行的核心，而 APP 中的任务定价又是其核心要素。如果定价不合理，有的任务就会无人问津，而导致商品检查的失败。

附件1是一个已结束项目的任务数据，包含了每个任务的位置、定价和完成情况（"1"表示完成，"0"表示未完成）；附件2是会员信息数据，包含了会员的位置、信誉值、参考其信誉给出的任务开始预订时间和预订限额，原则上会员信誉越高，越优先开始挑选任务，其配额也就越大（任务分配时实际上是根据预订限额所占比例进行配发）；附件3是一个新的检查项目任务数据，只有任务的位置信息。请完成下面的问题：

1. 研究附件1中项目的任务定价规律，分析任务未完成的原因。
2. 为附件1中的项目设计新的任务定价方案，并和原方案进行比较。
3. 实际情况下，多个任务可能因为位置比较集中，导致用户会争相选择，一种考虑是将这些任务联合在一起打包发布。在这种考虑下，如何修改前面的定价模型，对最终的任务完成情况又有什么影响？
4. 对附件3中的新项目给出你的任务定价方案，并评价该方案的实施效果。

24.2 问题分析与建模思路概述

24.2.1 问题类型分析

本题来源于实际问题，通过数据统计、目标优化模型，就"拍照赚钱"APP 的任务定价问题给出合理方案，使得任务对会员有吸引力而不至于被会员所放弃，特别是那些处在比较偏远位置的任务。

24.2.2 题目要求及思路概述

该题要求建立任务执行效率、费用成本双目标优化模型。从性价比角度出发，可以考虑总任务完成率或完成数最大化、总费用最小化、期望收益最大化等目标，根据实际问题需要，提炼必要的约束条件. 从数据规律分析到新方案设计、多任务打包设计再到新任务方案实施及评价，四个问题环环相扣，层层递进.

问题一：在已经结束的项目中研究任务定价规律，分析任务未完成的原因. 理论上任务定价与所有会员的限额、会员与任务之间距离有关，在已知的定价数据上，这是一个高维数据函数拟合问题，需要一定的降维处理；同样，任务是否完成也与所有会员的限额、会员与任务之间距离、会员心理因素等有关，在已知任务完成与否的情况下，这是一个高维数据分类问题. 降维时可以考虑聚类分析、因子分析等统计方法.

问题二：问题二要求对已结束项目中的任务设计新的定价方案，主要目标是以较低的成本完成最多的任务，提升性价比的同时兼顾方案的可行性. 不同的原则可能对应于不同的定价，一个好的定价方案应该考虑到以下几点：1. 任务定价的主要目的是在不提高平台运行成本的前提下，尽量提高任务的完成率. 2. 定价方案应该对所有会员都有一定的吸引力，均衡性是一种可能的方案. 3. 定价方案需要照顾到优质会员的利益，也要对新会员保留一定的机会. 4. 对定价方案的评价可以模拟会员抢单，统计任务完成率进行评价. 该优化问题为后续两问提供了核心思想，是本题的关键.

问题三：这问主要考虑任务打包，关键点是打包原则的确定. 可以考虑就近任务联合打包、远近任务搭配、预计执行率高加低搭配等打包方式，提高密集任务执行率的同时提升困难任务短板. 还可以结合会员分布，分区域、时段设计不同的打包方案，包的大小可以作为优化变量. 在保证任务完成率的情况下节省成本也可以作为一个评价定价方案的新维度，用来比较打包前后的综合优度.

问题四：对附件3数据，用问题二提出的定价方案，完成任务定价；并按照问题三的打包方案实施任务打包，从而解决实际任务分配及成本核算问题. 为了合理评估定价及打包方案的效果，可以结合题目数据，拟合任务时空分布规律，由此随机产生更多的任务和会员信息，通过模拟打包、模拟用户抢单，统计任务完成率和总任务成本，对各方案进行比较分析.

24.3 获奖论文——"拍照赚钱"的任务定价

作　者：董天文　潘伟堤　戚铭珈

指导教师：张晓敏

获奖情况：2017年全国大学生数学建模竞赛一等奖、全国优秀论文奖

摘要

在"拍照赚钱"的新自助式服务模式下，用户可领取 APP 上的任务，成功执行便可赚取标定的酬金. 在这种模式下，如何合理定价从而获取最高收益成为系统运营的核心. 本文针对题中所给的数据信息进行数据挖掘，设计了一套较为合理的定价及任务打包算法.

问题一，我们首先猜测了可能影响任务定价的因素，包括：任务周围的用户限额总量、任务周围的用户密度、任务的离群程度等. 我们量化以上可能的影响因素，并以该因素为自变量以定价为因变量回归分析，通过拟合度来判断该因素是否对定价有决定作用，随机抽取70%的数据进行回归训练，结果表明，任务的定价与周围用户的限额总量、周围用户的平均

距离、自身的离群程度关系密切. 利用剩余的 30% 数据分别对以上回归方程进行检验，用均方残差偏移程度来评价方程的可靠性. 根据三个因素，对于成功执行的任务与未成功执行的任务分别进行回归分析，并对比其回归函数图像，发现任务未完成的主要原因是用户没考虑自身限额对定价的影响，其余两个因素相对次要.

问题二，我们建立了多目标优化模型，其中目标函数为总定价和成功率. 对问题一中的完成与未完成的任务，我们可以分别拟合出其定价曲面，位于这两个曲面之间的区间即为合理定价区间. 除了问题一中的三个因素外，任务成功率还受到周围用户的信誉、预订任务时间等变量的影响. 根据已有的数据回归分析，得到成功率的综合评价函数. 基于合理定价区间的约束，我们分别对定价最优方案与成功率最优方案进行求解，经过我们的算法优化之后，与原方案相比，我们可以在同样的平均成功率的前提下将定价总额降低 2.9%，也可以用同样的定价总额将平均成功率提高 9.4%.

问题三，我们建立基于改进的 DBSCAN 算法的打包方案. 确定打包的核心目的是改善预期成功率较小任务的执行情况. 我们引入了任务的得分半径和用户得分半径两个参数对原算法中的固定半径进行改进. 任务的预期成功率越小，任务得分半径越大，用户的信誉度越高、预订任务时间越早，用户得分半径越大. 打包后我们还基于用户得分半径检验打包是否合理，即是否有用户能够执行该任务. 基于该算法，我们一共求得 62 个需要被打包的任务点，被打包成 25 组. 将预期成功率与原成功率进行对比，成功率最高提升了 7.2%，平均成功率提升 2.3%，验证了任务联合打包对于平均成功率的提升有很大作用. 在确定新的定价模型时，我们将定价划分为两大因素：任务本身价值与路途花费. 根据原数据对这两个因素的系数进行求解，我们基于该定价函数对定价进行修改，得到了新的定价方案.

问题四，我们根据优化模型以及打包算法对新数据进行定价、打包、成功率计算，并得到优化的定价和打包方案并得到相应的优化方案成功率. 为了检验模型的可靠性，我们建立了仿真模拟模型，对每个用户行为进行仿真，结果显示模拟成功率与优化方案成功率偏差在 20% 以内.

最后我们对模型的鲁棒性和灵敏度进行了检验，发现模型具有较好的鲁棒性.

关键词：LOF 离群因子；回归分析法；多目标优化；DBSCAN 算法；众包定价

24.3.1 问题重述

"拍照赚钱"是移动互联网下的一种自助式服务模式. 用户下载 APP，注册成为 APP 的会员，然后从 APP 上领取需要拍照的任务（比如上超市去检查某种商品的上架情况），赚取 APP 对任务所标定的酬金. APP 中的任务定价是该平台运行的核心要素，如果定价不合理，有的任务就会无人问津，而导致商品检查的失败.

附件 1 是已结束项目的任务数据，包含了每个任务的位置、定价和完成情况（"1"表示完成，"0"表示未完成）；附件 2 是会员信息数据，包含了会员的位置、信誉值、参考其信誉给出的任务开始预订时间和预订限额，原则上会员信誉越高，越优先开始挑选任务，其配额也就越大（任务分配时实际上是根据预订限额所占比例进行配发）；附件 3 是一个新的检查项目任务数据，只有任务的位置信息.

根据上述题目背景及数据，题目要求建立数学模型讨论以下问题：

1. 研究附件 1 中项目的任务定价规律，分析任务未完成的原因；

2. 为附件 1 中的项目设计新的任务定价方案，并和原方案进行比较；

3. 实际情况下，多个任务可能因为位置比较集中，导致用户会争相选择，一种考虑是将这些任务联合在一起打包发布. 在这种考虑下，如何修改前面的定价模型，对最终的任务完成情况又有什么影响？

4. 对附件 3 中的新项目给出你的任务定价方案，并评价该方案的实施效果.

24.3.2 模型假设

1. 假设会员到所有任务点的出行便利程度一致，到达任务点所用时间随距离增加而增加，且该距离为直线距离；

2. 不考虑天气等原因对会员出行的影响；

3. 所有任务的难度相同，即不考虑任务难度对会员选择造成的影响；

4. 每个任务至多由一个人完成，不考虑多人合作完成一个任务的情况.

24.3.3 符号说明

符号	说　　明
ρ	任务周围用户密度
d_{ij}	用户 i 距离任务 j 的距离
d_{ave}	任务周围最近若干个用户离该任务的距离均值
O	任务离群度
p	任务定价
s	一定范围内用户限额总和
P_i	第 i 个任务的定价
S_i	第 i 个任务的成功执行率
M	任务总价
N	任务平均成功执行率
Q	商家给系统的定价
Q'	系统给用户的定价

24.3.4 问题分析

1. 问题一分析

问题一要求我们探索定价规律及研究任务未完成的原因. 从系统角度出发考虑每个任务的定价有两个方向：任务与用户的关系、任务与任务的关系. 从这两个角度考虑，我们可以进一步分析任务与用户的关系主要有任务周围用户数量，任务周围用户密度等；任务与任务之间的关系主要为任务的离群程度.

我们可以对以上因素进行量化，并分别将定价与以上因素进行函数拟合，利用拟合度判断定价是否与以上因素有关，接着根据有关的因素对完成的任务与未完成的任务分别进行分析，判断任务未完成的具体原因.

2. 问题二分析

问题二要求我们设计新的任务定价方案，并和原方案进行比较. 这是一个博弈问题的优化，博弈双方是定价与成功率. 我们的目标是成功率尽可能高，定价尽可能低. 成功率除了与定价有关，还与问题一中的若干影响因素有关. 我们可以回归分析得到成功率关于以上因素的函数关系.

接下去可以建立优化模型并求解. 根据给出的数据集，我们寻找成功执行的任务定价与未成功执行任务的定价之间的差距，并寻找合理的定价区间. 以该区间为约束，分别就成功率最高及定价总和最低为目标，将其划分为两个优化模型并求解能得出总定价固定的情况下成功率最高的定价方案以及成功率固定总定价最低的定价方案. 得出方案后可以就成功率和定价与原方案进行对比来判断新定价获得的效果.

3. 问题三分析

问题三要求考虑多任务打包发布，修改定价并分析对任务完成情况的影响. 由于本题任务点分布不均匀，我们考虑对 DBSCAN 算法进行改进：算法的半径改为得分半径，成功率高的点得分高，成功率低的点得分低. 为了提高成功率，我们将成功率低的点与成功率高的点打包. 打包后还需要分析打包的合理性，即打包任务周边会员的信誉、限额等因素，如果合理就保留该包，不合理就打散该包.

关于打包任务的定价，在本问题中我们将定价分为两部分：任务本身价值、路途花费. 即任务打包后任务的本身价值不变，但由于路途花费（包括时间、交通费用）减少，在系统定价时打包的任务总价低于原定价总和. 根据原数据找到任务本身价值、路途划分、总定价三者的关系，再根据问题二得到的优化模型进行最优定价搜寻，最终可以对比打包前后成功率的变化情况来体现打包的效果.

4. 问题四分析

问题四给出了一个新项目，要求给出我们的定价方案及评估方案实施效果.

将数据代入问题二得到的定价模型以及问题三得到的打包模型进行求解，输出每个任务定价与成功率的数据，并对结果进行分析.

24.3.5 模型建立与求解

1. 问题一：任务定价规律研究与未完成任务原因分析

首先，为了明确人机交互的原理与流程，我们先对整个流程进行具体分析.

图 24.1 表明了用户、系统、任务三者之间的逻辑关系，图 24.2 表明了一个活动过程的时序关系. 在系统中，有 n 个用户与 m 个任务，用户可以通过挑选来选择任务，但是同一时间只能执行一个，每个任务只能由一个用户执行. 一个任务可能被多个用户选中，系统根据用户预订限额所占比例进行任务配发，最后返回结果给用户，用户执行任务，整个流程结束. 信誉值会影响用户的预定任务开始时间与任务分配过程.

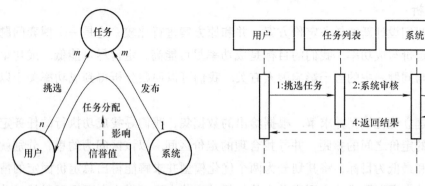

图 24.1 用户、系统、任务三者的逻辑关系   图 24.2 UML 时序关系

（1）任务定价规律猜想

从系统角度出发考虑每个任务的定价有两个方向：用户与任务的关系即用户总限额与周围用户距离、任务与任务的关系即任务间的离散程度.

1）任务周围的用户限额总和 s

考虑两种可能存在的情况，如图 24.3、图 24.4 所示（用户点点径越大说明该用户预订任务限额越大）.

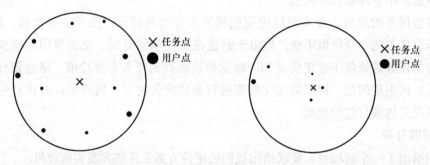

图 24.3 任务点与周围用户分布情况 1   图 24.4 任务点与周围用户分布情况 2

情况 1：一定范围内用户数量较多，但离任务点的平均距离较远.

情况 2：一定范围内用户数量较少，但有部分用户离任务点较近.

同时，我们考虑到用户预订任务限额的问题，对于预订任务限额较小的用户，根据用户心理，在相同定价的情况下，用户更愿意选择离自己距离较近的点，示意图如图 24.5 所示，1 用户的任务限额较大，2 用户的任务限额较小，a、b、c 为三个任务点. 此时 1 用户可能会选择 a 或 b 任务进行执行，而 2 用户可能只会选择 b 任务进行执行.

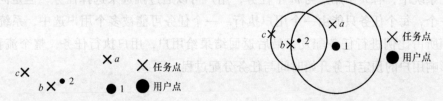

图 24.5 多任务用户选择分析   图 24.6 用户期望范围与任务限额分析

将其期望执行任务的范围进行模拟，我们大致可以得出如图 24.6 所示的用户期望范围，即用户任务限额越大其期望的覆盖范围也越广，但是这个范围也有一个上限，即一个用户的覆盖范围不可能随着限额的不断增加而线性增长．

根据我们上述猜想绘制用户预订任务限额的覆盖气泡图如图 24.7 所示．

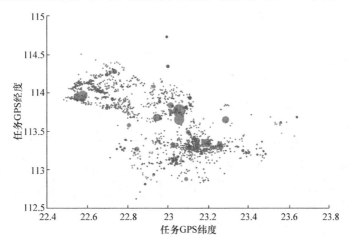

图 24.7　用户任务限额覆盖区域示意图

其中，气泡面积越大说明该用户任务限额越大，期望覆盖面积越广．可以将其近似作为影响人数的因素，即任务限额越大，该用户能完成周围任务的可能性越大，如图 24.8 所示．

设定价为 p，用户限额总和为 s，根据散点分布情况，我们猜想的定价与限额总额的函数关系为：

$$p = \frac{q_1 + q_2 \cdot s + q_3 \cdot s^2}{s + q_4} \tag{24.1}$$

其中，q_1，q_2，q_3，q_4 为系数．

2）距离任务最近的用户的平均距离 d

我们推断任务周围的用户密度即距离任务最近的用户的平均距离也对定价有影响（见图 24.9）．这是第二个影响密度进而影响定价的因素．

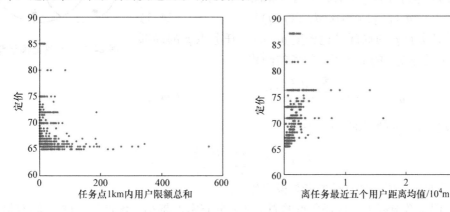

图 24.8　用户任务限额与定价关系　　**图 24.9　用户平均距离与定价关系**

设定价为 p，距离均值为 d_{ave}，根据散点分布情况，我们猜想的定价与密度因素 2 的函数关系为：

$$p = q_1 \cdot \sqrt{d_{ave}} + q_2 \cdot d_{ave} + q_3 , \quad (24.2)$$

其中 q_1，q_2，q_3 为系数.

以上的用户与任务间的影响是一个双向的过程，为了更好地展示影响关系，我们用图 24.10 展示其逻辑：

3）任务的离群程度 O

上文讨论了用户与任务之间的关系对定价的可能影响，接下去我们讨论任务的密度对定价可能产生的影响.

一般情况下，任务与任务之间距离较近（任务集簇）时更能够吸引用户选择执行，这是由于一个用户可以执行多个距离较近的任务，节省用户的时间成本.

我们采用 LOF 离群因子对于任务的密度进行刻画.

LOF（Local Outlier Factor），对象的局部离群因子，每个任务点都被分配一个局部离群因子.

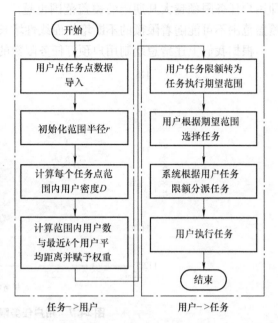

图 24.10　任务与用户交互流程

该算法通常用来判断局部异常的离群点，在本问题中，我们尝试将离群因子作为定价规律估计的一个因素. 离群因子的算法流程如下：

a）计算任务点 p 的 k 距离. 任务 p 的 k 距离 $d_k(p)$ 为 p 到某个邻近任务点 q 之间的距离，q 是离 p 最近的第 k 个任务点.

b）计算任务点 p 的 k 距离邻域 $N_k(p)$. N_k 即离点 p 最近的 k 个任务组成的集合.

c）计算任务点 p 相对于任务点 q 的可达距离 $d_k(p,q)$. 给定自然数 k，任务点 p 相对于任务点 q 的可达距离 $d_k(p,q)$ 为 p 到 q 点的距离 $d(p,q)$ 与 d_q 中的较大值（见图 24.11）：

$$d_k(p,q) = \max\{d_q, d(p,q)\}. \quad (24.3)$$

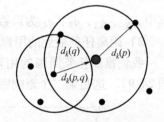

图 24.11　可达距离示意图

4）计算任务点 p 的局部可达密度 $\rho_k(p)$. 任务点 p 的局部可达密度等于任务点 p 的平均可达距离的倒数.

$$\rho_k(p) = 1 / \frac{\sum_1^k d_k(p,q_i)}{k} \quad (24.4)$$

5）计算任务点 p 的局部离群因子 O.

$$O_k(p) = \sum_{q \in N_k(p)} \frac{\rho_k(q)}{\rho_k(p)} / k \quad (24.5)$$

离群因子对定价影响的定性判断与说明如下：

a）离群因子数值越大，该任务点的周围任务分布密度越小，该点越离群，该点的定价应该越高；反之，离群因子数值越小，该任务点分布密度越大，该点离群程度越小，该点的定价应该越低.

b）离群因子只针对任务与任务之间的关系.

c）由于离群因子直接判断任务局部密度，比直接判断任务与任务之间的距离更加能体现任务分布的情况.

d）将离群因子通过变换转换为每个点的定价得分因子，可进行下一步定价规律的研究.

据上文的 LOF 算法分析，我们对各个点的 LOF 值进行求解并绘制在图像上方便我们直观上进行观察规律，在我们进行计算的时候固定 k 值的大小为 3.

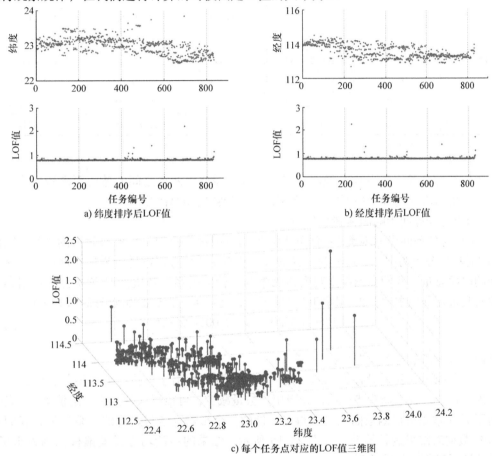

a）纬度排序后LOF值　　　　　　b）经度排序后LOF值

c）每个任务点对应的LOF值三维图

图　24.12

从图 24.12 中，我们很明显看到越离群的点 LOF 值越高.

设定价为 p，LOF 值为 L，根据散点分布情况，我们猜想定价与 LOF 离群度的函数关系为：

$$p = q_1 \cdot \log(L) + q_2 \cdot L + q_3 \quad (24.6)$$

其中 q_1，q_2，q_3 为系数（见图 24.13）.

（2）定价规律猜想检验

1）数据预处理

异常/离群数据处理

附件 2 所给会员编号 B1175 的会员位置信息中，纬度 113.131483，经度 23.031824，明显与

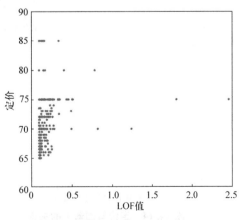

图 24.13　LOF 值与定价关系

其余会员位置信息不符，我们猜测其经纬度写反，将其改为维度 23.031824，经度 113.131483.

有部分会员位置相比于其他会员偏离较大，且在这部分会员周围没有任务点，在分析时我们不考虑这部分偏离正常区域的会员的影响，如表 24.1 所示：

表 24.1　被筛选掉的会员

会员编号	GPS 纬度	GPS 经度	会员编号	GPS 纬度	GPS 经度
B0005	33.65205	116.97047	B0082	21.202247	110.417157
B0006	22.262784	112.79768	B0136	24.80413	113.605786
B0007	29.560903	106.239083	B0472	21.498823	111.106315
B0022	27.124487	111.017906	B1708	22.494423	113.940057
B0039	21.679227	110.922443	B1727	21.53332	111.229119
B0048	20.335061	110.178827	B1822	22.800504	115.374799

距离计算

题中所给的位置信息为 GPS 经度与纬度，我们需要将两点之间的球面距离转换为直线距离. 以下分析与求解过程当中所提到的距离均为转换之后的直线距离.

2）用户与任务间影响因素猜想检验

a）用户与任务间影响因素 1：任务点附近用户限额. 我们将任务点附近的半径 r 限设为 1km，同时将任务点为圆心、1km 为半径的圆内所有用户任务限额进行累加，近似当作该任务点周围的限额总量. 我们在图像上观察该因素与定价的关系，随机抽取 70% 已有数据利用不同函数对其进行回归求解，得到回归结果如下，最终得到的拟合曲线如图 24.14 所示.

$$p = \frac{1880 + 65.01 \cdot s - 0.001402 \cdot s^2}{s + 26.21}. \tag{24.7}$$

我们对以上函数与系数进行分析：

当一定范围内（我们设置为 1km）用户数量增加时，由于可执行人数增加，供大于求的趋势增加，定价呈现下降趋势；反之，当用户数量减少，可执行人数减少，定价呈上升趋势.

利用 70% 数据得出函数曲线（即得出定价的一个影响因素与定价的关系）后，我们利用剩余 30% 数据对结果进行检验，如图 24.15 所示. 结果的检验均方残差偏移比例为 4.83%，很好地验证了我们的函数关系.

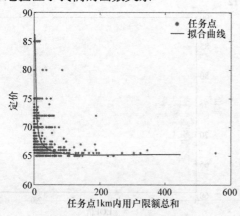

图 24.14　定价与因素 1 的关系

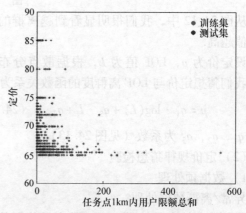

图 24.15　用 30% 数据对结果进行检验

表 24.2　检验结果示意（一）

R^2	训练集均方残差	测试集均方残差	均方残差偏移比例
0.6686	17.3006	16.4646	4.83%

b）用户与任务间影响因素 2：离任务点最近用户的平均距离. 我们随机抽取 70% 已有数据进行拟合后的得到回归结果如下，最终得到的拟合曲线如图 24.16 所示.

$$p = 0.3775 \cdot \sqrt{d_{ave}} - 0.002236 \cdot d_{ave} + 59.55. \tag{24.8}$$

我们对以上函数与系数进行分析：

当函数后半部分呈现下降趋势，即离任务近的人越少定价反而越低，这是不符合常理的. 这是由于后半段有几个离群点干扰了函数拟合导致了这种结果. 我们会在模型灵敏度分析中具体分析该结果，在下文的讨论中，暂不使用后半段的函数信息. 事实上，如果一个任务周围五个人的距离平均值达到很大的值，那么该任务基本会没有人执行，因此在下文优化过程中暂不考虑这种极端的离群点.

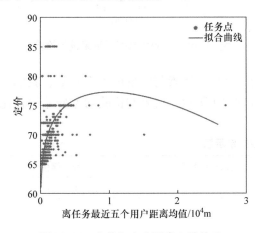

图 24.16　定价与密度因素 2 的关系

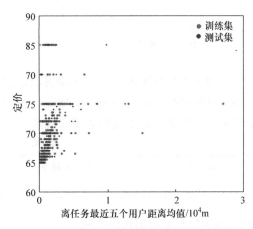

图 24.17　用 30% 数据对结果进行检验

利用 70% 数据得出函数曲线（即得出定价的一个影响因素与定价的关系）后，我们利用剩余 30% 数据对结果进行检验，如图 24.17 和表 24.3 所示. 结果的检验均方残差偏移比例为 5.88%，很好地验证了我们的函数关系.

表 24.3　检验结果示意（二）

R^2	训练集均方残差	测试集均方残差	均方残差偏移比例
0.5843	14.6306	15.4912	5.88%

3）基于 LOF 离群因子的任务与任务距离对定价的影响猜想检验

我们随机抽取 70% 已有数据进行拟合后的得到回归结果如下，最终得到的拟合曲线如图 24.18 所示.

$$p = 7.413 \cdot \log(L) + 69.11 \cdot L + 16.0742. \tag{24.9}$$

我们对以上函数与系数进行分析：

当任务之间密度较小即 LOF 值较小时，说明任务密集，对于某个任务来说该任务附近任务较多，由于供求关系以及用户可能会选择多任务一起完成，任务定价会降低.

任务定价不会无限制上升，当 LOF 数值到达一定的值后，任务定价趋于稳定．这是因为系统需要利润，一个离群任务的定价不可能超出系统上限．

为了验证 LOF 值与定价的关系，我们对随机 70% 已有数据的 LOF 值与定价进行拟合，如图 24.19 所示．

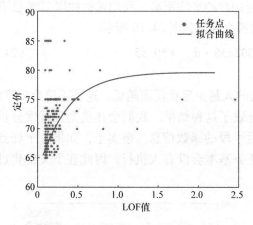

图 24.18　定价与 LOF 值的关系　　　　图 24.19　用 30% 数据对结果进行检验

利用 70% 数据得出函数曲线（即得出定价的一个影响因素与定价的关系）后，我们利用剩余 30% 数据对结果进行检验，如图 24.18 和图 24.19 所示．结果的检验均方残差偏移比例为 6.57%，很好地验证了我们的函数关系．

表 24.4　检验结果示意

R^2	训练集均方残差	测试集均方残差	均方残差偏移比例
0.6969	21.5751	20.2449	6.57%

4）地域分布造成的价格影响

猜想定价分布与任务所在地理位置有一定关系，绘出价格分布热力图，如图 24.20 所示，观察确实有分布趋势影响．中心有两块非常明显的高价区域，而右上方和右下方有两个非常明显的低价区域．我们在推测合理定价时可将热力图作为加价幅度的衡量标准，即在其他条件相同情况下红色区域定价要高于蓝色区域．

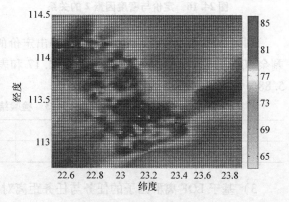

图 24.20　价格分布热力图

（3）任务未完成的原因推断

上文中我们已经给出影响定价的因素，包括用户与任务（任务附近用户限额情况、距离任务最近的用户距离均值）、任务与任务之间的关系，得到了一定的定价规律．对于任务未完成的原因，我们在下文对每个因素进行分析，观察已完成任务与未完成任务之间的差异．

1）任务点附近用户限额因素

我们在图中表示出已完成与未完成的任务分布情况，如图 24.21 所示，为了观察其原因，我们对已完成与未完成任务的散点分别进行函数拟合，得到如图 24.22 的函数图像.

我们可以发现，图像有两个交点. 大量的点都集中在第一个交点之前，此时的拟合图像中，未完成任务的拟合曲线低于已完成任务的拟合曲线，这说明这部分定价忽略了任务点附近用户限额因素而导致定价偏低，没有用户去选择执行这些任务. 对于①交点与②交点中间的函数图像分布，我们的解释是该段样本数据过少，存在一定偶然性，导致未完成任务的曲线略高于已完成曲线，②交点以后的曲线情况恢复正常.

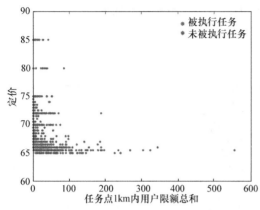

图 24.21　已完成与未完成任务散点图（一）

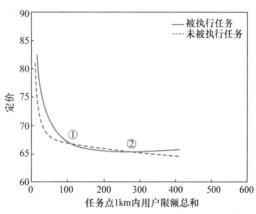

图 24.22　已完成与未完成任务拟合曲线对比（一）

2）离任务点最近用户的平均距离因素

同上，我们做出已完成与未完成任务的散点图，用曲线进行拟合来研究已完成与未完成任务的差异，得到图 24.23、图 24.24.

图像有一个交点，大量的点都集中在交点之前，此时的拟合图像中，未完成任务的拟合曲线低于已完成任务的拟合曲线，这说明这部分定价忽略了任务点与离任务点最近用户的距离因素而导致定价偏低，没有用户去选择执行这些任务. 对于交点以后的曲线走势，我们的解释是该段样本数据过少，有部分偶然离群点对拟合结果影响较大，导致未完成任务的曲线略高于已完成曲线.

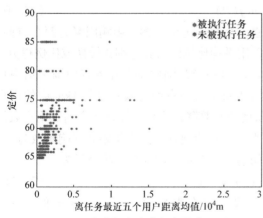

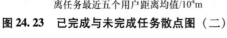

图 24.23　已完成与未完成任务散点图（二）

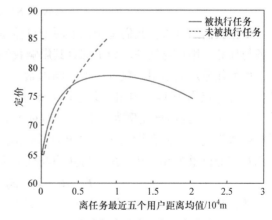

图 24.24　已完成与未完成任务拟合曲线对比（二）

3）任务离群程度因素

同上，我们绘出已完成与未完成任务的散点图，用曲线进行拟合来研究已完成与未完成任务的差异，得到图 24.25 和图 24.26.

图像有一个交点, 考虑到 90% 以上的点的 LOF 值小于等于 1, 大量的点都集中在交点之前, 此时的拟合图像中, 未完成任务的拟合曲线低于已完成任务的拟合曲线, 这说明这部分定价忽略了任务离群程度因素而导致定价偏低, 没有用户去选择执行这些任务. 对于有部分点 LOF 值较高如 LOF = 2.2, 1.75, 1.55 的离群任务也被完成的情况, 我们寻找到这些点对应的地理位置发现都是在东边的边界处, 且附近没有邻近的用户.

我们猜测, 题中所给的用户地理位置只是一部分, 这部分任务可能被边界以外的用户所执行. 因此在之后的考虑当中, 我们不考虑这三个离群度高却被完成的任务.

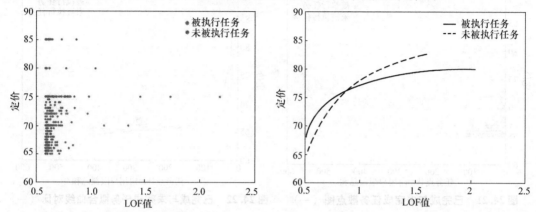

图 24.25 已完成与未完成任务散点图（三）　　**图 24.26** 已完成与未完成任务拟合曲线对比（三）

2. 问题二: 新的任务定价方案及和原方案的比较

（1）定价方案模型建立与求解

1）多目标优化模型建立

目标函数

在优化模型建立之前, 我们先明确目标函数. 本问题的目标函数确定可以转化为博弈最优的求解, 即我们要求解的定价方案要保证执行率高的同时定价尽可能低, 这可以给系统带来最大利润. 设平均执行率表达式为 $f(S)$, 定价总额表达式为 $f(P)$, 则目标为:

$$\max f(S), \min f(P) \tag{24.10}$$

根据我们的分析, 我们基于以上两个目标建立一个综合定价方案, 影响因素为两个方向: 任务与任务、用户与任务. 为了综合其影响我们采用平均比例法去其量纲并转换成比例得分.

例如任务点周围用户数量这个影响因素, 我们求出一定范围内每个任务点周围平均用户数（如任务点周围 1km 内用户数平均为 5 个）, 对于每个任务点都有其对应的 1km 内的用户数（如 6 个）, 此时该比例为 1.2 > 1, 即对于定价的影响是降低定价. 设任务点周围用户数量影响函数为 x_1, 一定范围内用户总限额影响函数为 x_2, 用户离任务点平均距离影响函数为 x_3, 它们对应的权重为 β_1, β_2, β_3, 即用户与任务之间的关系对定价的综合影响因子为:

$$f_1 = \beta_1 \cdot x_1 + \beta_2 \cdot x_2 + \beta_3 \cdot x_3. \tag{24.11}$$

任务与任务间的影响因素只有一个离群度, 设该因素影响因子为 f_2, 离群度函数为 y, 则:

$$f_2 = y. \tag{24.12}$$

用户与任务影响因子的系数为 α_1, 任务与任务影响因子的系数为 α_2, 第 i 个任务的定价为 P_i, 总任务个数为 n, 定价综合模型 $f(P)$ 如下:

$$f(P) = \sum_{i=1}^{i=n} P_i/n \cdot (\alpha_1 \cdot f_1 + \alpha_2 \cdot f_2) \tag{24.13}$$

任务执行率由定价、任务与任务影响因素、人与任务影响因素共同决定，设这三个影响因子函数分别为 F_1，F_2，F_3. 同时，用户的信誉值、用户开始预订时间对任务执行率产生一定影响，即信誉越高的用户成功完成任务的可能性越大，对一个任务来说，周围越早看到的人越多该任务成功完成的可能性越大，我们简化这两个影响因子为两个系数 α 与 β. 任务执行率综合模型 $f(S)$ 如下：

$$f(S) = \alpha \cdot \beta \cdot (F_1 + F_2 + F_3). \tag{24.14}$$

其中，平均执行率的影响因素除了每个任务的预计执行率以外，还受到其周围用户的信誉与用户开始预订时间的影响，即用户的信誉越高、任务开始预订时间越早，预计执行成功率越高. 设这两个因素为 α，β，任务总数为 n，第 i 个任务的预计成功率为 S_i，则平均执行率最优的目标函数为：

$$\max f(S) = \alpha \cdot \beta \cdot \frac{\sum_{i=1}^{i=n} S_i}{n}, \tag{24.15}$$

$$\min f(P) = \sum_{i=1}^{i=n} P_i. \tag{24.16}$$

设 P_i 为优化后第 i 个任务的定价，则定价总额最优的目标函数为：

自变量范围

在考虑自变量范围时，我们需要明确自变量的数量及与因变量的关系，我们绘制其逻辑框图如图 24.27 所示.

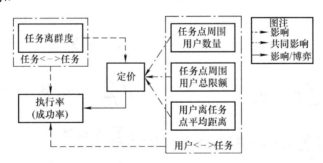

图 24.27　自变量与因变量逻辑关系结构

我们对逻辑结构进行如下说明：

① 定价由两方面因素影响：任务与任务间的关系，用户与任务间的关系；

② 任务与任务间的关系由任务离群度来刻画，即上文提到的 LOF 离群因子；

③ 用户与任务间的关系由三方面因素刻画：任务点周围用户数量、用户总限额和用户离任务的平均距离；

④ 执行率（成功率）由三方面因素影响：任务与任务间的关系，用户与任务间的关系、定价. 其中定价与其为博弈关系，定价下降导致执行率上升；定价上升导致执行率下降.

首先，可以我们根据经验确定成功率的影响因素信誉值 α 及用户开始预订时间 β 的取值如表 24.5 所示（假设为 1km 内距离任务点的用户数值）：

表 24.5　α，β 值对照表

平均用户信誉 C 范围	α	平均用户开始预订时间 T 范围	β
$C \geq 500$	0.99	$T \leq 6:36$	0.99
$80 \leq C < 500$	0.98	$6:36 < T \leq 6:51$	0.98
$20 \leq C < 80$	0.95	$6:51 < T \leq 7:18$	0.96
$10 \leq C < 20$	0.90	$7:18 < T \leq 7:48$	0.93
$C < 10$	0.80	$T > 7:48$	0.90

约束条件

为了使目标达到最优，对未优化之前的定价总额 M 与平均成功率 N，有如下约束：

$$\begin{cases} f(P) \leq M, \\ f(S) \geq N. \end{cases} \tag{24.17}$$

在执行的任务定价与未被执行的定价之间有一个的区域，我们称之为合理定价范围，即被执行的任务定价略微降低或未被执行的任务定价略微提高，在这个范围内都有可能被执行，合理定价范围示意图如图 24.28 所示.

图 24.28　合理定价范围

设 P_F 为失败任务的定价，P_S 为成功任务的定价，合理定价区间应该满足：

$$P_F \leq P \leq P_S. \tag{24.18}$$

多目标优化模型

执行率优化是指定价总额一定的情况下优化执行率，定价优化是指执行率一定的情况下优化执行率，为了使得目标函数最优化，我们给出的优化模型如下：

$$\max f(S) = \frac{\sum\limits_{i=1}^{i=n} S_i}{n} \qquad \min f(P) = \sum\limits_{i=1}^{i=n} P_i$$

$$\text{s.t.} \begin{cases} \sum\limits_{i=1}^{i=n} P_i \leq M, \\ (\sum\limits_{i=1}^{i=n} S_i \cdot \alpha_i \cdot \beta_i)/n \geq N, \\ P_{F_i} \leq P_i \leq P_{S_i}, \\ i = 1, \cdots, n. \end{cases} \qquad \text{s.t.} \begin{cases} (\sum\limits_{i=1}^{i=n} S_i \cdot \alpha_i \cdot \beta_i)/n \geq N, \\ \sum\limits_{i=1}^{i=n} P_i \leq M, \\ P_{F_i} \leq P_i \leq P_{S_i}, \\ i = 1, \cdots, n. \end{cases} \tag{24.19}$$

其中，S_i 为优化后第 i 个任务的成功率，P_i 为优化后第 i 个任务的定价，P_{F_i} 为第 i 个任务对应失败任务的定价，P_{S_i} 为第 i 个任务对应成功任务的定价.

最优函数最优解求解办法

我们引入最大期望利润 W，设每一个任务商家提供给系统的价格为 Q_i，系统定价为 Q_i'，该任务执行率为 R_i，则最大系统期望利润可以近似用如下公式估计：

$$\max W = \sum\limits_{i=1}^{i=n} (Q_i - Q_i') \cdot R_i. \tag{24.20}$$

也即能求出期望利润最大时的定价总额与平均成功率且是唯一的两个值.

2）优化模型求解

层次分析法确定权重

为了确定用户与任务三个影响因素用户数量、用户总限额响、用户离任务点平均距离的权重 β_1，β_2，β_3，我们查找了相关文献，并根据文献和经验采用层次分析法最终确定其值为：$\beta_1 = 0.2131$，$\beta_2 = 0.3036$，$\beta_3 = 0.4833$.

回归拟合函数

利用现有的数据对定价进行回归，成功执行的定价函数为 $f(P_S)$，未成功执行的定价函数为 $f(P_F)$ 得到执行任务与未执行任务的回归结果如下所示：

$$f(P_S) = 0.03x^3 - 0.91x^2 + 6.45x - 0.16y^3 + 0.98y^2 - 2.83y + 64.97, \qquad (24.21)$$

$$f(P_F) = -0.75x^2 + 3.82x - 0.11y^2 - 2.11y + 1.61x \cdot y + 64.83. \qquad (24.22)$$

去除噪声的 R^2 分别为 0.7780 和 0.8523. 为了更好地展示合理定价范围，我们在同一三维坐标系中画出两个曲面定价函数的分布情况，如图 24.29 示.

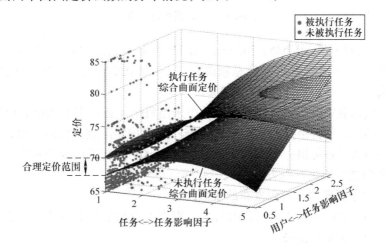

图 24.29　成功执行/未成功执行任务曲面与合理定价范围

这里对合理定价范围进行说明：合理定价范围是位于成功执行任务的定价曲面与未成功执行的定价曲面中间的空间区间，并不是在合理定价范围的任务都能成功执行. 根据我们的约束条件，还需要对合理定价范围内的数据点进行成功率检验.

对执行率函数进行拟合，成功执行的任务赋值 1，未成功执行的任务赋值 0，与 3 个影响因素和 2 个影响因子进行多元拟合，最终得到拟合度较好的曲线如下：

$$f(P) = a_1 \cdot x^2 + a_2 \cdot x + a_3 \cdot y^2 + a_4 \cdot z^3 + a_5 \cdot z^2 + a_6 \cdot z + a_7 \cdot y \cdot z + a_8, \qquad (24.23)$$

其中，$a_1 = 0.002$，$a_2 = -0.432$，$a_3 = 0.0525$，$a_4 = -1.654 \times 10^{-5}$，$a_5 = 0.0019$，$a_6 = 0.2144$，$a_7 = -0.006$，$a_8 = -3.3511$，$R^2 = 0.2602$.

（2）对题中定价进行优化与对比

对于题中所给数据，我们计算得到其任务总价为 57707.5，平均任务执行率为 62.5%，即我们对题中任务定价优化时，$M = 57707.5$，$N = 62.5\%$. 由于算法需要遍历搜寻最优解，搜索全局最优解较为费时，我们采用遗传算法求取局部最优解来近似代替全局最优解，并各取了 50 组数据点进行曲线拟合，将优化结果展示在图像上，我们以任务定价总额最小为目标进行优化得到图 24.30 的拟合曲线 1，以平均成功率最高为目标进行优化得到拟合曲线 2.

在图中我们标示出原来的定价方案得出的定价总额与平均执行率数据点，如图中"X"

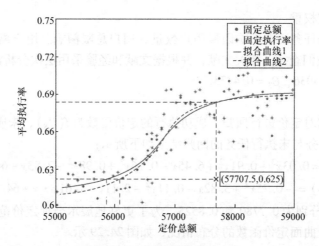

图24.30　结果展示与对比

处所示，坐标为（57707.5，0.625）．经过我们的算法优化之后，我们可以用56000左右的总额达到预计一致的平均执行率，定价总额降低2.9%；我们也可以用同样的定价总额达到68.4%的平均执行率，平均执行率提高9.4%．

对于以上最优函数中最优解求解，由于题中未给每个任务商家给系统的价格 Q_i，我们假设每个任务商家给系统的价格都为90（实际操作中可以用实际数据替换）时，根据定价总额与平均执行率的函数关系得出：当系统定价总额为56908时获得的期望利润最大，此时利润为11459.72，此时的平均执行率为65.7%．

3. 问题三：基于任务联合打包发布的模型改进

建立模型之前，我们需要明确打包的目的．事实上打包的目的与我们上文中考虑的两个因素——执行率与定价密切相关：

① 打包对执行率的影响：在我们的打包过程中，并不是随机打包距离近的点，而是尽量将预计不能成功执行（执行率低的点）与能成功执行（执行率高的点）进行打包，这样能大大提高执行率低的点的执行率．

② 打包对定价的影响：打包的任务点定价总和应该小于三个任务点分别定价的总和．事实上打包成功率较高的任务点对于系统盈利来说是不利的，打包对系统盈利的好处是提高平均成功率从而提高期望利润．

（1）联合打包划分模型

联合打包模型建立第一步为确定如何划分的依据．打包实际上就是分类的一种，将具有某些性质的任务点分为一类．我们能想到一些聚类方式如K-means聚类、层次聚类等，以上的聚类方法一般只适用于凸样本集的聚类，不适合本文任务点分布情况，为此，我们提出一种基于DBSCAN的改进的聚类算法．

DBSCAN算法：由密度可达关系导出的最大密度相连的样本集合，即为我们最终聚类的一个类别．它最大的优势是可以发现任意形状的聚类簇，同时过滤噪声信号，对于本题数据分布有较好表现．

如图24.31所示，O 为随机任务点，以一定半径画圆（该半径与该任务的综合得分有关，在下文具体介绍），覆盖到周围能覆盖的最大可达对象，即对于 O 点的邻近对象集更新结束．遍历完所有对象，程序流程结束，如图24.32所示．

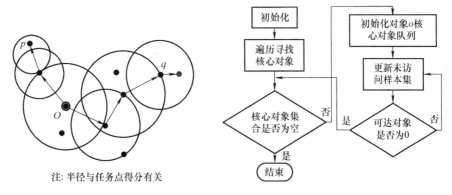

注: 半径与任务点得分有关

图 24.31   DBSCAN算法示意图   图 24.32   算法流程图

该算法的重点是每个任务点的半径刻画，也即我们提到的得分. 我们的目的地尽量联合成功执行率高的与低的任务点并打包. 同时，考虑到实际任务执行用户不可能一次性做太多任务，因此规定打包任务数量上限不超过 4 个. 对于打包完的集合，我们需要根据其周围的用户分布以及用户情况来判断打包是否合理，并将不合理的包打散. 不合理打包与合理打包的示意如图 24.33 所示：

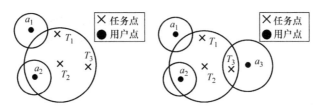

图 24.33   不合理打包（左），合理打包（右）

如图 24.33 所示，某个区域有三个预打包任务 T_1，T_2，T_3，左图有两个用户 a_1，a_2，此时他们的用户得分（信誉、限额等影响）半径不能覆盖任何一个任务，即不合理打包. 右图加入用户 a_3，其用户得分半径覆盖到原 T_3 任务，即合理打包.

下面我们对任务得分半径与用户得分半径进行量化. 对于每一个任务点，都有其最邻近的任务点，设任务 i 距离其最近的任务点距离为 d_i，任务点总量为 n，每个任务对应的标准得分半径 t 为：

$$t = \sum_{i=1}^{i=n} d_i / n, \tag{24.24}$$

设任务 i 的得分系数为 λ_i，预计成功执行率为 S_i，计算出两者之间的近似关系如下：

$$\lambda_i = 2.06 \cdot e^{5S_i} + 4.17, \tag{24.25}$$

转化后的任务得分半径 R_i 为：

$$R_i = \lambda_i \cdot t, \tag{24.26}$$

设用户 j 离其最近 5 个任务点的平均半径为 $\bar{r}$，用户信誉与用户预订时间影响因素 α_i，β_i 在成功执行率计算时已给出，用户得分半径 r_i 为：

$$r_i = \alpha_i \cdot \beta_i \cdot \bar{r}. \tag{24.27}$$

我们利用遗传算法对以上改进的 DBSCAN 算法进行求解，最终得到如图 24.34 所示的结果（局部）. 我们可以发现，很多预成功率较小的点与成功率较大的点打包，试图提升打包任务的平均成功率. 为了分析打包带来的效果，在图 24.35 中我们展示了成功执行率前后对比，成功执行率最高提升了 7.2%，平均成功率提升 2.3%，验证了任务联合打包对于成功率的提升有很大作用.

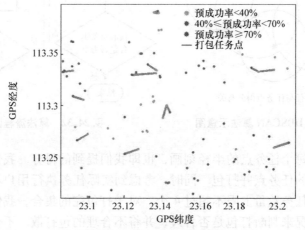

图 24.34　打包结果局部展示

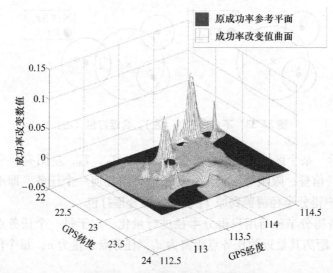

图 24.35　打包成功执行率改变情况

（2）打包任务定价方案

在定价之前寻找打包任务最近的用户，先确定多任务中心点，其 GPS 坐标由被打包任务点的平均经度与平均纬度确定.

首先寻找该中心点最近的用户距离，将该用户到这若干个任务点的折线距离转换成直线，示意图如图 24.36 所示. a_1 为距离打包任务最的用户，且其用户得分半径覆盖分任务点. 我们将该用户执行任务的轨迹 $T_1 \rightarrow T_2 \rightarrow T_3 \rightarrow T_4$ 的距离等效为 a_1 至 T_4' 的直线距离，其中： $T_1 T_2 = T_1 T_2'$，$T_2 T_3 = T_2' T_3'$，$T_3 T_4 = T_3' T_4'$.

在任务的定价方案确定之前，我们先猜测定价 p 由两部分组成，即任务本身价值 p_1 与路途费用 p_2. 而对于打包任务来说，任务本身价值 p_1 没有发生变化，变化的为路途费用 p_2.

在图 24.36 中，设 a_1 与 T_1，T_2，T_3，T_4 任务的直线距离分别为 d_1，d_2，d_3，d_4，打包后 a_1 到四个任务的等效距离为 a_1 至 T_4' 的直线距离 D。此时，路途费用 p_2' 的计算方式如下（假设路途费用与路途距离成正比）：

$$p_2' = p_2 \cdot D / (d_1 + d_2 + d_3 + d_4).\qquad(24.28)$$

设任务 i 本身价值 x、路途费用 y 与定价 p_i 服从的函数关系如下.

$$p_i = \mu_i \cdot x_i + \varphi_i \cdot y_i\qquad(24.29)$$

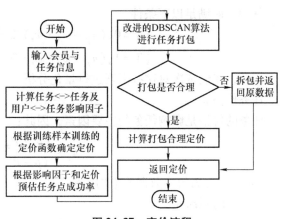

图 24.36　任务点等效距离示意

其中 μ_i、φ_i 对于每个任务不同，需要通过拟合寻找最佳参数值. 设打包的任务数量为 n，打包任务的定价 P 与原任务定价的关系如下：

$$P = \sum_{i=1}^{i=n} (\mu_i \cdot x_i) + \left(D / \sum_1^n d_i\right) \cdot \sum_1^n (\varphi_i \cdot y_i)\qquad(24.30)$$

其中 D 为等效距离，d_i 为用户到原 i 个任务的距离，我们根据原数据对定价方式进行拟合判断，得到每个打包任务较为合理的定价. 我们列出部分任务的定价如表 24.6 所示（完整表格见二维码中附录）：

表 24.6　部分打包定价结果展示

编号	打包任务号	任务坐标	任务预定价	预定价和	打包定价
1	A0253	23.0869，113.3324	68.5	128.5	114.5
	A0262	23.0923，113.3337	65		
2	A0132	23.1382，113.3895	65	203.5	190
	A0144	23.1354，113.3900	73.5		
	A0191	23.1378，113.3913	65		
⋮	⋮	⋮	⋮	⋮	⋮
25	A0011	22.5249，113.9309	65	267	243.5
	A0012	22.5191，113.9358	67		
	A0022	22.5159，113.9357	65.5		
	A0036	22.5260，113.9354	69.5		

4. 新项目的任务定价方案与实施效果

（1）新项目定价方案

总结上文的定价方案，我们给出定价流程图，如图 24.37 所示：

该流程包含了上文的最优定价选择以及如何打包与打包任务定价的最优方案，并且对打包方案进行检测，在实际应用中具有较好的实用性.

（2）方案实施效果

我们利用上述流程对新数据进行定价及打包，最终得出的定价与成功率的结果如表 24.7 所示（部分结果，详细见二维码中附录）.

图 24.37　定价流程

表 24.7　部分打包定价结果展示

编号	纬度	经度	定价	成功率
1	22.73	114.24	67.12	0.74
2	22.73	114.30	68.34	0.69
⋮	⋮	⋮	⋮	⋮
2066	23.16	113.37	72.96	0.89

为了更清楚地展现我们的结果，我们将其部分结果表示在地图上（见图 24.38），其中方框内的数字表示该范围区域内的平均定价，用热力图表示其任务成功执行率.

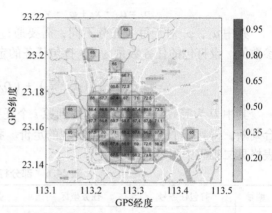

图 24.38　定价与任务成功执行率分布

5. 仿真模拟模型

在问题二优化模型和第三问打包算法的改进下，我们得到了优化后的方案，但为了增强方案的可靠性，因此我们建立了仿真模拟模型，它包含两个部分：**申请任务的概率模型和仿真模拟算法**.

（1）申请任务的概率模型

该概率模型是从用户的角度出发，建立起申请某项任务的概率与其他因素的函数关系. 完成该用户评价任务的因素具体有以下几个原因：任务的价格、离任务的距离、任务与任务之间的离散度、任务自身的难易程度、到达任务的交通便利程度，其中任务的价格与其他因素相博弈，也是最主要的因素.

为了简化模型，我们提出一个综合因素评价体系，并结合数据特点，建立一个综合了一下五个因素的整体指标：任务价格的影响程度 w_p、离任务的距离 w_d、任务与任务之间的离散程度 w_s、任务自身的难易程度 w_c、到达任务的交通便利程度 w_t，有如下式子：

$$W = \frac{(w_p + w_d \cdot w_s)}{2} \cdot w_c \cdot w_t \cdot 100\% , \tag{24.31}$$

其中，W 满足以下条件

$$\begin{cases} W = 0, (w_p + w_d \cdot w_s)/2 \cdot w_c \cdot w_t \cdot 100\% < 0, \\ W = 1, (w_p + w_d \cdot w_s)/2 \cdot w_c \cdot w_t \cdot 100\% > 1. \end{cases} \tag{24.32}$$

因此，我们依次对这些因素进行量化分析：

任务价格 p

任务的价格是影响任务的主要因素，因此：

$$w_p = \frac{(p_i - P_{ave})^3 + 1}{(\bar{p} - P_{ave})^3 + 1}. \tag{24.33}$$

其中，P_{ave} 为历史数据的平均定价.

离任务的距离 d

$$w_d = (2.2 - e^{d_i})/(2.2 - e^{\bar{d}}). \tag{24.34}$$

任务与任务之间的离散度 s

$$w_s = 1 + e^{\bar{s}-1}/1 + e^{s_i-1}. \tag{24.35}$$

任务自身的难易程度 w_c

$$w_c = \text{rand}_1. \tag{24.36}$$

其中，rand_1 是一个服从正态分布的随机数，其中均值为 0.9，方差为 0.05.

到达任务的交通便利程度 w_t

$$w_t = \text{rand}_2 \tag{24.37}$$

其中，rand_2 是一个服从二项式分布的随机数，值为 1 的概率为 80%，0.2 的概率为 20%.

（2）仿真模拟算法

1）初始：所有用户编号 A_1，$\cdots$，A_n，所有任务编号 B_1，$\cdots$，B_m；

2）输入用户数据：所有用户经度位置 X_{A1}，$\cdots$，X_{An} 及维度 Y_{A1}，$\cdots$，Y_{An}，所有任务的进度位置 X_{B1}，$\cdots$，X_{Bm} 及维度 Y_{B1}，$\cdots$，Y_{Bm}，优化后任务的价格 p_1，$\cdots$，p_m；

3）计算根据地球经纬度计算距离公式，计算任务与任务之间距离 $D_{i,j}^B$，$i, j = 1$，$\cdots$，m、用户与人之间的距离 $D_{i,j}^{AB}$，$i = 1$，$\cdots$，n，$j = 1$，$\cdots$，m；

4）运用概率模型计算 W：利用 p_1，$\cdots$，p_m，$D_{i,j}^{AB}$，$i = 1$，$\cdots$，n，$j = 1$，$\cdots$，m 和概率模型中的定义计算得 w_p，w_d，w_s 由 $D_{i,j}^B$，$i, j = 1$，$\cdots$，m 代入模型二中 LOF 函数中计算，w_c，w_t；从而计算出概率模型整体指标 W_{ij}，$i = 1, 2$，$\cdots$，n，$j = 1, 2$，$\cdots$，m；

5）用户申请任务过程，并记录每个任务被申请的用户序号：每个用户按概率对每个任务产生 01 随机数，对每个任务而言，记录每个为 1 的用户；

6）按用户的剩余限额比例排列分配所有任务：按任务序号依次处理任务，对每一个任务，对记录的用户按剩余限额比例排列，任务序号与排列第一的用户联合记录，并对该用户剩余限额做减一处理；

7）输出结果：任务与用户的对应关系，即被做与做的数据.

（3）仿真模拟结果

本次方案中一共有 1689 个独立任务和 123 个打包任务，其中 48 个为 4 个任务打包，35 个为 3 个任务打包，40 个为 2 个任务打包，共计 2066 个任务.

我们对该方案进行了 100 次的模拟，并对模拟中任务被做的次数除以总次数，记作该任务的模拟成功率.

部分结果展示见表 24.8：

表 24.8　部分模拟结果展示

任务编号	定价	成功率	模拟成功率
547	67.07423	0.62	0.71
552	67.19956	0.81	0.78
608	68.83061	0.80	0.81
621	65.97074	0.56	0.65
[1410, 291]	154.0357	0.29	0.1
[1562, 293]	119.628	0.65	0.72
[1739, 625]	180.1243	0.31	0.35
[855, 815]	110.33	0.62	0.67
[27, 1158, 4]	154.5975	0.63	0.52

（续）

任务编号	定价	成功率	模拟成功率
[559，1638，463]	177.8535	0.69	0.70
[495，505，510]	161.6569	0.74	0.74
[16，19，40，23]	177.4504	0.69	0.59
[55，88，1082，29]	239.4608	0.45	0.50
[1007，1009，1010，41]	190.516	0.69	0.70
[7，8，18，84]	154.6089	0.79	0.76

结果通过统计显示模拟结果虽然波动很剧烈，但优化后的成功率与模拟成功率控制在 20% 的差别以内，我们可以认为优化后的方案可靠性强.

24.3.6 模型灵敏度分析

1. 模型鲁棒性分析

在上文中，我们假设了一些参数，如在计算最近平均距离时设定了离任务最近 5 个用户的平均距离；在衡量任务周围人数时，采用了 1km 作为半径；在利用 LOF 离群因子时，我们采用的 $k=3$；在拟合最大利润时，我们设定了每个任务商家提供给系统的价格为 90.

对于这些主观选择的因素，我们对其进行鲁棒性分析来观察当这些因素与假定因素不同时对模型结果的影响来观察模型是否鲁棒. 为了观察效果，我们直接做出四个主观假定值与结果的函数图像.

图 24.39 为平均距离选择的人数波动对定价的影响，我们发现从计算的最近人数为 4 个开始，我们的波动比例就基本稳定，即我们取 5 个最近用户计算平均值比较合理.

图 24.40 为覆盖半径选择对定价的影响，我们发现覆盖半径越高，定价越高，且呈现指数型增长，覆盖半径越大，定价越低，但是其趋势减缓. 这可能是由于一个任务周围的用户再多也不可能使得定价无限制降低，这会导致系统的利润下降，因此降到一定的值就不再变化. 我们取得 1km 在波动率较大的地方，这个参数选取可以调整为 2km 或 3km，从而回归出更精确的定价函数.

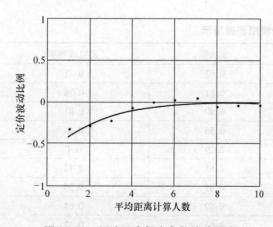

图 24.39 平均距离假定参数波动影响

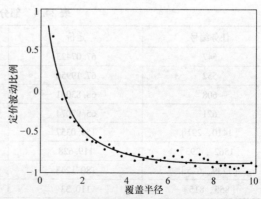

图 24.40 覆盖半径假定参数波动影响

图 24.41 为商家任务定价对系统利润的影响，我们发现可以较好地用一次函数进行拟合. 该定价直接影响系统利润，商家给每个任务的定价越高，系统就会越看重成功率因素，以至系统愿意调高每个任务的定价来换取成功率. 因此该参数需要具体的专家参考意见，因为该参数波动会较大影响模型鲁棒性.

图 24.42 为 k 值波动对 LOF 离群因子的影响，该因子为决定任务与任务之间关系的决定因素. 我们取的 k 值为 3，实际上当 k 超过 5 之后，LOF 因子就基本保持不变，因此可以取 $k \geqslant 5$ 能保证在该参数波动时模型也具有较好的鲁棒性.

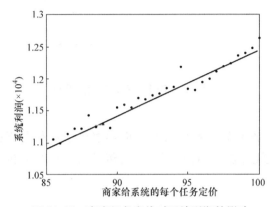

图 24.41 商家任务定价对系统利润的影响

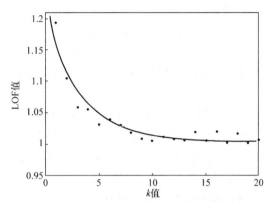

图 24.42 k 值波动对 LOF 离群因子的影响

2. 模型灵敏度分析

在问题二推演定价规律时，一共有三个回归函数，分别是距离任务一定范围内的人数、距离任务一定范围内的用户密度、任务的离群程度，而在回归分析时，每个函数都有若干个系数需要进行确定，在得出回归方程后，我们给出了每个参数 95% 的置信区间，接下去我们研究这些参数在区间内波动时对模型的影响.

图 24.43 给出了用户密度对定价的回归函数的灵敏度，当参数负向波动时的影响大于正向波动时的影响. 总体来说因素 1 的灵敏度不大.

图 24.44 给出了任务周围用户数量对定价的回归函数的灵敏度，当波动为 -5.0% 时，出现与两个回归函数的交叉，即波动在该值时减少了离群值对函数的影响，在正向波动时函数较为灵敏.

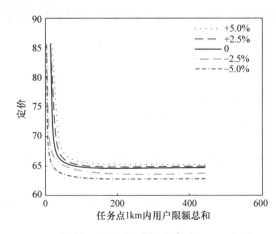

图 24.43 因素 1 回归灵敏度分析

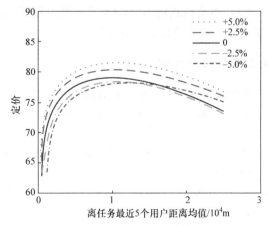

图 24.44 因素 2 回归灵敏度分析

图 24.45 给出了 LOF 值对定价的回归函数的灵敏度，当参数波动为 +5.0% 时，回归函数图像出现明显波动，而其余的值波动性较小．因此我们猜测函数在波动较小时不灵敏，在正向波动较大时灵敏度较高．

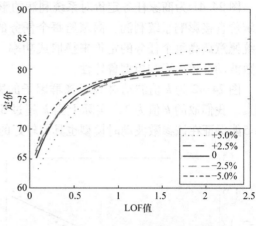

图 24.45　因素 3 回归灵敏度分析

24.3.7　模型的评价及推广

1. 模型的优点

（1）模型考虑因素多，适应性强

本文考虑到的定价影响因素较多，机遇问题的机理建立的机理模型适应性较强，回归效果良好．

（2）使用一系列创新算法，实际表现良好

本文采用了一些创新算法，如研究任务与任务的关系时采用了 LOF 离群因子进行分析；在研究如何打包任务时，对 DBSCAN 算法进行了改进，接着对打包后的包进行可行性分析，与原方案对比后发现表现良好．

（3）模型完整，鲁棒性强

本文从研究模型机理开始到模型建立、模型求解、模型验证、模型灵敏度分析，整体框架较为完整，且在最后的鲁棒性分析中验证了模型具有较好的鲁棒性．

2. 模型的不足

本模型程序运行时间较长，由于多因素作用下的多目标非线性优化模型对于计算机要求相对较高，需提高计算机配置才能快速求解．

3. 模型的推广

（1）本文采用的机理分析方法，结合回归分析、检验，能用于多目标数据挖掘、优化问题上；

（2）本文采用的 LOF 离群度检验的算法能用于推广用于电子商务犯罪和信用卡欺诈的侦查、网络入侵检测、生态系统失调检测、公共卫生、医疗和天文学上稀有的未知种类的天体发现等领域中，具有一定的启发作用；

（3）本文改进的 DBSCAN 算法能发现任意形状的聚类簇，同时过滤噪声，使用者可以根据需求定义聚类强度，能用于很多的分类问题上．

24.3.8　参考文献

［1］姜启源，谢金星，叶俊. 数学模型［M］.3 版. 北京：高等教育出版社，2003.

［2］张蕾. 一种基于核空间局部离群因子的离群点挖掘方法［J］.上海电机学院学报，2014,17（03）：132－136.

［3］肖晓伟，肖迪，林锦国，等. 多目标优化问题的研究概述［J］.计算机应用研究，2011,28（03）：805－808.

［4］顾巧论，高铁杠，石连栓. 基于博弈论的逆向供应链定价策略分析［C］.全国决策科学多目标决策研讨会. 2005.

［5］周水庚，周傲英，曹晶. 基于数据分区的 DBSCAN 算法［J］.计算机研究与发展，2000,37（10）：

1153 – 1159.

[6] 覃运梅，石琴. 出租车合乘模式的探讨[J]. 合肥工业大学学报：自然科学版，2006，29(1):77 – 79.

[7] 黄毅军. 关于众包的特殊性的浅析[J]. 商情，2013(39):39 – 39.

[8] 王惠文，张志慧，Tenenhaus. 成分数据的多元回归建模方法研究[J]. 管理科学学报，2006，9(4):27 – 32.

[9] HORTON J J, CHILTON L B. The labor economics of paid crowdsourcing[C]//2010:209 –218.

[10] PAULAUSKAS N. Local outlier factor use for the network flow anomaly detection[M]. John Wiley & Sons, Inc. 2015.

[11] ZHENG L, HU W, MIN Y, et al. Weighted distance based outlier factor identifying and its application in wind data pre – processing[C]//Renewable Power Generation Conference. IET, 2014:1 – 5.

[12] QIN Y M, SHI Q. Research on the combined – taxi mode [J]. Journal of Hefei University of Technology, 2006.

[13] Zhang D, Li Y, Zhang F, et al. coRide：carpool service with a win – win fare model for large – scale taxicab networks[C]//ACM Conference on Embedded Networked Sensor Systems. ACM, 2013:1 – 14.

[14] Zhang D, He T, Liu Y, et al. A Carpooling Recommendation System for Taxicab Services[J]. IEEE Transactions on Emerging Topics in Computing, 2017, 2(3):254 – 266.

[15] Rong – Sheng L V, Wang X W. Study on the Pricing Model of High – tech Products Based on Consumer Strategy Behavior[J]. Journal of China Three Gorges University, 2009.

24.4　论文点评

"拍照赚钱"是移动互联网时代下的新型自助式服务模式，通过手机端 APP 拍照上传完成任务并获取报酬，背景真实具体，想法新颖且简单可行，其中的任务定价及分配方案是最具技术含量的部分，该队伍对此提供了有效的解决方案.

该参赛队伍主要以任务定价总额和平均执行率为双目标，在确定目标函数具体形式过程中，引入了 LOF 离群因子等概念，确定了任务自身的分布情况、周围用户总限额及密度等影响因素，并根据历史数据特征，量化这些影响因素，建立函数关系. 在此基础上构建了众包模式任务定价的双目标优化模型，求解方法可行，结果合理. 全文从问题描述、模型假设、模型建立及求解、模型敏感性分析到模型评价及推广，整个结构完整，思路清晰. 此外，图表运用丰富，展示效果极好，甚至没有在此显示的论文附录也十分规范，排版令人赏心悦目.

在问题一中，参赛者从任务与用户的关系、任务与任务的关系这两个角度出发，用任务周围用户数量、任务周围用户密度、任务的离群程度等因素作为自变量，拟合任务价格，根据拟合效果判断相关因素重要性，由此分析任务未完成的具体原因. 问题二中，论文明确提出了保证任务执行率高的同时定价尽可能低的双目标规划问题，以平均执行率最大化、定价总额最小化为目标，并拟定了合理定价范围等约束条件，模型简单可行，结果展示效果良好. 问题三提出的联合打包方案，尽量将预计不能成功执行（执行率低的点）与能成功执行（执行率高的点）进行打包，并非常规的近距离打包，确实能提高执行率较低任务点的执行率，有点取长补短的意思，想法新颖. 问题四中的仿真模拟算法清晰，有明确的申请任务概率模型，模拟抢单结果合理，也验证了问题二、三模型的可靠性.

该论文没有考虑会员选择意愿，略显遗憾，如果能合理量化该意愿，并参与任务分配计算，模型将更贴近实际. 此外，利用拟合方法获得的执行率函数，有些牵强，拟合效果也缺乏说服力. 当然，该论文建立的双目标优化定价模型，自变量考虑相当全面，尤其是离群因子的引入，非常有新意，堪称文章的最大亮点，也是这篇论文被评为全国优秀论文的重要原因之一.

第 25 章

高温作业专用服装设计（2018A）

25.1 题目

在高温环境下工作时，人们需要穿着专用服装以避免灼伤. 专用服装通常由三层织物材料构成，记为 Ⅰ、Ⅱ、Ⅲ 层，其中 Ⅰ 层与外界环境接触，Ⅲ 层与皮肤之间还存在空隙，将此空隙记为 Ⅳ 层.

为设计专用服装，将体内温度控制在 37℃ 的假人放置在实验室的高温环境中，测量假人皮肤外侧的温度. 为了降低研发成本、缩短研发周期，请你们利用数学模型来确定假人皮肤外侧的温度变化情况，并解决以下问题：

问题一：专用服装材料的某些参数值由附件 1 给出，对环境温度为 75℃、Ⅱ 层厚度为 6mm、Ⅳ 层厚度为 5mm、工作时间为 90min 的情形开展实验，测量得到假人皮肤外侧的温度（见附件 2）. 建立数学模型，计算温度分布，并生成温度分布的 Excel 文件（文件名为 problem1.xlsx）.

问题二：当环境温度为 65℃、Ⅳ 层的厚度为 5.5mm 时，确定 Ⅱ 层的最优厚度，确保工作 60min 时，假人皮肤外侧温度不超过 47℃，且超过 44℃ 的时间不超过 5min.

问题三：当环境温度为 80℃ 时，确定 Ⅱ 层和 Ⅳ 层的最优厚度，确保工作 30min 时，假人皮肤外侧温度不超过 47℃，且超过 44℃ 的时间不超过 5min.

附件 1. 专用服装材料的参数值

分层	密度 /(kg/m³)	比热 /(J/(kg·℃))	热传导率 /(W/(m·℃))	厚度 /mm
Ⅰ层	300	1377	0.082	0.6
Ⅱ层	862	2100	0.37	0.6~25
Ⅲ层	74.2	1726	0.045	3.6
Ⅳ层	1.18	1005	0.028	0.6~6.4

附件 2. 假人皮肤外侧的测量温度

时间/s	温度/℃
0	37.00
1	37.00
2	37.00
3	37.00

（续）

时间/s	温度/℃
4	37.00
5	37.00
6	37.00
7	37.00
8	37.00
9	37.00
10	37.00
11	37.00
12	37.00
13	37.00
14	37.00
15	37.00
16	37.01
17	37.01
18	37.01
⋮	⋮
5400	48.08

25.2 问题分析与建模思路概述

该问题要求对"高温环境 – 服装 – 空气层 – 皮肤"系统建立热量传递的数学模型，估计模型中若干参数的值，并给出高温作业专用服装关键部位的最优厚度，属于微分方程模型建立和设计参数的优化选取问题.

问题一需要建立"高温环境 – 服装 – 空气层 – 皮肤"系统热量传递的数学模型. 由于温度随时间、空间位置的不同而不同，因此建立热传导的偏微分方程模型是一种较好的选择.（一维）热传导方程是标准的，必须明确给出以下定解条件：初始条件、边界条件、交界面条件. 如果只有热传导方程，但是没有相应的定解条件，那么所建立的模型是不完整的.

交界面条件除了温度连续的条件以外，还应有热流密度连续的条件，而边界条件应是第三类边界条件（即 Robin 条件），其中热交换系数是未知的，应该根据题目中附件 2 给出的温度测量值来确定.

方程的求解可用差分法计算，一般来说用隐式格式比显式格式效果更好. 如用显式格式，应该注意是否满足稳定性条件. 应当给出明确温度分布模型的计算方法，而不能笼统地说是经由软件计算得到. 另外这里不能仅建立稳态模型，附件 2 给出的是随时间变化的皮肤外侧温度，如果使用稳态模型，那么无法得到热交换系数. 总的来说，应该根据温度分布说明温度分布的特点.

问题二需要建立 Ⅱ 层厚度的优化模型，合理的目标函数应是厚度最小，并且应给出适当的约束条件，而且还应该明确优化模型的具体计算方法，而不能笼统地说经由软件计算得到. 温度与Ⅱ层厚度之间应该是具有单调性的，因此较好的计算方法是二分法，当然用其他优化方法也是可以的.

问题三要求建立Ⅱ层、Ⅳ层厚度的双目标优化模型，并说明具体计算时双目标函数的处理方法. 如果除了关于厚度的目标函数以外，还能考虑服装的重量最轻，那么模型就更好了. 最后应该对模型的计算结果进行检验，例如对附件2的数据加随机误差，考察方法的稳定性以及考察重要参数对结果的影响等.

25.3 获奖论文——高温作业专用服装设计

作者： 曾庆艺　张祥煅　张誉瀚
指导老师： 徐晨东
获奖情况： 2018年全国大学生数学建模竞赛一等奖
摘要

高温作业专用服装是用来确保在高温环境下进行作业的人员不被灼伤的一种多层织物服装. 本文主要研究高温作业专用服装不同材料层厚度的设计问题，采用了优化模型和高效搜索算法等方法计算得到较优有效解，并以图表形式对其做出了较充分的阐释.

针对问题一，我们根据实际情况构建了基本的材料层热传递结构模型，并分析了假人皮肤外侧的温度分布情况，由附件数据得出织物热传递主要影响因素为热传导. 首先我们利用微元法，根据傅里叶热传导定律推出关于材料密度、比热、热传导率参数的热传导方程. 其次，对于高温环境下的热量传递，热辐射是一个较为重要的影响因素. 考虑热辐射通量与热量密度等物理量，根据能量守恒定律可以推导出热辐射模型. 于是根据热传导与热辐射模型可推导出高温环境下织物热传递模型. 最终，利用有限差分的方法对于该模型的偏微分方程进行数值计算求解，可得到与题中实测数据拟合度较高的假人皮肤外侧温度分布计算结果. 同时，我们还得到了各个材料层界面的温度分布曲线和厚度–时间–温度三维的温度分布时空解并对结果进行了可视化表达.

针对问题二，确定第Ⅱ层最优厚度意味着防护服能确保人体外侧温度不超过限定温度，这个问题正是第一问的反问题，可以综合第一问的正问题模型来决定. 且从轻便、节省材料、成本等视角来讲，需要使第Ⅱ层厚度尽可能小. 为此，我们构建了优化模型，将第Ⅱ层厚度最小作为优化目标，满足最高温度不超过47℃和45℃以上温度时间控制在5min的限制. 该模型较好地阐明了问题的实质，在实际求解时我们对可行解范围的厚度进行离散搜索，对于该过程，由于厚度–温度函数为连续单调函数，故我们采用对厚度的二分法来节省计算时间，得到了Ⅱ层最优厚度约为13.7mm.

针对问题三，我们先对Ⅱ层材料和Ⅳ层材料初步建立了使其厚度之和最小的优化模型. 为了实现这种优化，我们进一步将模型改进为将Ⅳ层厚度离散化的第Ⅱ层厚度最优化模型，并利用第二问的基础求出离散的Ⅱ–Ⅳ层最优关联厚度对，用最小二乘法做最优关联厚度函数的拟合，得到了拟合曲线. 最后对该函数上满足最小加权曼哈顿距离的点用数值方法进行搜索，得到两层的最优厚度分别为：Ⅳ层厚度5.1mm，Ⅱ层厚度20.4mm.

关键词： 热传导模型；热辐射模型；二分法

25.3.1 问题重述

高温作业专用服装是在高温条件下避免热源对工作人员造成伤害的一种保护性服装. 题目中作业服是由四层不同材质（Ⅰ、Ⅱ、Ⅲ、Ⅳ，其中第Ⅳ层为空隙层）的材料组成. 我们需要确定在高温工作环境下四层材料中的热量分布，设计其不同材料层的厚度，使其对工作人员更加友好，实现良好的绝热性能，达到降低研发成本、缩短研发周期的目的.

问题一给定Ⅱ层厚度为6mm，Ⅳ层厚度为5mm，在75℃环境内工作90min的情况下，要求我们利用给出的时间－温度数据，计算从工作服外表面到体表皮肤间各层的温度分布情况.

问题二要求人皮肤外温度不超过47℃，且超过44℃的时间控制在5min之内. 确定在65℃的环境温度内工作60min，且Ⅳ层厚度确定为5.5mm的情况下，Ⅱ层的最优厚度.

问题三要求皮肤外温度不高于47℃，超过44℃的时间不超过5min. 在80℃的环境温度下确保工作30min的情况下，求Ⅱ层和Ⅳ层的最优厚度.

25.3.2 问题分析

本题是以高温作业服装设计为背景的热学分析问题.

问题一要求分析外界高温传入防护服内的规律，并根据假人皮肤外侧的温度－时间数据计算服装各材料层的温度分布. 该热传导问题中，假人体内温度恒定为37℃，假人皮肤外侧的温度可通过构建一层皮肤层，取皮肤层适当位置计算. 经过较长的一段时间后，假人皮肤外侧的温度将变化得极为缓慢，趋于稳定状态. 这样的数学物理问题可以用热传导偏微分方程模型来描述. 将人看作一个整体，不考虑其形状，我们将问题简化为一个一维热传导模型，将热分布抽象成一个5层传导结构，其层次如图25.1a，b所示.

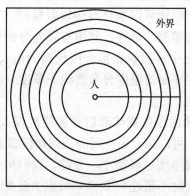

a）二维剖面结构

	(k_1, c_1, ρ_1)	(k_2, c_2, ρ_2)	(k_3, c_3, ρ_3)	(k_4, c_4, ρ_4)	(k_5, c_5, ρ_5)	
外界	Ⅰ层	Ⅱ层	Ⅲ层	Ⅳ层	皮肤	人体
	$\overrightarrow{Q_1}$	$\overrightarrow{Q_2}$	$\overrightarrow{Q_3}$	$\overrightarrow{Q_4}$	$\overrightarrow{Q_5}$	

b）一维剖面结构

图 25.1

问题二要求我们在其他材料层都确定的情况下，计算第Ⅱ层的最优厚度. 所谓最优厚度，应当是能满足题目所要求性能的最薄厚度. 根据问题一的热传导模型以及让织物最薄的原则，可以构建一个以厚度最小为目标的优化模型来描述该问题. 针对该优化模型，采用二分法的算法能够帮助我们更快速地进行求解.

问题三确定了两层织物，要求我们对第Ⅱ、Ⅳ层两层的最优厚度进行确定，两层厚度是相关联的. 这个问题的解决可以建立在第二问完成的基础上，将其中一层的厚度范围进行离散化表示，并对每一个离散点求取其在另一层中的最优厚度解，并拟合出一条相对最优厚度曲线. 根据拟合出的曲线函数，找到厚度数对的最短加权曼哈顿距离，提取最优厚度坐标，两个坐标值即分别为两层的关联最优厚度解.

25.3.3 符号说明

符号	说　明
T_0	初始环境温度
$T_i(t)$	$i=$（Ⅰ，Ⅱ，Ⅲ，Ⅳ，Ⅴ），第 i 层的温度 – 时间函数
u_i	材料层 i 的温度分布（$i=0, 1, 2, 3, 4$）
t_i	时刻值（$i=0, 1, 2, 3, 4$）
k_i	材料层 i 的热传导率（$i=0, 1, 2, 3, 4$）
c_i	材料层 i 的比热（$i=0, 1, 2, 3, 4$）
ρ_i	材料层 i 的密度（$i=0, 1, 2, 3, 4$）
$u(x,t)$	t 时刻某位置的温度
x	服装中某点距外界环境的垂直距离
d_i	服装外表面至第 i 层材料界面的厚度（$i=0, 1, 2, 3, 4$）
$F(x,t)$	热辐射通量
β	单位面积热辐射吸收能力
k_e	有效热传导系数
$\mu(\varphi)$	二分法判别函数
l_i	第Ⅳ层某离散化值
α	Ⅳ层关联厚度参数
β	Ⅱ层关联厚度参数
B_i	l_i 处最优的Ⅱ层厚度
$f(l)$	Ⅱ层与Ⅳ层的最优厚度关系函数
Δx	有限差分格式选取的空间步长
Δt	有限差分格式选取的时间步长

25.3.4 基本假设

（1）人体 – 服装 – 外界热学系统仅考虑热传递，包括热辐射、热传导效应，但不考虑热对流、湿传递对系统的影响；

（2）织物 – 空气层 – 皮肤三者之间的温度必须是连续变化的，但允许温度梯度的跳跃；

（3）热传递过程中，人的形状对热传导过程的影响可以忽略；

（4）热防护服装每层织物各向同性，织物的热结构在实验过程中没有发生力学结构变化及热溶解等性质变化.

25.3.5 模型建立

1. 模型一的建立: 热传导偏微分方程模型

分析附件2, 得到皮肤外侧温度关于时间的函数近似 S 型曲线, 符合热传导方程模型的温度分布解, 可知热量传递的主要方式为热传导.

基于对附件2所给数据的分析, 服装各材料层均匀且各向同性, 热量传导几乎不依赖于人体和服装的形状; 由于空气层Ⅳ的厚度低于6.4mm, 热对流相对热传导可忽略, 故只需考虑热传导和热辐射对温度分布的影响.

（1）热传导方程

服装外界的温度是与时间无关的常量, 记为 T_0, 其余各层界面的温度是随时间推移而变化的函数, 分别记为 $T_1(t)$, $T_{\mathrm{II}}(t)$, $T_{\mathrm{III}}(t)$, $T_{\mathrm{IV}}(t)$, $T_{\mathrm{V}}(t)$. 问题一需要分析环境温度传入防护服内的规律, 以及各材料层的温度分布.

在某一区域 Ω 内从时刻 τ_1 的温度 $u(x,y,z,\tau_1)$ 改变为时刻 τ_2 的温度 $u(x,y,z,\tau_2)$ 所吸收（或放出）的热量, 应等于从时刻 t_1 到时刻 t_2 这段时间内通过曲面 S 流入（或流出）Ω 内的热源和热源提供（或吸收）的热量之和. 即 Ω 内温度变化所需要的热量 Q 等于通过曲面 S 流入（或流出）Ω 内的热量 Q_1 加上热源提供的热量 Q_2, 其微元热量流动如图 25.2 所示.

1）Ω 内温度变化所需要的热量 Q 为

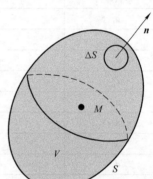

图 25.2 微元示意图

$$Q = \iiint_{\Omega} \mathrm{d}Q = \iiint_{\Omega} c\rho[u(x,y,z,t_2) - u(x,y,z,t_1)]\mathrm{d}V = \int_{t_1}^{t_2}\Big[\iiint_{\Omega} c\rho\,\frac{\partial u}{\partial t}\mathrm{d}V\Big]\mathrm{d}t$$

方程中 c 表示传热物体的比热容, ρ 表示传热物体密度.

2）通过曲面 S 流入（或流出）Ω 内的热量 Q_1 为

$$Q_1 = \int_{t_1}^{t_2}\Big[\iiint_{\Omega}\Big(\frac{\partial}{\partial x}\Big(k\,\frac{\partial u}{\partial x}\Big) + \frac{\partial}{\partial y}\Big(k\,\frac{\partial u}{\partial y}\Big) + \frac{\partial}{\partial z}\Big(k\,\frac{\partial u}{\partial z}\Big)\Big)\mathrm{d}V\Big]\mathrm{d}t$$

其中, k 为导热物体的热传导系数.

3）热源提供的热量 Q_2 为

$$Q_2 = \int_{t_1}^{t_2}\Big[\iiint_{\Omega} F(x,y,z,t)\mathrm{d}V\Big]\mathrm{d}t.$$

方程中 $F(x,y,z)$ 表示热源强度, 即热源单位时间内从单位体积内放出的热量. 由热量守恒定律

$$\int_{t_1}^{t_2}\Big[\iiint_{\Omega} c\rho\,\frac{\partial u}{\partial t}\mathrm{d}V\Big]\mathrm{d}t = \int_{t_1}^{t_2}\Big[\iiint_{\Omega}(\nabla^2)\mathrm{d}V\Big]\mathrm{d}t + \int_{t_1}^{t_2}\Big[\iiint_{\Omega} F(x,y,z,t)\mathrm{d}V\Big]\mathrm{d}t,$$

于是三维有源的热传导方程为

$$\frac{\partial u}{\partial t} - a^2\Big(\frac{\partial^2 u}{\partial x^2} + \frac{\partial^2 u}{\partial y^2} + \frac{\partial^2 u}{\partial z^2}\Big) = f(x,y,z,t).$$

其中 $a^2 = \dfrac{k}{c\rho}$, $f = \dfrac{F}{c\rho}$, f 称为非齐次项.

由于假人自身无热源，因此可将假人皮肤外侧看作无热源整体，得一维无源热传导方程为

$$\frac{\partial u}{\partial t} - a^2 \frac{\partial^2 u}{\partial x^2} = 0.$$

（2）初始条件和边界条件

由于假人皮肤外侧的初始温度为 37℃，将此作为初始条件

$$u(x_4, t = 0) = 37℃.$$

外界环境温度恒为 75℃，初始条件为

$$u(x_1, t = 0) = 75℃.$$

热传导方程的边界条件分为三类

1）第一类边界条件（Dirichlet 边界条件）为

$$u\big|_{\partial\Omega} = \mathrm{cov}(M, t)\big|_{M \in \partial\Omega}.$$

2）第二类边界条件（Neumann 边界条件）为

$$k \frac{\partial u}{\partial n}\bigg|_{\partial\Omega} = \mathrm{cov}(M, t)\big|_{M \in \partial\Omega}.$$

3）第三类边界条件（D－N 混合边界条件）为

$$\left(\frac{\partial u}{\partial n} + \alpha u\right)\bigg|_{\partial\Omega} = \mathrm{cov}(M, t)\big|_{M \in \partial\Omega}.$$

方程中，$\frac{\partial u}{\partial n}$ 表示物体温度沿曲面 $\partial\Omega$ 法向的方向导数.

根据（1），初始条件和边界条件化为仅依赖于一维空间及时间的函数.

由于服装 I 层表面的初始温度 $u(x_1, t)$ 与假人皮肤外侧初始温度 $u(x_4, t)$ 不相同，服装材料层与层边界处无热量储存，所以选取第二类边界条件作为定解条件.

由傅里叶热传导定律，物体在无限小时间段 $\mathrm{d}t$ 内，流过一个无穷小的面积 $\mathrm{d}s$ 的热量 $\mathrm{d}Q$ 与时间 $\mathrm{d}t$、曲面面积 $\mathrm{d}S$、以及物体温度沿曲面 $\partial\Omega$ 法向的方向导数三者成正比. 我们可知热量变化可由下式表示

$$\mathrm{d}Q = -k(x, y, z) \frac{\partial u}{\partial n} \mathrm{d}S \mathrm{d}t.$$

其中 $k(x, y, z)$ 表示热传导率.

（3）一维热传导模型

根据（1）及（2），服装各材料层的一维热传导方程为：

$$\frac{\partial u_i}{\partial t} = \frac{k_i}{c_i \rho_i} \frac{\partial^2 u_i}{\partial x^2}$$

其中，u_i 是要求解的服装的第 i 层温度分布；k_i，c_i，ρ_i 为各材料层的热传导率，比热和密度，它们均为题目给定的常数，且 $(k_i/(c_i \rho_i)) > 0$.

基于模型假设，材料层的界面处 $x = d_i (i = 0, 1, 2, 3, 4)$ 热传导量趋于平衡，且温度相等，令 $d_0 = 0$，有边界条件

$$k_i \frac{\partial u_-}{\partial x}\bigg|_{x = d_i} = k_{i+1} \frac{\partial u_+}{\partial x}\bigg|_{x = d_i},$$

$$u_-\big|_{x = d_i} = u_+\big|_{x = d_i}.$$

由以上分析可知，在 IV 层直接与假人皮肤外侧的空气层（k_4 是其热传导率）的情况下，

所建立的热传导偏微分方程模型为:

$$\frac{\partial u_i}{\partial t} = \frac{k_i}{c_i \rho_i} \frac{\partial^2 u_i}{\partial x^2} \quad (i=0,1,2,3,4),$$

$$k_i \frac{\partial u_-}{\partial x}\bigg|_{x=d_i} = k_{i+1} \frac{\partial u_+}{\partial x}\bigg|_{x=d_i}, u_- = u_+, x = d_i \quad (i=0,1,2,3,4),$$

$$u_0\big|_{t=0} = T_0.$$

方程中,$\dfrac{\partial u_-}{\partial x}\bigg|_{x=d_i}$,$\dfrac{\partial u_+}{\partial x}\bigg|_{x=d_i}$ 分别为连续函数 $u(x,t)$ 在 $x=d_i$ 处对时间 t 的左偏导和右偏导.

（4）高温下织物热传递模型

由于热量产生的电磁波辐射称为热辐射. 一般物体单位面积辐射的能量为（参数 σ 的量纲为: $\mathrm{W \cdot K^{-4} \cdot m^{-2} \cdot s^{-1}}$):

$$E = \beta \sigma T^4.$$

在服装织物中,辐射分为向左与向右辐射,其能量会被部分吸收. 由于能量守恒,可得:

$$\frac{\partial e_L}{\partial t} = -\frac{\partial F_L}{\partial x}.$$

其中,F_L 为向左边辐射的总热辐射通量,e_L 为热能密度.

对于一般物体,x 点处的净热能通量为:

$$\beta(\sigma u^4(x,t) - F_L).$$

其中,β 为单位面积的吸收能力. 因为该通量已是热能密度,故有:

$$\beta(\sigma u^4(x,t) - F_L) = -\frac{\partial F_L}{\partial x},$$

即

$$\frac{\partial F_L}{\partial x} = \beta F_L - \beta \sigma u^4(x,t),$$

同理有

$$\frac{\partial F_R}{\partial x} = \beta F_R - \beta \sigma u^4(x,t).$$

边界条件分为左边界条件和右边界条件:

记热传导边界条件函数 $\mathrm{cov}(M,t)$ 和热辐射边界条件函数 $\mathrm{rad}(M,t)$,$\Delta u°$ 是由热辐射引起的温度变化,由方程组

$$k_e \frac{\partial u°_-}{\partial x}\bigg|_{x=d_i} = \mathrm{cov}(M,t)\big|_{M \in \partial \Omega} + \mathrm{rad}(M,t)\big|_{M \in \partial \Omega},$$

$$k_e{}^* \frac{\partial u°_+}{\partial x}\bigg|_{x=d_i} = \mathrm{cov}^*(M,t)\big|_{M \in \partial \Omega} + \mathrm{rad}^*(M,t)\big|_{M \in \partial \Omega},$$

其中,k_e 为有效热传导系数,与界面两侧的材料热传导率有关,可表示为:

$$k_e(u) = \varepsilon k_i(u) + (1-\varepsilon)k_{i+1}(u),$$

$$k_e{}^*(u) = \varepsilon k_i^*(u) + (1-\varepsilon)k_{i+1}^*(u).$$

方程中 $k_i(u)$ 是第 i 层材料的经实际温度修正后的热传导率;ε 是介于 0 到 1 的常数权重,其数值由服装材料层间的耦合状态决定. 科学研究发现,环境温度小于 400K 的情况下,边界两侧温度的变化对有效热传导率的改变过于微弱（与热传导过程相比）可认为

$$k_e(u) \approx k_e^*(u).$$

且界面两侧热传导边界条件函数及热辐射边界条件函数不会发生突变，即

$$\mathrm{cov}(M,t)\big|_{M\in\partial\Omega} = \mathrm{cov}^*(M,t)\big|_{M\in\partial\Omega},$$

$$\mathrm{rad}(M,t)\big|_{M\in\partial\Omega} = \mathrm{rad}^*(M,t)\big|_{M\in\partial\Omega},$$

所以有

$$k_e\frac{\partial u^\circ{}_-}{\partial x}\bigg|_{x=d_i} = k_e{}^*\frac{\partial u^\circ{}_+}{\partial x}\bigg|_{x=d_i}.$$

结合上述方程

$$k_e\frac{\partial u^\circ{}_-}{\partial x}\bigg|_{x=d_i} = k_e{}^*\frac{\partial u^\circ{}_+}{\partial x}\bigg|_{x=d_i},$$

$$k_e(u) \approx k_e^*(u),$$

我们可以得到

$$\frac{\partial u^\circ{}_-}{\partial x}\bigg|_{x=d_i} \approx \frac{\partial u^\circ{}_+}{\partial x}\bigg|_{x=d_i}.$$

环境温度小于400K的情况下，边界处 $d_i(i=0,1,2,3,4)$ 可认为 $\Delta u^\circ \approx 0$.

综上可知，多层织物高温环境下热传递模型可描述为：

$$\frac{\partial u_i}{\partial t} = \frac{k_i}{c_i\rho_i}\frac{\partial^2 u_i}{\partial x^2} + \frac{\partial F_{Li}(x,t)}{\partial x} - \frac{\partial F_{Ri}(x,t)}{\partial x}, (x,t)\in(0,d_{\max})\times(0,t_{\max}),$$

$$\frac{\partial F_{Li}(x,t)}{\partial x} = \beta_i F_{Li}(x,t) - \beta_i\sigma u_i^4(x,t),$$

$$\frac{\partial F_{Ri}(x,t)}{\partial x} = -\beta_i F_{Ri}(x,t) + \beta_i\sigma u_i^4(x,t).$$

初始条件为：

$$u_0(0,t=0) = T_0,$$

$$u_0(d_4,t=0) = 37℃.$$

2. 模型二的建立：单织物隔热层厚度目标优化模型

根据附件2的皮肤外侧温度–时间数据显示，在高温工作环境下，与假人直接接触的第Ⅳ层空隙层温度会在5min内蹿升至44℃，这个温度会危及人的生命安全. 特定的热防护服的设计依赖于环境温度和工作时间等重要因素，而在给定的温度和时间条件下，我们需要进行计算机仿真测试来设计防护服的内部结构.

问题二给出了环境温度、工作时间、空气层第Ⅳ层厚度及织物层Ⅰ、Ⅱ、Ⅲ材料及其参数，求解织物层Ⅱ的最优厚度（假设Ⅰ、Ⅲ为固定层）. 针对此问题我们可以建立优化模型.

分析问题可知，最优厚度即最小厚度. 我们可得优化目标为 $\min Z=\{d_Ⅱ\}$，需满足的约束条件分别如下：

厚度在给定厚度范围内：

$$0.6\mathrm{mm} < d_Ⅱ < 25\mathrm{mm}, \tag{25.1}$$

皮肤外侧温度高于44℃的时间不超过5min：

$$u_4(x\big|_{d_2=d_Ⅱ}, t=5100\mathrm{s}) \leqslant 44℃, \tag{25.2}$$

皮肤外侧温度不高于47℃：

$$u_4(x|_{d_2=d_{II}}, t=5400\text{s}) \leqslant 47℃，\tag{25.3}$$

综合式（25.1）、式（25.2）、式（25.3），可得以下优化模型：

$$\min Z = \{d_{II}\}$$

$$\text{s. t.}\begin{cases}0.6\text{mm} < d_{II} < 25\text{mm}，\\ u_4(x|_{d_2=d_{II}}, t=5100\text{s}) \leqslant 44℃，\\ u_4(x|_{d_2=d_{II}}, t=5400\text{s}) \leqslant 47℃.\end{cases}$$

基于问题假设，我们采取二分法的方式求解满足约束条件的织物层 II 的最小厚度范围（精确到 1mm）。

二分法的理论依据是"函数零点的存在定理"，如果函数 $y=f(\varphi)$ 在区间 $[a,b]$ 上是连续不断的一条曲线，并且有 $f(a)f(b)<0$，那么函数 $y=f(\varphi)$ 在区间 $[a,b]$ 内有零点，存在 $\varphi_0 \in (a,b)$，使得 $f(\varphi_0)=0$，则 φ_0 是方程 $y=f(\varphi)=0$ 的根。

确定 $\min\{d_2\}$ 的基本思想如下：

由于 $d_2 \in [a,b]=[0.6,25]$（单位：mm），区间长度为 122/125，可以估计出绝对误差限为区间长的 122/125 或是 3/125。如果这个结果能满足精度 $\delta \leqslant 0.1\text{mm}$ 的要求，那么我们就停止进一步的计算；如果不能，求出 $\mu(\varphi)$，取点

$$\varphi = a + \frac{122}{125}(b-a)，$$

在单织物隔热层厚度目标规划模型中，我们定义 $\mu(\varphi)$ 为判别函数，具体含义为：

$$\mu(x) = \begin{cases} -1，& \text{满足约束条件，}\\ 1，& \text{不满足约束条件.}\end{cases}$$

将 $x_4=\varphi$ 代入约束条件中，若以下条件成立

$$u_4(\varphi, t=5400\text{s}) \leqslant 47℃，$$

$$u_4(\varphi, t=5100\text{s}) \leqslant 44℃.$$

则结果只能是下面两种情况之一：

（1）$\mu(a)\mu(\varphi)<0$，此时我们有 $\varphi_0 \in [a,\varphi]$，

（2）$\mu(\varphi)\mu(b)<0$，此时我们有 $\varphi_0 \in [\varphi,b]$。

在这两种情况下，我们可以用 φ 分别替换原问题中的 b 或 a，从而把求解的区间减小了。这样可以取新区间 $[0.6,25]$ 的 122/125 点。经过 N 次迭代后，剩下的区间长 $\delta^* = \left(\frac{122}{125}\right)^N (b-a)$。如此继续下去，在这些相互包含的子区间构造收敛的数列 $\{\varphi_k\}$ 来逼近根 φ_0。

3. 模型三的建立：关联织物隔热层厚度目标优化模型

（1）初步优化模型

问题三要求我们建立同时决定两个材料层的最优厚度的模型，考虑到材料层的重量和厚度（影响人穿上工作服后的舒适感和灵活度），我们定义了一个加权优化目标：

$$\min F = \{\alpha d_{II} + \beta d_{IV}\}$$

其中，$\alpha = 0.5 + \frac{\rho_{IV}}{\rho_{IV}+\rho_{II}}$，$\beta = 0.5 + \frac{\rho_{II}}{\rho_{IV}+\rho_{II}}$。

该目标需满足的约束条件分别如下：

1）厚度在给定厚度范围内：

$$0.6\text{mm} < d_{\text{II}} < 25\text{mm},$$
$$0.6\text{mm} < d_{\text{IV}} < 6.4\text{mm}. \tag{25.1}$$

2）皮肤外侧温度高于44℃的时间不超过5min，且皮肤外侧温度不高于47℃：

$$u_4(x\mid_{d_2=d_{\text{II}},d_4=d_{\text{IV}}},t=5100\text{s})\leqslant 44℃, \tag{25.2}$$
$$u_4(x\mid_{d_2=d_{\text{II}},d_4=d_{\text{IV}}},t=5400\text{s})\leqslant 47℃. \tag{25.3}$$

综合式（25.1）、式（25.2）、式（25.3），可得以下优化模型：

$$\min F = \{\alpha d_{\text{II}} + \beta d_{\text{IV}}\}$$

$$\text{s. t.}\begin{cases}0.6\text{mm} < d_{\text{II}} < 25\text{mm},\\ 0.6\text{mm} < d_{\text{IV}} < 6.4\text{mm},\\ u_4(x\mid_{d_2=d_{\text{II}},d_4=d_{\text{IV}}},t=5100\text{s})\leqslant 44℃,\\ u_4(x\mid_{d_2=d_{\text{II}},d_4=d_{\text{IV}}},t=5400\text{s})\leqslant 47℃.\end{cases}$$

（2）离散化模型

基于模型二，我们可对第Ⅳ层以步长 Δd 进行离散化处理，得到在 0.6mm ~ 6.4mm 间的 n 个厚度值 $l_i = i*\Delta d, i\in(1,n)$. 然后对这 n 个离散值代入模型二，可以得到Ⅱ层最优厚度与Ⅳ层厚度关系的离散数据值：

$$B_i = Z_{l_i}$$

其中，B_i 表示 l_i 处最优的Ⅱ层厚度.

用这些离散数据可以通过最小二乘法拟合出Ⅱ层与Ⅳ层的最优厚度关系函数 $f(l)$：

$$\min\sum_{i=1}^{n}\mid B_i - f(l_i)\mid^2,$$

即

$$\min\sum_{i=1}^{n}\left[B_i - f(l_i)\right]^2.$$

然后利用函数图像的加权曼哈顿距离求得相应的最优厚度. 其离散化模型可描述为：

$$\min \alpha l + \beta f(l), l\in(0,l_n).$$

25.3.6 模型求解

1. 问题一的求解：热传导方程的有限差分方法

根据前文我们已经得到了一维热传导偏微分方程的混合问题. 这样的问题可用有限差分方法进行求解. 为了得到差分格式，现将混合问题的求解区域 $S(0\leqslant x\leqslant d_4, t\geqslant 0)$ 用矩形网格覆盖起来，$\Delta x = d_4/J$，并选取 Δt，我们得到

$$\frac{u_j^{n+1}-u_j^{n+1}}{\Delta t} = \frac{k_i}{c_i\rho_i}\frac{u_{j+1}^n - 2u_j^n + u_{j-1}^n}{(\Delta x)^2}\quad (n=0,1,2\cdots),$$

$$k_i\frac{u_{j+1}^n - u_j^n}{\Delta x} = k_{i+1}\frac{u_j^n - u_{j-1}^n}{\Delta x}(j=0,1,2,\cdots J-1).$$

这也是显式格式. 可以证明，当 $u(x,t)$ 连续，$\frac{\partial^2 u}{\partial t^2}$，$\frac{\partial^4 u}{\partial x^4}$ 有界，且 $\lambda = \frac{k_i}{c_i\rho_i}\frac{\Delta t}{(\Delta x)^2}\leqslant\frac{1}{2}$ 时，此格式的数值解收敛于一维热传导方程混合问题的解，且格式是稳定的.

最终我们的迭代公式如下：

$$u(i,t) = \frac{k_i}{c_i\rho_i}u(i-1,t-1) + \left(1-\frac{2k_i}{c_i\rho_i}\right)u(i,t-1) + \frac{k_i}{c_i\rho_i}u(i+1,t-1).$$

我们取步长 $\Delta x = 0.5\text{mm}$，并选取 $\Delta t = 0.005\text{s}$，得到相应的 λ 分别如表 25.1 所示，满足收敛条件.

表 25.1　不同材料层的收敛性

材料层	I	II	III	IV	V
λ	0.00396	0.00409	0.00703	0.47222	0.00271

计算过程中，我们用皮肤与IV层最后一个离散数值取加权平均和，弥补离散化时步长不足带来的误差，以便得到更为合理的皮肤外侧温度数据. 经过计算，得到皮肤外表面温度分布结果与实验数据相吻合，结果图如图 25.3 所示.

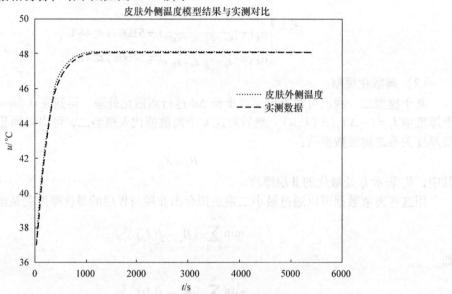

图 25.3　模型结果与实测数据对比

实测曲线与实验数据的差异性是由实验假人皮肤的差异性，热辐射效应的忽略以及实验数据的误差等多方面因素共同造成的. 因此，计算结果能够较好地体现模型的正确性.

此外，得到的各界面温度分布如图 25.4 所示：

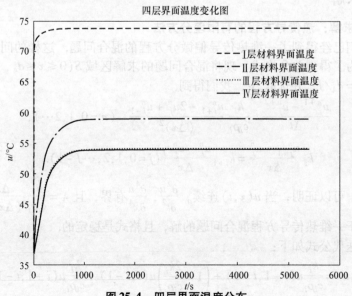

图 25.4　四层界面温度分布

其从最外层到内层某处厚度与时间上的温度分布如图 25.5 所示. 我们采用了 hot 类型的颜色填充. 颜色越浅，温度越高. 图中温度随着 d 轴坐标值的增大而减小，代表着由外层向人体内层温度逐渐降低. 而 t 轴时间从 $0 \sim 5400s$，其温度增长规律符合热传递模型的 "S 型曲线".

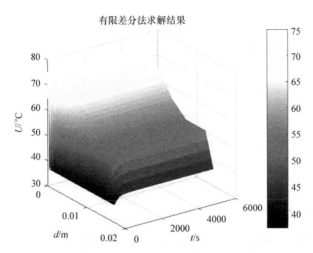

有限差分法求解结果

图 25.5　厚度－时间－温度分布关系

由上述三图知，我们的模型解非常符合预期要求，能够很好地实现对在高温下作业服和穿高温作业服的人的皮肤的温度分布模拟.

2. 问题二的求解：单织物隔热层最优厚度的二分求解法

沿用问题一的基本假设以及数学物理模型. 根据题目要求，在初始条件改变且约束条件增加的情况下，我们修改初始条件的相关参数以及转述约束条件的自然语言，计算满足题目要求的单织物隔热层的最优厚度.

由于材料层厚度与皮肤外侧温度的关系函数为连续单调函数，我们可以用二分法来对最优解进行计算，这样可以大幅提高搜索最优解的效率，减少程序耗时.

利用计算机对目标单织物隔热层厚度区间进行二分查找，确定符合要求的临界厚度. 最终我们得到的最优解为：

$$\min\{d_2\} = 13.7\text{mm}.$$

解的含义为：当环境温度为 $65℃$、Ⅳ层的厚度为 5.5mm 时，确保工作 60min 时，假人皮肤外侧温度不超过 $47℃$，且超过 $44℃$ 的时间不超过 5min 的 Ⅱ 层的最优厚度为 13.7mm（减去服装Ⅰ织物层的厚度 0.6mm）.

3. 问题三的求解：关联织物隔热层厚度离散化拟合曲线法

首先对第Ⅳ层以步长 Δd 进行离散化处理，取 $\Delta d = 0.3$mm，枚举代入模型二，调用问题二模型所用程序. 得到Ⅱ层最优厚度与Ⅳ层厚度关系的离散数据组；然后通过最小二乘法拟合联合最优厚度关系函数 $f(l)$，得到如图 25.6 所示的结果曲线：

在图 25.6 中，拟合曲线右侧均为可行解，我们希望找到可行解中的最优解，于是利用加权曼哈顿距离公式，来求解拟合曲线所对应函数上的最优关联厚度：

$$\min\{\alpha l + \beta f(l)\} = 25.5\text{mm}, l \in (0, l_{20}).$$

此时得到最优解约为：$l = 5.1$mm，$f(l) = 20.4$mm.

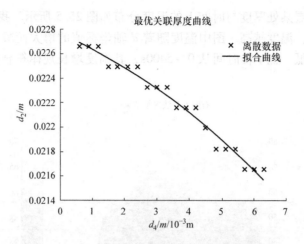

图 25.6　最优关联厚度拟合曲线

25.3.7　模型评价与改进

模型 1 的建立与实际联系紧密，其通用性、推广性都较强．另外该模型有坚实可靠的数学物理基础，比较精确，结果可信度高．但是求解过程较为麻烦，数据量偏多，运算过程庞大，程序运行耗时较多．

模型 2 和模型 3 结构与计算都较为简单，建模方便，便于理解，可操作性与迁移性强．但是考虑的因素比较简单，可能会忽略一些比较重要的因素的影响．

我们的模型主要考虑了热传导对于热量传递过程的影响，也考虑到热辐射的影响．实际上，除了热传递之外，湿传递也是一个重要的影响因素（见图 25.7）．

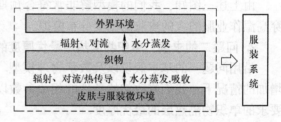

图 25.7　微环境 - 织物 - 外环境服装系统建模示意图

当人体温度高于环境温度时，蒸发换热成为人体散热的唯一途径．通过排汗人体可在 $40 \sim 50$℃的环境下暂时维持核心温度的稳定，排汗量的大小取决于环境温度、人体活动水平、服装热湿参数等因素，且个体差异性也会造成影响．

相对湿度能够直接影响人体蒸发和外界交换热量，在高温环境下，人体的舒适性很大程度依赖于相对湿度的大小．

服装空气层的厚度值不超过 6.4mm 时不考虑热对流，即忽略了水汽、汗液的影响．若超过 6.4mm，就不能对皮肤与服装微环境热湿传递过程进行模糊处理．微环境表示，在皮肤与织物之间的空气层中，热量以对流或热传导的方式通过皮肤至织物内表面的空气层进行热量交换，以辐射方式通过皮肤与织物内层以及空气层进行水分的传递．

25.3.8　参考文献

[1] 田苗，李俊．数值模拟在热防护服装性能测评中的应用[J].纺织学报，2015，36(1):158 - 164.

[2] 吴崇试．数学物理方法[M].北京：北京大学出版社，2003.

[3] 潘斌．热防护服装热传递数学建模及参数决定反问题[D].浙江理工大学，2017.

［4］姜启源，谢金星，叶俊．数学模型［M］．北京：高等教育出版社，2011.

［5］华东师范大学数学系．数学分析［M］．北京：高等教育出版社，2001.

［6］金一庆，陈越，王冬梅．数值方法［M］．北京：机械工业出版社，2000.

［7］LAWSON J R，MELL W E，PRASAD K. A Heat Transfer Model for Firefighters' Protective Clothing，Continued Developments in Protective Clothing Modeling［J］. Fire Technology，2010，46(4)：833–841.

［8］杨杰．基于人体–服装–环境的高温人体热反应模拟与实验研究［D］．清华大学，2016.

25.4　论文点评

从文章的整体来看，本文的写作在整体结构上完全符合一篇获奖论文的要求，能够让阅卷人从整体上看清楚参赛者关于这个问题做了哪些思考和分析，运用了什么模型和方法，得到了什么结果？这也是一篇优秀获奖论文应该具备的重要特征，也就是让阅卷老师读懂参赛者的真实意图，并且在写作中能突出体现建模的特点和所用方法的创新性.

综合来看，整篇论文使用模型基本正确，行文表述清晰流畅，示意图绘制也较为精致，使用的计算方法基本适用于建立的模型，得到的结果基本正确，特别是在模型的分析引入和计算结果的呈现方面值得数学建模参赛者学习.

附录

附录1 LINGO 简短教程

1. LINGO 简介

LINGO 是一个常用的优化问题求解软件. 由于其知名度非常之高，这里不详细介绍了，仅仅引用其官网的简介及应用截图如附图1.1：

LINGO is a comprehensive tool designed to make building and solving Linear, Nonlinear (convex & nonconvex/Global), Quadratic, Quadratically Constrained, Second Order Cone, Semi – Definite, Stochastic, and Integer optimization models faster, easier and more efficient. LINGO provides a completely integrated package that includes a powerful language for expressing optimization models, a full featured environment for building and editing problems, and a set of fast built – in solvers. The recently released LINGO 18. 0 includes a number of significant enhancements and new features. Click here for more information on these new features[1].

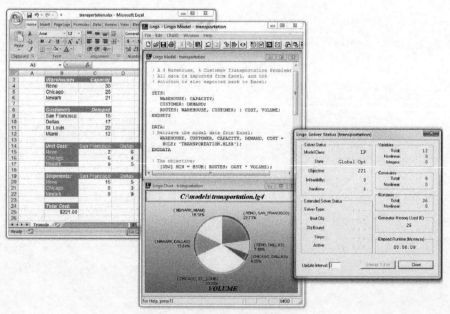

附图1.1 LINGO 应用截图[1]

其官网网址为：https：//www. lindo. com/. 软件的下载、安装及购买均可以在官网中找到.

2. LINGO 的使用

2.1　一个简单的例子

先从一个十分简单的优化模型来了解一下 LINGO 的编程语言. 考察下面这个模型:

$$\min z = 3x + 5y$$

$$\text{s. t.} \begin{cases} x + y \leqslant 7, \\ 2x + 3y \leqslant 9, \\ x, \ y \geqslant 0. \end{cases}$$

其 LINGO 代码如附图 1.2 所示:

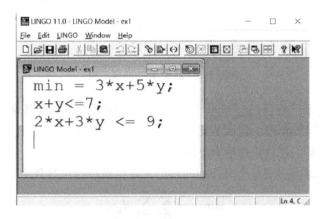

附图 1.2　简单优化模型 LINGO 代码示例

从示例代码来看, LINGO 语言非常简单, 它写起来几乎就是数学模型, 只有些许简单的区别:

首先, 与大部分数学软件相似, 乘号不能省略, 且因键盘上没有数学书上习惯使用的乘号, 所以 LINGO 程序中的乘号用 "＊" 代替. 需要注意的是, 很多同学由于写代码比较多, 误认为 "＊" 号即乘号. 这在排版数学论文的时候尤其要注意. 事实上最常见的乘法表达是省略乘号的, 如果不省略, 也应当是一个居于中间的圆点.

其次, 每行末尾都有一个分号 ";". 这也与很多程序设计语言类似, 有 "行" 的概念. LINGO 程序也是由很多行构成的. 最常见的 "行" 就是约束条件和目标函数了, 一个约束条件就是一行, 一个目标函数也是一行. 行的结束用 ";" 号表示.

再次, 非负约束是 LINGO 的默认约束, 省略不写. 这个省略也是符合优化问题的应用实际的, 现实中的绝大部分问题都是要求非负的. 关于决策变量取值范围的其他约束则需要额外的代码加以说明, 具体见后文.

代码写完, 只要运行它就可以了. 点击工具栏上的求解按钮: , 即可得到 LINGO 给出的问题的解. 由于这个例子过于简单, 结果就不多赘述了, 请读者自行上机实践.

2.2　LINGO 应用进阶

从上面的简单例子来看, LINGO 代码与数学公式极其相似. 所以说, 数学模型的建立是重要的, 有了数学模型, 根据数学公式写出 LINGO 程序是非常容易的事情. 反过来讲, 如果 LINGO 程序写不出来, 那么多半是因为数学公式没写清楚. 当然, 要想求解更加复杂的问题, 只会使用 "＊"、"＋"、"x"、"y" 等, 还是不够的. 一些高级的技巧也是需要的, 下面就通过 TSP 模型来阐述 LINGO 代码的高级部分.

考察下面的简单 TSP 问题, 如附图 1.3 所示:

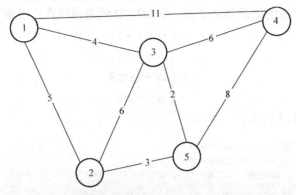

附图 1.3　简单 TSP 问题示例

图中圆圈表示不同城市, 并且已经给城市编号. 城市与城市之间的线表示城市之间的通路, 线上的数字表示城市间的距离. 假设从城市 1 出发, 遍历所有五个城市, 然后回到城市 1. 要求给出遍历城市的方案, 并且使得遍历总路程最短.

关于 TSP 模型, 前面的章节中有详细的讨论, 这里直接列出其数学表达式如下:

$$\min z = \sum_{i=1}^{n} \sum_{j=1}^{n} d_{ij} x_{ij}$$

$$\text{s. t.} \begin{cases} \sum_{j=1}^{n} x_{ij} = 1, \quad (i = 1, \cdots, n), \\ \sum_{i=1}^{n} x_{ij} = 1, \quad (j = 1, \cdots, n), \\ u_i - u_j + n x_{ij} \leqslant n - 1, (j \neq 1), \\ x_{ij} \in \{0,1\}, \quad (i, j = 1, \cdots, n), \\ u_i \in \mathbf{N}, \quad (i = 1, \cdots, n). \end{cases}$$

上式中的 d_{ij} 是参量, 表示任意两个城市 i, j 间的最短距离, 在使用 LINGO 前应当事先确定, 通常可以利用 Floyd 算法求得, 具体的算法原理可以参见文献 [2]. 事实上, 该问题较简单, d_{ij} 用手算也可以求得. 具体结果见附表 1.1.

附表 1.1　任意两城市间的距离

城市	1	2	3	4	5
1	∞	5	4	11	6
2	5	∞	6	11	3
3	4	6	∞	6	2
4	11	11	6	∞	8
5	6	3	2	8	∞

LINGO 的求解界面如附图 1.4 所示.

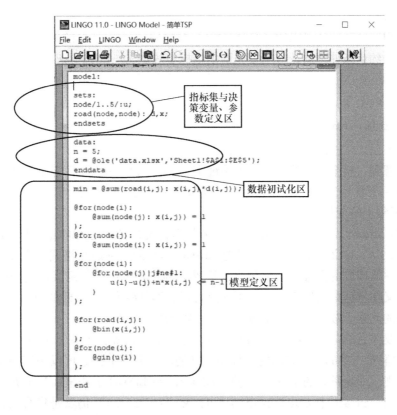

附图 1.4　LINGO 界面及 TSP 问题代码示意图

对于复杂的模型，再简单使用"*"、"+"就不行了．显而易见，决策变量 x_{ij} 就有好多个（试想 100 个城市的 TSP 问题），如果都用手把它们敲出来显然是不现实的．这就需要一些可以批量处理的语句来解决．从上面的代码仍然可以看出其与数学模型极大的相似度，但是初学者（尤其是毫无编程经验的人）似乎还是阅读起来有些困难．实际上，这个代码"一点儿也不难"，即使是毫无编程经验的人也可以在几分钟内学会．我们需要做的仅仅就是把上面的数学公式换一种表达方式，就会发现 LINGO 代码与数学公式的完美对应．

首先来看数学表达式

$$\sum_{j=1}^{n} x_{ij} = 1 \quad (i = 1, \cdots, n)$$

在 LINGO 里的表达．这个式子里的一些表达方式对于计算机来说并不是特别清晰，如："Σ"号下部的"$j=1$"和其上部的"n"，$i=1,\cdots,n$ 等．一种更清晰的表达方式是采用"指标集"的形式．这个式子里的"i"和"j"是下标，下标也通常是有一个取值范围，也就是说下标是取自一个集合的，这个集合就是指标集．对于本例题，这个指标集实际上就对应于待访问的城市集．于是可令城市集

$$A = \{1, 2, \cdots, n\}$$

则上式就可以写成下面的形式：

$$\sum_{j \in A} x_{ij} = 1 \quad (i \in A)$$

还需要注意，上式并不是一个式子，根据 i 的不同，这里其实定义了 n 个等式（n 就是集合 A

包含的元素个数).

数学模型重写以后, 就可以很容易地转化为 LINGO 了. 由上面的转化步骤可以看出: 在给出目标函数、约束条件之前, 应当首先给出指标集的定义. LINGO 指标集的定义语句如下:

```
sets:
node/1..5/: u;
road (node, node): d, x;
endsets
```

首先需注意到, 整个指标的定义是被关键字 "sets" 和 "endsets" 括起来的, 并且请注意 "sets" 后面有一个冒号 ":". 而对于每一个指标集的定义, 分为三个部分: 集合名/集合元素/: 定义在指标集上的变量.

在语句 "node/1..5/: u;" 中, "node" 即为集合名, 是我们编程人员自己给出的某个名字; "/1..5/" 定义了集合元素, 这是 LINGO 本身的一种语法格式, 定义了包含从 1 开始到 5 的所有整数构成的集合, 其他包含连续整数的集合可以类似定义; 语句中的冒号 ":" 后面给出了定义在指标集上的变量 (也可能是常量, 即某些参数), 即变量 "u" 实际上是一个向量, 里面的元素个数与集合 "node" 的元素个数一样多.

另外, 需要注意的是, 模型中用到的变量除了 "u" 以外, 还有 x_{ij} 和 d_{ij}. 这两个变量与 "u" 不同, 它们是二维的. 即它们的下标是二维的. 二维的下标集可以采用两个一维集合的笛卡儿积来实现. 即变量 x 的下标 $(i, j) \in A \times A$. 在 LINGO 语法里, 笛卡儿积用括号来实现, 具体见语句 "road (node, node): d, x;": "road" 仍然是集合名, 由编程人员自行命名; "(node, node)" 即定义了集合 "node" 与 "node" 的笛卡尔积; "d, x" 是两个定义在指标集 "road" 上的变量 (或参数).

在 LINGO 语法里, "Σ" 号对应于 LINGO 函数 "@ sum"[⊖], 实现公式 (1) 求和部分的 LINGO 语句为: "@ sum (node (j): x (i, j))". 其中 "node (j)" 对应于数学公式中的 "$j \in A$"; 语句中冒号 ":" 后面的部分为被求和的算式.

前文曾经提及: 整个公式 (1) 并不是一个等式, 实际上对于每一个固定的 i, 都将有这样一个加和等于 1 的约束. 在 LINGO 里, 批量生成多个约束的函数是 "@ for". 于是公式 (1) 对应的完整的 LINGO 语句如下:

```
@ for (node (i):
    @ sum (node (j): x (i, j)) = 1
);
```

其中 "@ sum (node (j): x (i, j)) =1" 表示 x_{ij} 求和后等于 1, 它整个被 "@ for (node (i):…);" 包围. "@ for" 函数中 "node (i)" 的含义与 "@ sum" 中相应的部分类似, 表示 "i" 在集合 "node" 中取值; 函数中冒号后面的式子则根据指标 "i" 的变化而批量产生多个约束条件.

有了上面一个公式的表达, 其他公式都基本类似了. 因此, 模型中的目标函数、其他约束条件对应的 LINGO 代码就不一一赘述了. 接下来对 LINGO 程序中的其他部分稍作介绍.

第一、数据初始化区. 这里主要是对一些常量参数进行初始化, 本例中的距离矩阵 d_{ij} 是

⊖ 注意: 所有的 LINGO 内部函数都是以 "@" 号开头.

常量参数. 对参数的初始化有很多种方法, 详细的可以参考相关文档资料, 这里仅对实际应用中最常见的利用 Excel 进行初始化加以解释. Excel 初始化数据的函数为 "@ole". 语句 "@ole ('data.xlsx', 'Sheet1! $A$1: $E$5');" 表示要提取 Excel 文件 data.xlsx 中的 sheet1 中的范围从 A1 到 E5 的所有数据, 其中'Sheet1! $A$1: $E$5 是 Excel 表达单元格区域的绝对引用格式, 关于 Excel 的绝对引用请自行查阅 Excel 的相关文档. 注意, "@ole" 函数中要使用的文件名、数据范围名称, 都应当用单引号括起来 (即要使用 "字符串").

第二、变量取值范围约定. 在 LINGO 中, 默认变量的取值范围是非负实数, 因此, 如果决策变量是非负实数则不需任何声明. 如果某些变量不是这样的取值范围就要增加额外说明. 具体的: "@bin" 表示 0–1 变量; "@gin" 表示整型变量 (非负); "@free" 表示无 "非负" 限制, 即可取负值.

最后, 再次强调, LINGO 中每条语句的结束都需要一个分号 ";".

至此, 本例所有的代码都已解释完毕, 下面给出完整的示例代码:

```
model:
sets:
node/1..5/: u;
road (node, node): d, x;
endsets

data:
n = 5;
d = @ ole ('data.xlsx', 'Sheet1! $A$1: $E$5');
enddata

min = @ sum (road (i, j): x (i, j) * d (i, j));

@ for (node (i):
    @ sum (node (j): x (i, j)) = 1
);
@ for (node (j):
    @ sum (node (i): x (i, j)) = 1
);
@ for (node (i):
    @ for (node (j) |j#ne#1:
        u (i) -u (j) +n* x (i, j) < = n -1
    )
);

@ for (road (i, j):
```

```
        @ bin (x (i, j))
);
@ for (node (i):
        @ gin (u (i))
);
end
```

上面的代码若要运行，需要首先建立一个名为"data.xlsx"的 Excel 文件（当然也可以取其他名字，那么代码里相应的文件名也跟着改动），并把任意两点间距离的矩阵输入到 Excel 文件里. 同时，为了避免一些运行时错误，建议在运行 LINGO 之前先把 Excel 数据文件打开，也建议 Excel 文件与 LINGO 程序文件放在同一个文件夹.

参考文献

[1] 汪沁，奚李峰，邓芳，等. 数据结构与算法[M].2 版. 北京：清华大学出版社，2018.

附录 2 MiniZinc 简短教程

1. MiniZinc 简介

MiniZinc 是一个新兴的、开源的优化软件，其官网的简介如下：

MiniZinc is a free and open – source constraint modeling language.

You can use MiniZinc to model constraint satisfaction and optimization problems in a high – level, solver – independent way, taking advantage of a large library of pre – defined constraints. Your model is then compiled into FlatZinc, a solver input language that is understood by a wide range of solvers.

MiniZinc is developed at Monash University in collaboration with Data61 Decision Sciences and the University of Melbourne. [1]

MiniZinc 应用截图如附图 2.1 所示.

其官网网址为：https://www.minizinc.org/，软件的下载、安装（因其开源，自然无需购买）均可以在官网中找到. 其实，严格地讲，MiniZinc 并不算是一个完全的优化软件，它只能算是一个优化模型描述语言. 借助于 MiniZinc 的语言，我们可以很容易地定义一个优化模型，但是要想求解模型，则需要第三方求解器的支持. 好在 MiniZinc 提供的 IDE 里集成了一些好用的、开源的求解器. 按照官网提示，下载、安装好 MiniZinc 的 IDE，就自然拥有了一些求解器，并可以实际运行几个例子了. 除了 MiniZinc 默认配置好的求解器以外，笔者还是比较喜欢谷歌出产的求解器：Or–Tools（有人音译其为"兔子"，相应的，LINGO 就被翻译为"灵狗"了）. MiniZinc 每年都会举行一次优化问题求解挑战赛，截止到 2019 年 10 月，Or-Tools 已经连续 7 年夺得金牌，最近两年更是几乎囊括所有金牌（局部寻优算法金牌未获得，显然，Or – Tools 根本没有考虑局部算法）. Or – Tools 官网地址为：https://developers.google.cn/optimization/? hl = es – 419. 事实上，Or – Tools 主要应用于 C + +, Python, C#, 或者 Java 语言的开发，如果要将 Or – Tools 应用于 MiniZinc，则需到网址 https://developers.google.cn/optimization/install? hl = es –419 下面寻找"FlatZinc"，下载相应操作系统的程序包. 下载后解压，按照 MiniZinc IDE 的相关教程，把 Or – Tools 求解器添加到 MiniZinc 中来即可.

附图 2.1　MiniZinc 应用截图[1]

2. TSP 问题的 MiniZinc 代码

对于有 LINGO 基础的人，学习 MiniZinc 是非常快的．MiniZinc 与 LINGO 类似，都是模型化的语言，其程序写起来与数学模型非常相似．从某些特性来看，MiniZinc 与数学公式的接近程度似乎更加高一些，因此，对于没有 LINGO 基础的人，笔者建议放弃 LINGO 而直接学MiniZinc 吧．由于前面已经介绍过 LINGO，这里就直接从 TSP 模型来介绍 MiniZinc 的使用．

考察模型：

$$\min z = \sum_{i=1}^{n} \sum_{j=1}^{n} d_{ij} x_{ij}$$

$$\text{s. t.} \begin{cases} \sum_{j=1}^{n} x_{ij} = 1, & i = 1, \cdots, n, \\ \sum_{i=1}^{n} x_{ij} = 1, & j = 1, \cdots, n, \\ u_i - u_j + n x_{ij} \leqslant n - 1 & j \neq 1, \\ x_{ij} \in \{0,1\}, & i, j = 1, \cdots, n, \\ u_i \in \mathbb{N}, & i = 1, \cdots, n. \end{cases}$$

其中城市及城市间的距离与附录一的 TSP 问题相同．重申参数 d_{ij}，见附表 2.1．

附表 2.1　任意两城市间的距离

城市	1	2	3	4	5
1	∞	5	4	11	6
2	5	∞	6	11	3
3	4	6	∞	6	2
4	11	11	6	∞	8
5	6	3	2	8	∞

MiniZinc 的求解界面如附图 2.2 所示.

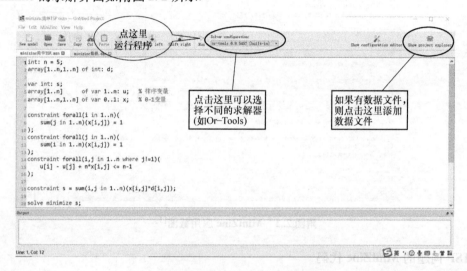

附图 2.2　MiniZinc IDE 界面

求解上述 TSP 问题的代码如下:

```
int: n = 5;
array [1..n, 1..n] of int: d;

var int: s;
array [1..n]     of var 1..n: u;% 排序变量
array[1..n, 1..n] of var 0..1: x;% 0-1 变量

constraint forall (i in 1..n) (
sum (j in 1..n) (x [i, j]) = 1
);
constraint forall (j in 1..n) (
sum (i in 1..n) (x [i, j]) = 1
);
constraint forall (i, j in 1..n where j! =1) (
    u [i] - u [j] + n* x [i, j] < = n -1
```

```
);
constraint s = sum (i, j in 1..n) (x [i, j] * d [i, j]);

solve minimize s;

output [show (x [i, j]) + + if j = 5 then " \n" else "," endif | i,
j in 1..5];
output [" \n", show (u)];
output [" \n", show (s)];
```

MiniZinc 相较于 LINGO 一个不太方便的地方是：它不能方便地引入 Excel 的数据. 因此，对于带有复杂数据的问题，需要建立单独的数据文件. 这个问题的数据文件如下：

```
d = [ |
100000, 5, 4, 11, 6, |
5, 100000, 6, 11, 3, |
4, 6, 100000, 6, 2 , |
11, 11, 6, 100000, 8,  |
6, 3, 2, 8, 100000 |];
```

下面详细解释一下 MiniZinc 的代码.

首先是参数和变量的声明. 模型中用到的所有字母都要事先声明（这一点有一点像 C 语言，其实 LINGO 也要声明了，只是声明方式不同罢了）. 先是参数的声明：

```
int: n = 5;
array [1..n, 1..n] of int: d;
```

"int：n = 5;" 声明了一个整型常量 n，它对应于模型中的城市个数；"array [1..n, 1..n] of int：d;" 声明了一个整型的二维数组 d，它是含有 n × n（即 5 × 5，注意：n 在第一行已经定义了，即 n = 5，编程用到的所有的量都应该是清楚的，即已经定义过的）个元素的矩阵，对应于模型中的任意两城市间的距离 d_{ij}. 然后是变量（即决策变量）声明：

```
var int: s;
array [1..n]       of var 1..n: u;     % 排序变量
array [1..n, 1..n] of var 0..1: x;     % 0 - 1 变量
```

这个声明变量的语法与常量（或者称之为"参数"）的声明类似，不同的是多了一个关键字"var". 这里还可以规定变量的取值范围，"var 1..n"即是表明取值介于 1 到 n 的整数，注意：不含小数点的表示取值范围在整数之内，若写成"var 1.0..n"则表示取值在 1 到 n 的实数. 这样，"var 0..1"自然就表示 0 - 1 变量了.

其次，就是约束条件的定义.

```
constraint forall (i in 1..n) (
    sum (j in 1..n) (x [i, j]) = 1
);
constraint forall (j in 1..n) (
    sum (i in 1..n) (x [i, j]) = 1
);
```

对应于

$$\sum_{j=1}^{n} x_{ij} = 1 (i = 1, \cdots, n)$$

$$\sum_{i=1}^{n} x_{ij} = 1 (j = 1, \cdots, n)$$

这个对应得非常好，不多做解释了. 需要解释的是，对于"1..n"这样的集合（或者更复杂的集合），如果应用频率非常高，那么也可以事先将其定义成集合，然后像 LINGO 那样用集合的语言来描述. 具体代码可改写为：

```
set of int: City = {i | i in 1..n};
constraint forall (i in City) (
    sum (j in City) (x [i, j]) = 1
);
```

"set of int: City = {i | i in 1..n};"声明了一个集合常量"City"，后面的代码中就可以直接使用它了. 这在一些复杂的代码中还是很有用的. 另外，注意"{i | i in 1..n}"这种代码，它可以根据一些通项表达式给出一些有规律的集合，如"{2 * i - 1 | i in 1..n}"就给出了从 1 开始的连续 n 个奇数.

```
constraint forall (i, j in 1..n where j! =1) (
    u [i] - u [j] + n* x [i, j] <= n-1
);
```

对应于 $u_i - u_j + nx_{ij} \leq n-1$ $(j \neq 1)$. 注意"where"的使用.

再次，就是目标函数了. 代码

```
constraint s = sum (i, j in 1..n) (x[i,j]* d[i,j]);
solve minimize s;
```

就对应于模型的目标函数. 比较奇怪的是，目标函数其实只需要一行，即："solve minimize sum (i, j in 1..n) (x [i, j] * d [i, j]);"，但这里却给出了两行，其第一行还是以"constraint"开头（即理解为"约束"）. 之所以这么操作，是因为我们这里需要目标函数的值，即 s 的值. 这也是 MiniZinc 比起 Lingo 不太方便的一点. 如果我们不把目标函数的值与一个变量挂上钩，那么就会丢失目标函数的值，所以这里必须多借助一个约束条件，以记录下目标函数值，使其能在最后的结果中被观察到.

最后就是结果的输出了. MiniZinc 的结果输出是一个比较麻烦的事情，很难一两句话讲清楚. 如果读者有一点 C 语言或 C++ 语言的基础，那么理解起来可能会容易一些. 在 MiniZinc 网站上的教程中有很多实例代码，我们可以从不同的代码中学到结果输出的各种技巧. 综合这种种原因，这里就不详细解释最后的输出语句了.

　　MiniZinc 的主程序代码解释完了，后面还要有数据文件. 数据文件不是必需的，但是一般还是把数据与主程序分开. 因为对于复杂问题来说，数据量往往很大，把数据跟程序放在一起，会有喧宾夺主之嫌. 本问题的数据文件示例在前面已经介绍过了，这里不过多赘述. 最后注意：数据文件的后缀名为".dzn"，而主程序的后缀名为".mzn".

　　在把所有的代码敲完后，保存数据文件，存盘，点击 MiniZinc IDE 工具栏上的运行按钮，就可以运行结果了. 注意，如果有单独的数据文件，还要在"project"里添加数据文件才可以顺利运行主程序. 具体的界面操作请参见附图 2.2 中的标识.